天文文化学の視点

CULTURAL STUDIES OF ASTRONOMY

星を軸に文化を語る

勉誠社

天文文化学の視点

CULTURAL STUDIES OF ASTRONOMY

星を軸に文化を語る

序

「天文文化学」という複合領域を楽しむために

松浦　清

二〇二四年二月、仕事で沖縄を訪れた。十七日から二十日まで、三泊四日の日程で那覇に滞在した。大阪市内に職場を持ち阪神間に居住する身にとって、日常とは異なる景観を、旅程の最初の日に目にすることになった。陽光の差す街路の至る所で目を楽しませるハイビスカスなどの、南国の珍しい植生が創り出す彩り豊かな景観のことではない。それは夜陰の中で遭遇した景観であり、筆者にとってはちょっとした衝撃を伴う出来事として記憶されることになった。夜の月の様相のことである。日常目にする月の姿にどうして衝撃を受けたのか。

夕食をとるため宿泊先から繁華街へと向かう途中、信号待ちをしながら何気なく夜空を仰いだ折に、月が目に飛び込んできた。それと同時に我が身を襲った妙な違和感に一瞬戸惑った。いつもの月と違う、という感覚である。すぐに気付いたが、その理由は、上弦の月が天頂に見えたからである。見慣れた上弦の月ではあるが、それが天頂に見えるという経験は日常の中にない。その不思議な感覚の原因が日常との緯度の違いに由来することは勿論すぐに了解したが、ちょっとした感動を伴うものであった。腕時計で時刻を確認すると、十九時五分であった。

那覇の緯度は二十六・二度、阪神間にある自宅の緯度は三十四・七度であるため、その差はおよそ八・五度である。わずかな差であるが、この差は意外に大きい。帯同した天文シミュレーションソフトで確認すると、当日二月十七日の月齢は七・五である。なるほど見上げた月は確かに上弦である（**図1**）。この日、月齢が七・五であることは予め確認していなかったので、天頂に上弦の月を観望したのは全く不意の出来事であった。日没時刻を確認すると十八時二十四分とのこと。すでに日の入りから三十分以上経過しているので、街の中は薄暮を過ぎた様相である。

一年のうちで冬期に月の高度が最も高くなることは、夜空を見上げる機会の多い人なら経験的に知っているだろう。筆者の専門は天文学ではなく、また継続的・計画的に夜空を観望しているわけでもないが、職場から自宅への帰途、夜間に月がふと目にとまった折など、季節の推移を感じることは多い。上弦の月が南中するのは夕刻の早い時間帯である。季節によって異なるが、阪神間を通勤地域とする筆者の目にも、冬期、確かに月の高度は相当高く感じられる。しかし、阪神間で観望する上弦の月が天頂を通過することはない。手元の天文シミュレーションソフトで確認すると、二〇二四年の場合、三月十七日の夜間に観望される上弦の月（月齢七）の南中時の高度は、阪神間の場合、八十三度程度が最大値である。天頂からは約七度離れている。

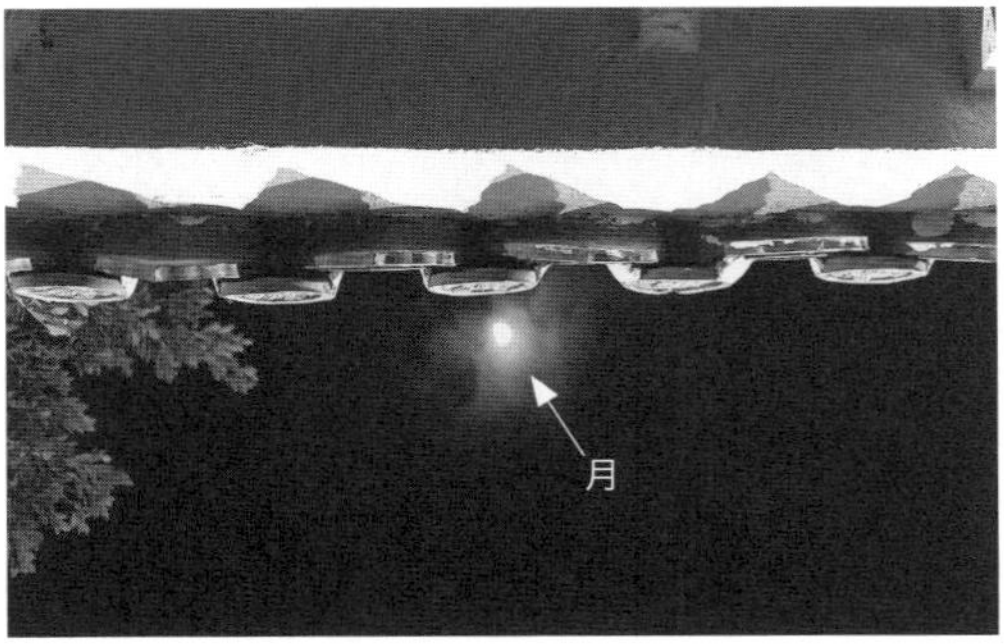

図1　上弦の月　那覇（2024.2.17　筆者撮影）

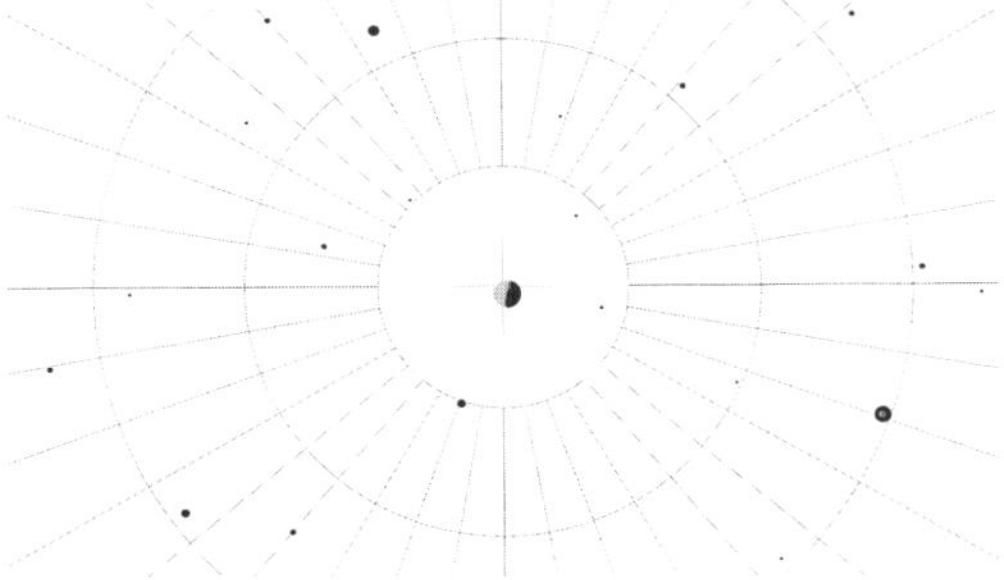

図2　上弦の月　那覇（2024.2.17.19：05　StellaNavigator Ver.9 AstroArts Inc.）

二月十七日、那覇で観望した月の南中時刻を確認すると十九時三分で、その高度は八十九・三度である。筆者が見た月は、ちょうど天頂に位置していたといっていいだろう（**図2**）。筆者がこの高度の上弦の月を観望したことは人生で初めてであり、これまで体験したことのない不思議な感覚にしばし浸ることになった。決して大げさな言い方ではない。日常接するものに関しては、わずかな変化につ

図3　深田直城《南極星之図》（個人蔵）

いても人は鋭敏に感じ取ることを、我々は経験的に知っている。

しかし、その不思議な感覚にとっぷり浸っている場合ではない、と急かすような想念が不意に思い浮かんだ。そうだ、今ならきっと「あの星」を見ることができるのではないか、との思いである。「あの星」とは、カノープス（Canopus）のことである。カノープスは、りゅうこつ座のα星（一等星）であり、おおいぬ座のシリウスに次いで全天で二番目に明るい星である。古来、中国では冬の時期にのみ南天の低空に見える瑞星として、長寿を祈願する対象ともなっていた。この星を見ることができれば長寿になるとの信仰であり、カノープスは南極老人星、寿老人星、老人星などとも呼ばれる。明治から昭和初期に活躍して大阪画壇の重鎮となった深田直城の作品を参考に掲載する（**図3**）。

カノープスは、赤緯マイナス五十二度四十三分ほどの位置にあるため、南半球では容易に観望できるが、北半球ではその高度が最大となる南中時でも、およそ北緯三十七度十七分よりも北の地域では、理論上は観望できない。唐の都長安（西安）の緯度は北緯三十四〜三十五度程度であるため、カノープスは二〜三度程度の低い高度で観望されることになる。また、赤経06h23m57sつまり春分点から六時間と少し東周りに位置するので、冬の星座が煌めく頃、地平線上にわずかに姿を見せたかと思ったら間もなく地平線下に姿を隠してしまう星なので、その姿を拝する幸運を得れば長寿になると信じられたのも、わかるような気がする。京都の緯度は北緯三十五度ほどで長安とほぼ同じであり、長安との経度差つまり時差も二時間程度であるため、老人星への信仰が無理なく京都に伝わったことは容易に理解できる。

カノープスは理論上、筆者が居住する阪神間でも観望できる。しかし、その高度は二度程度であり、また、唐代の長安や平安時代の京都とは異なる現代の都市では、地上からの光害があり、大気による減光も相まって、現実には観望は相当困難なものになる。観望に適した場所を探しては、地平線や水平線の付近をこれまで幾度も見渡してきたが、気象条件にもたびたび阻まれ、筆者はこれまで一度もカノープスを見たことがなかった。しかし、今、那覇にいる。阪神間よりずっと南方の那覇であれば、カノープスは相応の高い高度で観望可能なはずである。那覇と自宅の緯度の差はおよそ八・五度であるため、阪神間では二度程度の高度に見えるはずのカノープスの高度は、十度を超えると見込まれる。高度十度は意外に高い（あとで確認したところ、那覇におけるカノープスの南中高度は十一・一六度であった）。観望の時期としては真冬が理想的であり、今はその好期が過ぎつつあるが、まだ、間に合う。筆者はすぐに南天を観望できるビル群の隙間を探した。なにしろ都会の中でビル群に囲まれているので、低空の星はそれらのビル群に隠れて見えない。

街中をあちらこちらと彷徨いながら、ビルとビルの間を幾度も覗き込む。土地勘がないので、思いつくまま適当に歩くしかない。どれだけ歩いただろうか。しばらくするとオリオン座が垣間見える場所を見つけた。すぐさま冬の大三角を探す。カノープスは、オリオン座のベテルギウス、こいぬ座のプロキオン、おおいぬ座のシリウスを結ぶ大三角を目安にすると発見しやすい。ベテルギウスとプロキオンを結ぶ線分を想定し、その中点とシリウスを結ぶ線分を想定すると、その線分の長さを二倍ほど地平線の方向へ延長した辺りにカノープスは位置するはずである。曲がりくねった道を歩き回り巨大な建物に何度も視界を遮られながらしばらく歩くと、少し視界が開けた場所に出た。目を遠くに見遣ると、そこには明るい星がぽつんと低空に輝いている。カノープスである。カノープスを人生で初めて見た瞬間であった。実に感動的な瞬間であり、筆者にとっては決して一生忘れることのない光景となった（**図4・5**）。上弦の月の異観を見た感動に、さらにカノープスとの初めての出会いという新たな感動も加わって、その夜は至福の一夜となった。雲がほとんどなく天候に恵まれたことにも感謝したい。

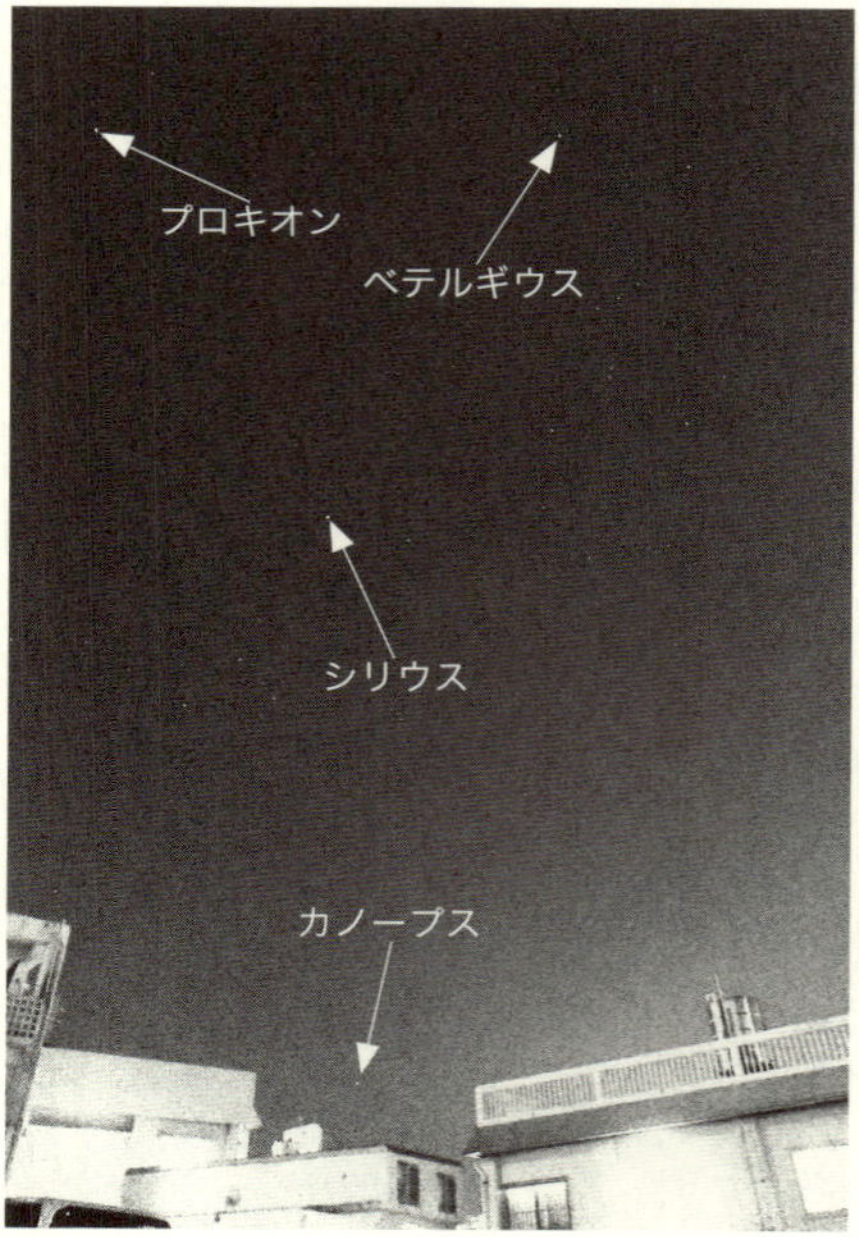

図4　冬の大三角とカノープス　那覇（2024.2.17 筆者撮影）

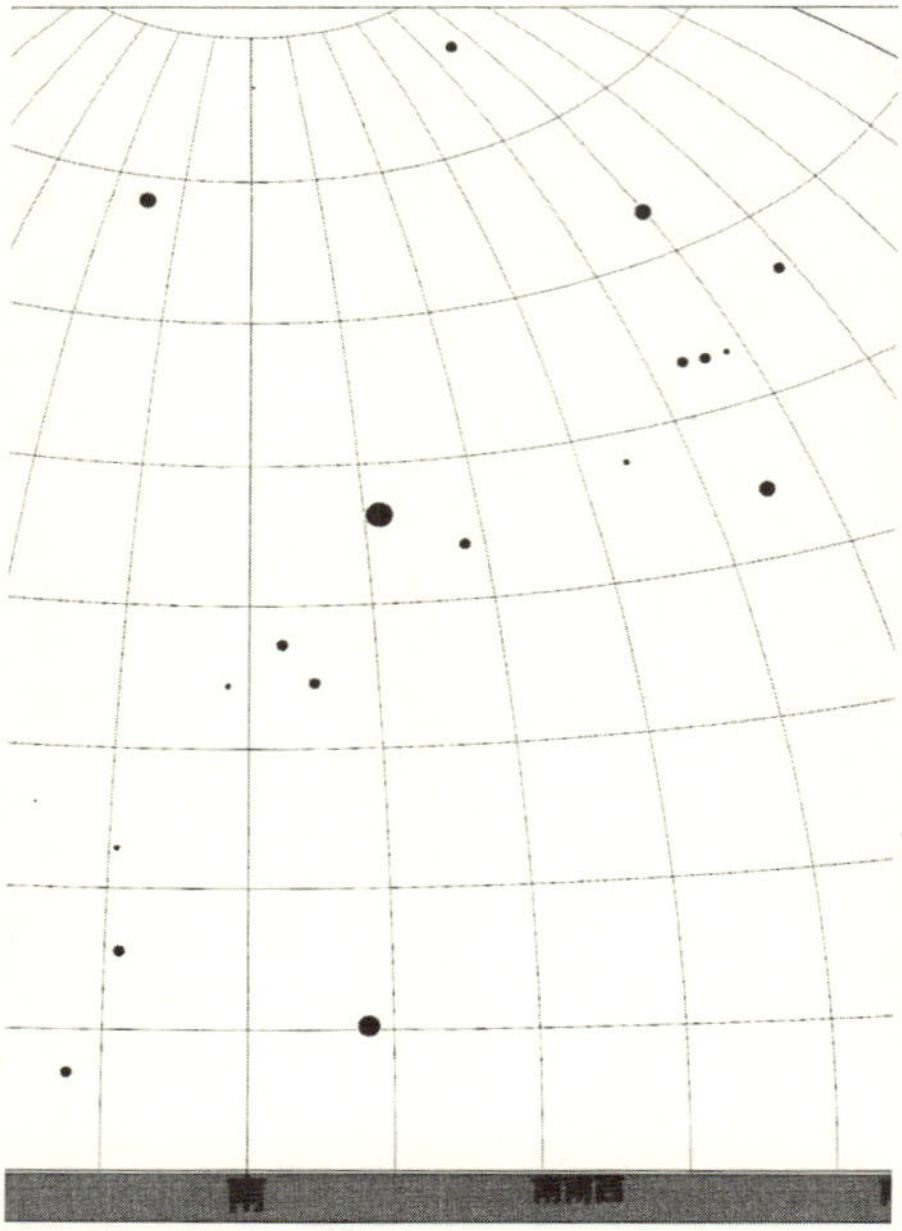

図5　冬の大三角とカノープス　那覇（2024.2.17.22：00　StellaNavigator Ver.9 AstroArts.Inc.）

ふと空腹に襲われ、夕食がまだであったことを思い出した。繁華街まで戻ると、もう十時をすっかり回っており、夕食は晩食となったが、一人であげた祝杯の泡盛の芳醇な味わいが格別であったことは言うまでもない。翌日、もう一度、月とカノープスを見ようとしたのだが、天気は急に下り坂となり、夜空はすっかり雲に覆われてしまった。その翌日も曇天であり、旅程の中で再びカノープスを拝することは適わなかった。幸運はそう長く続くものではないらしい。

　さて、ここまで、やや芝居がかったドキュメンタリー風な書きぶりで長々とレポートしたのは、日常の中のささやかな発見が感動につながることを記したかったからである。何気ない日常の一コマがドラマチックに一挙に変貌することがある。それは知的な好奇心により呼び込まれることが多いように思われる。偶然から必然を生み出すような、まるでマジックのような力は、知識に支えられた探究心に関わることが多いようにも思われる。未知なるものに対する冒険心がもたらすといった方が適切かもしれない。

ここから、しばし教育論的な観点での記述となることを了とされたい。

二〇二一年の冬に『天文文化学序説――分野横断的にみる歴史と科学』（松浦清・真貝寿明編、思文閣出版、十二月二十日）という書籍を上梓した。その序文でも触れたが、学校教育の場では、中学校や高等学校の早い段階で、生徒の勉学志向を文系と理系とに分ける場合が多く、大学や研究所などの研究機関でも、文系と理系との区分は当然のように意識されている。専門化されたそれぞれの学問分野が専門の度合いを深化させることは必然の流れであり、細分化された学問分野の全ての知識を修得することは、誰にとっても勿論不可能である。しかし、そのような学問全体の方向性が知識の分断をもたらすことへの危惧や反省から、文理融合や文理協働との言葉がいろいろな場で表明されてきた。分野横断という言葉を耳にしてからも久しい。知識とは、本来どうあるべきなのか。

複雑な現代を生き抜く上で武器となるものが知識である以上、その知識の獲得には貪欲であっていいはずである。しかし、初等・中等教育においては、早い段階で文系と理系との進路選択があり、効率的な勉強のために、不要な知識は覚えなくていいとさえいわれる。現代の知識は高度化・専門化の度合いを深めて専門性の垣根を越えることが難しくなっている。しかし、世界は複雑化するとともに多様性をも増して混迷の度合いを深める一方であり、その世界で生き残っていくためには、強靭な精神力とともに柔軟で多角的・多面的な知性を身に付けることが必要である。

知識と経験が世界の見方を変えてくれる。異質なものの面白さを受入れ、自らの世界を拡大して多様性を楽しむ。文系と理系といった便宜的に過ぎない区分を自由に越境し、健全な知の総体の中を悠然と闊歩する。おそらくは、いわゆる博物学的な見方の復権に繋がるのかもしれない豊饒な知識の獲得は、どこかで感動と結びついていると、その定着は確実になるだろう。感動を伴う知識獲得の楽しさは、誰もが経験しているはずである。

文系・理系という区分の弊害に拘泥するのは、その区分が分野越境の機会を阻害するように働く傾向が大きいと感じるからである。文系・理系という区分は、管理と効率を重視した戦前教育の枠組みであるが、いつのまにか当たり前のように固定化されてしまった。近年、その弊害を改善するための新たな教育手法としてＳＴＥＭ教育あるいは

STEAM教育なるものが大はやりである。言葉の中に「A」の文字が入るSTEAM教育は、「A」の文字が入らないSTEM教育の進化形として理解されている。両者の違いは「A」の文字の意味づけによって微妙に異なるが、現代の教育界では、「A」の意義を積極的に認める立場が大勢のように思われる（STEAM教育については、辻合華子、長谷川春生「STEAM教育における〝A〟の概念について」（『科学教育研究』Vol.44 No.2、二〇二〇年）を参照した）。

そもそもSTEM教育は、「S」（Science：科学）、「T」（Technology：技術）、「E」（Engineering：工学）、「M」（Mathematics：数学）の各分野を示す単語の語頭を繋げた造語であり、一九九〇年代の米国で推進された教育理念を源流とするが、当初の語順SMETの語感が好ましくないとの理由から語順を変更したものであるという。それは米国の理数教育における当時の学力低下意識を背景として生まれた教育理念であり、米国の国際競争力強化のために法制化された教育システムである。STEM教育は米国の教育システムの導入に熱心な我が国にも時を置かず導入された。内閣府で策定された科学技術基本計画に盛り込まれ（二〇一六年）、それを受けて文科省が人材育成プログラムを発表し（二〇一八年）、そこには「技術革新や価値創造の源となる飛躍知を発見・創造する人材と、それらの成果と社会課題をつなげ、プラットフォームをはじめとした新たなビジネスを創造する人材」（「Society 5.0に向けた人材育成～社会が変わる、学びが変わる～」より）の育成が提示されている。経済産業省もこれに関連する独自の提言を示しており、この用語の導入の過程でSTEM教育はSTEAM教育に変貌しているが、「A」の意味づけについて、ART（芸術）とARTS（教養）のいずれの意味に解するか不明確なまま、この用語は教育現場で拡散し、その混乱は現在も続いているという。

美術史を専門とする筆者の立場からすれば、ARTは第一義的に「技術・技能」である。美術史はHistory of artあるいはArt historyと英訳されるが、美術はartのほかにfine artsと訳されることもあるように、本来は洗練された技術・技能である。STEM教育が巨大テクノロジーに対応するための教育として偏向しているとの反省から、そこにリベラルアーツ（Liberal Arts：自由七科と訳す場合、文法・修辞・論理学・算術・幾何学・天文学・音楽の七科を指すことが多い）の観点を導入する意味で「A」の文字を加えてSTEAM教育の用語を上位概念の用語として創作したと解釈することは、Liberal ArtsのArtsに「A」が含まれていることから理解できなくもない。単に科学技術に対応するための特化した知識の修得ではなく、科学技術が大きな意味をもつ複雑な現代社会において、それに対応できる幅広い教養を含む総合的な知識を修得するための教育として、STEAM教育の重要性が喧伝されるようになってきたということもわからないではない。経済産業省の提言には『STEAM』は、今後の社会を生きる上で不可欠になる科学技術の素養や論理的思考力を涵養する『STEM』の要素に加え、そこに、より幸福な人間社会を創造する上で欠かせないデザイン思考や幅広い教養、つまりリベラルアーツ（Arts）の要素を編み込んだ学びである。」とし、さらに「文系・理系に関わらず様々な学問分野の知識に横糸を通して編み込み、『知る』と『創る』を循環させ、新たな知を構築する学びであると言えよう。」とまで表明している（第二次提言、二〇一九年）。しかし、STEMという文字列の中に「A」を挿入してSTEAMにしたところで、その教育の前提が理数教育における学力強化であることは紛れもない事実であり、従来の理系偏重教育に一層拍車がかかることはオブラートに包んだように透けて見える。「哲学は神学の婢」との慣用句があるが、「A」はSTEMの婢として、STEMに従属し奉仕するものとして位置づけられているようにしか感じられない。理数教育が尊大だというのではない。勿論、理数教育は大切である。理数教育の成果とビジネスを直結させる視座が教育の中心に据えられていることを不健全であると指摘したいだけである。複雑な現代社会を生き抜くために幅広い教養を含む総合的な知識を修得することが必要であることは当然であるが、総合的な知識の獲得には人間としての基礎的能力の育成とバランスの取れた教養が前提となる。この前提が長らく軽視されたまま迷走する教育の現状を、見過ごすことは出来ない。

STEAM教育は、極めて米国的なプラグマティズム教育からスタートしていると筆者は理解している。STEAM教育を標榜する立場に対しては、例えば、それに代えてLPAGH教育を提唱したい。これは筆者の造語である。LPGHは、「L」（Linguistics：言語学）、「P」（Philosophy：哲学）、「G」（Geography：地理学）、「H」（History：歴史学）であり、それらを「A」（Arts：リベラルアーツ）が繋いでいるイメージである。言葉遊びのように聞こえるかもしれないが、筆者は大真面目である。STEAM教育は現前の課題解決に有効であれば可であるとする近視眼的な教育手法であるとしか筆者には思えない。教育は未来に向けて明確な指針として制度設計されるべきである。勿論、そのための柔軟性は十分担保されるべきである。思想性が欠如した、少なくとも筆者にはそのように感じられるプラグマティズム臭の強いSTEAM教育は早急に修正すべきである。米国の教育事情に追随する教育改革は一刻も早く変更すべきであると思われるが、どうだろうか。

なぜ、ここで長々と筆者の拙い教育論を開示するのかというと、それには筆者の苦い経験が関係しているからである。もう何十年も前の、筆者が高等学校に入学する折の話となる。入学前に学校に提出しなければならない書類の中に、科目選択にかかる書類があった。どこの学校でも同様のことがあったと聞くのだが、芸術科目は選択科目であった。私の母校では、芸術科目は音楽と美術の二つが用意されていたが、正規の学修科目としては、二つとも学修することはできず、どちらか一方を選択することになっていた。両方に興味があるにも関わらず、正規の学修科目としては、両方を学修することはできない。どちらか一方のみ学ぶことが強要される。高校入学の最初の段階で、興味ある二つの科目の双方を学ぶ機会は奪われていた。私は悩みに悩んだ末、選択を許されない一方については、放課後の自主的な課外活動で何とか埋め合わせる以外に方策はなかった。

新しい知識を得ようとする自由意志は崇高であり、神聖なもののようにさえ感じられる。新たな知識獲得のための新たな学修機会を教育制度が奪うというのであれば、それは教育制度の欠陥であり、教育に関わる者の横暴である。限られた学修時間の中で効率よく必要単位を取得するために仕方ないというのであれば、それこそ皮相なプラグマティズム教育であるといえよう。

すべての知識の前提には言語の力がある。言語が世界を創るのであり、言語運用のリテラシーを十分獲得してはじめて、人は認識の地平を切り開いてゆける。全ての学問の基礎には言語がある。言語という揺るぎない岩盤の上に全ての学問が成立する。人は言語の力で世界を知る。言語の領域に歴史的に最も深く関与してきたのは、従来の文系・理系という学問区分でいうところの文系学問である。近年の文系教育に対する軽視は甚だしく、その影響の大きさにより文学部の多くが消滅の危機にある。いわゆる文系と理系とのバランスを欠いた理系偏重教育が推進された結果である。大学で教鞭を執っている筆者のもとに提出される学生からのレポートは日本語で記述されているが、日本語とは思えない拙劣なレポートを受け取ることは決して珍しいことではない。判読不能な文字の羅列と解読不能な論旨に遭遇する度に、初等教育における言語教育の重要性を思わないではいられない。言語運用能力が未発達であることによる発想の貧困さが露呈されたレポートを読む機会も少なくない。言語運用リテラシーが未発達のままでは、巨大テクノロジーを縦横無尽に操ることなど不可能であろう。STEAM教育の性急な実施よりも、人間としての基礎力の涵養、就中、言語運用能力の向上が最優先事項として重視されなければならない。それは、いわゆる教養と呼ばれる領域に連動することになるだろう。その獲得を前提としてはじめて、真の総合知の探求者が育成されるものと信じる。近年の生成AIの急速な発達を目にするにつけ、このままでは、生成AIから支配される未来が出現するという悪夢を想像しないではいられない。

見る位置が変わると、物は違って見える。例えば、平面上の六角形と見えていたものが、実は三次元空間における立方体であるかもしれない。物の見え方は、見る側の視野の広さや視点の取り方、あるいは物の考え方に大いに関連する。視覚芸術と時空間との関連性に対する関心から、筆者は「天文文化研究会」という小さな研究会を二〇〇七年に立ち上げた。天文現象は古代より人々の生活や文化活動に密接に関わり、文学や美術に広く取り入れられるとともに、現代科学の発端ともなった。古典籍・美術品・工芸品・遺跡・数式等の中にみられる天文に関わる多様な表現を対象に、文化史と科学論を統合して自然観を考察する新たな研究領域を開拓することがこの研究会の目的であり、その研究活動を基盤として「天文文化学」という新たな学問分野の創設を宣言した。細分化され過ぎた現在の学問を新たに捉え直し、「総体としての知を確立する」挑戦でもある。

天文を理解するためには天文学は勿論、数学や物理学の知識が必要になる。しかし、天文は一部の専門研究者の占有領域ではない。天文を楽しむ全ての人に広く開かれた領域である。楽しむためには、天文学や物理学の知識が少しばかり必要になるが、必ずしもそれらの分野の専門家である必要はない。一方、過去の天文現象が何らかの記録や造形物として残されている場合、それらを楽しむためには歴史的な考察が必要になる。それには古い文字や思想についての少しばかりの知識が必要になる。ただし、必ずしもそれらの分野の専門家である必要はない。必要なのは好奇心であり、知的な探究心である。知識は必要に応じて修得すればいい。従来の文系・理系の知識や領域に拘泥していては「天文文化学」という複合領域を楽しむことはできない。天文文化研究会は年に二回程度、研究会を開催しており、これまでの研究会の開催回数は二六回、会員数は五〇名を超えるまでになった。研究会の活動の詳細はホームページで公開している。(1)

物を見るための場所の変更は、「現実的な場所」の変更に限定されない。緯度が異なる場所に視点を移せば、確かにこれまで見えなかったカノープスが見えることもある。同様のことは頭の中でも起きる。頭の中にある思考の領域を変更して異なった環境で課題を見直すと、想定していなかった解釈に導かれることがある。思考実験の話題は多様であることが望ましい。文系・理系という便宜的な境界は悠然と飛び越え、ＳＴＥＡＭ教育という皮相なプラグマティズム教育の成果に期待せず、生成ＡＩという途方もない新技術に惑わされることなく、真の知の新たな領域を開拓することから未来を洞察することが必要ではないだろうか。その壮大な実験の一端を天文文化研究会が担えれば幸いである。

注

（1） https://www.oit.ac.jp/is/shinkai/tenmonbunka/workshop.html

原在明《山上月食図》（個人蔵）の画題について

松浦　清

まつうら・きよし――大阪工業大学工学部教授。常翔歴史館館長。専門は仏教美術史、星曼荼羅を中心とする星辰絵画。主な著書・論文に「星曼荼羅の成立とホロスコープ占星術――円形式の構成原理を中心に」（『密教美術と歴史文化』法蔵館、二〇一一年）、「星曼荼羅の構成原理と成立について」（『仏教美術論集2　図像学――イメージの成立と伝承（密教・垂迹）』竹林舎、二〇一二年）、『天文文化学序説――分野横断的にみる歴史と科学』（共編、思文閣出版、二〇二一年）などがある。

江戸時代後期の京都の画家・原在明が描いた軸装絵画の中に《山上月食図》として紹介された作品（個人蔵）がある。この作品が「月食」を描いた作品であれば、「珍品」の評価が相応しいが、果たして、この作品は本当に「月食」を描いた作品なのだろうか。美術史的な観点に天文学的な視点を絡めて、画題を検討する。

はじめに

古美術愛好家の手許に古美術商から配送される美術品カタログは、美術愛好家の購買意欲を刺激し、古美術商の業界を活性化させ、また、世間に流通する美術品のその時点での価格動向を記録する資料という意味において、それは各種の売立目録と同様に貴重な価値をもつ。筆者が偶然目にした『京都古書組合総合目録　第三十三号』（以下、『目録』と略称する）もそのひとつである。ここでは、その『目録』に掲載されていた「原在明　山上月食図」（**図1**）を取り上げる。

その『目録』には強調のため、太字（ゴチック体）で「珍品」との記載があった[1]。なぜ「珍品」なのか、その理由は定かではないが、恐らく画題に「月食」とあることが主因であろうと推察される。

原在明は江戸時代後期の京都の画家で、写生派系の画風に繊細で装飾的な技巧を加味した独自のスタイルを特色とする。宮廷や有力社寺との関係が深く、伝統的な画題を多く描いた画家でもある。その画家が「月食」を描いたのであれば、確かに「珍品」といえるだろう。天文学者ではない江戸時代後期の画家が「月食」を描いたとは、寡聞にして知らない。さて、本図（以後、必要に応じて本図と呼称する）は、本当に「月食」を描いた作品なのだろうか。

本図の実査を踏まえ、以下、「月食」という画題について、美術史的な観点に天文学的な視点を絡めながら考察する。

一、本図の概要

本図（個人蔵）は、縦一一二・六センチメートル、横四〇・九センチメートル、絹本着色金彩の軸装絵画である。本図を描いた画家の名は、画面左下にある「原在明并題」の款記墨書と「平在明印」（白文方印）／「子徳」（白文方印）の印影（**図2**）によって明らかなように、江戸時代後期の京都の画家・原在明（安永七年（一七七八）〜天保十五年（一八四四））である。在明は原派の祖である原在中（寛延三年（一七五〇）〜天保八年（一八三七））の二男として生まれ、その画系を継いだ。生年を天明元年（一七八一）とする説もあるが、ここでは安永七年（一七七八）説を採る。(2) 本図を収納する木製の箱に画題を記す墨書はなく、また、箱の内部に書付等もない。当初からの収納箱とは考えにくい簡素な設えの箱であり、制

図1　原在明《山上月食図》（個人蔵）

作の背景は不明である。画面にも制作の年紀を記していない。

さて、画面は、前景に低い丘陵を、中景に高い山容を望み、その向こうに円相を描く。本図を掲載する『目録』が《山上月食図》と紹介することを踏まえれば、この円相は「月」ということになり、山上に月が懸かる表現となる（**図3**）。月は山の端に近く、また、三日月のような外形で照り映えるため、夕刻の早い時間帯に西の空に低く懸かる景観のように見受けられる。つまり、間もなく西の山陰に沈む直前の月という解釈である。確かに画面全体は帷を降ろしたように薄暗く、夜景のような闇が支配する一方、わずかに薄明が感じられる描写ともなっている。しかし、よく見ると、この月には一般的な月の描写とはいささか異なった表現が認められる。それは、月の東側を描かない単純な三日月ではなく、明確な円相の輪郭を描いたうえで、大きく欠けたように見える部分については、闇の中に薄く浮かび上がるように描き残

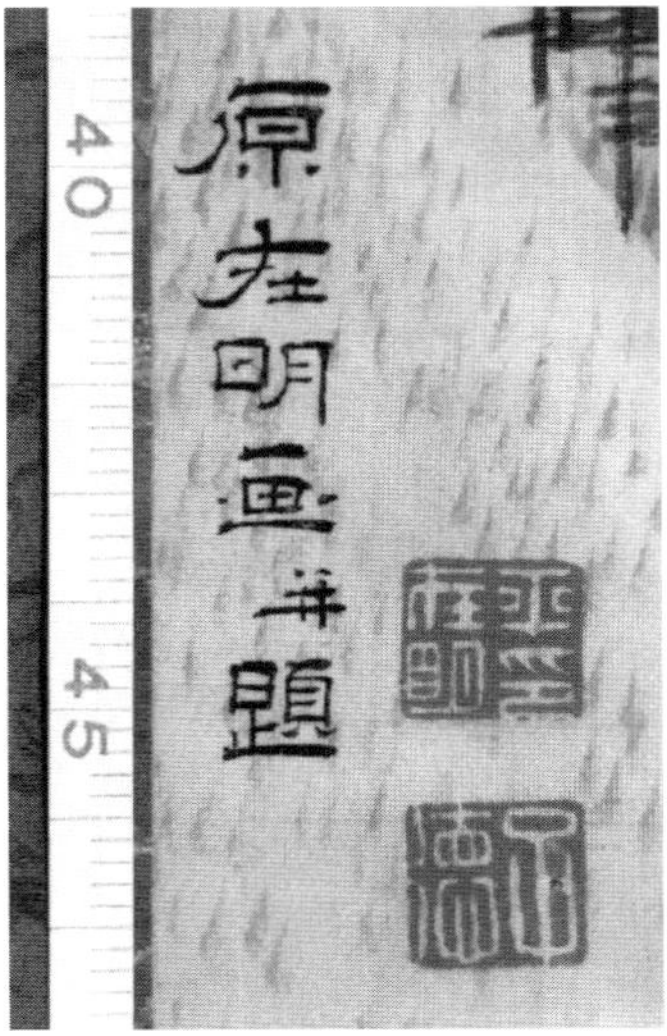

図2　原在明《山上月食図》（款記・印影）

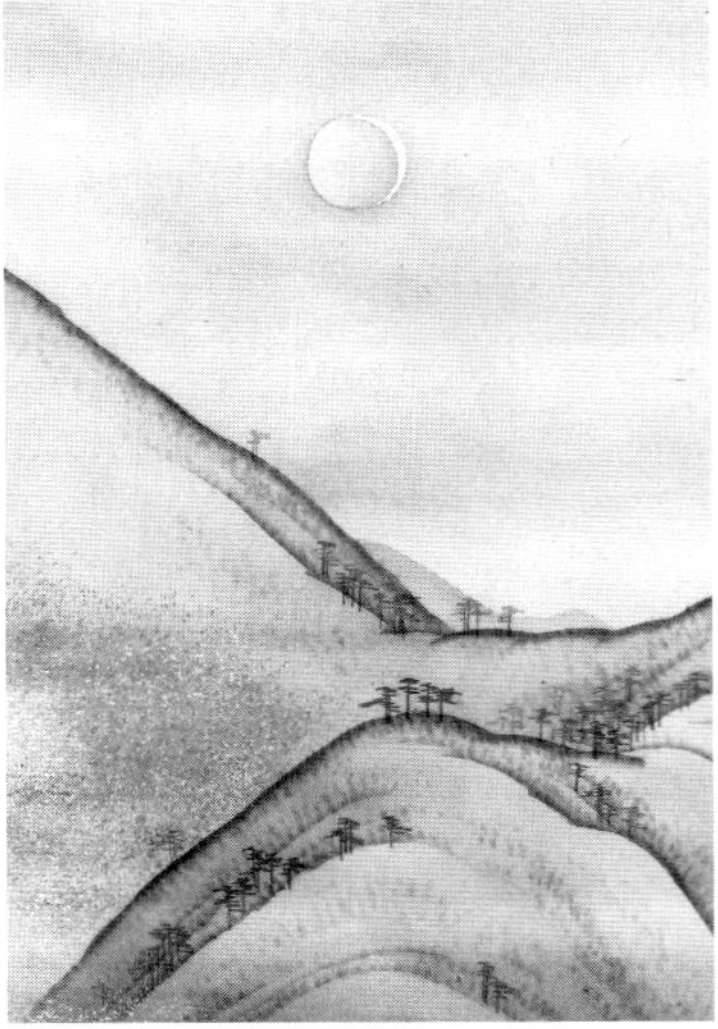
図3　原在明《山上月食図》（部分）

図4　原在明《山上月食図》（部分）

す表現である（図4）。このような表現から、『目録』は本図に描かれた天体について、三日月ではなく「月食」の描写と解釈したのだろう。これが三日月であれば、描かれた時間帯と方位が特定され、景観の意味も理解しやすくなるが、「月食」となるとそう単純ではない。本図が「月食」を描いたものであるとすれば、いつの「月食」を描いたものかが問題になるからである。

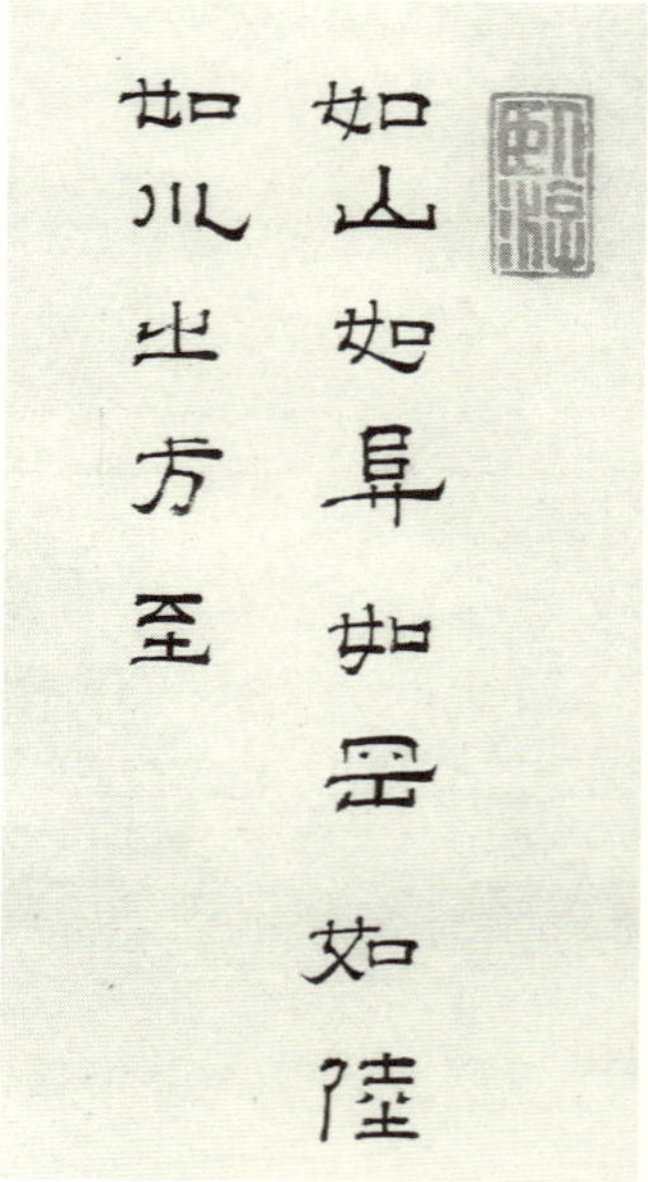

図5　原在明《山上月食図》（画賛）

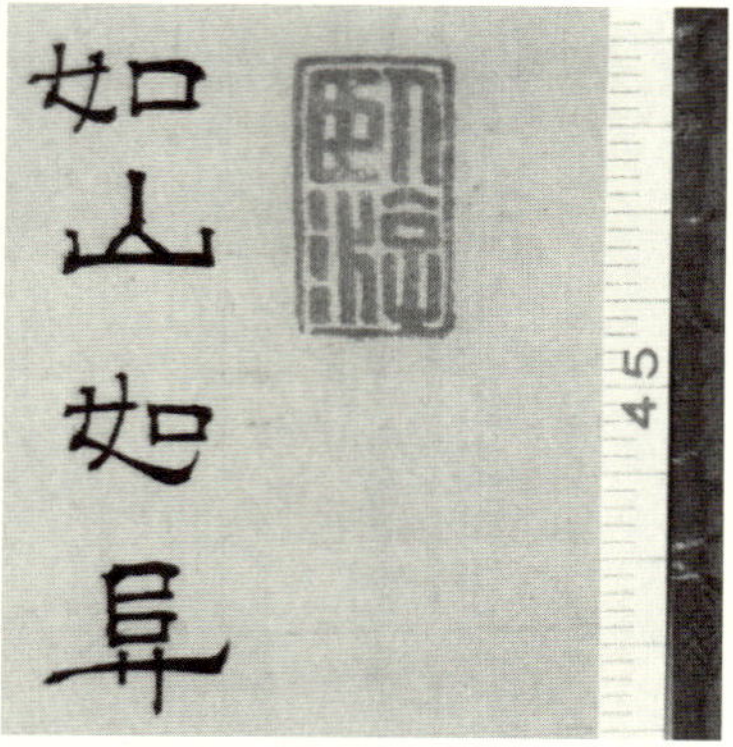

図6　原在明《山上月食図（遊印）

　月を描く絵画は、景観が描き込まれている場合、星景写真と同じように時間や方位も画面に描き込むことになる。このような観点は絵画作品の解釈にとって重要な意味をもつため、別稿でも幾度か取り上げているが[3]、ここでもその観点も含めた考察が必要となる。

　山上で輝く天体を理解するための重要な材料が、本図には記されている。それは、本図の画面上部に添えられた文字情報としての画賛である。この画賛については次に改めて検討する。

二、画賛と画題

　本図の画賛は隷書体の漢字墨書である（図5）。画賛の冒頭には遊印「臥游」（朱文方印）の印影（図6）が認められ、画面左下の款記墨書により、原在明自身の着賛であることが理解される。つまり自画自賛の作品である。画賛の表記は次のとおり。

　如山如阜如岡如陸
　如川之方至

これは『詩経』小雅「天保」の一部である。「天保」は、全体で天子の長寿を祝福する意の歌となっており、(4)本図の画賛はその一部を抜粋して墨書したものである。訓読すれば次のようになる。

山のごとく阜のごとく　岡のごとく陵のごとく

川のみなぎり至るがごとく

この後は「いや増しに増さぬことなし」と続く(5)。

天保はすなわち天子の位であり、それを如山・如阜・如岡・如陵(6)・如川・如月之恒・如日之升・如南山之寿・如松柏之茂の九如として譬え、天子の長寿を祝す詞となっている。

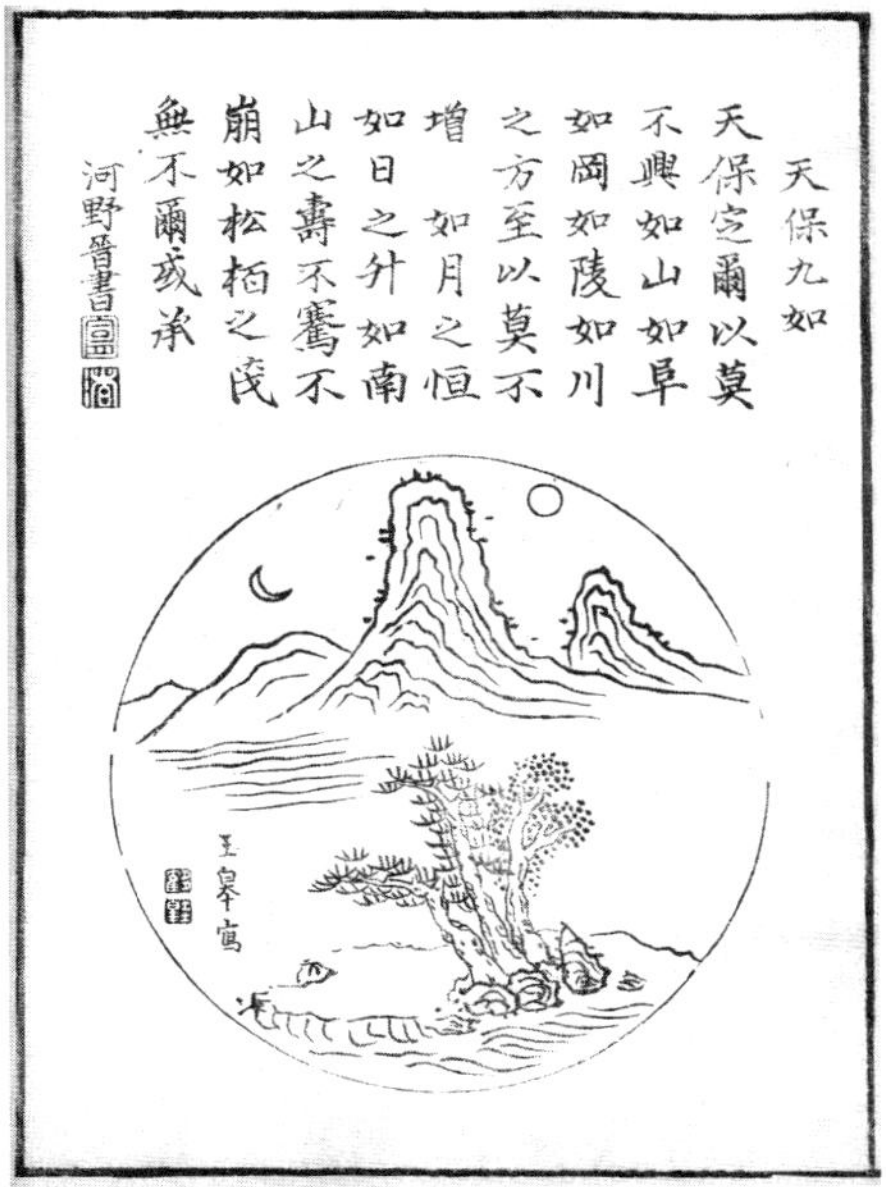

図7　『名数画譜』「天保九如」（個人蔵）

これに基づく故事山水図は「天保九如図」との画題でしばしば描かれる。日月松柏を加えて瑞祥を集めた神仙山水図の一種でもある。

江戸時代後期の大坂の画家・大原東野（明和八年（一七七一）～天保十一年（一八四〇））の『名数画譜』（文化七年（一八一〇）序刊）にも「天保九如」が収録され、簡略ながら対応する景観が示されている（**図7**）。『名数画譜』は絵を伴う各種解説書としての画譜の一種で、数を画題に含む絵画作品を集成した見本一覧のようなものである。中国名画の真筆を実見することなど皆無に近かった当時の庶民にとって、画題に一定の枠組みを与える役割を果たした意義は大きい。この『名数画譜』の「天保九如」に掲出する字句は次のとおりである。

天保定爾以莫
不興如山如阜
如岡如陵如川
之方至以莫不
増　如月之恆
如日之升如南
山之壽不騫不
崩如松柏之茂
無不爾或承

これもまた『詩経』小雅「天保」の抜粋であり、掲出される簡略な図解とこれらの字句を対照することで、「天保九如」を描く際の必要最低限のモチーフが容易に確認される。挿図の簡略化が画題の必須構成要素を単純化させている。画題が成立するための必須構成要素とは、大小の丘陵や山岳、川、樹木、日月であると理解される。

この樹木は『詩経』小雅「天保」では「松柏」とする。『名数画譜』の「天保九如」でも二種類の樹木を描き分けた表現であり、その意図は針葉樹の松と広葉樹の柏との差異にあるように見受けられる。しかし、中国における「柏」は、現在の日本のカシワではなく、ヒノキ系の針葉樹であることに注意すべきだろう。「松柏」は中国ではいずれも針葉樹として認識されており、常緑樹であることこそ不変の吉祥画題として相応しい。

図8　狩野永岳《天保九如図》（個人蔵）

『名数画譜』の「天保九如図」を見ると、月齢二十七日頃の月を画面の左手つまり東の空に配する。画面の右手つまり西の空に太陽が位置するため、この景観は沈みゆく太陽と昇る月という状況の漠然とした説明とも解釈されるが、北半球の中緯度地方の眺望としては、天文学的には不合理な景観である。『詩経』小雅「天保」の一部を「如月之恆／如日之升／如南山之壽／不騫不崩」と引用する『名数画譜』の「天保九如」が、いずれ日没を迎える太陽と一層欠けて身を削る月を空に掲げる景観とするのは、祝祭的な気分からは遠い表現であり、やや残念な気もする。

江戸時代に「天保九如」の画題で描かれた本格的な作品は数多く現存する。例えば、江戸時代後期に京都を中心に活躍した画家・狩野永岳（寛政二年（一七九〇）～慶応三年（一八六七））もこの画題の作品《天保九如図》[7]（**図8**）を描いている。画面右下に「狩野縫殿助永岳」の款記墨書と「永岳」（朱文鐘印）／「公嶺」（白文方印）の印影がある（**図9**）。画面には大

図10　狩野永岳《天保九如図》（部分）

図9　狩野永岳《天保九如図》（款記・影印）

小の丘陵や山岳、川、樹木、日月が認められる。樹木は針葉樹で、常緑の松とみられる。日月の表現は、画面左手つまり東の空に赤色の太陽を、画面右手つまり西の空に白色の二十七日頃の月を描く（**図10**）。これは天文学的にも合理性をもつ自然な景観描写となっており、旭日を描く「天保九如図」の典型的な作品である。

しばしば混同される画題に「蓬莱山図」がある。例えば、収納する木箱の蓋（**図11**）[8]に「天保九如之図　上田耕冲先生筆　桐山處持」との墨書のある作品[9]（**図12**）は、画面の右

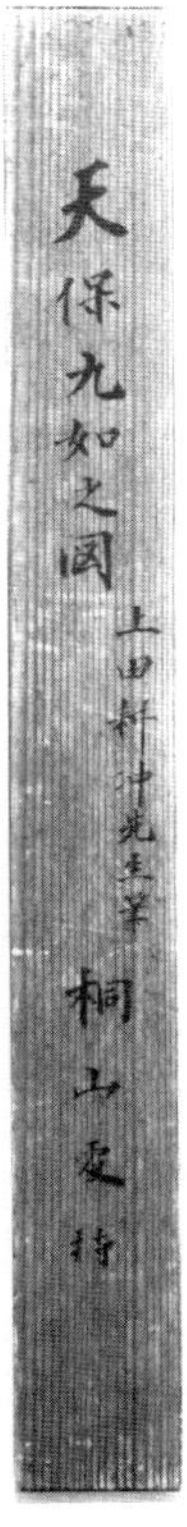

図11　上田耕冲《蓬莱山図》（箱書）

図12　上田耕冲《蓬莱山図》（個人蔵）

図14　上田耕冲《蓬莱山図》（部分）

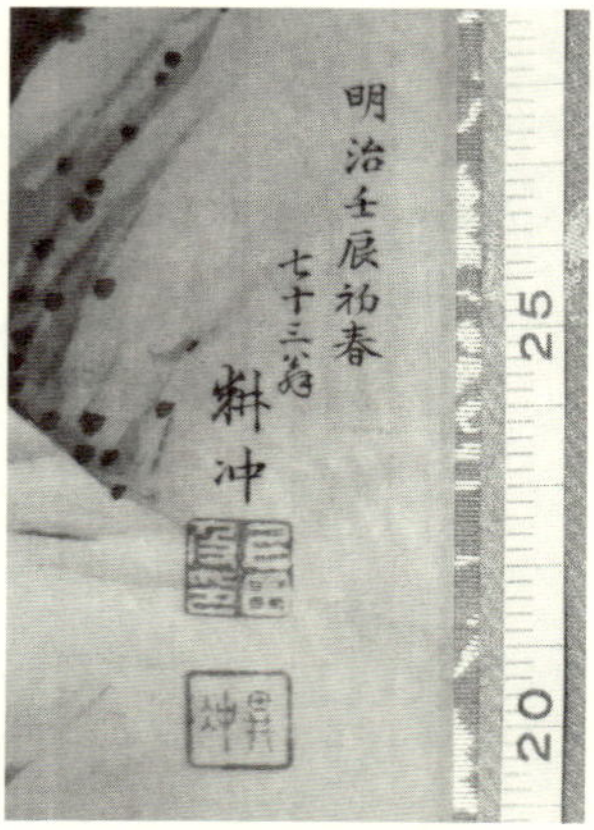

図13　上田耕冲《蓬莱山図》（款記・印影）

下に「明治壬辰初春　七十三翁　耕冲」の款記墨書と「上田及印」（白文方印）／「畊冲」（朱文方印）の印影（図13）があり、幕末から明治にかけて活躍した大坂の画家・上田耕冲（文政二年（一八一九）〜明治四十四年（一九一一））が明治二十五年（一八九二）に描いたことを記すが、この作品は「天保九如図」ではない。大小の丘陵や山岳、川、樹木は画面上に確認できるものの、天空には太陽が懸かるのみで月は描かれず、鶴の飛翔が遠望される（図14）。飛鶴の描写は蓬莱山のイメージであり、耕冲の描いた「天保九如図」とされる作品は《蓬莱山図》である。『詩経』小雅「天保」の本文にあって『名数画譜』が引用することから明らかなように、「天保九如図」では「如月之恒」（月のみちゆくごとく）と「如日之升」（日の昇るがごとく）という大自然の恒常性が示されなければならない。

在明が描いた本図の構成要素を確認すると、それは「蓬莱山図」のそれではなく、「天保九如図」のものであり、本図の画賛は、本図が「天保九如図」として描かれたことを宣言していることになる。

このような観点から本図を改めて見るとき、天子を祝福する吉祥画題として描かれる景観が、「夜景」として描かれる違和感を払拭することができない。ましてや「月食」を描いたものとすれば、なおさら画題について疑問視せざるを得ない。

本図に《山上月食図》との画題を与えることは適切なのだろうか。

三、「天保九如図」の画題と「月食」

天子の長寿を祝福する画題である「天保九如図」はどうしても「月食」と相性が悪い。それは、「日食」と同様に「月食」も従来、宮中では「穢れ」と考えられてきたからである。よく知られるように、順徳天皇〔建久八年（一一九八）～任治三年（一二四二）〕の手になる『禁秘抄』には、次のように記される。[10]

主上当日月曜之時。御慎殊重。（中略）。天子殊不当其光。雖食以前以後不当其夜光。日月惟同。以席裹廻御殿。如供御。不当其光。日食未明前。月食未暮前。月不出前。人々可参籠。御持僧或他僧ニテモ奉仕御修法。其上於御殿有読経。近代多薬師経也。

これは「日月食」についての記述で、これによれば天皇は日月食の日、特に重く慎まなければならないとされている。日月食の光に当ってはならず、食の前後もその光に当ってはならないという厳格さである。席《むしろ》をもって御殿を覆い、飲食物も光に当てない扱いであった。人々は参籠し、御持僧あるいは他僧も御修法を奉仕、つまり加持祈祷をおこない、御殿では読経がおこなわれた。経典の多くは薬師経であったという。

これは鎌倉時代初期の記録であるが、原在明の活躍期の後半、つまり幕末に生まれた孝明天皇〔天保二（一八三一）～慶応二年（一八六七）〕も、従来の天皇と同様、前近代的な儀礼の中にいたことが知られている。月食ではなく、日食の記録ではあるが、『孝明天皇紀』の天保十年（一八三九）八月一日に「日食に依て八朔〔旧暦八月一日に贈答をして祝う〕の儀を停む」、弘化三年（一八四六）五月二十九日に「頃日太陽暈あり陰陽頭安倍晴雄（土御門）に命じて之を勘せしむ」などとあることは、陰陽思想が近代以前の皇室の儀式や行事を大きく規定していたことの表れとの指摘がある。[11] 江戸時代に陰陽道は土御門家が陰陽師の支配権を握って全盛となり、幕府天文方と対立しつつも維新期まで存在感を示していたことはよく知られているとおりであり、月食の際も日食と同様、前近代的な対応であったことは想像に難くない。

天子の長寿を祝福する画題である「天保九如図」に「月食」を描くことは不敬である。原在中に始まる原派は禁裏造営に伴う絵画制作をしばしば下命されるなど、宮廷や公家社会あるいは有力社寺との結びつきが強かった[12]。その原派の画家である在明が、「天保九如図」という吉祥画に「穢れ」として忌み嫌われる「月食」を描くことはありえない。本図に描かれた「三日月」のように観望される月は「月食」とは考えられない。

また、このような「日月食」をめぐる「穢れ」の観点からすれば、夜景のように薄暗い景観とともに山上に懸かる一部欠失したように見える天体が、「日食」の太陽ではないことも容易に理解される。『詩経』小雅「天保」の本文を『名数画譜』が引用するように、「天保九如図」は健全な太陽が上空に懸かる日中の明るい景観表現でなければならない。本図の表現と「天保九如図」という画題の本質を対照させれば、「穢れ」を意味する「日月食」の表現が本図に相応しくないことは自明であるといえよう。

図15　原在明《山上月食図》(部分)

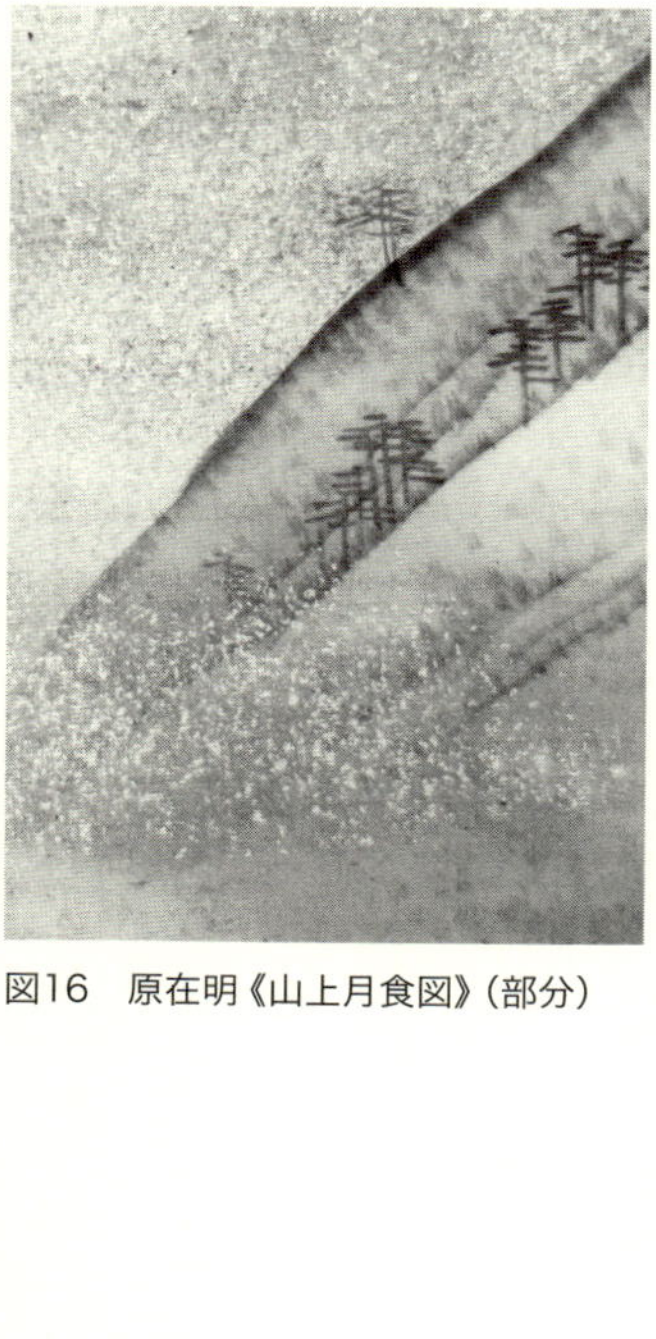

図16　原在明《山上月食図》(部分)

四、上空に描かれた天体

本図の画面の上空で薄暗く輝く天体の描写が「月食」の表現でないとすれば、それは何か。画面を改めて見ると、丘陵や山岳は確かに薄暗い闇に包まれたように見えるが、完全な暗闇でもない。例えば、前景のなだらかな丘陵と中景の山裾だけを見せる高い山岳を隔てるように煙雲がたなびいているが（図15）、その微かに照り映える薄明の雰囲気は、金砂子を梨地風に用いた装飾的な手法による効果である（図16）。勿論、工芸的な手法としての蒔絵の梨地は、漆の層に不統制に沈む金粉が発する光の散乱効果を利用した装飾であって、絵画の平面が金砂子を強制的に平滑に並べてしまう均一性と

図17　原在中《伏生授経図・天保九如図》（敦賀市立博物館蔵）

は異なる光の効果であるが、本図の金砂子を散らした表現は、薄明の雰囲気作りに十分な効果を発揮している。

さて、本図に描かれた天体が日月の食でないならば、それは満ち欠けする月の表現以外には考えられない。画面の薄暗い表現は、上空に月が懸かる夜陰の表現である。円相の外形を残して一部だけ照り輝く月は、確かに「月食」のように見える。この表現が本図に《山上月食図》との画題を与える要因になったと推測されることは既に述べたとおりである。

本図の画題をさらに検討するため原在明の関連作品を捜索すると、在明の父・在中の作品に《伏生授経図・天保九如図》[13]（**図17**）があることがわかる。この作品は三幅対の軸装作品で、中央幅を《伏生授経図》とし、左右幅を《天保九如図》とする「異種配合三幅対」である。「異種配合三幅対」とは、仏画の三尊形式の各尊を三幅に描き分けるのとは異なり、中央幅に描かれる主題と左右幅の内容に直接的関連性が希薄な作品である。室町時代の水墨画の流行が当該形式を一般化する契機になったとみられ、江戸時代にも引き続き多数の作品が描かれている。

在中が描いた《伏生授経図》という画題は、秦の始皇帝の焚書を避けるため『尚書』を壁中に埋めて隠した秦の博士・伏生《ふくしょう》が、後に漢の文帝に招聘されたものの、高齢のため応ずることができず、弟子の鼂錯《ちょうそ》に『尚書』二十九篇を伝えたという故事を絵画化したものである。左右幅で一対となる《天保九如図》とは基本的に関係のない画題である。

図18　地球照（2014年10月28日 自宅より筆者撮影）

在中が描いたこの《天保九如図》の左幅には月が、右幅には太陽が描かれており、確かに、左右幅揃って「天保九如図」を構成する。この左幅の丘陵や山岳、川、樹木の表現は微妙な差はあるものの、在明の《天保九如図》と基本的に同じ配置であり、在中の《天保九如図》左幅の画面右上の墨書は、真行草に書き分ける草書体として揮毫されており、書体こそ異なるものの、在明の《天保九如図》の画賛と同一である。両者の字句の差異を指摘すれば、在明の画賛で「如陸」とする箇所が、在中の画賛では「如陵」となっていることくらいである。ただし、在中の《伏生授経図・天保九如図》の画賛は能書家の花山院愛徳（宝暦五年（一七五五）～文政十二年（一八二九））の揮毫であり、三幅にそれぞれ書体を変えた「愛徳書」の款記墨書と「藤」（朱文方印）／「愛」（朱文方印）の印影が認められる。在中が描いたこの左右幅の左幅の写しとして、あるいは同じ粉本によって、在明の《天保九如図》が制作されたことは明らかである。

両作品の比較検討によって、在明の描く当該作品が《山上月食図》でないことは決定的となった。本図の画面で山上に輝く天体は「天保九如図」の月であり、その形状から、月齢三日前後の月の表現であることが理解される。

三日月が「月食」のように見える表現となっているのは、月に明確な輪郭線を引いて円相とし、三日月に輝く部分以外は、薄暗く浮かび上がるような表現となっているからであった。このような月の描写は、絵画作品の表現として一般的とはいえないものの、そう珍しい表現でもない。事実、在中の《伏生授経図・天保九如図》の左幅の月も同様の手法で描かれている。この表現は「地球照」（図18）の表現である。「地球照」とは、地球で反射した太陽光が月の欠けた部分をうっすらと浮かび上がらせる現象のことで、空気が澄んで月

図19　原在明《桜鞠図・紅葉鞠図》（敦賀市立博物館蔵）

の高度が高くなる冬期には、しばしば観察される。

　さて、本図の画題について、美術史的にはこれでほぼ説明を尽くしたことになる。しかし、これで問題が全て解決したわけではない。在明の《天保九如図》は一幅で伝わり、在中の《伏生授経図・天保九如図》のように三幅ではないからである。在明の《天保九如図》は一幅では《天保九如図》として完結しない。しかし、本来、二幅本の《天保九如図》として制作されたのか、あるいは中央幅に《伏生授経図》または他の画題の作品を据える「異種配合三幅対」だったのか不明な点が残ることになった。中央幅も《伏生授経図》であったとする根拠はない。

　この点を残された問題として重視するのは、この種の作品が何幅から構成されていたかを特定することは別の問題と関連するからである。

　在中が描いた作品に《桜鞠図・紅葉鞠図》[14]（図19）がある。この作品は右幅に満開の桜を、左幅に紅葉した楓を配して春と秋を描き分けながら、両幅に蹴鞠の鞠をそれぞれ描き込んで、宮中の優雅な遊技を想起させる画面となっている。右幅は華麗な鞠挟みを用いて、桜の幹から細く生え出た小枝に吊り下げ、左幅は鞠挟みを描かず、折枝とする楓の小枝の間に挟む表現としている。この《桜鞠図・紅葉鞠図》によく似た

図20　原在明《蹴鞠図》（京都府蔵（京都文化博物館管理））

作品として《蹴鞠図》[15]（図20）を在明は描いている。それは、桜・楓・松の木と蹴鞠を取り合わせたもので、桜と楓の図は《桜鞠図・紅葉鞠図》とほとんど同じ構図である。三幅とも雀が舞う様子を加えている点が異なるだけといえる。宮中の蹴鞠は「懸《かかり》」と呼ばれる矩形の演技場でおこなわれ、「懸」には高さの規準となる元木として、桜・柳・楓・松の四本が四隅に植えられていた。三幅本の《蹴鞠図》は、もとはもう一幅（柳）があった可能性が高く、『臥游集』（京都府立京都学・歴彩館蔵）によると、時として注文主からは対で掛けても、一幅でかけてもよいように描いてほしい、といった依頼が寄せられており、本作品の場合も四季折々に一幅ずつ鑑賞されたのであろうか。」[16]と問題提起される点は重要である。

在明は本図《天保九如図》を二幅対として制作したのか、三幅対として制作したのか、もし三幅対として制作した場合、中央幅は《伏生授経図》であったのか、あるいは別の画題であったのか、それぞれの場合で作品の意義や価値は異なる。しかし、現存しないものを論ずることは困難であり、これは美術史の限界でもある。在中に始まる画家の家系である原家の基礎資料『原家文書』の中の『粉本貸進扣』は、天明七年（一七八七）～天保十四年（一八四三）まで、在中と在明が記した絵画制作のための粉本貸借記録である。[17]そこには一〇七四件もの画題関連記事が掲載されているが、その中に「天保九如図」の記載はなく、関連する記述も見当たらない。[18]膨大な『原家文書』全体を精査すれば、何らかの糸口を見出すことができるかもしれないが、現在、確認できていない。

本図が《山上月食図》ではなく、《天保九如図》として制作されたことは、美術史的な観点による画題の検討から明らかになったと考えるが、一幅として伝存する現状は、既述の

図21　原在中《三十六峯洛外景観図》（京都府蔵（京都文化博物館管理））

とおり未解決の問題を明らかにすることにもなった。本来、二幅対あるいは三幅対として制作されたとすれば、他幅の内容を確認できない限り、本図が「月食」「日食」を考慮して制作された可能性を完全には否定できないのではないかとの疑念である。これについては別の観点から検討することとする。

五、本図に「月食」を写生により描き込む可能性

画家の家系である原家が絵画制作の素材である粉本の収集に積極的であったことを『原家資料』の『粉本借進扣』はよく伝えている。[19] 一方、在中は《三十六峯洛外景観図》[20]（図21）を描いており、実際の景観を正確に写すことにも努めている。在中が描いた《嵐山図屏風》[21]（図22）は実景の写生に基づくいわゆる真景図的な嗜好に装飾性を加味した作品であり、時代の実証主義的な傾向を反映する作品といえるだろう。在明も《写真山水》[22]（図23）や《山水写生画帖》[23]（図24）の中に実景をスケッチした各種の画面を残している。在明の絵画制作の実態は、粉本の単なる引き写しではなく、実景の写生をも踏まえたものであったと考えられる。

本図《天保九如図》の月の表現も、父・在中の《伏生授

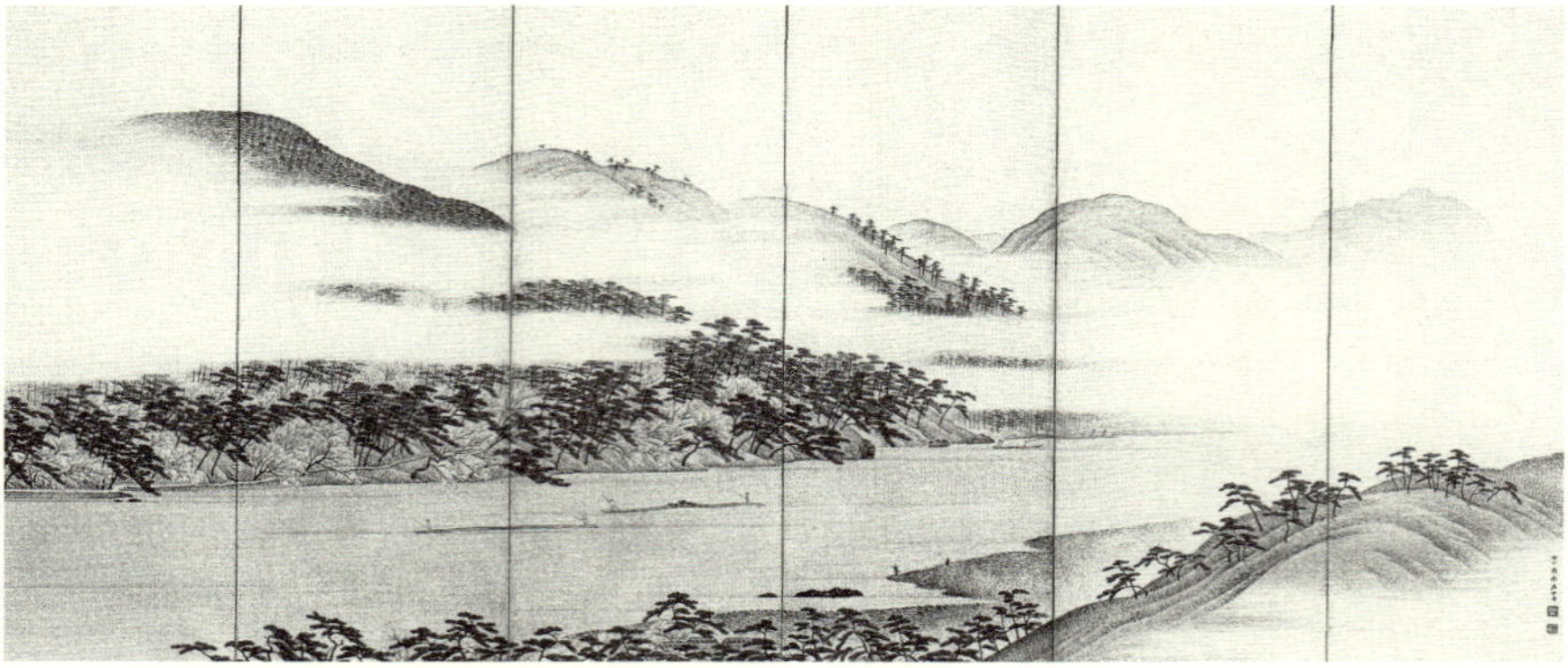

図22　原在中《嵐山図屏風》（敦賀市立博物館蔵）　（右隻）

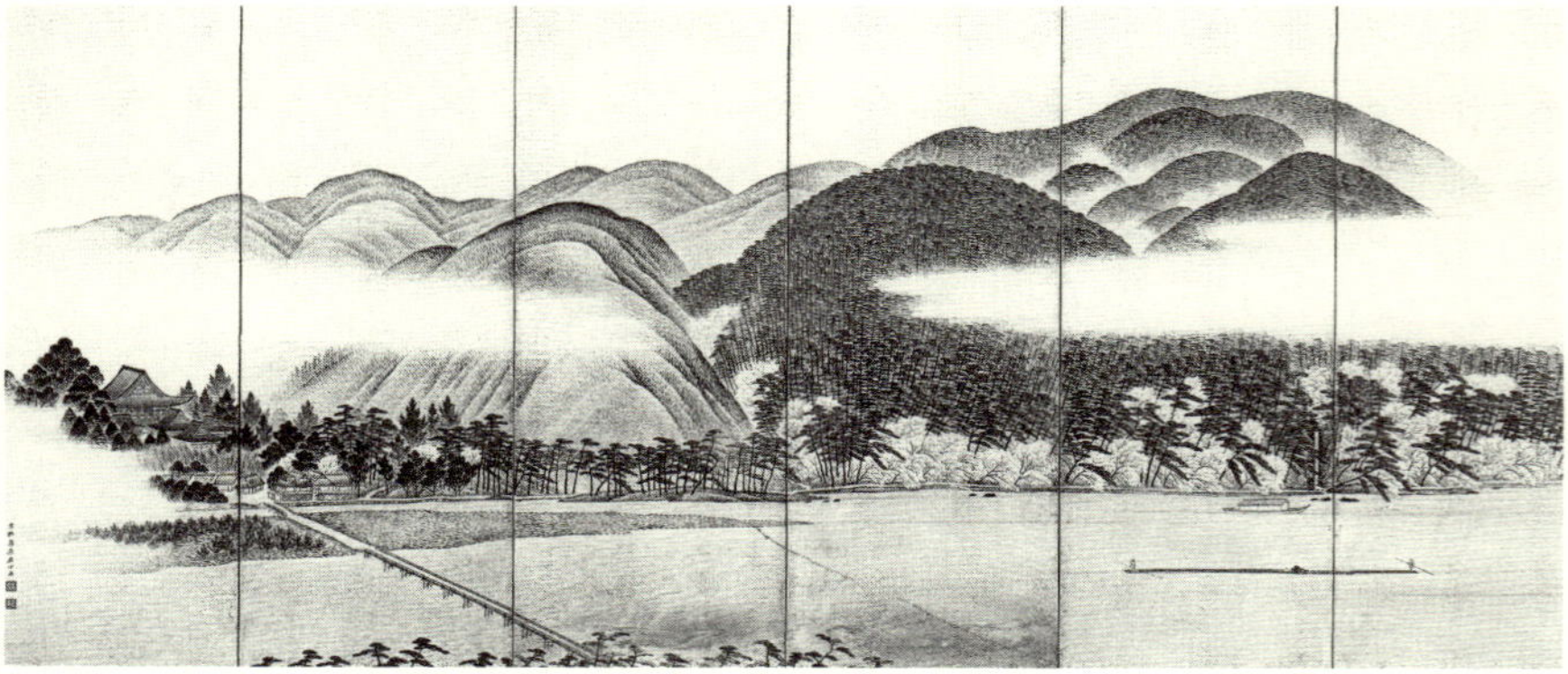

（左隻）

経図・天保九如図》の左幅の月の表現とは少し異なる表現である。在中の《天保九如図》の左幅の月は、月面の右下部分が輝く三日月として描かれており、西の空に没する前の三日月の表現であるのに対して、在明の《天保九如図》の月は、月面の右上部分が輝く三日月として描かれている。この月

図23　原在中《写真山水》（京都市歴史資料館蔵）

図24　原在明《山水写生画帖》（京都市歴史資料館蔵）

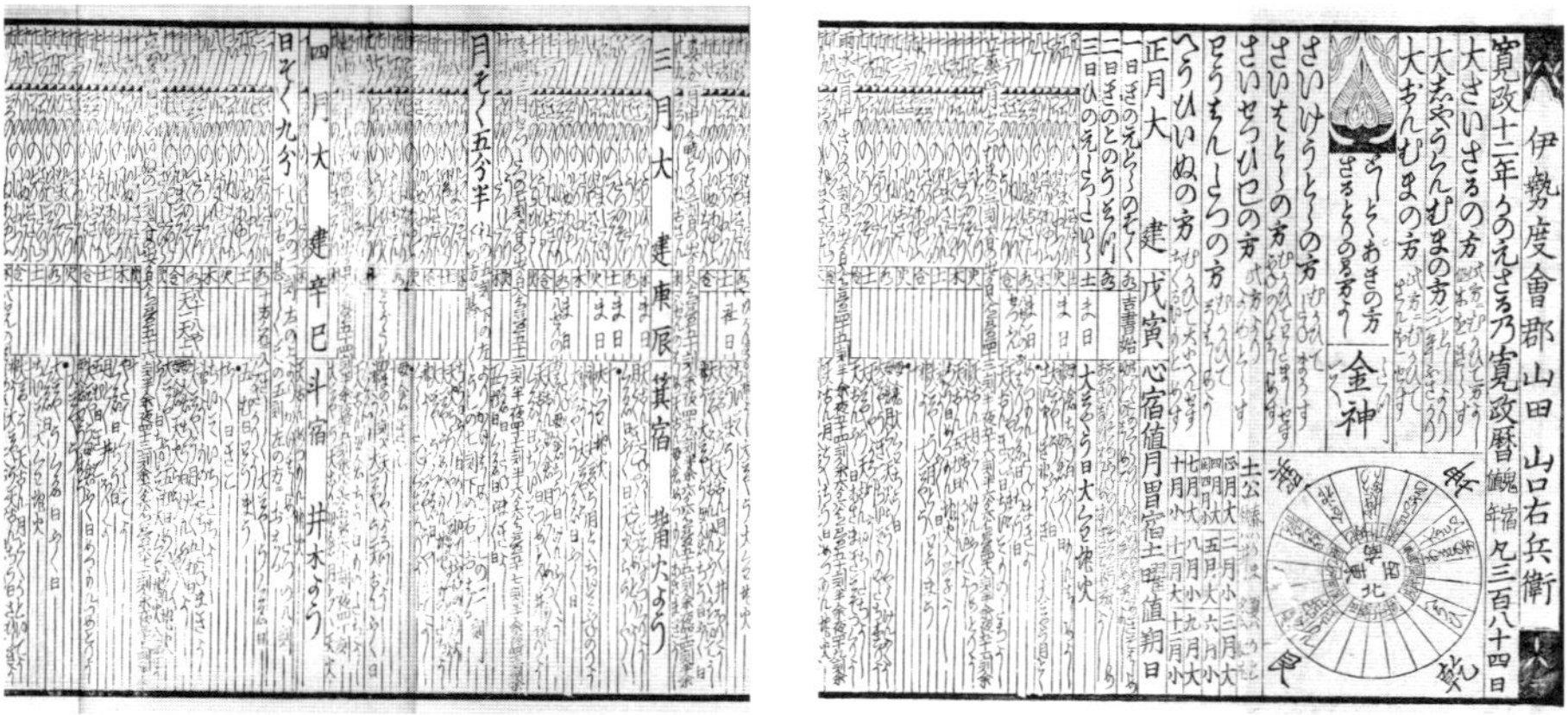

図25　寛政暦（寛政12年の冒頭と3月・4月の部分）（個人蔵）

は夕刻の西の空に懸かる通常の三日月とは異なり、天文学的な観点から見れば、三日月の実景としては不自然な表現である。父・在中の《伏生授経図・天保九如図》の左幅そのもの、あるいは、その粉本を参考にして制作したと考えられる在明の《天保九如図》において、三日月の描写が異なるのはいさかか奇異にも感じられる。真景図への接近を意識したスケッチを写生画帖に数多く残す在明の作画態度は、実景に即した風景画を描くことに十分配慮していたことの裏付けといえよう。そのような観点を重視するならば、実景としての三日月とは異なる描写の原因を、再び「月食」あるいは「日食」との関係において検討しないわけにはいかないだろう。本図が「月食」あるいは「日食」の表現であれば、この表現は実景を反映する可能性があるからである。つまり在明は実際の月食や日食を見て、その写生をもとに本図を描いた可能性があるかどうか、その検討が必要ではとの観点である。

　原在明が在明と改名してから没するまでの間に通用した暦法は寛政暦である。寛政暦は高橋至時や間重富を中心に改暦作業が進められたもので、西洋天文学を取り入れた画期的な暦法であった。例えば、当時一般的であった「伊勢暦」（**図25**）の寛政十二年版を見ると、三月十六日（一八〇〇年四月九日）には「月そく五分半」とあり、四月朔日（一八〇〇年四月二十四日）には「日そく九分」とある。月食や日食がいつ起こるか、食分はどの程度か、また、どのように見えるかまで、明記されており、その記載内容は極めて正確である。このような暦を見れば、原在明も月食や日食を予め知ることができたわけである。日食や月食を実見してそれを写生することは、不可能なことではない。

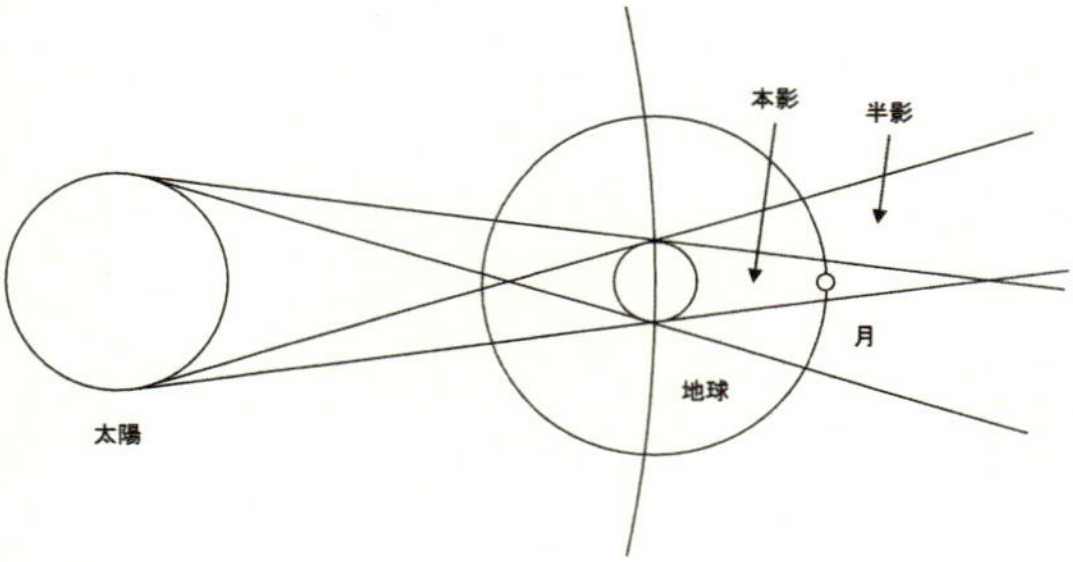

図26　月食のしくみ

　月食のしくみを確認しておこう。月食は、太陽の光による地球の影の中を月が通過する際に見える現象（**図26**）である。地球の影には本影と半影があり、半影は薄い影であるため、欠けていることをはっきりと認識することはできない。月の一部または全部が本影に入った状態を「本影食」といい、月食とは一般にこの状態を指す。月の一部が本影に入った状態が「部分食」であり、月の全体が本影に入った状態が「皆既食」である。

　太陽は一日に約三六〇度、東から西へ天空を移動するように見える。一方、月は約二十七日で天空を一回転するように見える。地球の自転と月の公転は同じ方向であり、月は地球のまわりを一日に約十三度（360/27＝13.3333…）西から東へ進むように見えるため、月は一日に約三四七度（360－13＝347）東から西へ天空を移動するように見える。つまり太陽は月よりも速く移動し、月食の折には、地球の影は東から西へ月を追い越してゆく。このとき月は東側つまり向かって左側から欠けてゆく。

　原在明が描いた《天保九如図》の月が仮に月食であるとして、月の東側つまり向かって左側が大きく欠けるように見える状況を、天文現象として合理的に理解しようとすれば、食

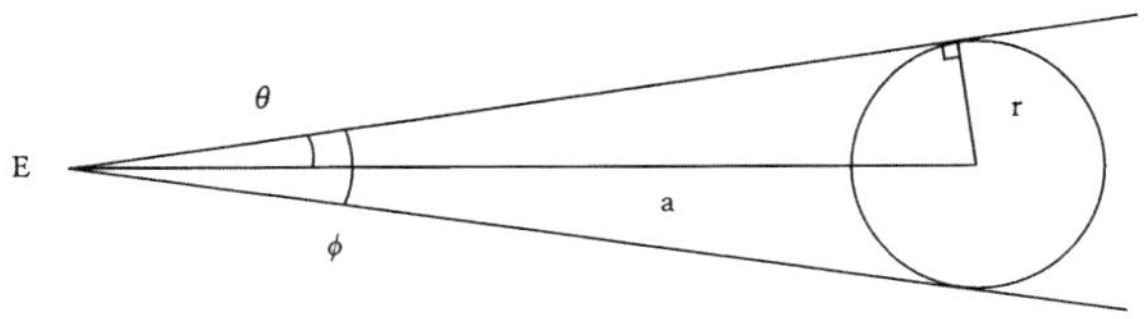

図28　実半径rと視半径θの関係

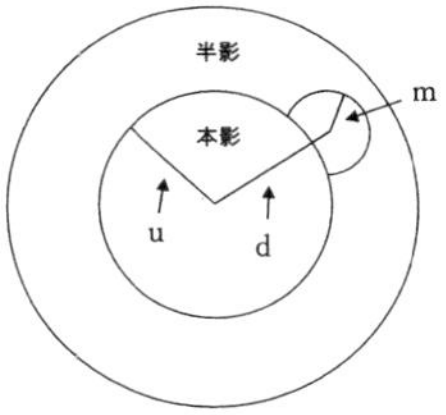

図27　月食概念図

が相当進んでいる状況と解釈される。その場合、食分つまり月が欠ける割合はどの程度といえるだろうか。

月食の食分は、本影によって覆われた月の直径の度合いで表現される。「月食概念図」（**図27**）で確認しよう。本影の視半径をu、月の視半径をm、本影と月の中心間の角距離をdとすると、月食の食分Dは、

$$D = (u + m - d) / 2m \quad \cdots①$$

で表わされる。皆既月食中のDの値は1よりも大きな値となる。

本影の視半径u、月の視半径m、本影と月の中心間の角距離dは、勿論、実際の観測値として与えられるが、原在明の《天保九如図》は絵画作品であるため、そこに描かれた月から、必要な観測値を得ることはできない。しかし、天体の実際の半径rとそれに対応する角距離θは比例関係にあるため（**図28**）、本影の視半径u、月の視半径m、本影と月の中心間の角距離dは、絵画作品として描かれた月の各部の実測値の比として捉えることができる。

原在明の《天保九如図》に描かれている月は絵画作品であって、勿論実景とは異なる。月の右側つまり西側が輝き、左側つまり東側が薄暗く浮かび上がる表現は、皆既の直前か、あるいは食分が〇・八～〇・九程度の表現のように見える。しかし、薄暗く浮き上がる食とみなされる部分は本影よりも遙かに小さい。月の見かけの大きさ、つまり視直径は約〇・五度であり、地球の影つまり本影の視半径は、太陽視差と月視差から計算によって約一・四度と求めることができる[24]。月食の本影の見かけの大きさは月の見かけの大きさの約二・八倍（1.4/0.5＝2.8）つまり三倍程度である。

実際の月食では本影の大きさを実感することができないため、在明が本影の大きさを正確に描くことは不可能である。在明が描いた《天保九如図》の月の表現から、月食における本影の大きさを実測することはできない。画面の月の円相部分から実測できるのは、月の直径xと、月の最大光輝部（こ

こでは、そう仮称する）yである（図29）。それぞれの長さを画面から実測すると、x＝三六ミリメートル、y＝四ミリメートルを得る。月の半径は一八ミリメートル（36/2＝18）となる。月の本影の直径を月の視直径の二・八倍であるとすると、本影の画面上の直径は一〇〇・八ミリメートル（36×2.8＝100.8）となり、本影の画面上の半径は五〇・四ミリメートル（100.8/2＝50.4）となる。本影と月の中心間の角距離dは、月の中心をM、本影の中心をUとすると、月食概念図（図30）の線分UMの長さとして求めることができる。

　この月食概念図において、月の最大光輝部yに対応する線分eの左端を点Aとし、線分UMが月の輪郭線と交わる点をBとする。線分AMの長さは、月の半径の長さと線分eの長さ、つまりyの値との差から、一四ミリメートル（18－4＝14）である。その長さに月の半径の長さを加えた値三二ミリメートル（14＋18＝32）と本影の長さとの差が線分UBの長さ一八・四ミリメートル（50.4－32＝18.4）となる。したがって、本影と月の中心間の角距離dを角度ではなく線分UMの長さとして捉えると、その値は三六・四ミリメートル（18＋18.4＝36.4）となる。

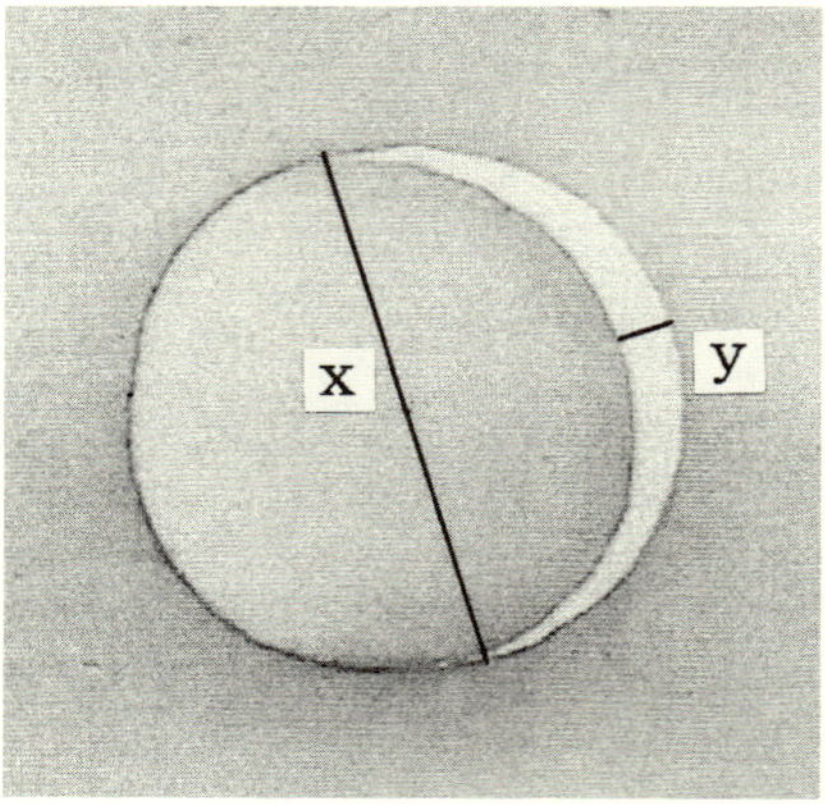

図29　原在明《山上月食図》（部分）

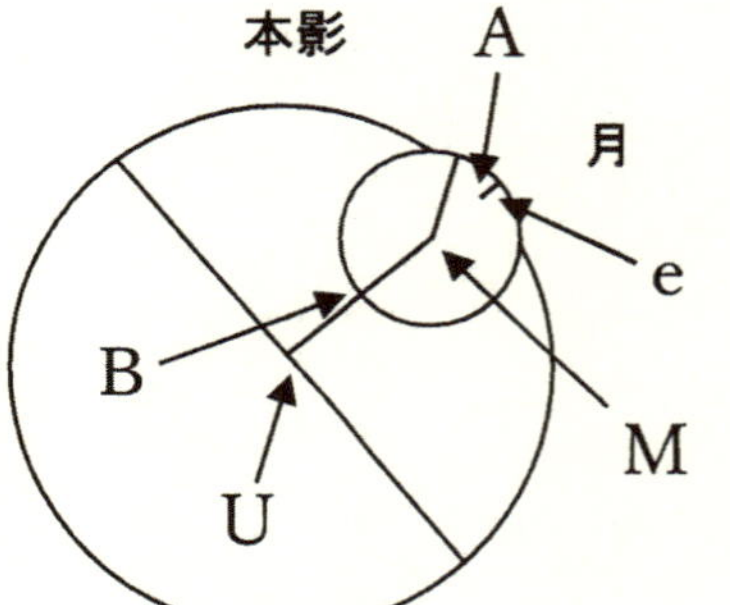

図30　実測による月食の食分

　ここで、先に示した月の食分Dを与える①の式に、u＝50.4、m＝18、d＝36.4を代入すると、

$$D=(u+m-d)/2m=(50.4+18-36.4)/2\times 18$$
$$=0.8888\cdots$$

との値を得る。この値は、画面上の月食の食分を目測で捉えた感覚に合致する。

　そこで、原在明が名前を「近義」から「在明」に改めた享和四年（一八〇四）二月七日[25]以降、没する天保十五年（一八四四）六月十五日までの間、京都で起こった月食の記録を確認する。京都では見えなかった四回の月食を含めて、月食は全部で三十八回あった。[26] それを一覧するため、天文シミュレーションソフト[27]から必要データも取り入れて作成した「月食記録」を掲出する(表1)。

原在明は文化四年(一八〇七)四月十七日から江戸に下向し、九月十四日以前に帰京している。[28] この京都不在期間に月食はなかった。また、それ以外の時期に京都を不在にしたかどうかは不明である。在明が実見した可能性のある月食の候補として、食分〇・八以上の月食の記録は、「月食記録」を見ると、皆既月食を含めて二十一回ある。

在明の描いた《天保九如図》では月は山上に描かれている。月の視直径は約〇・五度であるため、これを本図に当てはめて月の高度の概数を求めてみる。実景ではない絵画作品であり、水平線や高度〇度の基準となるものがなく、視直径の単なる積み上げが角距離を正確に反映するものでもないため目安に過ぎないが、低高度と見られることから、京都における観望として、月の高度は約十一度と目算される(図31)。月の出没時刻は季節によって異なり、南中高度も異なるが、月の出から月の入まで一八〇度を十二時間で月が移動するものと単純化する。その場合、月は一時間で十五度(180/12＝15)移動することになる。本図の場合、高度の観点からは、四十五分程度(60/15×11＝44)、多く見積もって、月の出から一時間以内あるいは月の入の一時間以内の時間帯と見なされる。また、本図では、月の進行方向とは逆の東側の下部を欠くように見えるように描かれていることも重要である。

描かれた月の高度と月の形体に合致する状況を、掲出した「月食記録」から確認すると、本図の月の表現と異なる状況を示すものが多いことがわかる。

月の高度については、画面に描かれた高度の二倍程度である二十度まで許容すると、二十度を越えるものが十三回あり、また、地平線下で食分〇・八となるものが四回あるため、該当するものは二十一回の月食記録のうち四件(21−13−4＝4)に絞られる。

六、原在明が実見した可能性のある「月食」の検討

これまでの検討から、原在明が実見した可能性のある月食記録は次の四件である。ただし、時刻は京都上京区の地方視太陽時とし、食分、高度、時刻の数値は天文シミュレーションソフトのデータによる。[29] 小数点第二位以下は切り捨てた。

〈一〉文化六年九月十五日

(一八〇九年十月二十三日)

食甚		月の出・入の時刻／食分0.8の時刻・高度								適否	
①	②	①				②				①	②
7/23、02:36	16:44-18:26	18:54	05:08	02:10	25.7	17:03	07:33	16:39	-4.6	×	×
05:20-06:46		18:50	04:53	05:05	-2.4					×	
16:46-18:22		16:57	06:54	16:10	-9.4					×	
18:23		17:10	06:41	17:46	6.3					△	
23:10-8/23、00:54		18:24	05:40	22:59	40.3					×	
6/22、02:56-03:24	21:16-22:56	18:50	04:52	02:26	21.2	16:33	07:27	20:53	49.2	×	×
21:19-23:01	23:37-10/4、01:15	18:11	05:45	21:04	30.4	17:29	06:12	23:13	57.9	×	×
1823/1/27、01:25-03:07		16:47	07:12	01:23	66.3					×	
17:35		17:04	07:30	17:47	7.0					△	
23:37-5/22、01:09	11/15、00:30-02:02	18:39	05:02	23:19	33.3	16:35	06:48	23:53	72.7	×	×
17:16-17:30（不可視）	11/4、02:13	18:49	05:28	—	—	16:46	06:33	01:25	58.1	不可	×
21:45-23:25	06:47-08:31（不可視）	17:45	06:30	21:37	43.6	17:56	05:28	—	—	×	不可
12/27、05:43-07:21*		16:18	07:09	05:31	16.9					△	
16:40-18:06（不可視）		19:16	05:11	—	—					不可	
04:56-06:36	07:46-09:22（不可視）	18:00	05:22	04:37	7.7	17:04	05:58	—	—	△	不可
23:54		17:26	06:16	23:12	57.8					×	
18:06-19:46	1842/1/27、02:34	18:55	05:35	11:55	-12.2	16:47	07:08	02:37	52.2	×	×
08:17-09:47（不可視）		16:14	06:41	—	—					不可	

表1　原在明改名後の月食記録

和暦		西暦	月日（西暦月日）		食分	
元号	年（改元月日）		①	②	①	②
享和／文化	4（2月11日改元）／1	1804	6月16日（7/22）	12月15日（1805/1/15）	（0.91）	月出帯食、皆既（1.76）
文化	2	1805	6月16日（7/12）		月入帯食、皆既（1.38）	
	3	1806				
	4	1807	4月14日（5/21）	10月16日（11/15）		月出帯食
	5	1808	9月15日（11/3）		月出帯食、皆既（1.53）	
	6	1809	9月15日（10/23）		月出帯食（0.85）	
	7	1810				
	8	1811				
	9	1812	7月16日（8/22）		皆既（1.85）	
	10	1813	1月15日（2/15）		月出帯食	
	11	1814	11月16日（12/27）		月入帯食	
	12	1815	5月14日（6/21）	11月16日（12/16）	月入帯食、皆既（1.03）	皆既（1.69）
	13	1816	10月16日（12/4）		月入帯食	
	14	1817				
文化／文政	15（4月22日改元）／1	1818				
文政	2	1819	3月16日（4/10）	8月15日（10/3）	皆既（1.78）	皆既（1.59）
	3	1820	2月16日（3/29）			
	4	1821				
	5	1822	12月15日（1823/1/26）		皆既（1.74）	
	6	1823	12月16日（1824/1/16）		月出帯食（0.80）0.78	
	7	1824				
	8	1825	10月16日（11/25）			
	9	1826	4月15日（5/21）	10月15日（11/14）	皆既（1.47）	皆既（1.48）
	10	1827	4月16日（5/11）	9月14日（11/3）	月出帯食、皆既（1.01）	（0.88）
	11	1828				
	12	1829	2月16日（3/20）			
文政／天保	13（12月10日改元）／1	1830	2月15日（3/9）	7月17日（9/3）	皆既（1.67）	月入帯食、皆既（1.82）
天保	2	1831	1月14日（2/26）		月出帯食	
	3	1832	閏11月16日（1833/1/6）		月出帯食	
	4	1833	11月16日（12/26）		月入帯食、皆既（1.67*）	
	5	1834	5月15日（6/21）		月出帯食、皆既（1.40）	
	6	1835				
	7	1836	9月15日（10/24）			
	8	1837	3月17日（4/21）	9月15日（10/14）	月入帯食、皆既（1.67）	皆既（1.52）
	9	1838	8月15日（10/3）		（0.95）	
	10	1839				
	11	1840	1月15日（2/17）			
	12	1841	6月16日（8/2）	12月15日（1842/1/26）	月出帯食、皆既（1.68）	（0.80）0.79
	13	1842	6月15日（7/22）		月出帯食	
	14	1843				
天保／弘化	15（12月2日改元）／1	1844	10月16日（11/25）		月入帯食、皆既（1.44）	

大崎正次『近世日本天文史料』（原書房、1994年）に基づき、天文シミュレーションソフトウェア「ステラナビゲータ9」のデータを加えた。

【表1凡例】
・和暦の年に付した（　）内は改元の月日で、／の後は改元後の年を示す。
・月食の起こった「月日」「食分」「食甚」について、それぞれ欄を設けて区別した。これらの欄は、大崎正次『近世日本天文史料』（原書房、1994年）に基づくが、数字の後に「＊」を付したデータは、天文シミュレーションソフトウェア「ステラナビゲータ9」（アストロアーツ）のデータで置き換えたことを示す。
・月食の起こった月日には、西暦による月日を（　）内に記した。
・1年のうちに2回月食があった場合は、①②として区別した。
・「月の出・入の時刻／月の食分0.8の時刻・高度」の欄は、天文シミュレーションソフトウェア「ステラナビゲータ9」のデータに依る。
・時刻は地方視太陽時であり、皆既の場合はその時間帯を示す。
・食分0.8における高度は、小数点第二位以下を切り捨てた。
・月の出没時刻は、当該の月の出没時刻であり、当日の月の出没時刻ではない。
・網掛けで示した部分は、原在明《山上月食図》（《天保九如図》）の画面との比較検討から除外したものである。
・「適否」の欄は、原在明《山上月食図》（《天保九如図》）の画面から解釈される内容との整合性を判断したもので、「×」は整合性が認められないもの、「△」は検討を要するものを示す。

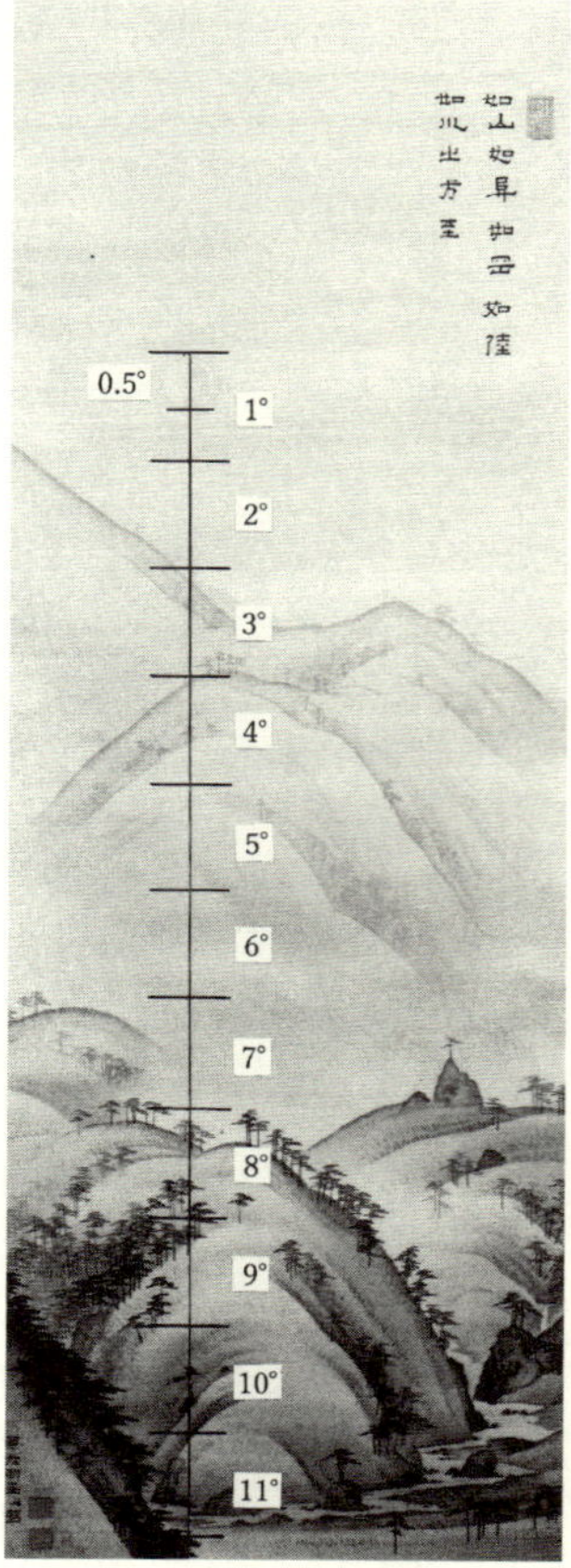

図31 円相の高度　原在明《山上月食図》（天保九如図）

月出帯食、食分〇・八の高度は六・三度（十七時四十六分）

〈二〉文政六年十二月十六日
（一八二四年一月十六日）
月出帯食、食分〇・七八[30]の高度は七・〇度（十七時四十七分）

〈三〉天保四年十一月十六日
（一八三三年十二月二十六日［二十七日］）
月入帯食、皆既、食分〇・八の高度は十六・九度
（五時三十一分）

〈四〉天保八年三月十七日
（一八三七年四月二十一日）
月入帯食、皆既、食分〇・八の高度は七・七度

（四時三十七分）

これらの四件について順次検討すると次のようになる。

〈一〉月出帯食つまり食を帯びながら月が東から昇る場合である。月の出の時刻は十七時十分であり、食分〇・八となる時刻は、その三十六分後の十七時四十六分である。その高度は六・三度と低い。このとき月は左上を欠いた状態で観望される。

〈二〉月出帯食。月の出の時刻は十七時四分であり、食分〇・七八となる時刻は、その四十三分後の十七時四十七分である。その高度は七・〇度と低い。このとき月は左上を欠いた状態で観望される。

〈三〉月入帯食つまり食を帯びながら月が西に没する場合で、皆既月食である。食分〇・八となる時刻は五時三十一分であり、その高度は十六・九度とやや高い。このときの月は左上を欠いた状態で観望される。その十二分後の五時四十三分から皆既月食が始まり、そのまま地平線下に没する。

〈四〉月入帯食。皆既月食。食分〇・八となる時刻は四時三十七分であり、その高度は七・七度と低い。このときの月は左上を欠いた状態で観望される。その十三分後の四時五十分から皆既月食が始まり、そのまま地平線下に没する。

以上の検討により、〈一〉～〈四〉のいずれも、原在明が描いた《天保九如図》の月の描写とは異なることが確認された。絵画作品は写真ではなく、また、高度や方位を確認できる材料も示されていない。その画面に実景の写実との関連性を探ることはやや無理筋ではあるが、本図に描かれているような姿の月を「月食」との認識で在明が「写生」して描いた可能性は、ないと判断していいだろう。

では、「日食」を実見して写生した可能性はどうだろうか。

七、本図に「日食」を写生により描き込む可能性

日食の食分について「日食概念図」（図32）により確認しておこう。日食の食分は、月によって覆われた太陽の直径の度合いで表現される。太陽の視半径をs、月の視半径をm、太陽と月の中心間の角距離をdとすると、月食の食分Dは、

$$D = (s + m - d) / 2s \quad \cdots ②$$

で表わされる。皆既日食中のDの値は一よりも大きな値となる。

太陽は月の約四〇〇倍の大きさであるが、約四〇〇倍遠い距離にあるので、太陽と月の視直径はほぼ同じ値になり、ど

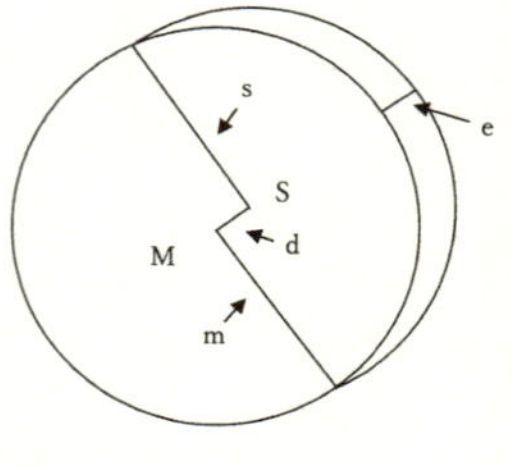

図32　日食概念図

ちらも約〇・五度である。『理科年表』[31]によれば、太陽と月の視半径はそれぞれ十五分五十九・六四秒と十五分三十二・二八秒である。勿論、地球と太陽との距離は一定ではないため、平均最近距離に基づく。太陽の視半径を度数に変換すると、〇・二六六五となるため（$15/60 + 59.64/3600 = 0.26656$）、太陽の視直径は〇・五三三一となる（$0.26656 \times 2 = 0.53312$）。月の視半径を度数に変換すると、〇・二五八九となるため（$15/60 + 32.28/3600 = 0.25896$）、月の視直径は〇・五一七九となる（$0.25896 \times 2 = 0.51792$）。〇・五三三一と〇・五一七九との差は小さく、このため太陽と月のどちらの視直径も約〇・五度であるとしてきた。

　絵画作品の本図の円相が太陽と月による日食を描くものであるとしても、太陽と月の視直径を絵画作品の画面から実測することはできない。しかし、それぞれの視直径の比は円相の直径の比として捉えることができる。画面上での太陽の直径は、本円相を月食として扱った場合の先述の実測値x＝三六ミリメートルと同一である。また、本図の最大光輝部はy＝四ミリメートルと実測された。画面上の太陽高度は、円相を月食として扱った先述と同様、約十一度と見なす。

　太陽の視直径に対する月の視直径の比は〇・九七一四であり（$1/0.53312 \times 0.51792 = 0.97148$）、太陽の直径を三六ミリメートルとすると、月の直径は三四・九ミリメートル（$36 \times 0.9714 = 34.97$）となり、その差はわずか一ミリメートル程度である。画面上の円相は真円ではないため、その差は誤差といえよう。画面上では、太陽と月の直径は同じ長さとして捉えることにする。したがって、半径はいずれも一八ミリメートルとする。その場合、「日食概念図」の最大光輝部eは太陽と月の中心間の角距離dと同一であると見なすことができる。

　先に示した太陽の食分Dを与える②の式に、s＝18、m＝18、d＝4を代入すると、

$$D = (s + m - d)/2s = (18 + 18 - 4)/2 \times 18$$
$$= 0.8888\cdots$$

との値を得る。この値は、画面上の日食の食分を目測で捉えた感覚に合致する。

　さて、在明改名後、没するまでの期間に京都で起こった日食の記録を確認すると、日食は十七回あった[32]。それを一覧するため、天文シミュレーションソフト[33]から必要データも取り入れて作成した「日食記録」を掲出する（**表2**）。在明の江

戸下向の折には日食はなかった。食分〇・七を越える日食は次の四回である。ただし、時刻は京都上京区の地方視太陽時とし、食分、高度、時刻の数値は天文シミュレーションソフトのデータによる。[34] 小数点第二位以下は切り捨てた。

〈一〉文政七年六月朔日
（一八二四年六月二十七日）
食甚〇・八五、食分〇・八の高度は二十七・〇度（七時九分）

〈二〉天保十年八月朔日
（一八三九年九月八日）
日出帯食、食甚〇・九五、食分〇・八の高度はマイナス三・七度（五時十七分）

〈三〉天保十三年六月朔日
（一八四二年七月八日）
食甚〇・七三、食甚の高度は二十一・九度（十七時十四分）

〈四〉天保十四年十一月朔日
（一八四三年十二月二十一日）
食甚〇・七三、食甚の高度は十四・六度（十五時十五分）

これらの四件について順次検討すると次のようになる。

〈一〉食分〇・八の高度は二十七・〇度とやや高い。食分〇・八の頃は左上を大きく欠き、その後、食甚を過ぎた七時三十分頃に左下を大きく欠く状況（食分〇・七八）となって、本図と同様の姿で観望されるようになるが、高度は三十一・一度とさらに高くなる。

〈二〉日出帯食つまり食を帯びながら太陽が東から昇る場合である。食分〇・八の高度はマイナスの値であり、つまり地平線下にあるためその日食は観望できない。その後、六時三十五分頃に食から回復する高度は十一・八度であるが、勿論、その時点では本図と同様の姿の日食は観望されない。

〈三〉食甚〇・七三の高度は二十一・九度とやや高い。その後、十七時二十分に食分〇・七二となり、左下を欠く本図と同様の姿で観望されるようになるが、その高度は二十・八度と依然高い状況である。

〈四〉食甚〇・七三の高度は十四・六度であり、本図の太陽高度を約十一度と解釈した値に比較的近い。太陽は始め進行方向である右下から欠け始め、その後、十五時十五分頃に左下を欠く本図と同様の姿で観望されるようになる。この時の食分は〇・

日の出・入の時刻／括弧内の食分における時刻・高度								適否	
①				②				①	②
04:43	19:16	07:09（0.80）	27.0					△	
05:32	18:17	05:17（0.80）	-3.7					△	
04:48	19:15	17:14（0.73）	21.9					△	
07:00	16:50	15:15（0.73）	14.6					△	

表2　原在明改名後の日食記録

和暦		西暦	日食（西暦月日）		食甚（括弧内は時刻）	
元号	年（改元月日）		①	②	①	②
享和／文化	4（2月11日改元）／1	1804				
文化	2	1805				
	3	1806				
	4	1807				
	5	1808	10月朔（11/18）		0.24	
	6	1809				
	7	1810	3月朔（4/4）		0.16	
	8	1811				
	9	1812				
	10	1813				
	11	1814	6月朔（7/17）		0.40	
	12	1815	6月朔（7/7）		0.08	
	13	1816				
	14	1817	4月朔（5/16）	10月朔（11/9）	0.23	0.28
文化／文政	15（4月22日改元）／1	1818	4月朔（5/5）		日入帯食 0.38	
文政	2	1819				
	3	1820				
	4	1821	2月朔（3/4）		0.62	
	5	1822				
	6	1823	6月朔（7/8）		0.05	
	7	1824	6月朔（6/27）		0.84（07:20）	
	8	1825				
	9	1826				
	10	1827				
	11	1828	9月朔（10/9）		0.15	
	12	1829	9月朔（9/28）		0.64	
文政／天保	13（12月10日改元）／1	1830				
天保	2	1831				
	3	1832				
	4	1833	6月朔（7/17）		0.49	
	5	1834				
	6	1835				
	7	1836				
	8	1837				
	9	1838				
	10	1839	8月朔（9/8）		日出帯食 0.89（05:40）	
	11	1840	2月朔（3/4）		0.46	
	12	1841				
	13	1842	6月朔（7/8）		0.72（17:16）	
	14	1843	11月朔（12/21）		0.74（15:27）	
天保／弘化	15（12月2日改元）／1	1844				

大崎正次『近世日本天文史料』（原書房、1994年）に基づき、天文シミュレーションソフトウェア「ステラナビゲータ9」データを加えた。

【表2凡例】
- 和暦の年に付した（　）内は改元の月日で、／の後は改元後の年を示す。
- 日食の起こった「月日」「食甚」について、それぞれ欄を設けて区別した。これらの欄は、大崎正次『近世日本天文史料』（原書房、1994年）に基づく。
- 日食の起こった月日には、西暦による月日を（　）内に記した。
- 1年のうちに2回日食があった場合は、①②として区別した。
- 「日の出・入の時刻／括弧内の食分における時刻・高度」の欄は、天文シミュレーションソフトウェア「ステラナビゲータ9」（アストロアーツ）のデータに依る。
- 時刻は地方視太陽時である。
- 括弧内の食分における高度は、少数点第二位以下を切り捨てた。
- 網掛けで示した部分は、原在明《山上月食図》（《天保九如図》）の画面との比較検討から除外したものである。
- 「適否」の欄は、原在明《山上月食図》（《天保九如図》）の画面から解釈される内容との整合性を判断したもので、「△」は検討を要するものを示す。

七三。さらに左上を欠くように地平線に近づき、食から回復して地平線下に没する。

以上の検討により、〈一〉〜〈三〉のいずれも、原在明が描いた《天保九如図》の円相の描写とは異なることが確認された。〈四〉については、高度十一度、食分〇・八八八…との差をどのように解釈するかという問題になるかと思われるが、数値に拘泥する限り、その差は大きいといえよう。数値を見る限り、やはり原在明が日食を実見して写生したと考えることはできないだろう。

在明は各種写生画帖に多くのスケッチを残したが、本図はそのような写生とは無関係といえるだろう。

これまでの検討により、本図が現実の月食や日食を実見して写生したものではないことが明らかになったと考える。美術史的な観点での検討と天文学的な視点による検討の結果は一致したものと判断したい。

八、在明による在中の学習

在明はやはり父・在中の作品あるいは粉本によって本図を描いたと考えられる。特に在中の影響が大きいことは、その描き方によく表れている。

在明の《天保九如図》と在中の《伏生授経図・天保九如

図》の左幅の構図が酷似していることは既述のとおりであり、金砂子を用いた装飾的な技法も在中のスタイルを踏襲するものだろう。ただし、在中の《伏生授経図・天保九如図》の左幅との違いも目立つ。円相の光輝部の表現に違いのあることは既に指摘したが、在明の《天保九如図》では、中国絵画や漢画系絵画に見られるような屹立する遠山は省略され、また、中景の滝も省略されている。近景の右手の斜めに張り出した台地状の硬質な岩は整地されたような描写となり、山容も全体的になだらかな表現となっている。このような穏やかな描写は在中の《嵐山図》に見られる表現に近い。その左隻第四・五扇中景の山容の描写は特に類似性が強く、山襞の表現は、筆の先端を細く先鋭化した三角形の連鎖による鋸歯文のような筆触を特徴とし（図33）、その連環が画面の後方へ同心円的に連続するように構成されている（図34）。穏やかな山容の表現は、この繊細で技巧的な運筆の多用によるところが大きいだろう。

図33　原在明《山上月食図》（天保九如図）（部分）

図34　原在明《山上月食図》（天保九如図）（部分）

本図の画題は《天保九如図》であり、『詩経』小雅「天保」を典拠とするが、本図の画面は中国絵画のような峻険な景観には見えない。京都の市中から望む洛外の山並みのような景観である。それは在中が描いた《三十六峯洛外景観図》の一部を切り取ったような景観に近い。在明は漢画的な景観ではなく、身近な京都の景観を意識して本図を描いたのではないだろうか。在中に学習する一方で、在明らしい画風の獲得へ向けた一環とも受け取れる。本図には制作年代を示す款記墨書がない。制作年代の特定が課題である。

むすび

江戸時代の原派の画家・原在明が描いた《山上月食図》とさ

れる作品について、その画題の適否を考察した。美術史的な観点によって図様と画賛を検討した結果、本図の画題は《山上月食図》ではなく、《天保九如図》であることが判明した。特に画賛の内容が『詩経』小雅「天保」の一部であることと、その画題を含む原在中の三幅対の作品《伏生授経図・天保九如図》の存在によって、そのことは明らかであると判断された。しかし、本図が一幅で伝わることから、本来は二幅対または三幅対であった場合も想定する必要が生じた。画題が《天保九如図》であることは確かであるが、在明は写生画帖に多数の実景スケッチを描いているため、在中の作品や粉本を利用しつつも、本図に実景としての月食や日食を写生として描き込む可能性の検討である。

その検討は天文学的な視点によるものであり、江戸時代の月食記録と日食記録を確認する作業となる。具体的には、在明が描いた《天保九如図》を実景からの写生であるかどうか、その可能性について、天文シミュレーションソフトを活用して検討することである。その結果は、月食のデータも日食のデータも、在明が描いた《天保九如図》を実景からの写生であるとすることを否定するものであった。本図の景観はやはり実景の写生ではないと判断される。

美術史的な観点に天文学的な視点を絡めた考察の結果、本図は伝統的な画題としての《天保九如図》であり、在中の作品や粉本を用いた手法によって制作されたものであると判断される。ただし、在中の画風を単に踏襲するだけではなく、在明の独自性の一端も示されている作品と解釈した。

本図のような繊細で技巧的な手法による強い装飾性が原派の魅力でもあり、在明の表現は在照やその他の原派の画家に継承されてゆく。多くの粉本に恵まれ、写生画帖に実景を多く描き留め、有職故実に通じた知識を生かして多様な画題を操る原派は、絵画制作の依頼主に応じて変幻自在に作品を量産した。原派の研究は江戸時代の他の画家や画派に比べて多いとはいえない。原派研究の一層の活性化を期待したい。そのような中で、近年、京都文化博物館で開催された展覧会『原派、ここに在り——京の典雅』[35]は重要な成果である。その展覧会図録からも多くの情報を得たことを附記する。

注

（1）「京都古書組合総合目録」（第三三号、令和二年十一月吉日）の一四頁、八六に次のように掲載する。

原在明　山上月食図　絹本着色金泥　箱入

112×40.5　195×52.5cm　**珍品**　本紙少ウキ

（2）福田道宏「近世後期「春日絵所」考——天保五年、原在照への「絵所」職株譲渡をめぐって」（『美術史研究39』早稲田大学美術史学会、二〇〇一年）／同「天保十一、二年の京都本願寺御殿障壁画制作――原在明『万記』の記事と文政度再建とのかかわりをめぐって」（『京都造形芸術大学紀要12』京都造形芸術大学、二〇〇七年）／同「原在正と二人の原在敬をめぐって」（『広島女学院大学論集61』広島女学院大学、二〇一一年）／同「文化四年、原在明の江戸下向と享和・文化年間、原家の動向」（『京都造形芸術大学紀要17』京都造形芸術大学、二〇一三年）。

（3）松浦清「月はどっちに出ている［描かれた時刻と方位］――大念佛寺所蔵「片袖縁起」を例に」（『研究紀要33』大阪市立博物館、二〇〇一年）／同「「片袖縁起」における時の視覚化について」（関西軍記物語研究会編『軍記物語の窓　第四集』和泉書院、二〇一二年）／同「幻影の中之島公園夜景図――浅野竹二「中之島公園月夜（新大阪風景之内）」」（『大大阪モダニズム　片岡安の仕事と都市の文化』大阪くらしの今昔館・常翔歴史館、二〇一八年）／同「久保田桃水〈雪之図〉の写生的風景――月を描く絵画の構図に見る時間解釈を中心に」（松浦清・真貝寿明編『天文文化学序説　分野横断的にみる歴史と科学』思文閣出版、二〇二一年）。

（4）『中国古典文学大系15　詩経・楚辞』（平凡社、一九六九年）より『詩経』小雅「天保」の原文を引用する（四三六頁）。該当箇所に傍線を付す。

天保定爾　亦孔之固
俾爾單厚　何福不除
俾爾多益　以莫不庶
天保定爾　俾爾戩穀
罄無不宜　受天百祿
降爾遐福　維日不足
天保定爾　以莫不興
如山如阜　如岡如陵
如川之方至　以莫不增
吉蠲爲饎　是用孝享
禴祠烝嘗　于公先王
君曰卜爾　萬壽無疆
神之弔矣　詒爾多福
民之質矣　日用飲食
羣黎百姓　徧爲爾德
如月之恒　如日之升
如南山之壽　不騫不崩
如松柏之茂　無不爾或承

（5）注4一二五頁。

（6）本図の画賛では、「如陵」を「如陸」と記す。

（7）個人蔵。縦一二九・六センチメートル、横五六・一センチメートル、絹本着色、軸装。

（8）所蔵者を示す「桐山」については不詳。

（9）個人蔵。縦一〇二・二センチメートル、横四一・四センチメートル、絹本着色、軸装。

（10）『禁秘抄下』（群書類従26雑部）「日月食」の項。

（11）小田部雄次「孝明天皇の〝儀式〟と〝祈り〟」（『明治聖徳記念学会紀要』〔復刻54〕、明治聖徳記念学会、二〇一七年）。

（12）冷泉為人「原派の絵画――『粉本借進扣』をめぐって」（『賀茂文化研究4』賀茂文化研究所、一九九五年）に詳細な研究成果が公開されている。

（13）敦賀市立博物館蔵。縦（各）一一七・〇センチメートル、横（各）四〇・八センチメートル、絹本着色、軸装。三幅対。

（14）敦賀市立博物館蔵。縦（各）一二一・八センチメートル、横（各）五四・二センチメートル、絹本着色、軸装。二幅対。

(15)京都府蔵（京都文化博物館管理）。縦（各）三五・五センチメートル、横（各）一二・五センチメートル、絹本着色、軸装。三幅対。
(16)『原派、ここに在り――京の典雅』（京都文化博物館、二〇二三年）「作品解説40」。
なお、『臥游集』（京都府立京都学・歴彩館蔵）は原在中に始まる画家の家系である原家に伝わった文書『原家文書』の一部で、四冊からなる。
(17)注12参照。
(18)注12の論文に掲載される『粉本借進扣』の翻刻を通覧した。
(19)注12参照。
(20)京都府蔵（京都文化博物館管理）。縦四二・三センチメートル、横六一・九センチメートル、絹本着色、一巻。
(21)敦賀市立博物館蔵。縦（各）一五五・五センチメートル、横（各）三五〇・〇センチメートル、紙本着色、六曲一双。
(22)京都市歴史資料館蔵。縦二二・五センチメートル、横一五・三センチメートル、紙本墨画、一冊。嘉永七年（一八四五）原在照奥書。
(23)京都市歴史資料館蔵。縦一二・三センチメートル、横一八・八センチメートル、紙本墨画、一冊。
(24)江越航「地球の影の大きさ」（『月刊うちゅう452』大阪市立科学館、二〇二一年）。
(25)注2の福田道宏「文化四年、原在明の江戸下向と享和・文化年間、原家の動向」（『京都造形芸術大学紀要17』京都造形芸術大学、二〇一三年）参照。
(26)大崎正次『近世日本天文史料』（原書房、一九九四年）。
(27)天文シミュレーションソフト「ステラナビゲータ9」（アストロアーツ、二〇一〇年）。
(28)注25参照。
(29)注27参照。
(30)注27の天文シミュレーションソフトの数値を用いた。
(31)国立天文台編『理科年表２０２４』（丸善、二〇二三年）。七八頁。
(32)注26参照。
(33)注27参照。
(34)注27参照。
(35)京都文化博物館にて令和五年二月十八日から四月九日まで開催された展覧会。

図版出典　図17・19～24は次の文献より複写した。それ以外の写真または図解は、自ら撮影ないし作図した。なお、所蔵を明記しない作品・史資料は全て個人蔵である。
図17・19・22：『京都画壇　原派の展開』（敦賀市立博物館、二〇〇一年）
図20・21・23・24：『原派、ここに在り――京の典雅』（京都文化博物館、二〇二三年）

附記　本稿は、科学研究費補助金（挑戦的研究（開拓））「天文文化学の新展開：数理的手法の導入で文化史と科学論から自然観を捉える研究の加速」（研究代表者：松浦　清、令和六年度～令和十年度）の研究成果の一部である。

一条兼良がみた星空

――『花鳥余情』における「彦星」「天狗星」注をめぐって

横山恵理

一条兼良『花鳥余情』にみえる「彦星」注（総角巻、東屋巻）、「天狗星」注（夢浮橋巻）は、他の源氏物語注釈書にはない独自性が認められる。本稿では、まず「彦星」注をてがかりとして『花鳥余情』の注釈態度を考察する。次に、一条兼良がみた可能性がある天文事象を探り、「天狗星」注の着想を得たてがかりを推測する。

よこやま・えり――大阪工業大学情報科学部准教授。専門は日本古典文学（源氏物語享受史）。主な論文に「『恋路ゆかしき大将』における法輪寺――文学作品に見えるイメージの斜行」（井上眞弓編『狭衣物語 文学の斜行』翰林書房、二〇一七年）、「曇華院蔵『なよ竹物語絵巻』の詞書筆者とその周辺」（奈良女子大学『叙説』四十七巻、二〇二〇年三月）などがある。

はじめに

『花鳥余情』《かちょうよせい》は、一条兼良（一四〇二〜一四八一）によって、文明四年[1]（一四七二）に成立した『源氏物語』注釈書である。その注釈方法の特徴については、伊井春樹氏[2]、稲賀敬二氏[3]、武井和人氏[4]らによって明らかにされてきた。近年では、松本大氏[5]によって『河海抄』《かかいしょう》利用の実相が報告されている。これらの先行研究で述べられているとおり、『花鳥余情』はその序文[6]に、四辻善成（一三二六〜一四〇二）による『河海抄』の書名を挙げ、『河海抄』の「のこれるをひろひあやまりをあらたむる」注釈姿勢、すなわち、『河海抄』の不備を補い、誤った記述を修正するような注釈姿勢をとることを明記している。ただ、『花鳥余情』の注釈方法は、『河海抄』が、徹底した出典考証を行い、詳細な故事や和歌を指摘するほか、『源氏物語』本文の背景となる歴史事実によって作品を読み解く準拠論を主張する方法とは異なっている。『花鳥余情』は、詳細な出典考証よりも、本文の文意や文脈を明らかにしようとする態度を示しており、一条兼良が独自に確立した源氏学の解釈が反映されている。なお、『花鳥余情』には文体論に関する考察も見られ、それらは、連歌師・宗祇《そうぎ》（一四二一～一五〇二）、肖柏《しょうはく》（一四四三～一五二七）から、三条西実隆（一四五五～一五三七）『細流抄《さいりゅうしょう》』へと続く三条西家の源氏学へと継承されていく。

さて、『花鳥余情』にみられる一条兼良の源氏学は、それ以前に成立した『源氏物語』注釈書（ただし、現存し、本文内容を確認できるもの）が踏襲してきた注釈内容とは異なる解釈を提示している部分や、『花鳥余情』以前に成立した注釈書が立項していない本文を取り上げ、注を施している内容から窺い知ることができる。

例えば、『花鳥余情』は、『源氏物語』宇治十帖にみえる「彦星の光」という表現について、『万葉集』・『伊勢物語』の古歌を挙げる（総角巻）、彦星の光に喩えられた男性についての解釈を示す（東屋巻）などして、注釈を施しているが、これらの注釈について『花鳥余情』以前に取り上げられた例はきわめて少ない。また、『花鳥余情』の注釈内容が『花鳥余情』以後に引き継がれることはなく、『源氏物語』注釈書の中でも特異なものとなっている。そこで、本稿では、「彦星の光」への注釈内容をてがかりとして、『花鳥余情』が宇治十帖、特に、「彦星」、「彦星の光」という表現を用いて語られる「浮舟をめぐる物語」をいかにとらえたかについて考察する。

一、『源氏物語』総角巻への注釈

まず、『源氏物語』総角巻の注釈を取り上げる。『源氏物語』本文のうち、該当箇所を引用する[7]（傍線部は私に付す。以下同じ）。

『源氏物語』総角巻［新編全集⑤・二九三頁］

①十月一日ごろ、網代もをかしきほどならむとそそのかしきこえたまひて、紅葉御覧ずべく申しさだめたまふ。親しき宮人ども、殿上人の睦ましく思すかぎり、いと忍びてと思せど、ところせき御勢ひなれば、おのづから事ひろごりて、左の大殿の宰相中将参りたまふ。さてはこの中納言ばかりぞ、上達部は仕うまつりたまふ。ただ人は多かり。

（略）

②舟にて上り下り、おもしろく遊びたまふも聞こゆ。ほのぼのありさま見ゆるを、そなたに立ち出でて、若き人々見たてまつる。正身の御ありさまはそれと見わかねども、紅葉を葺きたる舟の飾りの錦と見ゆるに、声々吹き出づる物の音ども、風につきておどろおどろしきまでおぼゆ。

③世人のなびきかしづきたてまつるさま、かく忍びたまへる道にも、いとことにいつくしきを見たまふにも、げに④七夕ばかりにても、かかる彦星の光をこそ待ち出でめとおぼえたり。

[校異]「たなばたばかりにても」―「としに一夜の契にても（陽明家本：別本系統）」―「としに一夜のちきりなりとも（保坂本：別本系統）」―「ひとよのちきりにても（平瀬本：河内本系統）」、「かかる」―「かゝらん（別）」、「こそ」―「こそは（横山本：青表紙本系統、平瀬本：別本系統）」、「まちいてめ」―「まちみめ」（陽明家本：別本系統）―「まちいてゝみめ（保坂本：別本系統）」―「まちいてゝもみめ（平瀬本：別本系統）」

十月一日頃、匂宮は紅葉狩りを口実にして宇治訪問を計画した（傍線部①）。傍線部②「舟にて上り下り」以下は、対岸に来た匂宮一行を望む宇治の大君や女房たちの視点から語られる。宇治の姫君たちからは、「世間の人々がなびき従って大切にお仕え申している有様が、こうしたお忍びの行楽の際でも、本当に格別に豪勢である」（傍線部③）ように目に映り、傍線部④「七夕ばかりにても、かかる彦星の光をこそ待ち出でめとおぼえたり」、すなわち、「七夕のように年に一度の逢瀬であっても、このような彦星の光をこそお待ちしていたいもの」と感じられたという。

ここで「彦星の光」に喩えられているのは匂宮である。この時点で、大君は、妹の中君を匂宮に縁づけたいという希望を抱いていたが、宇治におかれた自分たち姉妹の境遇と、対岸にいる豪勢な匂宮一行の様子とを比較して逡巡している様子も窺える。また、匂宮一行は、大君らが見える対岸まで来ておきながら、都からの迎えが来たこともあり、宇治の姫君らが暮らす八の宮邸を訪問せずに帰京してしまう。匂宮は、立場上、都と宇治を容易に行き来することができない、ということを踏まえて、「彦星の光」に喩えたものであろう。なお、対岸の匂宮が「彦星」であるとすると、匂宮と宇治の姫君たちを隔てる宇治川は「天の川」と捉えられていることになる。

『花鳥余情』は、当該箇所（傍線部④）について、以下の注釈を加える。(8)

けにとしに一よの契なりともかゝるひこ星の光をこそ

万

としにありて一夜いもにあふひこ星と我にまさりて思らんやそ

伊勢物語

ひこほしに恋はまさりぬ天川へたつるせきをいまはや

めてよ

『花鳥余情』は、当該本文に対し、『万葉集』の和歌と、『伊勢物語』の和歌をそれぞれ引歌として挙げる。当該本文が、これらの和歌の内容を踏まえて解釈できるということを示唆するものである。なお、『花鳥余情』以前に成立した『源氏物語』注釈書(9)では、当該本文は注を加えられておらず、現存する注釈書の中で当該本文に注釈を行ったのは『花鳥余情』が初めてである。

それでは、『花鳥余情』は、これら引歌二首を挙げることによって、どのように当該本文を読み解こうとしたのであろうか。引歌それぞれの出典を確認する。まずは、『万葉集』を引用する。

『万葉集』巻第十五・三六五六～三六五八番歌(10)

七夕に天漢を仰ぎ観て、各所思を述べて作る歌三首

秋萩に　にほへる我が裳　濡れぬとも　君がみ舟の　綱し取りてば

右の一首、大使

年にありて　一夜妹に逢ふ　彦星も　我にまさりて　思ふらめやも

夕月夜　影立ち寄り合ひ　天の川　漕ぐ舟人を　見るがともしさ

『花鳥余情』が引歌として挙げる、傍線部・三六五七番歌の歌意は「一年に一夜だけ妻に逢う彦星もわたしほどに物思いすることがあろうか」というものである。一年間離れ離れでいて、七夕の夜にようやく逢瀬がかなう彦星の気持ちを、総角巻本文に重ね合わせる読みが提示されている。ここで、「げに七夕ばかりにても、かかる彦星の光をこそ待ち出でめ」と思っているのは宇治の大君と女房たちである。引歌として挙げられた『万葉集』歌や、『万葉集』所収七夕歌のもととなった中国の七夕伝説は、織女が牽牛のもとを訪れる（父系家族制）ことを前提としている。一方、日本では牽牛が織女のもとに通う（妻問婚）という形をとっており、大陸文化の国風化がみられる。『源氏物語』総角巻でも、男性が女性のもとに通う日本の風習をふまえて、織女にあたる宇治の姫君たちが、牽牛にあたる匂宮の訪れを待ちわびる心情が語られている。

次に、『花鳥余情』が引歌として挙げる『伊勢物語』本文を示す。

『伊勢物語』第九十五段「彦星」(11)

むかし、二条の后に仕うまつる男ありけり。女の仕うまつるを、つねに見かはして、よばひわたりけり。「いかでものごしに対面して、おぼつかなく思ひつめたること、

すこしはるかさむ」といひければ、女、いと忍びて、ものごしにあひにけり。物語などして、男、

ひこ星に　恋はまさりぬ　天の河　へだつる関を　いまはやめてよ

この歌にめでてあひにけり。

二条の后が、自身に仕えていた男からの求愛に対して、たいそうこっそりと物隔てに逢った際、男が和歌を詠んだ。「私は彦星よりももっと激しい恋心を抱きました。天の河で隔てている恋路の関、それになぞらえられる隔ての物など、いまはやめてしまってください。この和歌に心惹かれて、女は親しく逢うようになった、という歌徳が語られている。

『伊勢物語』では「男」が詠んだ和歌に込めた心情を、総角巻では宇治の姫君たちの心情に重ね合わせている。引歌をふまえて総角巻本文を読むとき、「天の河へだつる関」にあたるのは「宇治川」であり、この宇治川を越えて、私たちに逢いに来てほしいという、宇治の姫君たちの強い願いが込められていよう。また、引歌だけではなく『伊勢物語』彦星段の内容もふまえるのであれば、「ひこ星に」歌が相手の心を動かして、男女が親しく逢うようになったことから、宇治の姫君たちが、なかでも宇治大君が、妹・中君と匂宮との縁談がうまく運ぶように祈る気持ちにも重ねられていよう。

『花鳥余情』が、『万葉集』歌と『伊勢物語』彦星段を引歌として挙げることによって、総角巻の当該本文は、「彦星の光」に喩えられた匂宮に対し、天の川のような隔てとなっている宇治川や身分差といった障害を越えて逢いに来てほしいという、宇治の姫君たちの切実な願いを重ね合わせて解釈されることになる。

なお、『花鳥余情』以降に成立した注釈書のうち、当該本文を取り上げる作品は、三条西実隆『細流抄』、九条稙通『孟津抄《もうしんしょう》』、中院通勝『岷江入楚《みんごうにっそ》』、北村季吟『湖月抄《こげつしょう》』である。以下にそれぞれ引用する。

三条西実隆『細流抄』[12]（一五一〇～一五一三年成立）

たなはたはかりにて　としの一夜のちぎり也ともと也紅葉ふきたる

ふねとかきてかくいへる紅葉をふねの心尤優也

九条稙通『孟津抄』[13]（一五七五年成立）

かやうにまれ〳〵にわたり玉ふにつきて七夕と書たりかゝる御躰見たてまつれはまれにてもと思ふなりひこほしのひかりに匂をさして面白き書やう也

中院通勝『岷江入楚』[14]（一五九八年成立）

けにたなはたはかりにてもかゝるひこほしのひかりを・（こ）そ

花　詞云けにとしに一夜のちきりなりとも　かゝるひこほしのひかりをこそとあり
万　としにありて一夜いもにあふ彦星もわれにまさりて思ふらんやそ
伊勢物かたり
ひこほしは恋はまさりぬ　銀（天）川へたつるせきを今はやめてよ
秘　年の一夜の契りなりともと也。紅葉をふきたる舟とかきてかくいへる。紅葉を舟の心尤面白し。

北村季吟『湖月抄』[15]（一六七六年成立）

（細流抄）「年の一夜の契なりともと也。紅葉をふきたると書きてかく云へる、紅葉を舟の心、尤面白し」（孟津抄）「かかる御躰を見奉れば、まれにてもと思ふ也」

『花鳥余情』以後に成立した注釈書のうち、『花鳥余情』の名を明記して引用するのは、中院通勝『岷江入楚』のみである。『岷江入楚』は、それまでに成立した注釈書（『河海抄』、『花鳥余情』、『弄花抄』、三条西家の秘抄、三条西実枝『山下水』）等から主要な注釈を集め、中院通勝自身の注釈も加えたうえで集大成としてまとめたものであるが、批判を加えることなく引用していることから、『花鳥余情』の解釈に賛同する立場であると推測される。一方、『細流抄』は『花鳥余情』の注釈には一切触れていない。また、『湖月抄』も同様に、『花鳥余情』および『花鳥余情』を引用した『岷江入楚』は引用せず、『細流抄』と『孟津抄』のみを引用する。そもそも『湖月抄』の注釈態度は、『細流抄』と『孟津抄』を尊重しているということが指摘されているが[16]、『湖月抄』が当該本文に『花鳥余情』の一部でも引用しなかったということは、過去の注釈を要約整理して掲載する中で『花鳥余情』の注釈内容は重要視されなかったことを意味しよう。総角巻当該本文に対する注釈史の中で、『花鳥余情』の注釈内容だけが特異なものとして浮かび上がってくる。

二、『源氏物語』東屋巻への注釈（一）

『源氏物語』東屋巻には、「七夕」、「天の川」、「彦星」という表現が用いられている。まずは、「七夕」という語が用いられている本文を確認する。

『源氏物語』東屋巻［新編全集⑥・四二―四三頁］

宮渡りたまふ。ゆかしくて物のはさまより見れば、いときよらに、桜を折りたるさましたまひて、（略）この御ありさま容貌を見れば、七夕ばかりにても、かやうに見たてまつり通はむは、いといみじかるべきわざかな、と思ふに、若君抱きてうつくしみおはす。

［校異］「七夕ばかり」―「たなはたのちきり（御物本：別本系統、保坂本：別本系統、池田本：別本系統）」、「かやうに」―「かやうにて（宮家本：別本系統、陽明文庫本：別本系統、宮内庁図書寮本：別本系統、池田本：別本系統、國冬本：別本系統）」、「通はむは」―「かよはん（宮家本：別本系統、國冬本：別本系統）」―「かよはゝ（池田本：別本系統）」、「いと」―「ナシ（別本：別本系統）」

ここには、浮舟の母君が、「宮」こと匂宮の姿を初めて見たときの様子が描かれている。「大変気品高い美しさで、まるで桜の花を手折ったような風情でいらっしゃる」と、匂宮の美しさが、浮舟の母君の視点から描写された後、「年に一度の七夕くらいの逢瀬であっても、こうしてお目にかかれるのであれば、本当に素晴らしいことだろう」（傍線部）と、母君の心情が語られている。匂宮との逢瀬が「七夕ばかりにても」という表現を用いて語られることから、東屋巻でも、匂宮を彦星に喩える総角巻の表現が意識されているといえる。

『源氏物語』注釈書における、当該本文への注釈内容を確認する。『花鳥余情』は、当該本文の一部を立項して注を加えることはしていない。ただ、第四節で述べるが、他の本文に対する注釈の中で、当該本文についても言及している。

『花鳥余情』以前に成立した注釈書では、『河海抄』（桃園文庫本・真如蔵本）が、以下のような注を加えている。

①四辻善成『河海抄』[17]（桃園文庫本）

たなはたはかりにても

古

ちきりけん心そつらき七夕の

②四辻善成『河海抄』[18]（真如蔵本）

たなはたはかりにても

古

ちきりけん心そつらき七夕のとしに一たひあふはあふかは

『河海抄』が引歌として挙げる和歌は、『古今和歌集』所収「ちぎりけむ心ぞつらきたなばたの年にひと度あふはあふかは」[19]（『古今和歌集』巻四・秋歌上・一七八・「同じ御時きさいの宮の歌合の歌」・藤原興風）である。歌意は「一年に一度だけ逢いましょうと約束したという織女の心は本当につれないよ。一年に一度だけ逢うなどというのは、逢ううちに入るだろうか」というもので、一年に一度の逢瀬しかできない境遇を嘆く男の心情が詠み込まれている。『河海抄』は、東屋巻の浮舟の母君の心情としてこの和歌を挙げているが、『花鳥余情』が当該和歌を挙げなかったのは、『古今和歌集』所収歌が男性の心情を詠むものであったため、東屋巻における母君の心情にそぐわないと判断した可能性がある。

『花鳥余情』以後に成立した注釈書に目を向けると、『孟津抄』が独自の注を、『岷江入楚』と『湖月抄』が『河海抄』の注釈を引用する形で、それぞれ注を付けている。以下に『孟津抄』と『岷江入楚』を引用する。

九条稙通『孟津抄』

かやうにまれ〳〵にわたり玉ふにつきて七夕と書たりか丶る御躰見たてまつれはまれにても思ふなりひこほしのひかりに匂をさして面白き書やう也

中院通勝『岷江入楚』

たなはたはかりにても

河　古　契りけん心そつらき七夕のとしに一たひあふはあふかは

箋　かねて思ひしはめてたき人もとたえかちならはうらめしかるへしとこそ思ひしに今思へは年に一たひはかりにてもかやうの事はなくさみなんと北方の思ふ也

『孟津抄』は、「七夕」と表現される由来と、「彦星の光」が「匂宮」のことを指すという解釈を示している。『岷江入楚』は、「箋」として三条西実枝の注も加えている。「箋」以下の内容は、「北方」つまり浮舟の母君が、一年に一度の逢瀬であっても匂宮の来訪を期待しているというもので、総角巻において大君が願っていた内容とも通じている。

三、『源氏物語』東屋巻への注釈（二）
――『花鳥余情』の特徴

続いて、東屋巻のうち、『花鳥余情』が注釈を加えている本文を確認する。

『源氏物語』東屋巻［新編全集⑥・五四頁］

この母君、「いとめでたく、思ふやうなる御さまかな」とめでて、乳母ゆくりかに思ひよりて、たびたび言ひしことを、あるまじきことに言ひしかど、この御ありさまを見るには、天の川を渡りても、かかる彦星の光をこそ待ちつけさせめ、わがむすめは、なのめならん人に見せんは惜しげなるさまを、夷めきたる人をのみ見ならひて、少将をかしこきものに思ひけるを、悔しきまで思ひなりにけり。

［校異］「あまのかは」―「あまのかはせ」（陽明家本：別本系統、池田本：青表紙本系統）、「わたりてもか丶る」―「へたて丶もか丶らん」（御物本：河内本系統、保坂本：別本系統、池田本：青表紙本系統）、「ひこほしの」―「ひこほし」（御物本：河内本系統）

ここで「彦星の光」に喩えられるのは、匂宮ではなく薫である。浮舟の母君は、薫の容貌や立ち居振る舞いについて「本当にご立派で申し分のないご様子」であると賞賛したうえで、傍線部「天の川を渡って年に一度の訪れでも、こうした彦星の光を待ち迎えさせるようにしてやりたいものよ」という思いを抱いたことが語られている。母親として、浮舟と薫との縁談を強く望む内容である。

『花鳥余情』は当該本文に対し、以下のような注釈を施している。[20]

あけまきの巻には匂宮の事を彦星にたとへていへり。こゝにはかほる大将の事をひこほしの光といへり。上の詞にはいとみじかるべきと中将の君の事を申侍り。男をばひこほしといひ女を七夕といへるなり。

「総角巻では匂宮のことを彦星に喩えていた」ということが明記されていることから、「彦星」という表現で示される男性が、匂宮から薫に移り変わったということを意識して、注が加えられていることが窺える。また、「上の詞にはいといみじかるべきと中将の君の事を申侍り」と、第二節に引用した東屋巻で「七夕ばかりにても、かやうに見たてまつり通はむは、いといみじかるべきわざかな」と語られていた浮舟の母君の心情についても、『源氏物語』本文を遡って触れている。この注釈内容からは、浮舟の母君が、浮舟を、匂宮や薫といった貴人とにかく結ばせたいという野心を抱いている人物としての側面も強調されよう。

『花鳥余情』の当該注釈のように、一つの項目内で二場面が結びつけられることによって、物語享受者が、物語の展開や人物造型を確認しながら解釈することが可能となる。第二節で引用した東屋巻の場面には「わが頼もしき人に思ひて、恨めしけれど心には違はじと思ふ常陸守より、さま容貌も人のほどもこよなく見ゆる五位、四位ども」(東屋巻・新編全集⑥四二頁)とあり、情けない、恨めしいと思いながらも夫として頼りにしてきた常陸介と比べて、五位、四位の男性たちははるかに立派に見えると、浮舟の母君が感じていることが記されている。本節で引用した東屋巻の場面でも、「わがむすめは、なのめならん人に見せんは惜しげなるさまを、夷めきたる人をのみ見ならひて、少将をかしこきものに思ひけるを、悔しきまで思ひなりにけり」(東屋巻・新編全集⑥五四頁)と記され、浮舟の母君が、一貫して東国暮らしの男性を蔑視している表現が確認できるのである。同時に、浮舟の母君が、浮舟とともに都に来るまでに、母娘が置かれていた境遇を悔しく感じていることが浮かび上がってくる。この人物造型は、注釈書内で別々に立項されていては、享受者自身が注釈内容の関連性に気付くかどうかという力に任せられてしまい、注釈者の意図に気付かない恐れもある。しかし、『花鳥余情』の当該注釈のように、一つの立項において二場面が結びつけられることによって、いずれの享受者も注釈内容を理解することが可能となる。『源氏物語』注釈書の中でも『花鳥余情』は、物語本文の文意や文脈を明らかにしようとする特徴を有している、ということは「はじめに」で言及したが、その特徴を当該注釈方法からも確認することができよう。

四、『源氏物語』東屋巻への注釈（三）
——『花鳥余情』以外の注釈例

本節では、第三節に引用した東屋巻本文に対して、『花鳥余情』以外の注釈書がいかなる注を施したかを確認する。『花鳥余情』以前に成立した注釈書では、『紫明抄《しめいしょう》』と『河海抄』が引歌を挙げる。

素寂『紫明抄』(21)

あまのかはをへたてゝもかゝるひこほしのひかりをこそまちつけさせめ

ひこほしにこひはまさりぬあまのかはへたつるせきをいまはやめてよ伊勢語

四辻善成『河海抄』

天川をへたてゝも

彦星に恋はまさりぬ天河　へたつる関を今はやめてよ

いずれも『伊勢物語』彦星段に詠まれた和歌を引歌として挙げる。『花鳥余情』が総角巻で引歌として挙げていた歌である。

『花鳥余情』以後に成立した注釈書では、『孟津抄』、『細流抄』、『岷江入楚』、『湖月抄』が、それぞれ注釈を加えている。

九条稙通『孟津抄』

あまの川をわたりてもかゝるひこほしのひかりをこそは待つけさせめ

私　薫の躰にめてゝまれにあひ玉ふともと北方心也上の詞に七夕はかりにてもといふ詞あはせてあまの河をへたてゝもかゝるひこほしの光をとかけるなるへし

花鳥説略之　たゝめのとの詞也

ひこほしに恋はまさりぬあまの河へたつるせきを今はやめてよ

三条西実隆『細流抄』

あまの河をわたりても　此詞あまたところにありつきつきめのとの薫の事をいま思ひいてゝ母君もけにもとおもへる也。

中院通勝『岷江入楚』

あまの河をわたりても　かゝるひこほしの光をこそは

河　七夕に恋いはまさりぬ天河へたつるせきを今はやめてよ

花　あまの河をへたてゝもトアリあけ巻の巻には匂宮の事を彦星にたとへていへり。こゝには薫大将のことをひこほしの光といへり。上の詞には七夕ばかりにてもかやうにてみたてまつりかよはんは、いといみじかるべきと中将君の中君の事を申侍る。男をば彦星といひ女をばたなばたといへる也。

秘　此詞あまた所にあり。　さきさきめのとの薫の事をいひし事を今思ひ出て母君もけにもと思へる也。

箋　あまた所にあり。されども面白くかへてかけり。

北村季吟『湖月抄』

あまの川をわたりても

細　此詞あまた所にあり。さきざきめのとの薫の事をいひしことを、今思ひ出でて、母君もげにと思へる也。

孟　薫の躰にめでて、まれにあひ給ふともと北方の心也。上の詞に、七夕ばかりにてもと云ふ詞をあはせて、あまの川をわたりてもとかけるなるべし。

『孟津抄』の注釈内容は『花鳥余情』の説を踏襲している。『細流抄』は、「あまの河をわたりても」という表現について「此詞あまたところにあり」と記し、『源氏物語』本文の特徴へに言及しようとする意識が見受けられるものの、人物造型の特徴を浮かび上がらせる注釈内容という点では『花鳥余情』の方が成功している。『岷江入楚』は、『河海抄』と『花鳥余情』とを引用したうえで、「秘」として三条西実枝による注釈を、「箋」として三条西公条による注釈を加える。「秘」と「箋」の注釈内容を検討しても、『花鳥余情』ほど物語全体をふまえた注が施されているとは言い難い。『湖月抄』には、第二節で述べたように、『細流抄』と『孟津抄』を尊重する注釈態度があらわれている。

以上、東屋巻本文に対する注釈史を確認することによって、『花鳥余情』の注釈態度が浮かび上がってきた。「彦星の光」に対する注釈方法から明らかになった『花鳥余情』の『源氏物語』享受の特徴を次節にまとめる。

五、『花鳥余情』における「彦星の光」注

『源氏物語』宇治十帖における「彦星の光」に対する注釈をてがかりとして、『花鳥余情』の特徴を検討した。第一節から第四節にかけて、『花鳥余情』が物語本文の全体を踏まえた注を施していることや、その結果として、物語享受者が人物造型の特徴も理解することができる仕組みになっている

ことを述べてきた。この注釈内容が『源氏物語』の深い読みとも連関することに触れておきたい。

『源氏物語』宇治十帖には、「彦星の光」や「七夕」、「天の川」という表現が散りばめられている。総角巻における「彦星」は、宇治大君からみた匂宮を指す表現であった。大君は、妹・中君を匂宮に縁づけたいと思っており、その隔てとなる宇治川を「天の川」に喩えてもいた。東屋巻において、「七夕」の牽牛・織女のように一年に一度の逢瀬でもよいから結ばせたいと記されたのも、匂宮である。東屋巻の前半は、浮舟の母君が、浮舟と匂宮との縁談を期待するものであった。一方、東屋巻後半で「彦星」に喩えられたのは薫である。浮舟の母君が、浮舟と薫との縁談を期待する場面で用いられていた。

『花鳥余情』は、それまでの注釈書が注を加えなかった総角巻から、引歌二首を挙げて、「彦星」と宇治の姫君の逢瀬の有難さに触れている。東屋巻本文への注釈では「総角の巻には匂宮の事を彦星にたとへていへり。こゝにはかほる大将の事をひこほしの光といへり」と明記し、総角巻から展開されてきた物語の読解へと享受者を導く仕掛けが施されている。『花鳥余情』以外の注釈書は「あまたあり」のような注に止まっており、「彦星」という表現の重なりや、それが誰を指すのかといった内容は曖昧なままにされている。

しかし、宇治十帖においては、作中人物の誰が、誰を「彦星」に喩えているかを明らかにすることが必要不可欠である。宇治十帖は、宇治大君―中君―浮舟とつながる「形代」の物語であるが、『花鳥余情』の「彦星の光」への注釈を重ねて物語本文を読むことによって、この「形代」物語の特徴が鮮明になってくる。すなわち、宇治大君の形代として浮舟が登場したということだけではなく、『花鳥余情』の注釈内容である「誰が、誰を、彦星に喩えたのか」を理解することによって、「形代」の物語という特徴がより強固なものとなる。総角巻で、自分の身内(ここでは妹・中君)を「彦星」に縁づかせたいと願うのは宇治大君であった。東屋巻で、自分の身内(ここでは娘・浮舟)を「彦星」に縁づかせたいと願うのは浮舟の母君であった。『花鳥余情』の「彦星の光」への注釈内容は、庇護者としての宇治大君と浮舟母君との重なりをも示唆するものである。浮舟物語が、大君・中君物語の全体を経て成立したものであるという読みを、注釈史上初めて提示したのが『花鳥余情』であったといえよう。

六、一条兼良がみた星

――『源氏物語』夢浮橋巻「天狗星」注から

ところで、『花鳥余情』には、前述の「彦星」注以外にも、星に関する独自の注釈を付した項目が確認できる。『源氏物語』夢浮橋巻において、横川僧都が浮舟発見以来の始終を薫に語る場面への注釈である。

　夢浮橋巻には、横川僧都が、浮舟が川辺に流れ着いた事情について「事の心推しはかり思ひたまふるに、天狗、木霊などやうのものの、あざむき率てたてまつりたりけるにやとなむうけたまはりし」と薫に語る本文が記される。『花鳥余情』では、この「天狗」について「てんくこたまやうの物　天狗といふは星の名也本朝にもちゐる所は天魔の類にいへり(22)」と注を付している。

　当該本文に対して、「天狗星」に言及する『花鳥余情』以前の注釈書は管見の限り存在しない。『花鳥余情』以降の注釈書では『湖月抄』が『花鳥余情』を引用するかたちで記載するのみである。『源氏物語』本文の内容からも、当該本文に天狗星を重ねて理解することは難しく、『花鳥余情』の「天狗星」への言及の特殊性が浮かび上がってくる。なお、『花鳥余情』注釈のうち、「本朝にもちゐる所は天魔の類にいへり」は夢浮橋本文理解につながる内容であり、『花鳥余情』注釈全体を否定するものではない。ただ、そうであればなおさら、『花鳥余情』以降の注釈書が引き継がなかったように、当該本文への「天狗星」注は不要と考えられよう。

　なお、夢浮橋における本文は、手習巻で語られる浮舟発見の場面をふまえた表現である。手習巻には「何のさる人をか、この院の中に棄てはべらむ。たとひ、まことに人なりとも、狐、木霊やうのものの、あざむきて取りもて来たるにこそはべらめ。（略）」とあり、「狐、木霊やうのもの」と記される。前述のとおり、一条兼良の注釈態度のひとつに、巻を超えて注釈内容を連関させる方法がある。手習巻で「狐」と記された本文が、夢浮橋巻では「天狗」となったことについて指摘する注釈が加えられても不自然ではないが、一条兼良が当該本文に加えた注は「天狗星」への言及なのである。

　この「天狗星」注や「彦星」注からは、一条兼良が星に対して少なからず意識していたことが窺えよう。それでは、『花鳥余情』にみえる一条兼良の星への関心は、どこからもたらされたものであろうか。

　『花鳥余情』成立は、諸本識語から時期が特定できる。各識語等によると、文明四年（一四七二）に成立した初稿（度本と、その後大内政弘の求めによって送付した文明八年（一四七六）の再稿本との系統がある。さらに、文明十年（一四七八）に禁裏に奏上した献上本の系統も存する。

また、『花鳥余情』諸本が共通して有する識語には「愚応仁之乱初避上都暫寓九条之坊困敦之秋重赴南京纔卜十弓之地爾来已歴五秋（略）」[23]とあり、一四六七年に興福寺大乗院門跡を務めていた息子・尋尊を頼って応仁の乱から疎開してきたこと、また奈良の地で『花鳥余情』を著わしたことが記されている。

以上より、一条兼良がある出来事を契機として、星への関心を寄せたと仮定する場合、文明四年（一四七二）〜文明十年（一四七八）以前で、特に『花鳥余情』作成時期に近い年代の現象が影響したと推測できる。

この時期に記録されている天文事象として注目すべきは、一条兼良が奈良に疎開する二年前の寛正六年（一四六五）九月十三日の「大流星」である。[24]この事象について、興福寺大乗院門跡・尋尊による『大乗院日記目録』には、次のように記される。[25]

九月十三日、夜天狗流星、一天下振動、日本開白以来始也云々、何事可出来哉、（略）併天狗流星之所為無力次第也、当大乱日本初例也、海星是又日本初也、

寛正六年（一四六五）九月十三日の大流星については、他の古記録にも多く残されるように、[26]当時の人々からは驚きをもって受け止められたようだ。特に『大乗院日記目録』は「夜天狗流星、一天下振動、日本開白以来始也云々」のように「日本開白以来」初めてのこととされ、これまでに経験したことがない「流星」の目撃であったことが窺える。なお、流星群は、翌文正元年（一四六六）九月十三日、応仁元年（一四六七）正月・六月、応仁二年（一四六八）七月・八月と続けて記録[27]されており、一条兼良がこれらを目撃したことも想像できる。

『花鳥余情』における「天狗星」注が、これら天文事象によるという明確な根拠は記されていないが、源氏物語注釈書の歴史において、一条兼良の「彦星」注、「天狗星」注の特異性を考え合わせると、一条兼良の実体験あるいは記憶の中の天文事象が生かされたのではないか。本節では、その可能性を挙げたいと思う。

注

（1）文明四年（一四七二）に成立した初稿（度）本と、その後大内政弘の求めによって送付した文明八年（一四七六）の再稿本との系統がある。さらに、文明十年（一四七八）に禁裏に奏上した献上本の系統も存する。

（2）伊井春樹氏『源氏物語古注釈集成　第一巻　松永本花鳥余情』（桜楓社、一九七八年）、同『源氏物語注釈史の研究　室町前期』（桜楓社、一九八〇年）、伊井春樹編『源氏物語注釈書享受史事典』（東京堂出版、二〇〇一年）等。

（3）稲賀敬二氏『源氏物語研究叢書4　源氏物語注釈史と享受史の世界』（新典社、二〇〇二年）等。

（4）武井和人氏『一条兼良の書誌的研究　増補版』（おうふう、二〇〇〇年）。

（5）松本大氏「『花鳥余情』における『河海抄』利用の実相」（『中古文学』第一〇四号、二〇一九年十一月）。

（6）『花鳥余情』序文を以下に示す。なお、『花鳥余情』本文は、献上本系統である龍門文庫蔵本を引用する。龍門文庫本『花鳥余情』本文は、奈良女子大学学術情報センター・画像電子集・奈良地域関連資料・阪本龍門文庫画像集で公開されている写真版を、私に翻刻した。以下、『花鳥余情』本文は同様に引用する。なお、次の引用のうち『河海抄』に関連する本文に傍線部を付した。
http://www.nara-wu.ac.jp/aic/gdb/mahoroba/y05/y052/html/s/n01/p006.html（閲覧日：二〇二四年六月二十八日）

あつまをもろ〳〵のうつは物のうへにをき紫をよろつの色の中にたとふるかことしみなもとふかき水はくめともさらにつくる事なくくらくなき玉はみかけはいよ〳〵光をます我国の至宝は源氏の物語にすきたるはなかるへしこれによりて世々のもてあそひ物と成て花鳥のなさけをあらはし家々の注釈まち〳〵にして雪蛍の功をつむといへともなにかしのおとゝの河海抄はいにしへいまをかんかへてふかきあさきをわかてりもとも折中のむねにかなひて指南の道をえたりしかはあれと筆の海にすなとりてあみをもれたる魚をしり詞の林にまふしゝてくいせをまもる兎にあへりのこれるをひろひあやまりをあらたむるは先達のしわさにそむかされは後生のともからなんそしたかはさらんやつゐに愚眼のをよふ所を筆舌にのへて花鳥余情と名つくるところしかなり

（7）『源氏物語』本文は『新編日本古典文学全集　源氏物語』（小学館、一九九四～一九九六年）に依る。総角巻の底本は大島本である。ただし、『源氏物語大成』、『源氏物語別本集成』、『河内本源氏物語校異集成』を用いて校異を確認している。

（8）『花鳥余情』本文は、龍門文庫本『花鳥余情』に依る。奈良女子大学学術情報センター・画像電子集・奈良地域関連資料・阪本龍門文庫画像集。http://www.nara-wu.ac.jp/aic/gdb/mahoroba/y05/y052/html/s/n13/p026.html（閲覧日：二〇二四年六月二十八日）

（9）世尊寺伊行『源氏釈』（一一七五年以前成立）、藤原定家『奥入』（一二三三年以降成立）、素寂『紫明抄』（一二五二～一二六七年頃成立）、四辻善成『河海抄』（一三六二～一三九四年頃成立）には立項されていない。

（10）『万葉集』本文は『新編日本古典文学全集　万葉集』（小学館、一九九四～一九九六年）に依る。

（11）『伊勢物語』本文は『新編日本古典文学全集　竹取物語・伊勢物語・大和物語・平中物語』（小学館、一九九四年）に依る。

（12）『細流抄』本文は、伊井春樹編『源氏物語古注集成第七巻　内閣文庫本・細流抄』（桜楓社、一九八五年）に依る。

（13）『孟津抄』本文は、野村精一編『源氏物語古注集成第四～六巻　孟津抄』（桜楓社、一九八七年）に依る。

（14）『岷江入楚』本文は、『源氏物語古注集成第十一～十五巻　岷江入楚』（桜楓社、一九八〇～一九八四年）に依る。

（15）『湖月抄』本文は、『源氏物語湖月抄（上）～（下）増注』

（講談社、一九八二年）に依る。
（16）稲賀敬二氏『源氏物語研究叢書4　源氏物語注釈史と享受史の世界』（新典社、二〇〇二年）等。
（17）『河海抄』本文は、玉上琢彌編『紫明抄・河海抄』（角川書店、一九六八年）に依る。
（18）注17に同じ。
（19）和歌の引用は、新編『国歌大観』編集委員会『新編国歌大観DVD－ROM』（角川学芸出版、二〇一二年）に依る。
（20）『花鳥余情』本文は、龍門文庫本『花鳥余情』に依る。奈良女子大学学術情報センター・画像電子集・奈良地域関連資料・阪本龍門文庫画像集。http://www.nara-wu.ac.jp/aic/gdb/mahoroba/y05/y052/html/s/n14/p028.html（閲覧日：二〇二四年六月二十八日）
（21）『紫明抄』本文は、龍門文庫本『紫明抄』に依る。本文は、奈良女子大学学術情報センター・画像電子集・奈良地域関連資料・阪本龍門文庫画像集で公開されている写真版を、私に翻刻した。http://www.nara-wu.ac.jp/aic/gdb/mahoroba/y05/html/069/s/p256.html（閲覧日：二〇二四年六月二十八日）
（22）『花鳥余情』本文は、龍門文庫本『花鳥余情』に依る。奈良女子大学学術情報センター・画像電子集・奈良地域関連資料・阪本龍門文庫画像集。http://www.nara-wu.ac.jp/aic/gdb/mahoroba/y05/y052/html/s/n15/p042.html（閲覧日：二〇二四年六月二十八日）
（23）『花鳥余情』本文は、龍門文庫本『花鳥余情』に依る。奈良女子大学学術情報センター・画像電子集・奈良地域関連資料・阪本龍門文庫画像集。http://www.nara-wu.ac.jp/aic/gdb/mahoroba/y05/y052/html/s/n15/p044.html（閲覧日：二〇二四年六月二十八日）
（24）神田茂『日本天文史料』（原書房、一九七八年）参照後、各出典（データベース・翻刻資料）で本文を確認した。また、東京大学史料編纂所「大日本史料総合データベース」での調査も行った。
（25）国立公文書館デジタルアーカイブ『大乗院日記目録』を参照した。句読点、傍線は私に付した。https://www.digital.archives.go.jp/img/3695214（閲覧日：二〇二四年六月二十八日）
（26）『後法興院政家記』、『親元日記』、『東大寺雑集録』、『大乗院寺社雑事記』、『蔭凉軒日録』、『東寺百合文書』、『武家年代記』、『応仁記』、『続史愚抄』等に記される。
（27）注24に同じ。

謝辞　本稿は、第二十三回天文文化研究会（二〇二二年六月十九日、於・大阪工業大学梅田キャンパス）における研究報告に加筆したものである。研究会にてご教示いただいた先生方に御礼申し上げる。なお、本研究は、科学研究費助成事業・挑戦的研究（萌芽）『天文文化学の創設：天文と文化遺産を結ぶ文理融合研究の加速』（課題番号19K21621、研究代表・真貝寿明）の助成を受けたものである。

「軌道」の語史——江戸時代末以降を中心に

米田達郎

よねだ・たつろう——大阪工業大学工学部教授。専門は日本語学。主な著書・論文に『鷺流狂言詞章保教本を中心とした狂言詞章の日本語学的研究』（武蔵野書院、二〇二〇年）、「『遊星』から『惑星』へ——明治時代以降を中心に」（『近代語研究』第23集、武蔵野書院、二〇二二年）、「天文用語「自転」の語史——江戸時代末～明治時代を中心に」（『国語と国文学』六月号、二〇二四年）などがある。

現在の理科教育で使用される語彙が定着した背景に「公的な（時の政府・学者の）判断が影響している」という仮説を立てる。この仮説のもと本稿では「軌道」を取り上げる。『日本国語大辞典第二版』によれば「軌道」は明治時代から使用される。しかし江戸時代に「軌道」を意味する語は「行圏」「行道」などが使用される。これらの語彙がどのような関係にあり、どのような理由で「軌道」に統一されるのか、その状況について検討する。理科学語彙の研究は、科学史、教育史、近世文学などの分野とも密接に関わる。

はじめに

これまで理科学語彙が現在の言い方に定着した背景に「公的な（時の政府・学者の）判断が影響している」という仮説を立て、理科学語彙の中でも天文学に関わる語彙を中心に、その歴史的な変化について拙稿［二〇二一］［二〇二二b］などで考察を加えてきた。拙稿での考察をうけ、本稿では「軌道」を取り上げる。この語彙を取り上げるのは、拙稿に関わる調査をする過程で「軌道」を意味する語彙が複数あり、それらが整理されていく過程を明らかにすることは、先の仮説を検証することにつながると考えたからである。なお、現在において「軌道」は「放物線の軌道を描く」、「計画の軌道修正を行う」、「市電の軌道」のように天体に関わるもの以外にも使用される。本稿では、これらの意味に関わるものは必要に応じて触れるにとどめ、以下では「天体が運行する道筋」

の意味で使用される「軌道」を中心に取り扱う。

さて「軌道」は『史記』の「天官書」に「月五星順入軌道、司其出所守、天子所誅也」（『日本国語大辞典第二版』から引用）とあることから、中国語に由来するものであることがわかる。しかし江戸時代の科学書や明治時代の教科書などを見ると、必ずしも次に挙げたように「天体が運行する道筋」の意で「軌道」のみが使用されているわけでない（用例中の傍線は私に付し、振り仮名は適宜省略、句読点は補っているところもある。なお、用例中の旧字体は新字体にしている。以下同）。

1 尾星ハ、其行圏我遊星天内ニアルヲ見テ、恒星天ニ入ル時ハ見ルコトヲ得ザルノ象ヲ示セリ。
（『遠西観象図説』洋学、一八二三年、八七頁）

2 天空ヲ経歴スルノ行道ナリトシ黄道ト名ケ（下略）
（『博物新編補遺上』国会、一八六九年、一二ウ）

3 密ニ其運行ヲ測量シ其軌道ヲ算スルニ皆現ニ太陽ニ属シ之ヲ中真トシテ断ズ。
（『輿地誌略』巻一、国会、一八七〇年、一三ウ）

1はヨーロッパ天文学を日本に紹介した書物である。「遊星天内に尾星（水星）の通り道があることを見て」と記されていることから、ここでの「行圏」は「軌道」として解釈できる。2は明治時代になってからの例である。『博物新編補遺』は小幡篤次郎の著作である。この例では太陽の運行する道を「黄道」としているが、その通る道筋を「行道」としている。「行道」の下位分類として「黄道」があることを示しており、天体の運行する道筋、つまり「軌道」のことを「行道」としていると解釈される。3は明治時代の初等教育の場で使用された教科書である。ここは現在と同じように「軌道」が使用されており、現在につながるものは、遅くとも明治時代初期には使用されていたことが伺える。右の1〜3に挙げた例は記された年代の古い物から順に挙げたものである。これらを踏まえると現在使用される「軌道」に落ち着くまで、江戸時代では「行圏」が用いられ、明治時代にはさらに「行道・軌道」といった三語がせめぎ合う状況であったと考えられ、その結果「軌道」に統一されるようになったと推測される。本稿では、「軌道」を中心にそれぞれの語彙が使用されている状況を確認しつつ、それら相互の関係を検討する。その上で「軌道」が定着した背景を考察していくことにする。

一、「軌道」の語について

まずは「軌道」の例を挙げておく。

4 KIDŌ, キダウ, 軌道, n. The orbit a heavenly body, pathway.
（『和英語林集成 再版』国会、一八七二年、二三六頁）

5　日蝕ハ何縁故ニ因ル耶。答曰。月輪其軌道ヲ行キ、適サニ日ト地輿ノ間ニ到ル時。月体日光ヲ遮往ス。此ヲ日蝕ノ縁故ト為スノミ。

（『博物浅解問答 上篇』国会、一八六九年、九オ）

6　地球日ヲ巡ル軌道ハ猶猶麺工ノ旋磨ノ円径ノ如シ。

（『博物新編訳解 巻之二下』国会、一八六九年、四二ウ）

7　七遊星ノ如ク楕円ナル軌道上ヲ行テ一年間ニ大陽ヲ一周スルヲ運行トナス。

（『万国地誌略 巻之一』国会、一八七四年、一三オ）

8　地球ノ太陽ヲ廻ルモ全ク是ト同様ニシテ、其軸ハ、其軌道ノ平面上ニ鉛直ニ立タズシテ、常ニ二十三度半ノ角度ヲナスナリ。

（『新撰理科書 巻4上』政策、一八八七年、一二オ）

4は『日本国語大辞典第二版』に「軌道」の初出として挙例されているものである。「軌道」は「orbit」の訳語として使用され、一九〇六年のロブシャイドの『英華字典』でも「軌道」は「Orbit, n. 躔次, 躔道, 軌, 軌道, 周輪, 本輪」（国会、六六頁）と説明される。なお、一八六二年の『英和対訳袖珍辞書』では「orbit,s 曜星 熒惑星ノ運轉スル圏小圏体」とあり、「軌道」は江戸時代の洋学辞書でも確認することはできなかった。しかし4を見ると、早くから「orbit」の訳語に採用されていることが確認できる。『和英語林集成』に「軌道」が立項されているということは、当時においてそれが認識されていることを意味し、さらにはそれを調べる人物がいたことを示唆している。その語彙が知られていなければ立項する必要がないからである。つまりそれ以前に「軌道」が使用されていたはずである。実際に『和英語林集成』よりも三年前に出版された、5・6に挙げた一八六九年の『博物浅解問答』や『博物新編訳解』に「軌道」を確認することができた。『博物浅解問答』は、『英華和訳字典』にも携わった柳沢信大が、複数の欧米書から天文・地学・鉱物に関わる内容を訳出したものである。この例では質疑の形式で、日蝕が観測される事情を述べている。その回答の中で「軌道」が使用されている。回答文に使用されているということは読み手にも理解できていたということである。また6の『博物新編訳解』は明治時代の高等小学で使用された教科書であり、文部省が明治五年（一八七二）の『小学教則』において教科書としての使用を認めているものである。つまり「軌道」は明治初期から知られており、教育の場にて用いられる語彙であったといえる。

先に触れたように「天体が運行する道筋」としての「軌道」は中国語に由来する。先に『史記』の例を挙げたが、『漢書二十一上志第一』にも「孟康曰三辰、日月星也。軌道相錯、故有交會。交會即陰陽有干陵勝負、故生吉凶也。」のように使用されている。[1] 江戸時代にはすでにこれらの文献は読まれており、明治時代初期に「軌道」が知られていたというのも当然である。

『博物浅解問答』以後、7の『万国地誌略』など学校教育の場で使用されたものに「軌道」の使用を確認できる。初等教育で使用されていたことが影響したとまでは言わないが、次に挙げたように、明治・大正時代の小説など一般に向けたものにも「軌道」は使用されている。「軌道」が「天体が運行する道筋」を意味する語彙として広く認知されていたことを示す。

9　力学ノ理ニ徴シテモ、亦然リ、力ニ得ル有レバ、必ズ時ニ失ヒアリ、行星軌道ノ差ヲ測ルニモ、亦補償ヲ要セリ（中村正直『報償論』筑摩第三巻、一八八八年、三三六頁）

10　天の星の如く定つた軌道といふべきものがないから、何所で会はうもしれない唯ほんの一瞬間の出来事と云つて可い。

（泉鏡花『一寸怪』筑摩第二一巻、一九〇九年、三三九頁）

11　星の体は小なれど、其の大なる軌道は尋常視し去るべからず、太陽の容積に驚かば、又た遠き遊星の軌道に驚かざるを得ず。

（三宅雪嶺『宇宙』筑摩第三三巻、一九一五年、三八頁）

しかし「軌道」は現在でも「電車の軌道」「仕事が軌道に乗る」などのように天体と関わらないことにも使用される。このことは次に挙げた12・13のように、すでに「軌道」が使用され始めた明治時代でも同様である。

12　但当時骨ヲ砕クノ法詳ナラズ唯之ヲ軌道《クルマミチ》ニ置キ車輪ヲ以テ軋轢シ（『泰西農學二篇下』国会、一八七一年、一九ウ）

13　蒸気車軌道ニアリテ其輪障ヘラル、トキハ車必ス破催スル等（下略）（『理学新書一』国会、一八七五年、一一ウ）

12の『泰西農學』は西洋で行われる農業を解説した書物であり、ゾーマス・シ・フレッチェルが書き著したものを緒方儀一[2]が訳したものである。その中で「軌道」が使用される。これは天体とは何も関係なく、「車輪の通り道」の意味で使用される。振り仮名に「クルマミチ」とあることからもわかる。また現在でも「電車の軌道」の意味で使用されるが、14はすでにその意味で使用されている例である。そもそも明治時代に鉄道が日本橋—横浜間で開通したことを踏まえれば、その使用は得心のいくところである。

一般的に、一つの語彙に複数の用法（使用される文脈も含む）を認めることができる場合、任意の一つの用法を中心としてそれ以外は派生的な用法として扱われる。「軌道」は明治時代初期から複数の用法を持ち、現代まで引き継がれて使用される。これまでに挙げた「軌道」の例からは、その中心的用法が判然としない。これは異なる文脈で使用されているためと思われる。そもそも天体のことと地上のこととはまったく異なる文脈であり、そこに誤解が生じることはない。複数の用法があってもどれも基本的には「進む道」の意であり、聞き手や読み手に誤解される恐れはない。このような背景から明治時代から現代までそれぞれの用法が使用されていると思われる。

以上、明治時代を中心に「軌道」について見てきた。中国語に由来する「軌道」は、江戸時代にも使用されていたと推測できるが、今回の調査では確認できていない。明治時代の早いうちにおいて「天体が運行する道筋」としての用法を確実に認めることができる。

二、「行道」について――「軌道」とのかかわり

(一) 明治時代を中心とした「行道」の使用状況について

本稿冒頭でも触れたように、「軌道」以外にも「天体が運行する道筋」を意味する語彙がある。本節ではそのうちから「行道」を中心に見ていくことにする。

14　南北は日輪の行道傾く故に、陽気斜にして性燥ならず
（『乾坤弁説亨』第二〇、源流、一六五九年、四六頁）

15　地球ノ行道ハ側円ニシテ太陽其中心ニアリ。諸游星モ亦然リ。（『気海観瀾廣義』巻四、国会、一八二七年、一三ウ）

16　日輪の光を月に受け世界を照らすときは月夜といひ、又月の行道に従ひ、日輪の光を受るともこれを世界に写さゞれば暗夜なり。
（『訓蒙窮理図解』巻の三、福澤、一八六八年、第二巻）

17　一星あり。一日の行道一度三〇分なり。今此星八刻に於てハ幾許分を行くや
（『数学入門』三編、国会、一八七二年、八オ）

18　蓋シ隕石ハ一箇ノ固体ニシテ諸種ノ天球ト同シク茫々タル大空ヲ運転シ其行道年々些少ノ差ヲ受ケテ漸ク我ガ地球ニ近ツキ終ニ地球ノ雰囲気中ニ入レバ地球ノ引力ニ牽引セラレテ地表ニ隕ルモノナラン。
（『増訂化学訓蒙』巻之五、国会、一八七四年、二九ウ）

「天体が運行する道筋」としての「行道」は江戸時代には使用されている。もっとも単に「行く道」という意味では十二世紀中頃の『本朝無題詩』に「幽渓松痩枯鱗老。行道苔穿旧癬青」（『日本国語大辞典第二版』から引用）がある。[3] 15は『乾坤弁説』からの引用である。ここでは太陽の進む道（軌道）

が傾いていることから、太陽の光を受ける個所にも違いがあることを述べている。『乾坤弁説』は西洋の天文学などを紹介したものである。『二義略説』にも「ソノ行道定メガタシ」(思想、一九頁)とあるように、早い時期から「行道」が天体に関わるものとして使用されていたことを確認できる。15では地動説に則り、太陽を中心に地球をはじめとした惑星が公転していることを述べている。「側円」は今の「楕円」のことである。以上から「行道」が、現在の「軌道」を指すことは明白である。この「行道」は明治時代に入ってからも、「軌道」と同じように、使用されていたようである。16の『訓蒙窮理図解』では、太陽の光が及ぼす影響を説明するにあたり、月の動きを「行道」としている。17の『数学入門』は明治初期に数学に関する啓蒙書籍などを記した橋爪貫一の著作である。地球から見て「一星」が一日に「一度三〇分」進むことが提示されている。この場合、単に「行く道」と解釈することもできるが、ここでは「軌道」の意味としておく。入門書の中で「行道」が使用されているというのは、この語が広く知られたものであることを示唆しているだろう。19の『増訂化学訓蒙』では、隕石の動きを説明するにあたり、その道筋を「行道」としている。いずれも「天体が運行する道筋」の意味で使用される。さらに15～18の資料は明治時代初期の教育現場で使用されたものであることから、一定程度の広まりがあったと考えられる。明治五年に文部省から出版された『小学教則』には、上等小学・下等小学で使用する物理の教科書として、15・16として挙げた『気海観瀾広義』や『訓蒙窮理図解』が挙げられている。このことも影響しているだろう。また広まりという点では、次に挙げたような一般書などに使用されていることからも伺うことができる。

19　夫れ惑星の大陽を廻るは遠心力と求心力との関係に出づるものなれば其行道は必ず真円を為すべしとこそ思ハるべけれ、然るに其行道全く楕円を為せり。

(田口鼎軒『日本開化小史』筑摩 一四巻、六一頁)

20　又曰ク、有リ南北、無東西、春曰ク、已是有ラハ南北、何無東西耶、又見ルニ彼ノ日月行道ノ之図、不及一行沉括カ之萬分ニモ、蓋彼潜在テ大明ニ(下略)

(明治史論集二『日本近世史』一、筑摩 七八巻、三一八頁)

さて「行道」は「天体が運行する道筋」という意味以外にも、仏道修行という意味で古来使用されている。

21　続命の法に依りて、設斎し行道せしむ。

(『続日本紀』天平勝宝三年七月新編、二五頁)

22　まことにいみじう貴し。物清く住ひたり。庭に橘の木あり。木の下に行道したる跡あり。

（『宇治拾遺物語』新編、四二四頁）

明治時代以降も「乃至又第五日ノ夜各々行道ノ後ロニ大勢至菩薩モロトモニ行道シ玉フ。」（『高僧和讃略解』国会、一二六頁、一八九〇年）のような資料で使用される。つまり「行道」は古来仏教関係に関わる語としても使用されている。以上のように「行道」も複数の意味をもつが、「軌道」との関係はどうだろうか。この点について次節で検討していくことにする。

（2）「行道」と「軌道」との関係について

一八七四年の『附音挿図 英和字彙』に「Orbit (or'bit) ,n. 行道,軌道,眼欠,瞼皮」（国会、七八〇頁）や一八八八年『附音挿図 和訳英字彙』に「Orbit,n. 〔天〕行道,軌道」（国会、五五二頁）とあるが、これは明治時代に「行道」と「軌道」とが学術の用語だけでなく訳語としても通用していたことを示す。実際に次に挙げた23〜25では両語が使用されている。

23　諸游星ノ太陽ヲ中心ト為シテ運行スルニ、各其常道アリト雖モ、之ヲ望ムトキハ、西シ、或ハ東スルモノ、如ク。常ニ其所ヲ異ニシ、行道ノ惑乱スルヲ覚ルコト恒星ノ其地位ヲ同クスルカ如キニ非ス。因リテ又惑星ノ名アリ。而シテ此諸游星ノ太陽ヲ環繞スルハ、各其時間ヲ異ニシ其距離ヲ異ニシ、且其速度ヲ同クセス。然レトモ其運行ハ互ニ皆限定シタル常道アリテ、之ヲ軌道ト名ツケ其一周スル時限ヲ年ト云フ。

（『物理階梯』巻下、一八七三年、二四ウ）

24　軌道トハ地球の太陽を旋る行道をいふ。

（『新選小學地理書』政策、一八九〇年、一一オ）

25　蓋シ我日本ノ如キ地ニ於テ日月ノ行道中ヲ仰クニ南方軌道ヲ運轉スル時ハ卑キガ如クニ見ユルト雖モ（下略）

（『天文地理日本新説』国会、一八九一年、二頁）

23の『物理階梯』は日本人の手による初の物理教科書であり、その後の教科書などにも影響を与えたものである。この例を一読すると、「行道」「軌道」が同じ意味で使用されているように思える。しかし23では、惑星の逆行を説明する時に「行道」が使用されている。ここは惑星の「進む道」と解釈できる。この点で24の「行道」も「地球が太陽の周囲を巡る道」と解釈でき、25も「太陽・月の通り道」と解釈できる。同一文献に「行道」「軌道」が併用されているとはいえ、厳密には意味が異なり、「行道」は「軌道」よりも指す範囲が広いと思われる。

以上から「天体の通る道筋」として「軌道」が選択された要因として以下の三点があると考える。一点目は「行道」の語彙が仏教との関わりが強かったことである。「行道」は奈良時代には使用されており、仏教との関わりが強い。この関わりは明治時代になっても確認することができた。この点が影響したと思われる。二点目は読み方に関してである。読み方に関して「行道」は、「天体が運行する道筋」を意味する場合、「コウドウ」と読む。これだけ見ると天体に関わるものとしては「黄道」が思い浮かぶ。意味は異なるが「黄道」は『本朝文粋』以降、確実に日本で使用されており、江戸時代においても『和蘭天説』に「黄道は斜に絡環を云、大陽此環を一年に一周旋するの道なり」（司馬三巻三七頁）として使用される。確かに「黄道」は「カウダウ」とも表記されるが、これらは「コー」と読まれる。[4] つまり天体の動きを表す「行道」と同じ読み方である。先にも述べたように「黄道」は『博物新編補遺上』に「経歴スルノ行道ナリトシ黄道ト名ケ」（国会、一二ウ）とあり、「行道」の下位に「黄道」が分類されていることがわかる。上位・下位はともかく「行道」と「黄道」が同じ読みで一文に使用されているということが問題になる。つまり単に「コウドウ」としたときに、「行道」「黄道」のどちらの語を指すかが不明となる。「軌道」が選択された要因の一つに考えられる。三点目は「行道」は「軌道」よりも単に「通り道」のように使用される範囲が広いということである。

次節の「行圏」とも関わるが、「軌道」は辞書類を除けば大正時代以降において定着していたと考えられる。今後調査を継続する必要があるものの、「行道」は明治時代後期以降において仏教関係で使用され、また教科書では「軌道」が使用される。以上からその時期を一応の目安と考えておく。

三、「行圏」——明治時代を中心に

「軌道」を意味する語彙は複数あるが、ここでは「行圏」を取り上げる。「行圏」は「平行圏」（緯線）かと思われたが、2として挙げた『遠西観象図説』では「軌道」の意味で使用される。[5]『日本国語大辞典第二版』によれば「行圏」の初出は2である。その後の科学書に影響を与えたと思われるが、『遠西観象図説』には「其地球ノ行道ヲ年圏ト云フ」（洋学、一〇六頁）のように「行道」（この場合も「進む道」の意）も使用されており、「行圏」が「軌道」を意味する中心的な語であったとは考えにくい。

『日本国語大辞典第二版』には「行圏」は2の例文しか挙例されておらず、孤例のように見える。しかし「行圏」は明治時代の文献には使用され、英華字典類にも説明時に使用される。

26　凡そ諸游星の行圏皆楕圓にして日及ひ游星等ハ其中心

にあらずして偏れり。

（『新暦明解』初編、国会、一八七三年、三三ウ）

27　夏至冬至ニ於テ太陽或ハ高ク懸リ、或ハ卑ク見ユルヲ以テ、其行圏ニ盈縮タルコト、（下略）

（『博物新編講義』国会、一八七六年、八オ）

28　地球ノ太陽ヲ一周スル三百六十五日五時四十八分四十五秒ニシテ其行圏三百六十度ナリ。

（『小学和算捷法 巻之上』国会、一八七九年、五三オ）

29　A psis—line,s 諸遊星ノ行圏中最近最遠ノ両點ト太陽トヲ貫ク直線

（『広益英倭字典』国会四〇頁、一八七四年）

30　Compound oval orbit（of 重橋曲道（一種緯星ノ行圏）upper focus）

（『英華学芸辞書』国会、一八八一年、二七頁）

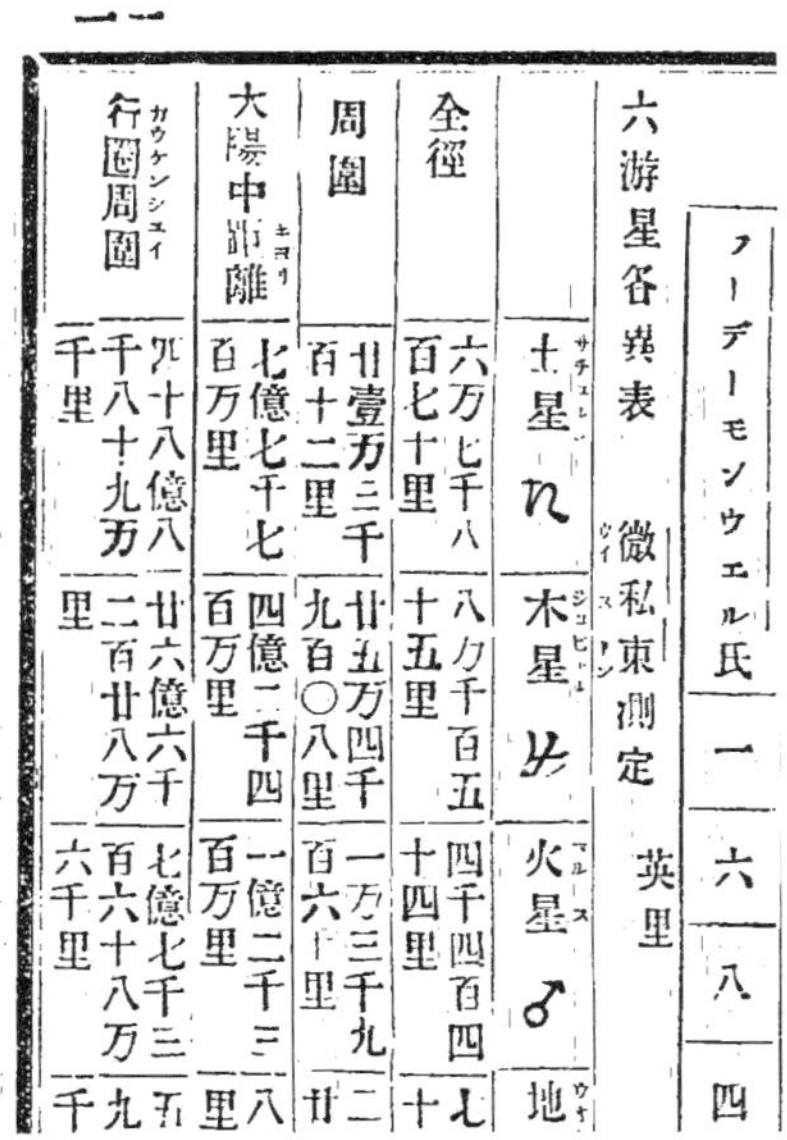

ノーデーモンウエル氏　一六八四

六游星各異表　微私東《ウイスン》測定　英里

	全徑	周圍	太陽中距離《キヨリ》	行圏周圍《カウケンシユイ》
土星《サチユレン》 ♄	六万七千八百七十里	廿壹万三千百十二里	七億七千七百万里	九十八億八千八十九万一千里
木星《ジユピトル》 ♃	八万千百五十五里	廿五万四千九百〇八里	四億二千四百万里	廿六億六千二百廿八万里
火星《マルス》 ♂	四千四百十四里	一万三千九百六十里	一億二千三百万里	七億七千三百六十八万六千里
地	七	二十	八里	五九千

図1　『泰西名数学童必携　巻之一』（国立国会図書館蔵）

26の『新暦明解』は一八七二年に太陽暦への発布がなされた後に書かれたものである。福澤諭吉『改暦辨』は多くの人に読まれたと推測されるが、当然『改暦辨』のみが解説書であったわけではない。26はその一つであり、その中に「行圏」が使用されているというのは当時において一定程度使用され、また理解されていたということである。この点については、**図1**の『泰西名数学童必携 巻之一』（国会、一一頁、一八七九年）に示される、惑星の大きさなどを示した図表中に使用されていることからも伺える。ここにある「行圏周囲」は公転軌道の距離を指す。「行圏」が「軌道」と同じ意味で使用されている。

28の『小学和算捷法』は問題集で、「行圏」が太陽の公転軌道を指すものとして使用される。問題集に見られるというのも、当時において理解されていたということであろう。英華辞典類にも29・30のように、説明に使用される。ただし31の『英華学芸辞書』は「地理学之語」や「機械学之語」など専門用語の解説を施したものであるが、その中では「軌道」も使用される。「行圏」が「軌道」を指すことは明治時代において理解されていたと思われる。同様のことは27でも指摘できる。27は初等教育で使用された『博物新編』を解説したものである。ここでも「行圏」が使用される。『博物新編補遺』では「軌道」

が使用されており、27の他の個所でも「軌道」が使用されており、「行圏」は使用されるものの、明治時代には多用されていない。これは同時期に「平行圏」が使用されるからである。

31　赤道ノ南北各二十三度半ナル所ニ平行圏ヲ書シ之ヲ至線ト名ク。

（『地学初歩』国会、一八七五年、一四頁）

32　各種ノ諸線有リ赤道ト平行第三スル諸圏ヲ平行圏ト名付ク。

（『洛氏天文学上』国会、一八八〇年、二〇九頁）

33　回帰線ト極圏トハ此等併行圏中ノ二圏デ、赤道ノ南北ニ各一線ツヽアル。

（『天文學大意』国会、一九〇〇年、一一二頁）

「平行圏」はすでに31・32のように明治時代初期の教科書に使用される。「行圏」は「平行圏」以外にも「旅行圏」などと使用される。必ずしも「平行圏」のみと混同する恐れがあったとは考えられてないが、「軌道」「行道」が使用されている中において「行圏」は表記上において近い語彙が存していたことから、明治時代中頃には使用されなくなったと考えられる。

四、明治時代以前における「軌道」の言い方
――「行圏」「行道」以外について

（1）「行環」について

これまで「軌道」を中心として、江戸時代末から明治時代を中心に検討してきた。しかしこれまで取り扱ったものがすべてであるかというと、そうではない。「軌道」を意味していると思われるものの一つに「行環」がある。この語彙は『日本国語大辞典第二版』に立項されていないが、次の司馬江漢『春波楼天文之書』に見られる。

34　太陽ノ中点ニ繋リ、地球行環ノ全周ヲ旋転スレバ、太陽モ行環ノ全周ヲ円行スルト視ルナリ。

（『星術本源太陽窮理了解新制天地二球用法記』早稲田I、六一頁）

35　右ニ云カ如ク五星ハ黄道ヲ行ズシテ行環ニ傾キアリ。

（『春波楼天文之書』早稲田II、一八〇八年、四一九頁）

36　abcdefハ金星ノ行環ナリ。

（『春波楼天文之書』早稲田II、一八〇八年、四二八頁）

34は日本で初めて地動説を紹介した本木良永の著作である。引用した個所も地球・太陽が動いていることを説明している。その中で「行環」は地球の「軌道」の意味で使用される。35には五星の通る道筋について説明しており、そこでは「黄道ヲ行ズシテ行環ニ傾キ」とある。黄道は言うまでもなく太陽の通り道であるが、その記述の流れで五星の通り道を「行環」としている。これは「軌道」の意味として扱って良いと思われる。また36は図2に関する説明である。これは「軌道」を意味するとしてもよいと思われる。このように見ると

「行環」も多数使用されていても良いと思われるが、今回調査した範囲では使用例を確認することはできなかった。特に司馬江漢は絵画だけでなく小説類を執筆するなど多方面で活躍していたことから、それなりに影響もあったように思われるが、明治時代にならないと確認はできなかった。次に挙げた例は江戸時代後期の思想家の一人である佐藤深淵の著作であるが、明治時代になってから出版されたものである。明治時代になっても「行環」が理解されていたと思われる例である。

37　第四郭ヲ火星天トイフ、即チ榮惑星行環ノ在ル所ナリ。
（『天地鎔造化育論 上巻』国会、一八八一年、一一頁）

ここの例以外に「行環」を確認することはできなかった。「行環」は明治時代になってからは積極的に使用されていないようである。その要因などについて今のところ何も考えをもたない。今後、調査が必要である。

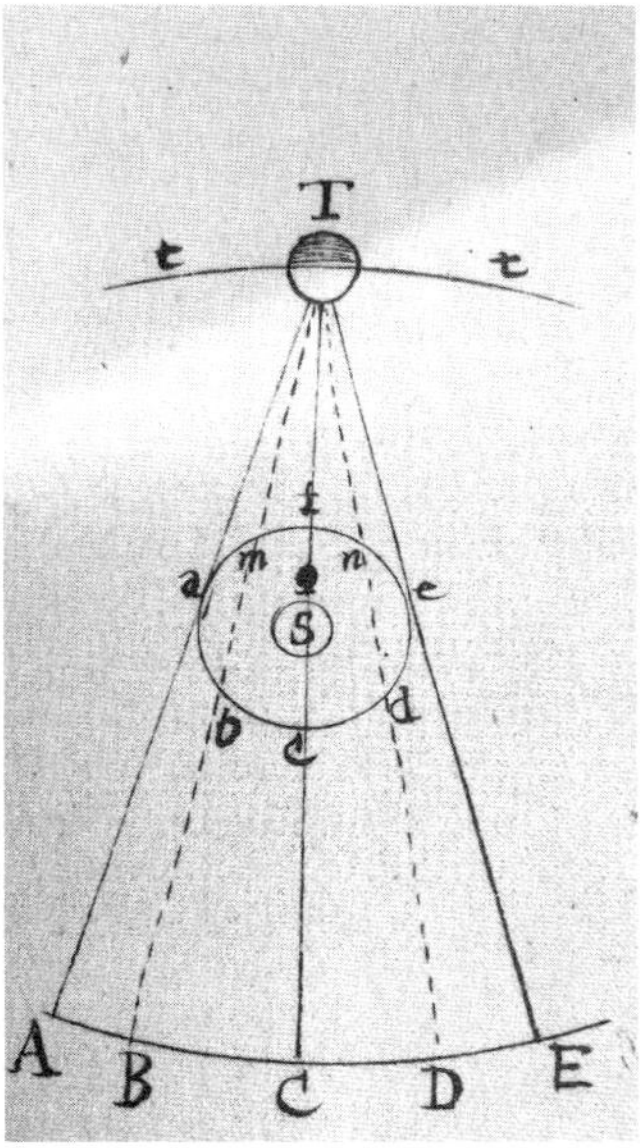

図2 『春波楼天文之書』（早稲田II 428頁より転載）

（2）「〇〇天」について

明治時代以前には「土星天」や「火星天」など、一見すると五星の軌道を示したと思われる「〇〇天」という言い方もある。この言い方は古くは中国で使用されていたもので元来「軌道」を意味するものではない。『淮南子 天文訓』には九つの方角を指すものとして使用されている。古代日本語では「恵船軽く浮かびて、帆影は九天に扇げり。瑞応の華は競ひて国邑に開けり。」（『日本霊異記』新編、一一六頁）とあり、「大空・上空」と解釈され、「軌道」の意味とは異なる。一概に「軌道」と解釈できないという問題も残る。ひとまずは「軌道」の意味で使用される江戸時代以降の例を挙げておく。

38　其次ヲ土星ノ天ト云。二十九年一百五十五日零二十五刻ニシテ一周ス。
（『初学天文指南』歴史四巻、一七一五年、九二〇頁）

39　第四郭ヲ火星天トイフ、即チ榮惑星行環ノ在ル所ナリ。
（『天地鎔造化育論 上巻』国会、一八八一年、一一頁）

38は「土星ノ天」であるが、「土星天」と同義と解釈しておく。現在では土星の公転周期は二十九・四五八年とされる。これを踏まえれば39は土星の公転周期を意味していることになり、ここは「軌道」を意味しているとしてよいだろう。39

は37の再掲である。「行環」が言い換えされていることからすれば「土星天」は「軌道」を指す。このように「〇〇天」というのも「軌道」を指す場合がある。しかし「〇〇天」という言い方は明治時代以降にはさほど使用されない。天動説から地動説へと江戸時代後期の天文に携わる人々の知識が一新されつつあったとも思われるが、その一方で次の40に挙げたように「行道天」のように使用されることがあったからである。すでに述べたように「行道」は江戸時代も早い時期から使用される。そこに「天」が接尾辞のように付けられていることからすれば、すでに「天」が「軌道」を表すものとは一線を画すようになっているのではと考えられる。

40　一寸ヲ十万トシ一分ヲ一万トシ一厘ヲ一千里トス、中心ノ一点ハ大地ナリ、外ノ大環ハ月ノ行道天ナリ。

（『和蘭天説』司馬 三巻、一七九七年、五三頁）

そうはいうものの、「〇〇天」とする言い方は明治時代以降も仏教関係の資料で確認することができる。

41　光の照す處土星天にとゞまることもあり。

（『天都詔詞太詔詞考』国会、一九〇〇年、六頁）

42　彼は上空を仰いで、十二天を見た、―第一には風火を含む元素天を、次いで、月天、水星天、金星天（千三百年の聖金曜日にダンテが訪づれた）、太陽天、火星天、木星天、土星天及び星辰が無数の洋燈のやうに懸つてある清浄の蒼穹でゐる。

（『エピキュラスの園』国会、一九一九年、一頁）

41は祝詞に解釈を加えた書籍である。宗教的なものの中で「〇〇天」（ここでは「土星天」）が使用される。

42はアナトオル・フランス[6]の著作を訳したものであるが、格式あるように見せようとしたのか、その中で使用される。これらは特別に「軌道」を言い表すものではなく、古来中国でも使用された「大空」の意味合いが近いように思われる。「〇〇天」は明治時代にはすでに古めかしいこと言葉になっていたことや、「軌道」や「行道」などがあったことにより、明治時代には使用されなくなっていたと思われる。

まとめ

理科学語彙が現在の言い方に定着した背景には「公的な（時の政府・学者の）判断が影響している」という仮説のもと、「軌道」及びその周辺の語彙との関係について考察をしてきた。しかし「軌道」はそのような傾向を認めることができなかった。これは「軌道」が、江戸時代末には使用され、そのまま定着の方向に向かったためと思われる。その際、「行道」や「行圏」も「軌道」の意味での使用を認めることができたが、「行道」は仏教徒の関係や「黄道」とのせめぎ合いによって使用されなくなり、「行圏」は「平行圏」などの語彙との紛らわしさをなくすために、使用されなくなったと思われる。

天文学をはじめとする理科学語彙の研究は、日本語学を専攻する研究者がいわゆる文系のためか、積極的に進められてはいない。しかし本稿で取り上げた「軌道」のように、複数の言い方が存在し、それらが一つに落ち着く過程を検討することは、いわゆる学史だけではなく教育史にも波及するものである。また二〇二四年現在、文系・理系を問わない教養の知識が社会で要求されつつある（今後は不明だが）。何よりも、日本語全体を考える上では理科学語彙の研究も重要な一分野である。この分野に関わる基本資料の整備も含めて研究の進展が望まれる。

注

（1）「寒泉データベース」（http://skqs.lib.ntnu.edu.tw/dragon/）は台湾師大図書館が提供する「古典文献全文検索資料庫」である。この本文はそれを利用し引用している。

（2）緒方義一は明治時代前期に活躍した経済学者（官僚でもあった）である。緒方洪庵の門下にいたこともあり緒方性を名乗っている。若山家に養子として入っているために若山義一ともいう。

（3）この漢詩の作者は、平安時代後期の漢学者である藤原周光である。

（4）アウ・カウ・サウなどが長音化した場合の母音で、[ɔː]と発音する。

（5）『天経或問』（西川正休訓）に「月所レ行圏」とある。このような表現が「行圏」の由来と思われる。

（6）アナトール・フランスはノーベル文学賞を受賞した、フランスの文学者である。

参考文献

佐藤亨［一九八〇］『近世語彙の歴史的研究』桜楓社
杉本つとむ［一九九九］『西欧文化受容の諸相』『杉本つとむ著作選集9』八坂書房
松村明［一九七〇］『洋学資料と近代日本語の研究』東京堂出版
前田富祺［二〇一六］「語彙と文化」『講座言語研究の革新と継承2日本語語彙論Ⅱ』一三三—一六〇頁所収
森岡健二編［一九九一］『改訂近代語の成立　語彙編』明治書院
山口［一九九七］「橋爪貫一〝英算独学〟、〝童蒙必携洋算訳語略解〟における英語の数学用語の選択について」『九州産業大学国際文化学部紀要10』五七—六八頁
拙稿［二〇一九］「『日輪』から『太陽』へ——江戸の科学書を中心に」『近代語研究』第二十一集、武蔵野書院、二七五—二九四頁
拙稿［二〇二一］「十二宮の名称変化——双児宮について」松浦清・真貝寿明編『天文文化学序説分野横断的に見る歴史と科学』所収 思文閣出版、二三一—二五二頁
拙稿［二〇二二ａ］「火星の語史——江戸・明治を中心に」大阪大学『語文』一一六・一一七輯、一二一—一三六頁
拙稿［二〇二二ｂ］「『遊星』から『惑星』へ——明治時代以降を

中心に」『近代語研究』第二三集、武蔵野書院、二九五―三一五頁

拙稿［二〇二四a］「『直径』の語史」『近代語研究』第二四集、武蔵野書院、二八五―三〇六頁

拙稿［二〇二四b］「天文用語「自転」の語史――江戸時代後期〜明治時代を中心に」『国語と国文学』六月号、五一―六六頁

調査・引用文献

挙例する際に用いたテキスト及び主な調査資料は次のとおりで、傍線は挙例した際の略称である。なお、引用の所在は「四、二六九頁」などのよう依拠したテキストの巻数、頁数を示した。また本文中における表記は現行のものに合わせている。

・『洋学』上下・『近世科學思想』上下（以上『岩波思想大系』）・『文明源流叢書』一〜三（名著刊行会、一九六九年）・近世歴史資料集成『日本科學技術古典籍資料』天文學編一〜七（科学書院、二〇〇〇〜二〇一四年）・『星術本原太陽窮理了解新制天地二球用法記』『春波楼天文之書』（『早稲田大学蔵資料影印叢書天文暦学集Ⅰ・Ⅱ』）・『司馬江漢全集』三（八坂書房、一九九四年）・『福沢諭吉全集』一〜三（岩波書店、一九五九年）・『日本教科書大系』（電子版DVD―ROM、方丈堂出版）・「国立国会図書館デジタルコレクション」・「国立教育政策研究所教育図書館近代教科書デジタルアーカイブ」・古典作品からの引用は『新編日本古典文学全集』（小学館）、近代小説などはジャパンナレッジにて公開される『現代日本文学全集』（筑摩書房）を利用した。特に断っていない場合は架蔵本を利用している。

◎コラム◎

星の美を詠む

横山恵理

文学史上、星の光そのものが歌に詠まれたり、物語に描かれたりする例は多くない。和歌で「星の美しさ」が表現されるようになったのは、建礼門院右京大夫（平安時代後期〜鎌倉時代初期）による作例以降である。物語では『狭衣物語』（平安時代後期）に「霊異」として「星の輝き」が表されるが、やはり「星の光の美しさ」そのものを描写するものではない。

本コラムでは、奈良時代から江戸時代までの「星」の文学史を一望する。

（1）「月の舟・星の林」（奈良時代『万葉集』）

『万葉集』における「星」の和歌の代表例は、柿本人麻呂による「天の海に雲の波立ち　月の舟　星の林に　漕ぎ隠る見ゆ」（巻七・雑歌・一〇六八）だろう。和歌の意味は〈天の海に雲の波が立ち、月の舟は星の林に漕ぎ入り隠れようとしている〉である。はてしなく広がる天空を海にたとえて「雲の波」「月の舟」「星の林」と表現した、ロマンティックな一首といえる。『文選』等に用いられる「雲漢」は天の川とされることから、柿本人麻呂の「雲の波」も天の川の星々を詠じたものであろう。**写真1**は、二〇一九年八月七日（旧暦七夕）、奈良県吉野郡川上村白屋地区より南西の星空を撮影したものである（執筆者撮影）。立ち上がる天の川にさそり座が見える。白道はさそり座からいて座にかけて通り抜けている。

「月の舟」も「星の林」も歌語的表現の利用と捉える向きもあるが、柿本人麻呂が夏に見た星空を詠んだとすれば、**写真1**のような情景だったかもしれない。

（2）奇瑞をあらわす星
（平安時代『狭衣物語』）

平安時代後期成立の物語『狭衣物語』には、主人公・狭衣の笛の音に魅せられた天稚御子が天降る場面に「星の光」が登場する。「宵過ぐるままに、笛の音いとど澄みのぼりて、雲のはてまでもあやしう、そぞろ寒く、もの悲しきに、稲妻

写真1　奈良県吉野郡川上村にて執筆者撮影（2019年8月7日）

のたびたびして、雲のたたずまひ例ならぬを、神の鳴るべきにやと見ゆるを、星の光ども、月に異ならず輝きわたりつつ、御笛の同じ声に、さまざまの物の音ども空に聞こえて、楽の音いとおもしろし」。

ここでは、天稚御子降臨の奇瑞が「星の光の輝き」とともに表現されている。この場面は、東京国立博物館蔵『狭衣物語絵巻断簡』[1]で確認できる。

（3）冬の星の美

（鎌倉時代『建礼門院右京大夫集』）

『建礼門院右京大夫集』（鎌倉時代）は、平安時代後期～鎌倉時代初期の歌人・建礼門院右京大夫による自撰の和歌集である。亡き恋人・平資盛への追憶を中心に約三六〇首が収められている。

十二月一日ごろなりしやあらむ、夜に入りて、雨とも雪ともなくうち散りて、村雲騒がしく、ひとへに曇りはてぬものから、むらむら星うち消えしたり。引き被き臥したる衣を、更けぬるほど、丑二つばかりにやと思ふほどに、引き退けて、空を見上げたれば、ことに晴れて、浅葱色なるに、光ことごとしき星の大きなるが、むらもなく出でたる、なのめならずおもしろくて、花の紙に、箔をうち散らしたるによう似たり。今宵初めて見そめたる心地す。先々も星月夜見なれたることなれど、これは折からにや、ことなる心地するにつけても、ただ物のみ覚ゆ。

月をこそ　ながめなれしか
星の夜の
深きあはれを　今宵知りぬる。

〈物思いにふけりながら月をじっと見つめることはしなれてきたが、星月夜の深い情趣は今夜初めて知ったよ〉。

この和歌は、『玉葉和歌集』（第十四番目の勅撰和歌集）にも入集し、「冬の星」に美しさを見出した作例として評価されている。恋人・平資盛追憶の日々を過ごした建礼門院右京大夫が、星の光をみて、悲しみを忘れることができたひとときを詠んだのかもしれない。

写真2　奈良県吉野郡川上村にて執筆者撮影（2019年1月1日）

（4）「明星の光」を詠む（鎌倉時代～室町時代『恋路ゆかしき大将』）

鎌倉時代後半～室町時代に成立したとされる『恋路ゆかしき大将』には「冬の星の美しさ」が描かれている。物語冒頭、三人の男君が法輪寺を訪れる場面には『法輪寺縁起』の明星信仰がふまえられている。

神無月の二十日余り、嵐・木枯常よりもはしたなう、冬籠ると聞く朝、雪さへ高う積もりにけり。（略）月待ち出でて法輪へ参り給ふ。（略）能満所願大慈大悲の御名をも、大将ぞ殊に思し入りて念じ給ひける。雪はこの夕方より降り止みぬれば、明星赫奕として東の空に出で給へる。頼もしう尊し。

あきらけき　星の光に　逢ふ時は
心もさらに　曇りなきかな

男君（恋路大将）が法輪寺を参詣したのは「（旧暦）神無月の二十日余り」である。下弦の月が出ていたのだろうか。法輪寺到着は「後夜の懺法のほど」＝午前三時～五時頃であった。本場面のポイントは「明星の光」が繰り返し言及されることである。「明星赫奕として東の空に出で給へる。頼もしう尊し」と、東の空に輝く明星の様子が描写される。また、明星の光や、明星とともに現れた虚空蔵菩薩の誓願が和歌に詠み込まれている。男君（恋路大将）の和歌は、〈虚空蔵菩薩に化身である、明るく輝く明星を見るときは、心の中に一点の曇りもなくなることだ〉の意。物語では、恋路大将に同行する男君（三位中将）も「誓ひにはさりとも洩れじ迅き風も　星の光も知らぬ身なれど」〈虚空蔵菩薩の、諸願を叶えるという誓願に、私も洩れることはあるまいと頼みにしています。私はその強い風も、明星の光もよく分からない煩悩の身ですけれども〉と詠み、『法輪寺縁

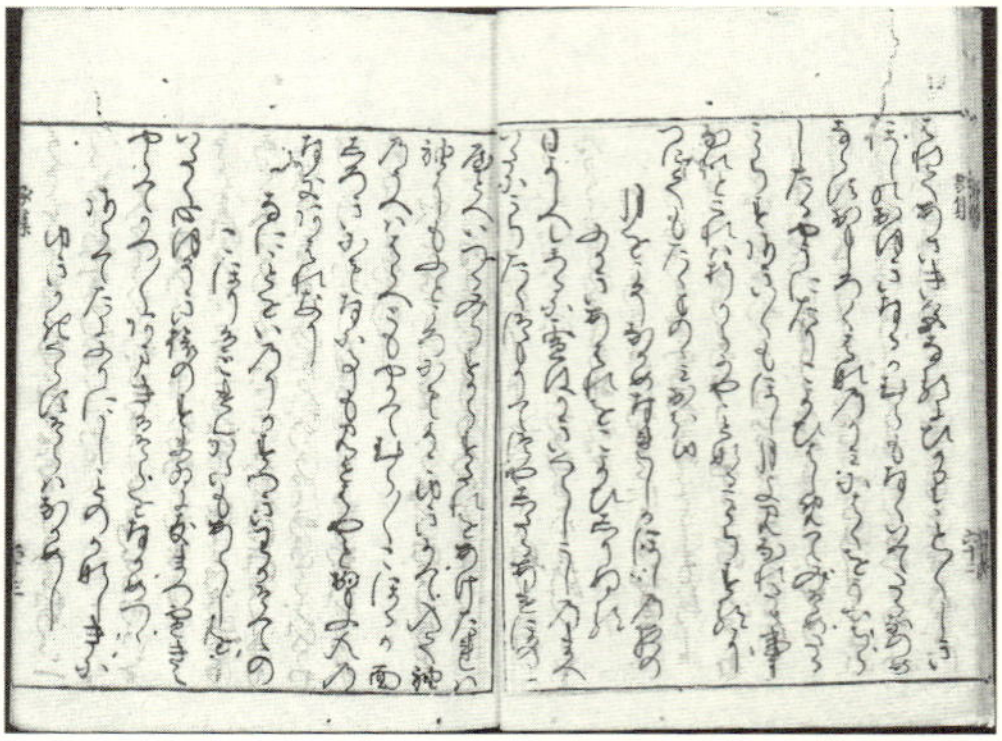

『右京大夫家集』[2](京都大学附属図書館蔵)

起』に記される明星信仰を「星の光」に詠み込んでいる。

(5) 尼僧が詠んだ漢詩(江戸時代『曇華集』)

京都の尼門跡・曇華院には、第二十四世・大成聖安の作品を収めた漢詩集『曇華集』が伝えられている。尼僧自身が漢詩を作成した珍しい例である。大成聖安は後西天皇の娘であり、延宝年中(一六七三～一六八一)に門跡を再興した人物である。「七夕」と題された一編に次のような作品がある。

「気爽風高月半輪、銀河一帯見来新、莫嫌牛女稀相会、天上无難報晨」〈爽やかな秋晴れの日、風が強く吹き、半月がのぼる。ひとすじの銀河が見えてくる。どうか一年に一度の牽牛と織女の出会いの邪魔をすることがありませんように〉。七夕の夜、天上の牽牛と織女の逢瀬に思いをはせる尼僧の心情が詠み込まれている。

注

(1) 東京国立博物館蔵『狭衣物語絵巻断簡』(「e国宝」収録(https://jpsearch.go.jp/item/cobas-47486))。閲覧日：二〇二四年六月二十八日

(2) 京都大学附属図書館蔵『右京大夫家集』https://rmda.kulib.kyoto-u.ac.jp/item/rb00031936(当該本文は六五～六六コマ目)閲覧日：二〇二四年六月二十八日

出典

『万葉集』、『狭衣物語』、『建礼門院右京大夫集』は『新編日本古典文学全集』(小学館)に依った。『恋路ゆかし大将』は『中世王朝物語全集8 恋路ゆかしき大将・山路の露』(笠間書院、二〇〇四年)に依った。『曇華集』は東京大学史料編纂所蔵謄写本を私に翻刻した。

◎コラム◎

明治初頭の啓蒙書ブーム「窮理熱」と『滑稽窮理　臍の西国』

真貝寿明

物理という言葉の由来は、江戸時代末期の「窮理学」とか「格物学」とされる。明治初頭の日本では「窮理熱」とも称される科学啓蒙書の出版ブームがあった。ブームの火付け役となったのは、明治初年の小幡篤次郎による『天変地異』と、福澤諭吉による『訓蒙窮理図解』の出版である。福澤については説明の必要はないだろう。小幡は福澤の勧めで大分から江戸に出て、福澤の元で英語を学び、のちに『学問のすゝめ』を福澤と著し、慶應義塾の塾長にもなった人物である。両書とも米英の青少年向けの本からの抄訳であることが序文に明記されていて、図版入りで天文・気象・物理現象を解説している。

開国の掛け声とともに、学制公布より一足はやく、旧来の学問とは異なるスタイルに人々は夢中になったようで、類似の啓蒙書が数多く出版された。その出版数は明治五、六年だけでも六十点以上になるという。そのような出版物の中で、窮理をネタに仕込んだ落語の本『滑稽窮理臍の西国』（正宝堂、一九三二年）がある。著者は増山守正（一八二七～一九〇二）である。丹後田辺藩の出身で、幕末に江戸で医学を学び、藩にもどって医を開業し、後に京都府の官吏として医学や教育関係に従事し、再び上京して文部省や博物館に勤めた人物である。生涯に二十四点の著作があるが、多くは旅行記・詩集・小説であり、サイエンスものは『天象地球略解』（一八八七年）や動植物系統図など若干である。『臍の西国』とは、現代では「へそが茶を沸かす」と同義で使われていた「臍の西国巡礼」を意図したタイトルである。周知の落語をベースにした五つの題目があり、オチはよく知られた落語の筋書き通りだが、それぞれで窮理学の紹介が（ときには強引に）されている。

落語の随所には、ワンポイント学習的な蘊蓄が盛り込まれている。必ずしも本筋に関係しているとは思えない話の挿入もあるが、いまの私たちは、出版当時とは別の読み方で楽しめる。

「手と指の違い」に登場する窮理先生の話は、天の川が太陽のような恒星から成り立っていることから、食虫植物の話など生物種の分類の境界にあるものまで幅が広い。動物と植物の間に分類されるものとしてポレーペンを挙げているが、これは、もしかしてブラウン運動する花粉（pollen）のことだろうか。何も力を加えなくてもいつまでも動き続けるブラウン運動の原因は、アインシュタインが一九〇五年に、水分子が花粉を蹴り上げているモデルを示すまで、不思議な存在だとされていた。

「原素坊」は、よく知られた寿限無の話である。名前の部分はアルファベット順に元素の名前を六十個つけたことになっているが、実在する元素名もあれば、そうでないものもある。当時の人々にとってはどれも新しい名前だったろうから、その区別までは思い至らなかったことだろう。ちなみにメンデレーエフが周期表を提案したのは一八六九年だが、その周期表の価値が認められるのは未発見のガリウムが発見される一八七五年以降である。当時は六十個の元素が混沌としていた時代だった。

『臍の西国』を読んでいて面白かったのは、著者の増山守正が、出典を記載しながら窮理の蘊蓄を詳細に紹介していることである。全編で三回登場する村松良粛『登高自卑』（一八七二）の他、合信著・陳修堂同撰『全體新論』（一八五七）、島村鼎甫『生理発蒙』（一八六六）、青地林宗『氣海觀瀾』（一八三五）がそれであり、いずれも翻訳をベースとした硬派な書である。「無言問答」の話では、祖師が説明する地球・月・太陽の直径や月や太陽までの距離の値は、一読すると間違っているように思われる。里で表記されているが、これらの数値はマイル（一・六キロメートル）での値と解釈すると正しくなる。福澤諭吉が『窮理図解』で示した値は、里で表記されているが、こちらは三・九キロメートルの単位である。増山本人が英語の文献をもとに探し出した値なのかもしれない。

今日では「窮理学」を「物理学」の元の言い方として捉えることもあるが、本書を読むと、動物・植物から天文に至るまで幅広く登場しており、「窮理」とは自然科学全般を指すことがわかる。また、本書は「初編」として出版されているが、続編は見当たらない。おそらくこれらの落語が実際に上演されたことはなかったであろうが、ここで披露された内容は、当時の人々にとっては一歩先の内容であり、その意味でも当時の文化を窺い知ることができる資料となっている。

参考文献

真貝寿明「幕末から明治初期にかけての西洋物理学の受容：書誌対応を軸とする俯瞰」（『大阪工業大学紀要』六七、二〇二二年）四七―五九頁

真貝寿明「[翻刻]滑稽窮理 臍の西国」（『大阪工業大学紀要』六六、二〇二一年）四九―六八頁

銅鏡の文様に見られる古代中国の宇宙観

——記紀神話への受容とからめて

西村昌能

古代中国（戦国時代から唐代）に製作された銅鏡には背面に様々な文様が刻まれている。その文様の多くは古代中国の宇宙観や失われた神話をモチーフにしたものであるといわれている。本稿では代表例である方格規矩四神鏡について、これらの文様の解釈研究をレビューする。さらに、我が国の古墳時代銅鏡と古事記・日本書紀などにあらわれる鏡との関係を述べたい。

にしむら・まさよし——NPO法人花山星空ネットワーク理事長、同志社大学嘱託講師。京都産業大学・京都教育大学・京都府立大学非常勤講師。主な著書・論文に『京都千年の天文学——歴史から最新研究まで　星を見つめて　京大花山天文台から』（共編著、京都新聞出版センター、二〇二〇年）、「記紀神話に見られる星の神　経津主神考」（松浦清、真貝寿明編『天文文化学序説　分野横断的にみる歴史と科学』思文閣出版、二〇二一年、一五二―一八一頁）、『宮沢賢治と学ぶ宇宙と地球の科学1宇宙と天体』（創元社、二〇二一年）、"Abundances of phosphorus in bright F-G type main-sequence stars" *Publications of the Astronomical Society of Japan* 74, 2022, p.298などがある。

はじめに

青銅を原料として製作された古代銅鏡は中国・朝鮮半島・日本において数多く発掘されている。青銅（ブロンズ、砲金）は銅と錫の合金で、古代銅鏡では錫の含有量が多く、磨かれた鏡面は白銀色の金属光沢を呈し、良く姿を映し、鏡面として有効であった。中国では戦国時代から唐代に製作され、日本においては弥生時代後期から古墳時代にかけて中国から朝貢品として輸入された舶載鏡のほか、舶載鏡を模倣した仿製《ぼうせい》鏡《きょう》がみられる。中国では時代による変化があるが、小型の銅鏡は魔除けとして葬送儀礼に用いられてきた。後には所有者の名前をいれるなど、個人所有の姿見（化粧用）となった。前漢末までは官製であり、その後、製造が民間へ移行したといわれている（たとえば注1）。中国で銅鏡から鉄鏡に移行したあとも日本では重宝され威信材や葬送儀礼に使われるなど多数の銅鏡が古墳の副葬品として発掘されている（たとえば注2）。中国製のものは直径一〇センチメートル程度のもの

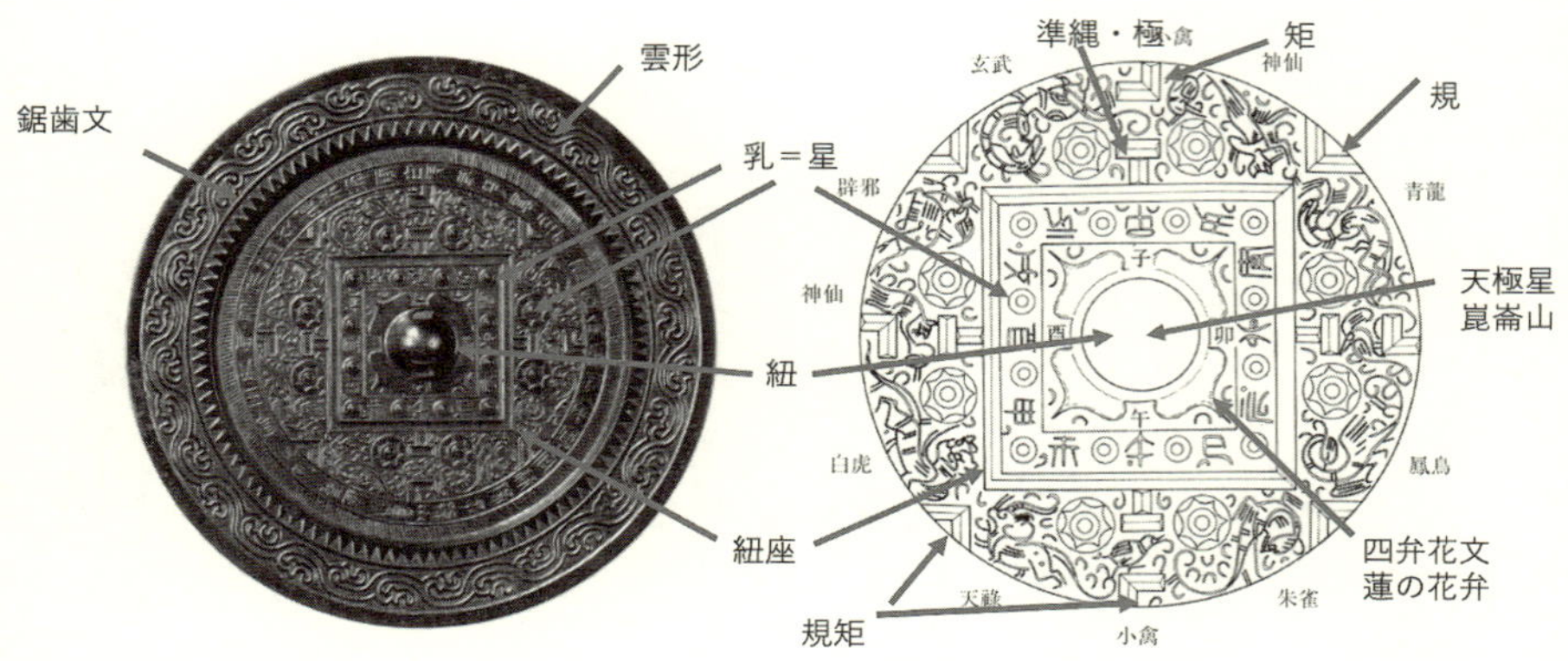

方格規矩四神鏡 前漢末～新 径18.9cm

方格規矩四神鏡内区文様

紐の周りは蓮の花弁を表すことから紐は天極星を表す。

図1　方格規矩四神鏡の文様（前漢末（前1世紀）。注4に加筆）

が多いが日本では二〇センチメートルを超える大型のものがあり、中には直径四六センチメートルの巨大な銅鏡が数枚発掘されている。

さて、銅鏡はその背面の文様によって、方格規矩鏡、内行花文鏡、三角縁神獣鏡など多種多様な種類に分類されている（たとえば注3）。その文様の中に古代中国の人々が考えていた宇宙観・宇宙像が示されているという研究があり、興味深い。この論考ではこれらの研究を元に漢代ころに製作された方格規矩四神鏡の文様について紹介したい。

一、方格規矩四神鏡の文様

方格規矩鏡は漢代を代表する銅鏡である。方格規矩鏡はVLT鏡、博局文鏡ともいわれ、方格規矩蟠螭文鏡《ほうかくきくばんちもんきょう》、方格規矩草葉文鏡、方格規矩四神鏡などの様々な文様のバリエーションがある。(5) ここでは注5にならい、最後に出現し、完成度が高く、文様の集大成をなす方格規矩四神鏡についてまとめてみたい（図1参照）。

(1) 方格と円周

紐と方格

銅鏡の中央にある大きな円形の高まりを紐《ちゅう》という。紐にはひも（紐）を通す穴がある。この紐を囲む正方形の文様を方格といい、大地を表す。紐自体は大地の中心にそびえる崑崙山を表す。もしくは紐座が蓮の花弁に囲まれていることから紐自体は天極星＝太一を表すと考えられている[6]。勿論、歳差運動のためにこの天極星は現在のこぐま座アルファ星（いわゆる北極星）ではなく、当時の天の北極を指しているのである。紐の周りには方角を表す子（北）卯（東）午（南）酉（西）の文字が見られ、さらにその外側に方格に沿って十二支を表す十二個の文字が刻まれている。それらの文字は紐を頭にして書かれている。

方格の内外にある円形の小突起（十二個と八個）を乳《にゅう》といい、星を表すという。

円周

銅鏡の円周は天穹（天空）を表す。円周の周縁には鋸歯文・流雲文が見える。鋸歯文は日月光を表し、雲を表す流雲文と相まって銅鏡の円周が天を表しているといって良い。つまり方格と合わせて銅鏡全体で古代中国の宇宙観である天円地方を表すのである。

紐と周縁の間に四神、神仙、霊獣、十二支（時計回りに配置）、おめでたい銘文が配置されている。四神などが外側に足を置くことも銅鏡の円周が天であることを示している。

前二世紀、淮南王劉安が編纂させた思想書である淮南子の原道訓（道の根本的探究を意味する）には、

淮南子　巻一　原道訓

一　夫道者、覆天載地、廓四方、柝八極。高不可際、深不可測。包裹天地、稟授無形。源流泉浡、沖而徐盈、混混汩汩、濁而徐清。（注7三四頁）。

「道は天を覆い、地を載せ四方に張り出し、八極に押し開いて、極められないほど高く、…。」とあり、また、

四　（前略）故以天為蓋、則無不覆也、以地為輿、則无不載也、四時爲馬、則無不使也、陰陽爲御、則無不備也。

「天空の車蓋《ほろ》はあらゆるものを覆い、大地の車箱《くるま》は一切を載せ、四季の馬によって全てを使役し、陰陽の御者でどんなものでも作り出す。…」と蓋天説の考えを示しているように前漢時代には正方形の大地に万物が載り、その上を蓋《かさ》の形をした天が覆って回転していると説明されていた。

（2）銅鏡の銘文

銘文が方格の周囲に書かれている。神仙思想を表したものや瑞祥の出現で所有者や家族の幸福がかなえられることを予言するものなどがある（注1第二章）。

例えば、紀元後一世紀のある方格規矩四神鏡では、次のような銘文が記されていた。

鳳皇翼翼在鏡則。鳳凰翼翼として、鏡の側に在り。

多賀君家受大福。　多《あつ》く君《あなた》の家を賀《よみ》し、大いなる福を受く。
幸逢時年獲嘉德。　幸い時《こ》の年に逢い、嘉徳を獲る。
官位尊顯蒙祿食。　官位尊顕し、禄食を蒙《こうむ》る。
長保二親得天力。　長く二親を保ち、天禄を得る。
傳之後世樂無極。　之を後世に伝え、楽しみ極まり無し。

この銘文のように現世での出世を願う文言になっているものもあった（注1五六頁）。

二、TLV字型文様

（1）規矩準縄

さて、紐周りの方格と銅鏡周縁に接して不思議な形の文様が見られる。アルファベットのT字、L字、V字に似ているので、これらをTLV字型文様といい、様々な解釈が行われている。つまり大地の四辺の中央から天穹へ伸びるT字形は天を支える柱（極）もしくは準縄、天穹から大地へ伸びているL字形（基本は左向き）と直角形V字形は天を大地につなぎ止めるもののほか、規矩という考えもある。規矩とはコンパス（ぶん回し、V字形）と指矩《さしがね》（曲尺　L字形）である。

林巳奈夫[8]はこの文様について詳しく検討し、「漢日時計」、「六博」と呼ばれるゲーム盤にこの文様が現れることを紹介し、検討を加えている。また、ニーダム[9]でも日時計に関連してTLV鏡についてかなりの分量の解説をしている。

孟子の離婁上　巻之七　離婁章句上には、

聖人既竭目力焉、繼之以規矩準繩、以爲方員平直、不可勝用也[10]。

「聖人が自分の視力を尽くし、規矩準縄を使うから、正方形・円・平面・直線を描くことができるのである。…」とある。ここで規とはコンパス、矩とは指矩つまり定規、準とは水準器（水盛り管）、縄とは墨縄《ぼくじょう》つまり、鉛直出し、もしくは下振《さげふり》であり、現代でも建築・土木工作に用いる測量道具である。つまり、規矩は建築などの重要な道具であり正確な円と方形の作図に必要不可欠であったのだ。このことから、「規矩準縄」は物事の規範を意味する語句として用いられる。ところで、この規矩というものが様々な資料に見える。たとえば、山東省済寧市嘉祥県にある後漢の豪族武氏の遺跡、武梁祠の東漢武梁祠石室の彫刻画像やトルファンの遺跡から発掘された帛画（絹織物の絵画）がある。これらには陽神である伏羲《ふっき》と陰神である女媧《じょか》の絵が描かれている（図2）。図2には北斗七星やプレアデスと思われる星や太陽・月も描かれている。伏羲は矩を持っていて女媧は規を持っている。かつて大洪水で人類が絶滅した時にこの二神だけが生き残り世界を修復したとされる。二神が規矩を持つことで規は天（円）を描き、矩は方（地）を描く道具であることを示し、彼らが世界を修復したことを表していると考えられる。二神は兄妹もしくは夫婦ともいわれ、上半身は人型で下半身は蛇であり、常に絡み合った状態で描かれている。伏羲は農業・漁業・製鉄・文化の創成者で女媧は泥から人を作ったとされる。

（2）T字型が四極を表すという考え

T字型は、天を支える柱と梁（四極）とする考えがある。淮南子には次の文章がある。これを読むと極は天を支えるものであることがわかる。

淮南子　天文訓　天地創造　共工天柱折

昔者共工與顓頊争為帝、怒而觸不周之山。天柱折、地維絕。天傾西北、故日月星辰移焉。

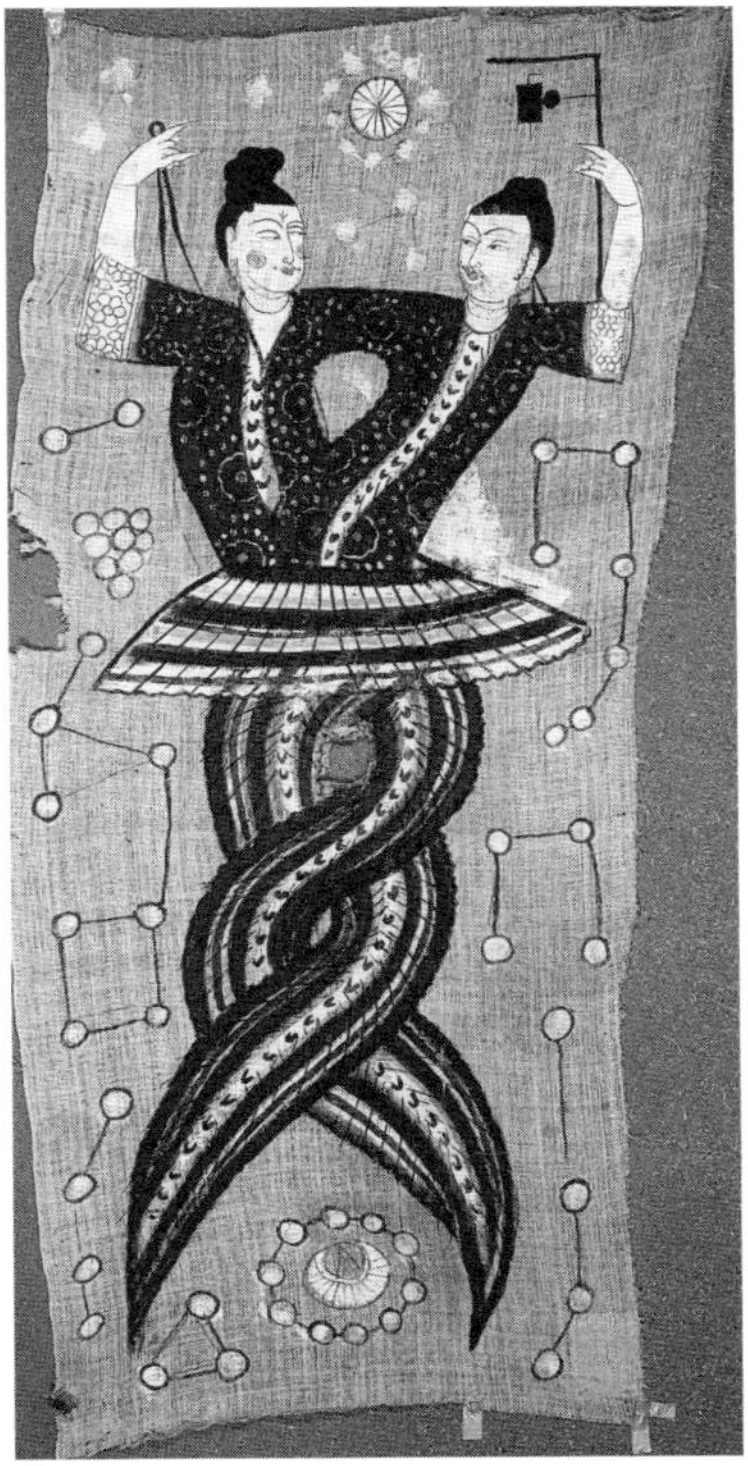

図2　唐代（8世紀中頃）に描かれた伏羲と女媧。伏羲が持つ曲尺には墨壺がついている[11]。

地不滿東南、故水潦塵埃歸焉。（注7九二頁）

「むかし、共工が顓頊《せんぎょく》と帝位を争い、その結果破れた共工が激怒のあまり、西北方にある不周山にぶつかった。そのため天柱は折れ、大地を支える綱が切れ、天は北西に傾いた。そのため、日月星々は動くようになった。大地は東南が低くなり、河の土砂が流れ込むようになった。」

また、

淮南子　覧冥訓　女媧補蒼天

往古之時、四極廢、九州裂、天不兼覆、地不周載、火爁炎而不滅、水浩洋而不息、猛獸食顓民、鷙鳥攫老弱。於是女媧煉五色石、以補蒼天、斷鼇足、以立四極、殺黒龍、以濟冀州、積蘆灰、以止淫水。（注7一四七頁）

「大昔、天の東西南北の極が崩れ、九州が裂け、天は覆えず、地は載せることが出来なくなった。火は静まらず、洪水は引かず、猛獣は人を食い、猛禽は老弱を襲った。そこで女媧が五色の石で天を補い、大亀（すっぽん）の足を切って天の四極を立て直し、水の神黒竜を殺して中国を水害から救

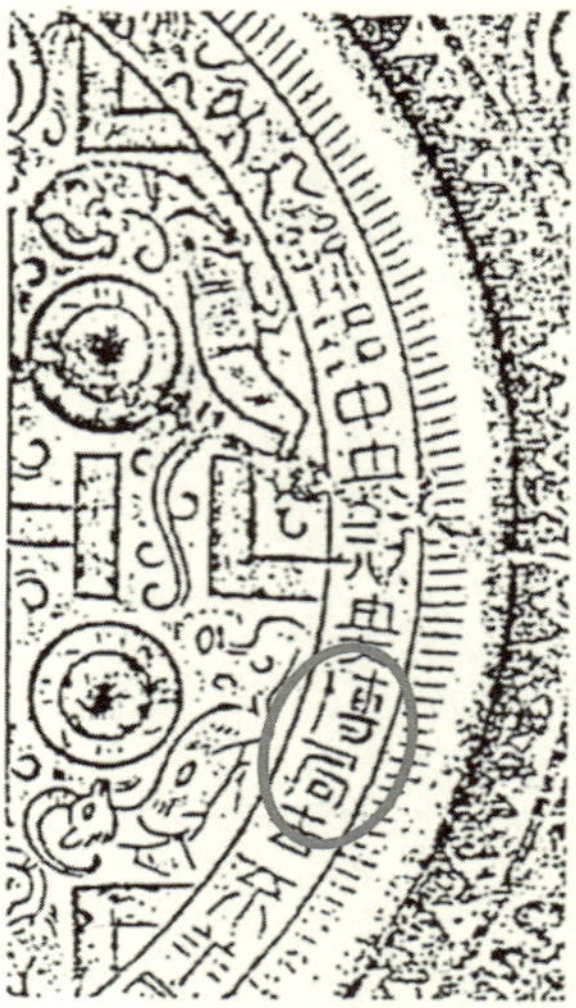

図3　方格規矩紋鏡　東京国立博物館拓本（注14、2頁に加筆）

い、葦の灰を積んで洪水を止めた。」とあり、四の梁を持つ柱（極）が天を支えているという考えが見える。この四極をT字形のマークが表していると考えられる。T字の横棒が梁で、縦棒が柱と考えるのである。

（3）天の回転とTLV文様

「淮南子」天文訓には、

帝張四維、運之以斗、…

…紫宮執斗而左旋、日行一度、以周於天

とある。[12]

紫宮とは天帝がいる紫微宮である。天極星の天帝が四本の綱を張り、斗（北斗七星）を左周りに旋回させるという意味になる。方格規矩四神鏡では、T字が極、L字とV字が綱（四維）を結ぶ鉤となる。この四維によって、天帝が北斗七星を、北極を中心に天を左回りに回転させる。そのため、地維（綱）の留め金のL字が左を向いているのであるという。北斗七星は時刻を司さどり、一時間に十五度ごと動くので時間を数えられる。

（4）六博《りくはく》（古代の遊戯具）

方格規矩四神鏡と六博の関係について小泉信吾は、林[8]に賛同しながら、他の研究について言及し、六博についてまとめている。[13] 六博とは盤（局・博局）・コマ（棋子）・サイコロ（箸）の三つからなる盤上ゲームである。規矩紋鏡の誕生が博戯の盛んな頃で在り、その衰退を博戯の衰退の時に関係しているとした傅挙有氏の説は疑問のないことであるとしている。

また、小泉信吾は銘文に「博局」の文字がある方格規矩紋鏡（東京国立博物館拓本、**図3**）を論じている。[14] 六博に用いる盤を博局という。その銘文は次の様に「博局を刻んで不祥を去る」と読める。それ故、方格規矩鏡を博局鏡とも呼ぶのであるが、小泉は博局の図案を宇宙図に基づいて解釈した方が良いとしている。

銘文全文は左のとおりである。

新有善銅出丹陽　和以銀錫清且明

左龍右虎掌四方　朱爵武順陰陽

八子九孫治中央　刻婁博局去不羊
家常大富且君王　千秋萬歳樂未央

さて、六博は古代の遊戯（**図4**）で、その起源は天円地方の思想であり、占いとも関係が深かった。博局の文様は方格規矩文と同じに見える。

上田と鈴木は六博を利用した占いについて紹介し、方格規矩紋鏡の文様の起源について検討している。**図5**は博局占の釈文の一部である。上段が博局紋に干支が書き込まれた図で、下段に占文が配されている。**図5**では、占文の一部を省略してある。上段の図の中央の四角形の内側を「方」、四辺の外を「廉」、T字形の縦棒を「揭」、横棒を「道」、L字形の横棒を「張」、縦棒を「曲」、円を「詘」、V字形の左の線を「長」、右の線を「高」と呼んだ。これらは現代の大吉…に対応するとしている。[15]

（5）式盤と占

さて、六博に類似した文様をもつものに式盤がある。古代の占いの道具である式盤は六博以前に出現している。**図6**は新の王莽時代の六壬式盤である。中央には北斗七星を持つ天盤があり、その下がいわゆる地盤となる。その双方に二十八宿が配されている。それぞれ二十八宿の外側には点が一八二個あり、一個が二度を表すので三六四度となって天の一周に対応している。天盤を回転させて演算したあと、占われた土地を判断するという（注5 一五頁）。

（6）周髀算経《しゅうひさんけい》と宇宙観

「周髀算経」は戦国時代末から漢代に成立した中国最古の数学書とされている（注16 二八頁）。天円地方観（蓋天

図4　甘粛武威磨咀子漢墓木製六博俑　後漢　高28cm
（甘粛省博物館蔵、曽布川寛（注5 17頁）より引用）

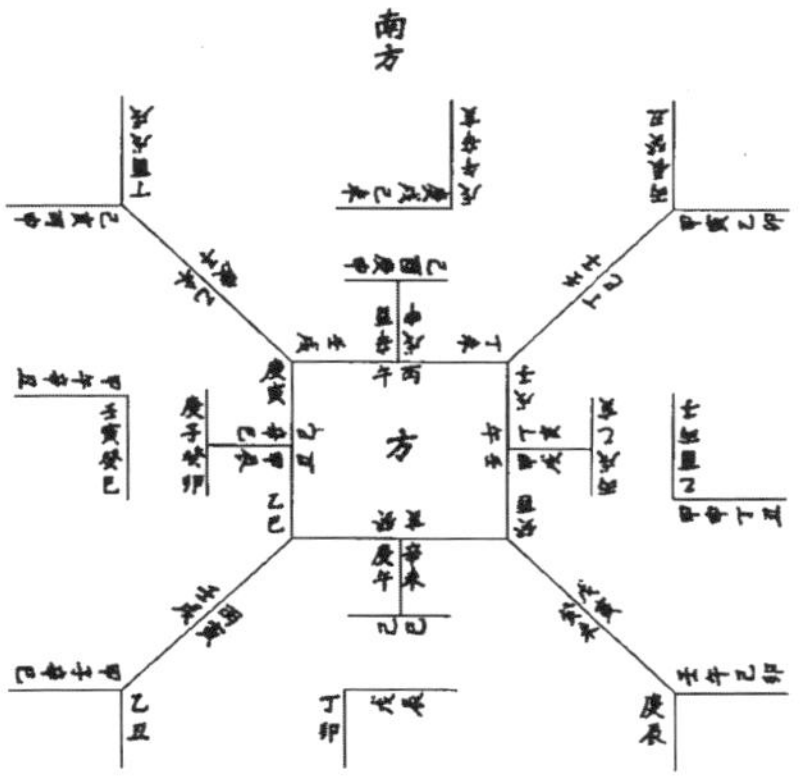

●占取婦嫁女
方家室終生産
廉婦有疾不終生
楬婦妬不終生
道婦見善室人
張婦強聚有子当家
曲婦恵謹少言語
詘婦不終生
長婦有儲事
高婦当家雛輿

図5　「博局占」釈文（一部）（上田・鈴木（注15）より引用）

説）を数学的に記述したもので、ノーモン・日時計も解説している。

商高曰「數之法、出於圓方。圓出於方、方出於矩。矩出於九九八十一。故折矩、以為句廣三、股脩四、徑隅五。既方之外、半其一矩。環而共盤、得成三、四、五。兩矩共長二十有五、是謂積矩。故禹之所以治天下者、此數之所生也。」

「平矩以正繩、偃矩以望高、覆矩以測深、臥矩以知遠、環矩以為圓、合矩以為方。方屬地、圓屬天、天圓地方。方數為典、以方出圓。笠以寫天。天青黒、地黄赤。天數之為笠也、青黒為表、丹黄為裏、以象天地之位。是故知地者智、知天者聖。智出於句、句出於矩。夫矩之於數、其裁制萬物、唯所為耳。」

周公曰「善哉！」

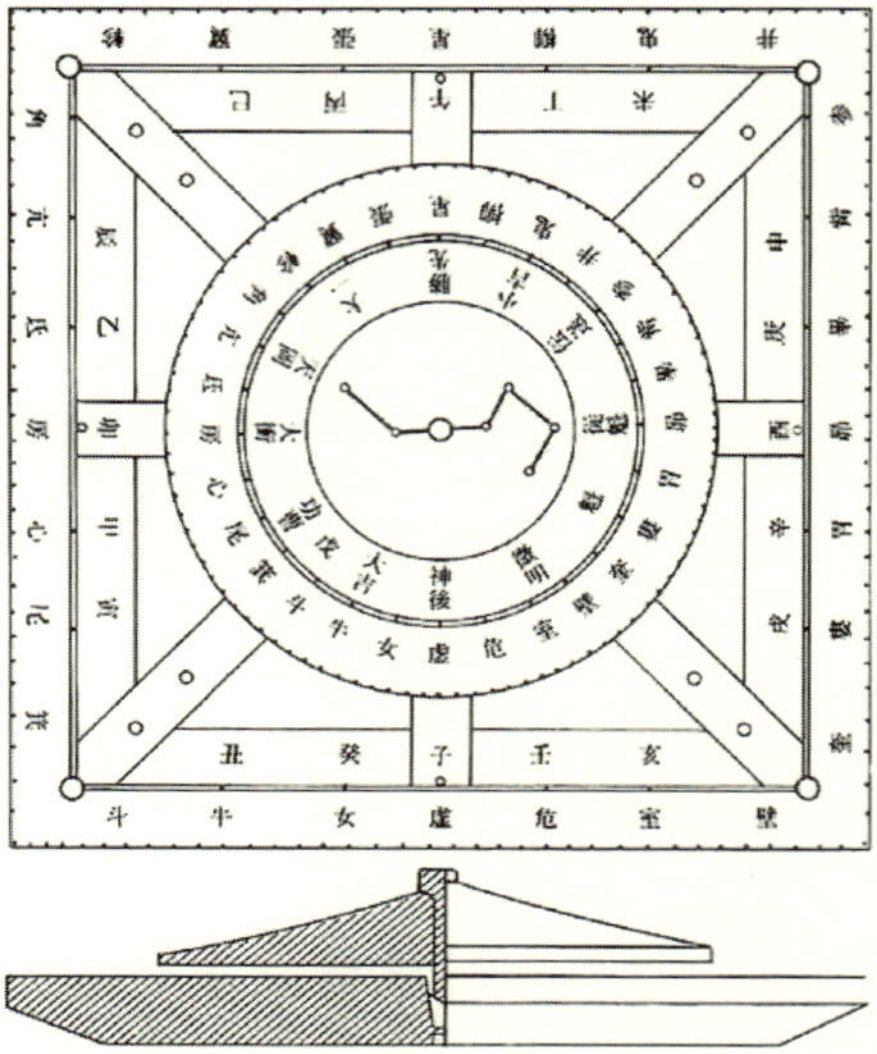

図6　甘粛武威磨咀子62号墓六壬式盤（模本）新　山田慶兒氏による（曽布川寛（注5 15頁）より引用）

「数の法は円・方より出ず。円は方より出で、方は矩より出で、矩は九九八十一より出ず。…矩を環せて以て円となし、矩を合わせて以て方となす。方は地に属し、円は天に属し、天は円にして地は方なり。方の数は典をなし、方を以て円を出す。」巻上之一、商高の言。[17] まさしく方格鏡の形である。

「周髀算経」の名前の由来は色々と考えられるが、ニーダム（注16二八頁）によると「周」は「天空の円軌道」、「髀」は「表」即ちノーモンを表すとある。

さて、漢代の日時計（測景日晷《そくけいにっき》とも言われる）が二つ残っていてそのどちらにも、TLV字形文様が書かれている（**図7**）。ニーダム（注9一六三頁）は、それらに描かれたTLV字型文様の目的は、「実用的で天文学的なものであったと考えてもたぶん差し支えないであろう」としている。

日時計に似たものに表（ノーモン）がある。地表においた土台に垂直に立てられた高さ八尺の棒で太陽の影の長さを夏至・冬至の時刻測定の観測に用いられたとする（注9一二七頁）。また、表の周りに円を描いて東西方向を決めるのにも使われた（たとえば、注18）。いわゆる日時計と言われるものにはその用途に用いられた小型のものである可能性がある。

三、四神について

(1) 四神と星々

四神の青龍・白虎・朱雀・玄武に加えて土星を表す黄龍もある。元々は五行思想で五つの惑星、木星、金星、火星、水星、土星で宇宙の元素、木、金、炎、水、土の五つに相当するという考え方である。方角では東西南北の４つと中央である。黄龍の土星が中央を表す。

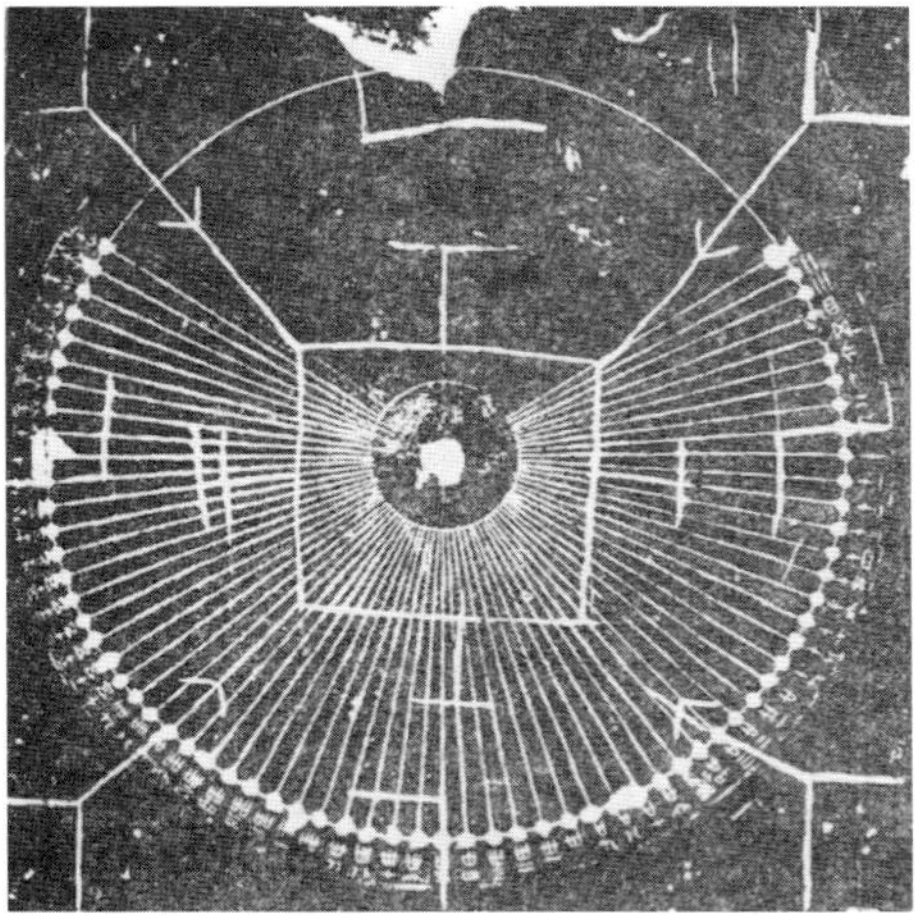

図７　漢日時計（測景日晷）　傳歸化出土（林巳奈夫（注8、4頁）より引用）

岡村によると方格規矩四神鏡の主たる文様の四神（青龍・白虎・朱雀・玄武）は前漢武帝時代の「淮南子」や「史記」ではまだ流動的であって、五行思想により四神が固定したのは方格規矩四神鏡の変遷をたどると紐座の方格に十二支の銘文を配し、大地の方位が定まり定型化した新の王莽代（紀元後のことであるとのことである（注1五八頁）。例えば前漢末の方格規矩四神鏡の銘文に四神について次のように記されている。

左龍右乕主三彭　左龍と右虎は四方を主《つかさど》る。
朱爵玄武順陰陽　朱雀と玄武は陰陽を順《ととの》える。

また、

左龍右乕辟不羊　左龍と右虎は不祥を辟《しりぞ》ける。
朱鳥玄武順陰陽　朱鳥と玄武は陰陽を順える。　ともある。

このように青龍と白虎は四方を守り、朱雀と玄武は南北に位置するので陰陽を調和し、天体の運行を助けるとされたと思われる（注1五九頁）。後に陰陽をつかさどる西王母が出現して朱雀と玄武がそれぞれ南と北を象徴するようになったようだ。

さて、史記天官書にある朱鳥（朱雀）、蒼龍（青龍）、白虎は二十八宿中の目立った星座の形をそれぞれの動物の形にあてたものであるという。(19) 例えば、西宮白虎は西洋のオリオン座の四隅の星が虎の肩と腰を表していて、天官（中国の星座）は奎（アンドロメダ座）、婁・胃（おひつじ座）、昴・畢（おうし座）、觜、参（オリオン座）である。東宮青龍はさそり座で天官が角・亢（おとめ座）、氐（てんびん座）、房・心・尾（さそり座）に対応させられる。南宮朱鳥（朱雀）は井（ふたご座）、鬼（かに座）、柳・星・張（うみへび座）、翼（コップ座とうみへび座）、軫（からす座）で大きな鳳凰を表している。北宮玄武は斗（いて座）、牛（やぎ座）、女（みずがめ座）、虚（みずがめ座とこうま座）、危（みずがめ座とペガスス座）、室（ペガスス座）、壁（ペガスス座とアンドロメダ座）である。四神ごとの赤経の範囲は四神ごとにことなり、南方朱鳥が一番大きい。つまり天官としての四神の天での配置は、等間隔ではない。このため、王莽以前では四神の方位が定まっていないこととあわせ、方格規矩四神鏡では、四神像が東西南北の「極」の位置から外れた所に刻まれたと推測される。

西王母

方格規矩四神鏡には希に銅鏡内区に西王母が描かれることがあるが、西王母の姿が鏡に見えなくとも紐座に西王母が常に存在すると考えられていた[20]。

西王母は紀元前に成立したと思われる中国の神話や地理をまとめた山海経第二西山経三の巻に「…さらに西へ三百五十里、玉山といい、ここは西王母の住むところ。西王母はその状《すがた》、人のようで豹の尾、虎の歯でよく嘯《うそぶ》き、おどろの髪に玉の勝《かんざし》をのせ、天の厲《わざわい》と五残（疫病と五種の災）を司る」（注21四〇頁）とある。

海内北経には「蛇巫《だふ》の山の上に人がいて、杯をもって東に向かって立つ。西王母が几《つくえ》にもたれて勝《かみかざり》と杖をのせている。その南に三羽の青い鳥がいて、西王母のために食物をはこぶ。昆侖《こんろん》の虚《おか》の北にあり。」（注21一四一頁）とある。その姿から虎との連想が生じ、また、漢代になると崑崙山に住む不老長寿の仙女へとイメージが移っていった。方格規矩四神鏡には神仙、ガマガエル、九尾の狐、月で薬草を舂く玉兎、三羽の青い鳥も描かれたものもある。漢末の旱魃の際には、不死の神仙である西王母への信仰が爆発的に広がったようである（注1六〇頁）。

（2）神獣としての小禽（小鳥）

古代中国では鳥は天と地を繋ぐ生き物と考えられていた。山海経には、「大荒の山上に扶木（扶桑）あり。高さ三百里。温源の谷あり、その湯の谷の上に扶木あり。十の太陽が水あびをする。水中に木がある。九個の太陽は下の枝にあり一個の太陽が上の枝にいる。一個の太陽がやってくると、一個の太陽が出ていく。太陽はみな烏を載せている。」とある

（注21一三二、一五一頁）。約五〇〇〇年前から約三〇〇〇年前頃に栄えた古蜀時代のものである三星堆博物館蔵のI号大型青銅神樹つまり扶桑（神樹）は、九つの枝に九つの霊鳥がとまっている。この霊鳥は鷲に見える。また、大荒西経には「西海の外、大荒の中に宝山あり。山上に青い樹があり、柜《く》格《かく》の松という。日月の入るところ」（注21一六一頁）とあり、太陽が鳥と共に空を東から西に移動して行くことがわかる。なお、殷の時代には太陽が十個あって交代で空に上がっていると考えられていた。毎日交代して十日で一巡する。十個の太陽に付けられた名前が十干で、十干が月の上旬・中旬・下旬と巡って三十日で一月になる。

四、古事記・日本書紀に見られる真経津《まふつ》鏡と古代銅鏡

これまで述べてきたように銅鏡の文様には当時の中国の宇宙観が描き出されている。その銅鏡を記紀神話ではどのように扱っているのか、検討してみたい。

（1）記紀・風土記の真経津鏡

記紀・風土記にフツヌシという名の神が見られる。フツヌシはタケミカヅチ（雷）と共に出雲の国譲り・東国平定（天津甕星と対決）などで活躍した。「フツ＝"*putsi"＝星」は、オーストロネシア語起源で縄文時代に南方から来た人々が使用していた言語（縄文語）の可能性があり、海民として大和朝廷の全国支配に協力した有力氏族もしくはその配下として、その言葉・神話・伝承を記紀に投じた可能性がある。(22) フツヌシ（石上神宮・香取神宮）・タケミカヅチ（鹿島神宮）は古代朝廷における祭祀を担った氏族である忌部氏、多氏、物部氏から中臣つまり藤原氏（春日大社）へ祭主が移行したがそれは権力の移動によってその権威付けの材料となった可能性がある。

記紀神話では、天照大神が岩屋戸に隠れたとき、思兼神《おもいかねのかみ》は、太玉神に神々を率いて天照大神を和ませる材料をつくらせた。石凝姥命《いしごりめのみこと》に天の香具山の銅を取って太陽の姿に似せて鏡を鋳造させ、天照大神の姿を映させて暗闇を明るくさせ、岩屋戸をあけさせたとする。

さて、この「フツ＝星」の名は記紀神話の岩戸隠れの時にアマテラスに似せて作られた鏡にも付けられている。この鏡は八咫鏡《やたのかがみ》と云われ日本書紀神代上第七段本文分註には「一に云はく、真経津鏡といふ」と書かれている。(23) また、先代舊事本紀には、「其狀美麗し、而《しかる》に窟戸《いはやと》に觸《ふれ》て小瑕有り、其瑕今猶存り、卽ち是伊勢に崇秘《いつきまつる》大神《おおかみ》なり、所謂八咫鏡、亦の名は眞經津鏡是なり（「先代舊事本紀第二巻」」（注24五一頁）。「…

上枝には八咫鏡を懸《とりか》く。亦の名を眞經津鏡と云ふ。…」（注24五二頁）とある。つまり真経津鏡は皇室に伝わる神器八咫鏡を表す言葉であったのだ。

さらに、「播磨國風土記」には「賀古の郡　この丘に比禮《ひれ》墓あり。褶《ひれ》墓と號くる所以は、昔、大帶日子命《おおたらしひこのみこと》、印南の別嬢を誂《つまど》ひたまひし時、御佩刀《みはかし》の八咫の劒の上結《うはゆひ》に八咫の勾玉、下結《したゆひ》に麻布都《まふつ》の鏡を懸けて…」とある。(25)

さて、「古事記傳　八之巻」(26)には、「前略　さて此御鏡を、書紀に眞經津鏡ともあるは、眞太鏡なり。【太は稱辭《ほめこと》にて、布都とも通はし云る例多し。此の經津をとりどりに漢意以て説れど、皆例のいふにたらず。】」とある。

一方、先代舊事本紀訓註（注24五二頁）によれば、「【八咫鏡・眞經津鏡】…ヤタは巨大なの意。即ち八咫鏡は巨大な鏡。マフツノ鏡のマは美稱の接頭語。フツは齋《イツ》の轉語。眞經津の鏡は神を祭るために使用する鏡。」であるとする。釋日本紀(27)の眞經津鏡の項を見ると、「眞經津とは何を意味するか？真は美称である。經津とは似せることである。俗にいわば、この鏡を鋳造して天照大神のお姿に似せることである。よってこれを經津という。」と読める。

（2）考古学からみた真経津鏡

福岡県糸島市平原遺跡一号墓（弥生時代後期）からは漢から渡来した直径四六・五センチメートルの極大型内行花文鏡同型五面分の破片、大型内行花文鏡二面、方格規矩四神鏡三二面（二世紀代製作）、虺龍《きりゅう》文鏡一面が発見されている（図8）。直径四六・五センチメートルの内行花文鏡は確かに大変大きな鏡である。銅鏡の本家の中国ではこのような大型鏡は少ない。後漢が一世紀末から二世紀にかけて、周辺地域の王への贈与として、極大型鏡を贈った観点から北九州平原遺跡の立地を考えると倭への窓口として厚遇戦略を行ったという可能性がある（注1一〇四頁）。

さて、この内行花文鏡は新の王莽時代に出現したと考えられ、中心に四葉若しくは八葉の蓮の花弁が紐を囲み、その外側に半円の模様が内側に凸に八個並んでいる。これらは日・月の輝きを表すと言われている。

淮南子天文訓には「天有九野、九千九百九十九隅、去地五億萬里。五星、八風、二十八宿、五官、六府、紫宮、太微、軒轅、咸池、四守、天阿。」「何謂九、中央曰鈞天、其星角、亢、氐、東方曰蒼天、其星房、心、尾、東北曰變天、其星箕、斗、牽牛、北方曰玄天、其星須女、虚、危、營室、西北方曰幽天、其星東壁、奎、婁、西方曰顥天、其星胃、昴、畢：西南方曰朱天、其星觜嶲、參、東井、南方曰炎天、其星輿鬼、柳、七星、東南方曰陽天、其星張、翼、軫。(12)」とあり、

八個の弧文は上から俯瞰したときの天の八分野を示す。それぞれの弧文は中央の円と短い三本線で結ばれていて中央の円とで九つの分野になり、鈕自体は西王母の住む崑崙山が天極星に向かって聳える様子を示していると考えて良い（注5八頁）。このような観点から内行花文鏡の文様はシンプルではあるが方格規矩鏡と同じ宇宙観を示しているといえる。

（3）八咫鏡

「日本書紀」（注23三五三頁補注）には、「咫は説文に『中婦人手長八寸、謂之咫』とあり、周制で16センチメートル弱で八咫鏡を直径八咫の鏡といえず、単に巨大な鏡の意。八咫鏡

図8　平原1号墓出土内行花文鏡（10号鏡）（径46.5cm）
（「銅鏡観察への招待　伊都国歴史博物館案内パンフレット」28）より引用）

をマフツノ鏡ともいう。フツはフツノミタマのフツと関係あるものとも見られる。フツを赫《かが》やきの意とすれば、甚だ理解しやすいが、なお研究を要する。」とある。

尺を「字統」[29]で調べてみると、「尺　象形　手の指の、拇指と中指とを展《ひろ》げた形。（中略）我が国の「あた（咫）」にあたる尺度で、寸の十倍。寸は一本の指の幅。（後略）」とあり、咫は同じく「字統」[29]によると「咫　形声　説文に『中婦人の手の長さ八寸、これを咫という。』（中略）咫はわが国では『あた』という。手の指を大きく開いた形で、男の方が尺、婦人が八寸。（後略）説文『中婦人手長八寸、謂之咫。周尺也。』戦国時代までの文物調査で一尺≒23センチメートル漢で23～24センチメートルであり、これから周制では20センチメートルと推定されている。（「説文解字」による。）」とある。三原邦夫[30]は、説文の「周」を円周と見て咫を円周の単位とみ、八咫を鏡の円周の長さとして、直径四六センチメートルとした。

ところで円周率については、紀元一三〇年頃、張衡が三・一六二二と求めていた（注16一一一頁）。これを用いると八咫鏡の直径は五〇・六センチメートルとなる。岩波版「日本書紀補注」に従うと一咫は一六センチメートルであり、これなら八咫鏡の直径は四〇・五センチメートルとなる。

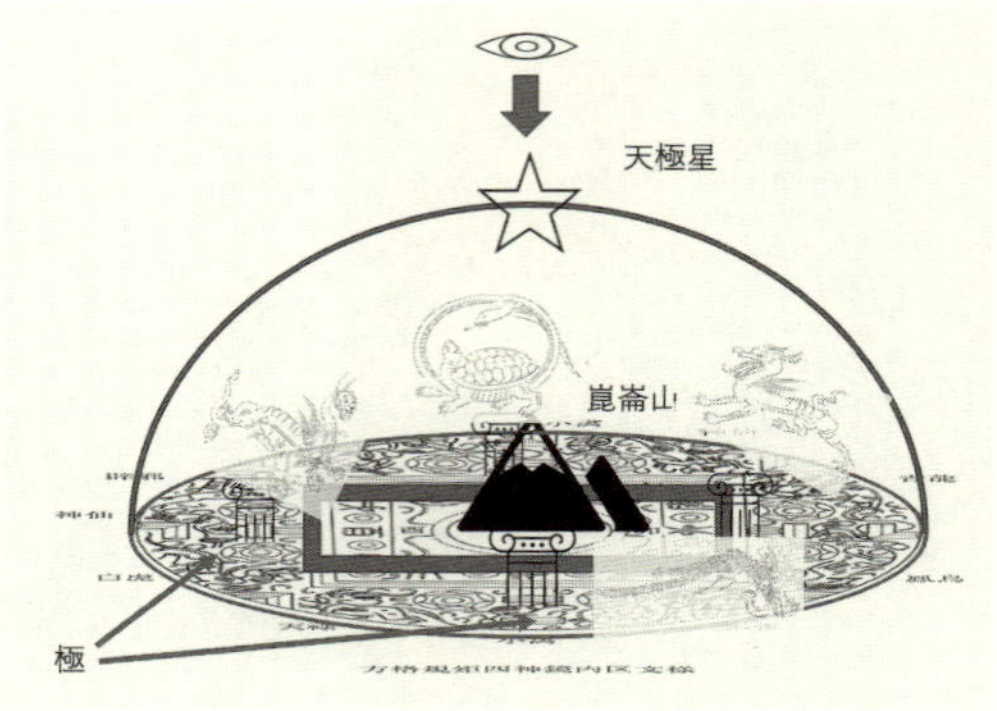

図9　方格規矩四神鏡が表す天極から俯瞰する宇宙―大地の構図（注4を改変して西村が作図）

（4）銅鏡とフツの関係

三品彰英[31]はこの真経津鏡の「フツ」について詳しく論じた。経津主神は日本書紀本文、古事記でフツノミタマという霊剣を表すが「この「真フツノ鏡」のフツまでを名剣とか、プッツリと切れ味のよい意味とか解することはできないであろう。」として鏡と剣が天神の霊が降り憑ります霊形であり、その光を表象した神器であるから真フツ鏡と霊剣フツノミタマの共通する本質から「フツ」という名称を考えなければならないと論じている。三品は「フツ」と「フル」の関係性から古代朝鮮語のpurk（赤）が天・太陽に対する宗教的観想を伴った言葉として広く使用されてきた事例をあげた。

石上《いそのかみ》神宮では、その祭神韴霊《ふつのみたま》に宿られる御霊威を布《ふ》都《つ》御《み》魂大神《たまのおおかみ》と称し、天璽《あまつしるし》十《と》種瑞宝《くさのみづのたから》に宿られる御霊威を布《ふ》留《るの》御《み》魂大神《たまのおおかみ》と称える（注22一七一頁）こと、また中期朝鮮語では星がbyulʼ、現代朝鮮語でpyëlと発音され[32]、時代は違えど、「フル」、「フツ」との関係が推測されることから、私は三品より一歩進めて「フツ」と「フル」は同じく星を表す言葉であると考えている。

おわりに

この論考では漢代に中国で流行し、弥生時代中期後半から当時の日本に流入した方格規矩鏡、特に方格規矩神獣鏡に見られる文様を紹介し、TLV字型文様の起源とされるもの、四神、西王母、紐や銅鏡の形そのものが古代中国の神話つまり宇宙観に根ざすことを紹介した。つまり銅鏡の文様は古代中国の宇宙観を表しているのである。その宇宙観を曽布川（注5五一頁補図1）にならい方格規矩四神鏡の俯瞰図を作成してみた（**図9**）。中国の神話では大地の中心に崑崙山が天極星に向かって、一万一千里の高さで聳え、後に西王母が頂きに君臨する不死の聖域と考えられるようになる。大地である方格は円蓋で覆われ、それは四本の極で支えられ、円蓋の周りの四方に四神が配置されるという図である。

さて、奈良時代に書かれた古事記、日本書紀ではあるが、その時代から見てさらに過去に遡る古墳時代人の知識として銅鏡文様への一定の理解、つまり銅鏡背面の文様は宇宙を表しているという伝承が残っていたのではないだろうか。銅鏡の文様を読み解く方法は鏡と共に渡来した人々からもたらされた可能性が大いにある。それは日本書紀の冒頭に古代中国の宇宙観を、つまり淮南子を引用するなどして導入したことから十分ありえることであろうと考えられる。

銅鏡背面の不思議な文様が天と宇宙原理を表し、表の鏡面は太陽の輝きを思わせることから、古代日本人は中国の宇宙観を受容した結果、フツが星即ち宇宙を表す言葉として鏡にも用いられたとも考えられる。つまり、神器としての銅鏡を真経津鏡とも呼んだと考えるのである。

注

（1）岡村秀典『鏡が語る古代史』（岩波新書、二〇一七年）。
（2）辻田淳一郎『鏡の古代史』（角川選書、二〇一九年）。
（3）https://www.hyogo-koukohaku.jp/kodaikyou/modules/mirror/
（4）泉屋博古館蔵解説書。
（5）曽布川寛「漢鏡と戦国鏡の宇宙表現の図像とその系譜」（『黒川古文化研究所紀要（十三）』古文化研究、二〇一四年）一―四二頁。
（6）林巳奈夫「中國古代における蓮の花の象徴」（『東方學報』五九冊、一九八七年）一―六九頁。
（7）池田和久『訳注 淮南子』（講談社学術文庫、二〇一二年）。
（8）林巳奈夫「漢鏡の圖柄二、三について」（『東方學報』四四冊、一九七三年）一―六五頁。
（9）ニーダム、監修東畑精一、藪内清『中国の科学と文明　第五巻　天の科学』（思索社、一九九一年）一五三―一六五頁。
（10）東方學デジタル圖書館　經部　孟子註疏解經十四卷卷第七上（http://kanji.zinbun.kyoto-u.ac.jp/db-machine/toho/ShiSanJingZhuShu/html/A0130014.html?2）。
（11）Zhongguo gu dai shu hua jian ding zu（中国古代书画鑑定组）. 1997. Zhongguo hui hua quan ji（中国绘画全集）. Zhongguo mei shu fen lei quan ji. Beijing: Wen wu chu ban she. Volume 1.
（12）中國哲學書電子化計劃。https://ctext.org/huainanzi/tian-wen-xun/zh
（13）小泉信吾「盤上遊戯史から見た方格規矩紋について」（『京都府埋蔵文化財情報』第二五号、一九八七年）三三―四一頁。
（14）小泉信吾「盤上遊戯史から見た方格規矩紋について（二）」（『京都府埋蔵文化財情報』第二六号、一九八七年）一―八頁。
（15）上田岳彦・鈴木直美「尹湾簡牘「博局占」の方陣構造――博局紋の系譜解明の一助として」（『駿台史學』第一一二号、二〇〇一年）二頁。
（16）ニーダム、監修東畑精一、藪内清『中国の科学と文明第四巻数学』（思索社、一九九一年）。
（17）中國哲學書電子化計劃。https://ctext.org/zhou-bi-suan-jing/

juan-shang/zh

(18) 臼井正「京都の天文学【一】平安京の方位はどうやって決められたか」(『あすとろん』第一号、NPO法人花山星空ネットワーク、二〇〇七年)一一―一五頁。

(19) 林巳奈夫『中国古代の神がみ新装版』(吉川弘文館、二〇二〇年)六二―七六頁。

(20) 西村俊範「漢鏡の二・三の問題について」(『人間文化研究』第二九巻、京都学園大学人間文化学会、二〇一二年)一〇三頁。

(21) 高馬三良訳『山海経 中国古代の神話世界』二三刷(平凡社ライブラリー、二〇一七年)二三頁。

(22) 西村昌能「記紀神話に見られる星の神――経津主神考」(『天文文化序説――分野横断的にみる歴史と科学』(思文閣出版、二〇二一年)一五二―一八一頁。

(23) 坂本太郎・家永三郎・井上光貞・大野晋校注『日本書記(一)』(岩波文庫、一九九四年)七六頁。

(24) 大野七三編著『先代舊事本紀訓註』(新人物往来社、一九八九年)。

(25) 「播磨國風土記」(『風土記 日本古典文學体系』九刷、岩波書店、一九六七年)二五九頁。

(26) 倉野憲司校訂『古事記伝(二) 本居宣長選』第三刷(岩波文庫、一九九六年)八〇頁。

(27) 『新訂増補國史大系第8巻 日本書紀私記釋日本紀日本逸史』(吉川弘文館オンデマンド版、二〇〇七年)九九頁。

(28) 「銅鏡観察への招待 伊都国歴史博物館案内パンフレット」(https://www.city.itoshima.lg.jp/m043/010/040/040/100/2039.pdf)。

(29) 白川静『字統』(平凡社、一九八四年)。

(30) 三原邦夫「連載 シニカフォーラム 八咫の鏡について」(『月刊しにか』二月号、大修館書店、二〇〇〇年)一二四頁。

(31) 三品彰英「フツノミタマ考 第二節 布都(布留)名義考」(『建国神話の諸問題 三品彰英論文集 第二巻』(平凡社、一九七一年)二六八頁。

(32) 西村昌能&TENKYO―ML☆形チーム「星と☆形――The Symbol of Stars 第三章」『天文教育』一月号(二〇〇三年)四〇三頁。

天の河の機能としての二重性
──境界と通路、死と復活・生成、敵対と恋愛の舞台

勝俣　隆

かつまた・たかし──長崎大学名誉教授。専門は日本の古典文学（神話・御伽草子・伝説等）。主な著書に『星座で読み解く日本神話』（大修館書店、二〇〇〇年）、『異郷訪問譚・来訪譚の研究　上代日本文学編』（和泉書院、二〇〇九年）、『七夕伝説の謎を解く』（大修館書店、二〇二四年）などがある。

天の河は、あの世と此の世を隔てる厳重な境界で通常は渡河できないが、七夕伝説や三途の川では「七・七」の日だけ両世界が繋がり横断できる機能的二重性を持つ。また、地上と天上を繋ぐ通路でもあり、張騫が黄河を遡り牽牛・織女と出遭う話が典型で天の河を縦断する。さらに、復活・生成の場でもあり、記紀で天照と須神が誓約で子孫を産む場面では「生命の水」が関わる。他にも、天の河を挟んで敵対と恋愛が行われる二重性も持つ。

はじめに

天の河は、古来、多くの民族で注目され、その白く細長い形状は、河や道などとして認識されることが多かった。ギリシア神話では、ヘラがヘラクレスに与えた乳がほとばしりでて天の河になったとする。色の白さと液体がこぼれて流れたような印象から付けられた名称であろう。一方、七夕伝説の天の河、日本神話の天の安の河などは、天上世界の大河と見て、恋愛の舞台、誓約の舞台でもあった。また、天の河は、古今東西を問わず、霊魂昇天の道、通路、大河と捉える見方も多かった。その場合、天の河は、あの世と此の世を結ぶ通路にもなり、両者を隔てる境界にもなった。通路の場合、天の河を横切る方法と、天地・天海の果てから遡上し縦断する方法がある。このように天の河の持つ機能は多岐にわたるが、本稿では、それぞれ具体例を挙げて検証し、日本や中国を中心に、天の河の役割・機能を明らかにしていきたい。

一、天の河を横断する場合

(1) 七夕伝説の場合

北宋《そう》（九六〇～一一二七年）の張文潜《ちょうぶんせん》（一〇五四～一一一四年）作の「七夕歌《しちせきか》」は、次のようである。

河東《かとう》の美人《びじん》は天帝《てんてい》の子《こ》、機杼年年玉指《きちょねんねんぎょくし》を労《らう》し、雲霧《うんむ》を織成《おりな》す紫綃《ししょう》の衣《ころも》、辛苦《しんく》して喜《よろこ》び無《な》く、容理《かたちつくろ》はず、帝独居《ていどくきょ》して与《とも》に娯《たの》しむ無《な》きを憐《あは》れみ、河西《かせい》なる牽牛夫《ひこぼし》に嫁《とつ》がしむ、嫁《とつ》ぎてより後織袵《のちしよくじん》を廃《はい》し、緑鬢雲鬘朝暮梳《りよくびんうんまんあさゆふくしけづ》り、歓《よろこ》びを貪《むさぼ》りて帰《かへ》らず、天帝怒《てんていいか》り、責《せ》めて踏《ふ》み来《きた》る時《とき》の路《みち》を帰却《かへら》しめ、但一歳《ただひととせ》に一《ひと》たび、七月七日《しちがつなのか》に橋辺《はし》を渡《わた》りて、相見《あひあ》はせしむ。

（天の河の東にいる美人は、天の帝の子である。機織りで毎年、美しい指を酷使し、雲や霧を材料に紫色の衣を織っている。苦労をしても喜びはなく、お化粧もしない。天の帝は、織女が一人で暮らして一緒に楽しむ相手がいないのを哀れに思い、天の河の西の牽牛に嫁がせた。嫁いでからは、織物をやめ、美しい黒髪を毎日櫛でとかして、夫婦生活の喜びをむさぼって親元に帰ることもしない。天の帝は怒って、非難して、嫁いできた道を帰らせ、ただ一年に一度、七月七日だけ、橋を渡って、二人を逢わせた。）

これが現在知られている七夕伝説の中で最も有名で普遍的なものであろう。天の河を挟んで牽牛と織女が向かいあい、七月七日のみ逢うことができるという設定である。

中国の七夕伝説では、女性側の織女が男性側の牽牛に逢いに行くのが特徴とされている。これを中国の結婚制度や男尊女卑と関係づける見方もあるが、そうではあるまい。七夕伝説では、仙女・神女という異郷の存在である織女が、現世の人間である牽牛に逢いに行く形が古形と推測され、必然的に女性から男性へという形になったのである。七夕伝説に限らず天上界の天女が地上の人間世界の男性に出遭う場合、その男性は、猟師・漁師・農夫などのことが多い。それは、天上界の女性が降りてくるのは、水浴びの為であることが多く、水のある場所は、魚が泳ぎ、鳥・獣などが水飲みに訪れる場所であって、漁に来た漁師や狩猟をする猟師、あるいは、牛に水を飲ませに訪れた農夫などが、その天女に出逢う設定が多いからだと想定される(1)。

実際、中国の小説には、神仙の女性が七月七日に人間の男性に会いに来る話は多数存在する。たとえば、『漢武故事』（六朝時代）の西王母も七月七日に武帝のもとを訪れている。

『漢武故事』

王母《わうぼ》使《つかひ》を遣《つか》はして帝《みかど》に謂《い》ひて曰《いは》く、「七月七日《しちがつなのか》、我当《われまさ》に暫《しば》し来《きた》らむと」。帝《みかど》、…宮内《くない》を掃《は》き、九華灯《きうかとう》を然《とも》し、七月七日《しちがつなのか》、承華殿《しやうかでん》にて斎《さい》す。日正中《ひしやうちう》、忽《たちま》ち青鳥《せいちやう》の西方《せいはう》より来《き》たりて殿前《てんぜん》に集《つど》ふを見《み》る。…是《こ》の夜漏七刻《よるろうしちこく》、空中《くうちう》に雲無《くもな》きも、隠《こも》りて雷声《らいせい》の如《ごと》し。竟《つひ》に天紫色《てんししよく》にして、頃有《けいあ》りて王母至《わうぼいた》る。紫車《ししや》に乗《の》り、玉女夾《ぎよくじよはさ》みて馭《ぎよ》す。七勝《しちしやう》を載《の》せ、玄瓊鳳文《げんけいほうもん》の舄《くつ》を履《は》き、青気《せいき》は雲《くも》の如《ごと》く、二青鳥《にせいちやう》の烏《からす》の如《ごと》き有《あ》りて、夾《はさ》みて、母《ぼ》の旁《かたは》らに侍《じ》す。

この『漢武故事』の記事には、西王母の如き仙女が人間の許を訪れるのは、七月七日という仙女の世界と人間世界が繋がる特別の日である必要性が明示されている。

我が国の浦島伝説でも日本書紀の雄略天皇二十二年秋七月の条に

秋七月《あきふみづき》、丹波国《たにはのくに》の余社郡《よさのこほり》の管川《つつかは》の人瑞江浦島子《ひとみづのえのうらのしまこ》、舟《ふね》に乗《の》りて釣《つり》す。遂《つひ》に大亀《おほかめ》を得《え》たり。便《すなはち》に女《をみな》に化為《な》る。是《ここ》に、浦島子《うらのしまこ》、感《たけ》りて婦《め》にす。

丹後国風土記逸文に

女娘《をみな》の微咲《ほほえ》みて対《こた》へて曰《い》はく、「風流之士《みやびを》、独蒼海《ひとりあをうみ》に汎《うか》べり。近《ちかし》く談《かた》らはむおもひに勝《た》へず、風雲《かぜくも》の就来《むたきた》れり」

とあって、七夕と推測される日に、仙女（亀比売）の側が洋上の男性の漁師（浦島子）の前に現れて求愛しているのも、浦島伝説が中国の神仙小説の影響を受けて作られた可能性を如実に示すものであろう(2)。

それでは、なぜ神女が人間の男性を訪れるのが七月七日なのか。

それは太陰暦と月の満ち欠けが深く関わっている。月は新月の後に徐々に膨らんで、七日には上弦の月となり、半分が明るくなる。その後、満月を経て、また欠けて行き、下弦の月を経て、再び新月となる。古代人が月の満ち欠けに生死を重ねていたことは、世界中で共通しており、新月は死であり、満月は生の勢いの最大の時であった。万葉集巻三・四四二「世《よ》の中《なか》は空《むな》しきものとあらむとそこの照《て》る月《つき》は満《み》ち欠《か》けしける」の歌はその典型である。その生死の繰返しの中で、上弦の月とは、正に、生の部分が半分に達し、それ以降は生が勢いを増す意味において、生命の復活を意味するものだった。上弦の月は七日の月だと古くから意識され（和歌森太郎氏）、また、「七を聖数として重視する古いシャーマニズムと関わる」と指摘されている(3)（小南一郎氏『中国の神話と物語』）。

即ち、七日は生命の復活を意味する日でもあった。さらに、数字の「七」も復活生成を意味する聖数となった。一年では七日は十二ヶ月十二回あるわけであるが、中でも七月七日は、復活生成を意味する聖数「七」が重なっている唯一の日であるから、他の月とは比べものにならないくらい復活生成の力が強く発揮されると日と見なされた。その結果、七月七日は、死者でさえも霊魂が復活して、此の世に戻ってくることが出来る日とされたのである。

七月七日は、道教では、三元《さんげん》（一月十五日〔上元〕・七月十五日〔中元〕・十月十五日〔下元〕）に先立つ三会日（一月七日・七月七日・十月五日）の一つで、最も重要な日であり、祖先の霊魂に出会うことが出来る日であった。仏教では、七月十五日が盂蘭盆《うらぼん》であり、現在は十三日からをお盆とするが、古くは、七月七日がその始まりとされ、やはり、祖先の霊魂を迎える日であった。実際、お盆が古くは七月七日からであったことは、現在でも、三重県尾鷲市などでは、お盆が七月七日から行われていることからも窺える。七夕盆という言葉が有るくらい、お盆と七夕の行われる七月七日は関係が深いのである。

道教や仏教で、死者が此の世に戻ってくるのが七月七日とされたのは、まさに七月七日の持つ強い復活生成の力故であったと理解できるのである。

一方、七月七日は、生者の立場からすれば、此の世ならぬ霊魂や異郷の存在に出会える日であった。言葉を換えて言えば、七月七日は、異郷と現世の通行が可能となる日でもある。

中国の七夕伝説で織女は天女（仙女）として描かれており、織女自体があの世の霊魂と同様な存在、異郷の存在として捉えられていたことは明らかである。神仙世界の存在である織女は、普段は此の世とは断絶した生活をしているが、七月七日だけは、此の世との繋がりが実現し、現世の人間世界の存在である牽牛のもとを訪れることが可能であるという設定である。

従って、七夕は、本来はこの世とあの世が繋がり異郷の存在と出逢える日である七月七日に神仙としての織女と人間である牽牛が出逢う話であって、七月七日だからこそ逢えたわけである。しかし、やがて時代の推移と共に、一年は旧暦で三百五十数日もあるのに、年に一度七月七日しか逢えなくて気の毒だという意味に誤解されて、現在よく知られている悲恋の話に変わってしまったと推測される。

いずれにしても、「七・七」の日は、この世とあの世の通路が繋がり、この世とあの世の通行が可能な日であった。従って、あの世（人間世界以外の異郷…死者の世界・神の世界・仙人の世界・天女の世界等）から、異郷の存在（死者・神・仙人・天女等）が此の世へ訪れることが出来るし、逆に、この世の人間があの世へ行くことも出来る日とされたのである。

この「七・七」の日を舞台とする話は沢山あるが、その最も代表的な話の一つが、七月七日に天上界の天女である織女が此の世の人間である牽牛に逢いに来る七夕の話であったのである。(4)

　さて、七月七日に織女が牽牛に逢いに行くためには、天の河を渡らなければならない。

　天の河は大河であって、容易に渡ることは不可能である。特に中国では、河自体が実際に日本より大きいので、中国人の意識としては、まして天上の天の河は長大であって、日本の和歌に出て来るような徒歩で渡れるような小さな川とはされていないようである。

　しかし、七月七日には天の河を渡る必要がある。そこで持ち出されたのが、鵲の橋である。

　応劭《おうしょう》『風俗通義』（後漢（西暦二五年〜二二〇年））（韓諤《かんがく》『歳《さい》華紀麗《かきれい》』巻三、「鵲橋已成」所収）には、次のようにある。

　　織女は七夕に当《まさ》に河を渡らんとして、鵲《かささぎ》を使《し》て橋と為《な》らしむ。

　なぜ鵲が登場するのかは、既に拙稿で指摘したが、鵲の体色が黒と白が半々であり、特に腹部の膨らみは半月形をしており、半分が黒く半分が白い鵲の体色が同じく半分が黒く半分が白い上弦の月を彷彿とさせるからである。(5)七月七日だけは鵲が天の河に橋を架けてくれるので渡河が可能になるのである。

　結局、天の河は織女の住む世界と牽牛の住む世界を隔てる境界の役割を果たしている。構造主義的に言えば、天の河の機能は、河の両側の世界を隔てる境界であることになる。但し、七月七日というあの世と此の世が結ばれる特異日には、鵲の橋が架かり、両者の交通が一時的に可能になる。その日のみは、天の河が両岸を結ぶ通路となるのであり、天の河は境界と通路という二重性を有している事になる。

（2）三途の川と天の河の関係

　出石誠彦氏に拠れば、世界の諸民族で天の河の見方として一番顕著に見られるのは、「死者の霊魂の集り帰る所、もしくは霊魂昇天の道とするもの」だという。(6)別の表現をすれば、死者の霊魂があの世へ行く時に通過するのが天の河だと言える。

　従って、仏教で死者があの世へ行く時に渡る川として有名な「三途の川」は、実は「天の河」のことではないかと考える。天の河が死者の魂の通り道であれば、それは仏教でいう、現世と来世を繋ぐ三途の川のようなものであるから、その川即ち天の河を超えればあの世に行き、またお盆には現世に戻れるという発想も分かりやすい。即ち、三途の川がこの世とあの世の通路であると共に両者の境界になっているように、天の河も七月七日にはこの世とあの世を繋ぐ通路となるが、普段は織女と牽牛の出逢いを阻む境界となっていると理解できよう。付言すれば、仏教で死者が亡くなってあの世へ旅立つまでの期間を中陰と呼ぶ。中陰の間は死者に煩悩が残り、あちこちを霊魂が彷徨う。そのため、七日毎に七回の法要をし、死者が此の世の煩悩を断ちきって、あの世へ行くための準備を行う。すべての法要が終わると七×七＝四十九日経ち、満中陰と言って、この日に死者はやっと三途の川を越えてあの世に旅立てることになる。実は、この考えは七夕の発想と通じているのであり、「七」が重なった「七・七」の日は、この世とあの世が結ばれて、死者が三途の川を渡り、あの世へ出立できるという発想である。

つまり、「七・七」の日には、この世とあの世が繋がるので、七夕であれば、あの世（この世ではない異郷世界）から、仙女である織女が天の河を渡ってこの世を訪れるし、逆に、満中陰であれば、此の世からあの世へ天の河たる三途の川を渡って死者があの世へ旅立てるのである。普段は二つの別世界を隔てる境界となっているが、「七・七」の日だけ渡河が可能という意味において、天の河と三途の川はその機能が同一と言える。

なお、偽経とも言われる『仏説地蔵菩薩発心因縁十王経』では、「二七には亡人奈河を渡る」（二七日《ふたなのか》には死者は奈河《なか》〔三途の川〕を渡る）とあって、二七日（十四日）には、亡くなった人が早くも三途の河を渡るとしている。これは、二七日の段階で、七日が二回繰り返されて、「七十《たす》七」の状況となるので、それを「七・七」と解釈して、渡河が可能としたのであろう。ちなみに、この経では

葬頭河曲。…見レ渡二亡人一名二奈河津一。所レ渡有レ三。一山水瀬。二江深淵。三有橋渡

（葬頭《そうず》河のほとりに…亡くなった人が渡るのを見ることが出来るが、これを奈河津という。河を渡る場所は三カ所ある。一は山水瀬で河の流れが浅い瀬。二は江深淵で河の流れが深い淵。三は有橋渡で橋が架かっている場所。）

とあって、生前の罪の軽重で、三途の川を渡るのも、渡りやすさが異なると描いている。

（3）古事記の天の安の川の場合

古事記の誓約神話で、天の河を挟んで天照大神と須佐之男が向かい合う場面がある。

故是《かれここ》に、速須佐之男命《はやすさのをのみこと》の言《い》はく、「然《しか》らば、天照大御神《あまてらすおほみかみ》に請《まを》して罷《まか》らむ」といひて、乃《すなは》ち天《あめ》に参《ま》ゐ上《のぼ》る時《とき》に、山《やま》川悉《かはことごと》く動《とよ》み、国土《くにつち》皆震《みなふる》ひき。爾《しか》くして、天照大御神《あまてらすおほみかみ》、

聞《き》き驚《おどろ》きて詔《のりたま》はく、「我《わ》がなせの命《みこと》の上《のぼ》り来《く》る由《ゆゑ》は、必《かなら》ず善《よ》き心《こころ》ならじ。我《あ》が国《くに》を奪《うば》はむと欲《おも》へらくのみ」とのりたまひて、即《すなは》ち御髪《みかみ》を解《と》き、御《み》みづらを纏《ま》きて、乃《すなは》ち左右《ひだりみぎ》の御《み》みづらに、亦《また》、御縵《みかづら》に、亦《また》、左右《みぎひだり》の御手《みて》に、各《おのおの》八尺《やさか》の勾璁《まがたま》の五百津《いほつ》のみすまるの珠《たま》を纏《ま》き持《も》ちて、そびらには、千《ち》入りの靫《ゆき》を負《お》ひ、ひらには、五百入《いほのり》の靫《ゆき》を附《つ》け、亦《また》、いつの竹鞆《たかとも》を取《と》り佩《は》かして、弓腹《ゆばら》を振《ふ》り立《た》てて、堅庭《かたには》は、向股《むかもも》に踏《ふ》みなづみ、沫雪《あわゆき》の如《ごと》く蹶《く》ゑ散《ち》らして、いつの男《を》と建《たけ》ぶ。

ここでは、天の河の両岸に、天照大御神と建速須佐之男命が向かい合って、天照は戦闘準備をして敵対する。川を挟んで両軍が睨み合うのは、平家物語の宇治川の合戦や富士川の合戦が有名だが、その走りがこの場面である。しかし、もともと姉と弟の関係であるし、戦闘には到らず、「……天照大御神の詔ひしく、「然らば、汝が心の清く明きは、何にしてか知らむ」とのりたまひき。是に、速須佐之男命の答へて白ししく、「各うけひて子を生まむ」とまをしき。」とあって、誓約で勝敗を決することにする。

故爾《かれしか》くして、各《おのおの》天《あめ》の安《やす》の河《かは》を中《なか》に置《お》きて、うけふ時《とき》に、天照大御神《あまてらすおほみかみ》、先《ま》づ建速須佐之男命《たけはやすさのをのみこと》の佩《は》ける十拳《とつか》の剣《つるぎ》を乞《こ》ひ度《わた》して、三段《みきだ》に打《う》ち折《を》りて、ぬなとももゆらに天《あめ》の真名井《まなゐ》に振《ふ》り滌《すす》ぎて、さがみにかみて、吹《ふ》き棄《う》つる気吹《いふき》の狭霧《さぎり》に成《な》れる神《かみ》の御名《みな》は、多紀理毘売命《たきりびめのみこと》。亦《また》の御名《みな》は、奥津島比売命《おきつしまひめのみこと》と謂《い》ふ。次《つぎ》に市寸島比売命《いちきしまひめのみこと》、亦《また》の御名《みな》は、狭依毘売命《さよりびめのみこと》と謂《い》ふ。次《つぎ》に、多岐都比売命《たきつひめのみこと》。三柱《みはしら》。速須佐之男命《はやすさのをのみこと》、天照大御神《あまてらすおほみかみ》の左《ひだり》の御《み》みづらに纏《ま》ける八尺《やさか》の勾璁《まが》の五百津《いほつ》のみすまるの珠《たま》を乞《こ》ひ度《わた》して、ぬなとももゆらに天《あめ》の真名井《まなゐ》に振《ふ》り滌《すす》ぎて、さがみにかみて、吹《ふ》き棄《う》つる気吹《いふき》の狭霧《さぎり》に成《な》れる神《かみ》の御名《みな》は、正勝吾勝々速日天之忍穂耳命《まさかつあかつかちはやひあめのおしほみみのみこと》。亦《また》、右《みぎ》の御《み》みづらに纏《ま》ける珠《たま》を乞《こ》ひ度《わた》して、さがみにかみて、吹《ふ》き棄《う》つる気吹《いふき》の狭霧《さぎり》に成《な》れる神《かみ》の御名《みな》は、天之菩卑能命《あめのほひのみこと》。亦《また》、御縵《みかづら》に纏《ま》ける珠《たま》を乞《こ》ひ度《わた》して、さがみにかみて、吹《ふ》き棄《う》つる気吹《いふき》の狭霧《さぎり》に成《な》れる神《かみ》の御名《みな》は、天津日子根命《あまつひこねのみこと》。又《また》、左《ひだり》の御手《みて》に纏《ま》ける珠《たま》を乞《こ》ひ度《わた》して、さがみにかみて、吹《ふ》き棄《う》つる気吹《いふき》の狭霧《さぎり》に成《な》れる神《かみ》の御名《みな》は、活津日子根命《いくつひこねのみこと》。亦《また》、右《みぎ》の御手《みて》に纏《ま》ける珠《たま》を乞《こ》ひ度《わた》して、さがみにかみて、吹《ふ》き棄《う》つる気吹《いふき》の狭霧《さぎり》に成《な》れる神《かみ》の御名《みな》は、熊野久須毘命《くまのくすびのみこと》。併《あは》せて五柱《いつはしら》ぞ。
とあって、天照大御神は三女神、須佐之男命は五男神を生む。しかし、所属は、材料となった物実《ものざね》で決められ、三女神は須佐之男命、五男神が天照大御神の子どもとされる。これは、結婚をしなかった天照大御神が天皇家に繋がる子孫を産みだすために工夫された、極めて巧妙な方法であり、キリスト教のマリアの如き純血を保ちながら、男性の他氏族の介入を排しつつ、正当にして聖なる子孫を生み出す手段だったのである。詳しくは拙稿(7)を参照されたい。

　ここで注目すべきことは、誓約が古事記の神話の中でも、天照大御神と天皇家の関係を明確に示す極めて重要な場面であるということである。その大切な誓約の舞台がなぜ天の安の河（天の河）なのか。これには、三つの理由が挙げられよう。天の安の河、及び河原は、天の石屋戸神話の舞台でもあるように、高天原において、取り分け重みを持つ聖なる空間であることがその第一の理由である。第二の理由は、天の河の水が生成復活の能力を本来的に有する聖なる水（生命の水）の流れる河であることである。第三の理由は、河を挟んで、天照大御神と速須佐之男命が対峙したように、天の河は、天照の所属する天上世界と須佐之男の所属する地上世界を隔てる境界であったからである。不審な物が聖なる高天原に侵入することを防ぐ防波堤の役割も果たしていたからである。実際、須佐之男は誓約に勝利したと宣言し、高天原に侵入して暴れ回ったのである。

　以上のように、誓約神話の舞台としての天の河は、複雑で聖なる存在として中心的な役割を果たしていたのである。

　上記は、天の河を横切ることで、天の河で隔てられた別の世界へ赴く話であった。一方、天の河を縦に遡り縦断して、別世界へ到達する話もある。次にそれを見て見よう。

二、天の河を縦断し昇天、遡上する例

（1）『荊楚歳時記』張騫尋河源…張騫が黄河を遡り天の河に至り、牽牛・織女に出遭う話。

漢《かん》の武帝《ぶてい》、張騫《ちやうけん》をして大夏《たいか》に使《つかひ》し、河源《かげん》を尋《たづ》ねしむ。いかだに乗《の》りて月《つき》を経《へ》て一処《いつしよ》に至《いた》る。城郭《じやうくわく》の官府《かんぷ》の如《ごと》きを見《み》る。室内《しつない》に一女《いちぢよ》ありて織《お》る。又一丈夫《またいちぢやうふ》の牛《うし》を牽《ひ》きて河《かは》に飲《の》ましむを見《み》る。騫問《けんと》ひて曰《いは》く、「これは是《こ》れ何処《いづく》なり」と。答《こた》へて曰《いは》く、「厳君平《げんくんぺい》に問《と》ふべし」と。織女《しよくぢよ》、機《はた》をささえる石《いし》を取《と》りて騫《けん》に与《あた》ふ。而《しか》してかへりてのち蜀《しよく》に至り君平《くんぺい》に問《と》ふ。君平曰《くんぺいいは》く、「某年月日《ぼうねんがつぴ》、客星牛女《かくせいぎうぢよ》を犯《をか》す」と。得《う》る所《ところ》の機《はた》をささえる石《いし》を東方朔《とうばうさく》に示《しめ》す、朔曰《さくいは》く、「この石《いし》は是《こ》れ天上《てんじやう》の織女《しよくぢよ》の機《はた》を支《ささ》える石《いし》なり。何《なん》ぞ此《これ》に至《いた》れるや」と。

　ここでは、黄河を遡ると天の河と繋がっていて、天上世界へ訪れる事が出来る事が描かれている。天の河が、天上世界と地上世界を連結する通路としての役目を果たしているのである。構造主義的には、天の河は、天地結合の機能を持つと

言えよう。

（2）晋の張華の『博物誌』…海の涯から天の河を利用し天に昇る話

旧説《きうせつ》に云《い》はく、「天河海《てんがうみ》と通《つう》ず」と。…、海渚《かいしよ》に居《を》る者《もの》、…槎《いかだ》に乗《の》りて去《ゆ》く。…昼夜去《ちうやゆ》くこと十余日《とほよか》、奄《つひ》に一所《いつしよ》に至《いた》る。…。牛《うし》を牽《ひ》く人乃《ひとすなは》ち驚《おどろ》きて問《と》ひて曰《いは》く、「何《なに》の由《ゆゑ》か、此《ここ》に至《いた》る」と。此《こ》の人具《ひとつぶさ》に来意《らいい》を説《と》く、並《ならび》に問《と》ひて「此《ここ》は是何処《これいづく》か」と。答《こた》へて曰《いは》く、「君還《きみかへ》りて蜀郡《しよくぐん》に至《いた》り厳君平《げんくんぺい》を訪《おとづ》れよ。」…後《のち》に蜀《しよく》に至《いた》り君平《くんぺい》に問《と》ふ。曰《い》はく、「某年月日客星有《ぼうねんがつぴかくせいあ》りて、牽牛宿《けんぎうしゆく》を侵《をか》す、年月《ねんげつ》を計《はか》るに正《まさ》に是《これ》れ此人天河《このひとてんが》に至《いた》る時也《ときなり》。」と。

（昔の話で云うことには、「天の河は海と繋がっている」と。海岸近くに住む者が、…槎に乗って出掛けた。昼も夜も進んで行くこと十日余りで、とうとう或る場所に着いた。…牛を牽く人が驚いて質問して云うことには、「どういう理由で此処に来たのか」と。この人は、詳しく訪れた理由を述べ、合わせて尋ねて、「此処はいったいどこか」と。答えて云うことには、「君は還って蜀郡に行き、厳君平を訪れなさい」と。…（この人は）後に蜀に出掛け厳君平に質問した。（厳君平が）云うことには、「某年月日に客星（彗星）があって、牽牛宿の領域に入った。年月を計ると、当にこれは、この人が天の河に至った時であった」と。）

『博物誌』では、槎《いかだ》に乗った者が、海の果てから天の河を遡り、天上世界へ出かけ、牽牛宿と出遭ったことが描かれる。これは、海と天がその果てで繋がっているという世界観に基づくものであり、天海結合の観念と呼ぶべき宇宙観である。中国の蓋天説の宇宙観に基づく見方と言える。

（3）古事記の伊邪那岐命の御帯から誕生した道之長乳歯の神について

古事記の黄泉国訪問譚の直後、伊邪那岐命は、筑紫の日向の橘の小門で、黄泉国で汚れた衣服等を脱ぎ捨て禊ぎ祓えを行い、天照大神・月読命・須佐之男命の三貴子等を生む。脱ぎ捨てた衣服の一つが御帯であって、道之長乳歯《みちのながちは》の神が生まれる。この神は、帯の長さが道の長さを連想するところから付けられた名称である。西宮一民氏は、「説話的には、黄泉国から現《うつ》し国への脱出の道程の長さを暗示する」と指摘する。この道之長乳歯の神が天の河に相当するのではないかと言うことは、拙著で既に指摘した。(8)

神の帯が天の河に比喩されることは、「おもろさうし」に見いだされる。

第十・ありきゑとのおもろ御さうし、五百三十四番

ゑけ　上《あ》がる三日月《みかづき》や　（ゑけ　天に上がる三日月は）

ゑけ　神《かみ》ぎや金真弓《かなまゆみ》　（ゑけ　神の立派な弓）
又ゑけ　上《あ》がる赤星《あかぼし》や　（又ゑけ　天に上がる金星は）
又ゑけ　神《かみ》ぎや金細矢《かなまゝき》　（又ゑけ　神の立派な矢）
又ゑけ　上《あ》がる群《ぼ》れ星《ぼし》や　（又ゑけ　天に上がる昴星は）
又ゑけ　神《かみ》が差《さ》し櫛《くせ》　（又ゑけ　神の差し櫛）
又ゑけ　上《あ》がる貫《の》ち雲《くも》は　（又ゑけ　天に上がる雲の如き天の河は）
又ゑけ　神《かみ》が愛《まな》き丶帯《おび》　（又ゑけ　神が大切にしている帯）

日本思想大系『おもろさうし』の頭注では、「貫ち雲」については、「横雲。「のち」はヌチといい横糸を意味する。即ち横糸のようにたなびく美しい雲。対語「あやくも（綾雲）」」と解説する。しかしながら、他が天体のことを謳っているのに、ここだけ気象の話になってしまうのも、やや不自然である。天文学者の海部宣男氏は、『宇宙をうたう』の中で、

「のちくも」を、私は天の川であると思いたい。ここは、「横雲」「夜空にたなびく雲」などと訳されるのだが、星が輝く夜空では、仮に雲が棚引いていても、暗くてほとんど見えない。漆黒の天球をとりまいてきらめく天の川こそ、この雄大にして優美な天の神をかざる帯にふさわしいのではないだろうか。

と指摘している。[9] 氏の意見に賛同したい。天の河を雲のごときものに見なすのは、中国で天の河の別名で「雲漢」（詩経、楚辞など）があり、英名で銀河がnebula（星雲）と呼ばれるのも、ギリシア語の雲に由来する。さらに、プトレマイオスは銀河をFascia（帯）と呼んでおり、「おもろさうし」との共通性を見いだせる。

出石誠彦氏の『支那神話伝説の研究』によれば、天の河には、次のような見方がある。[10]

一　死者の霊魂の集り帰る所。もしくは霊魂昇天の道とするもの。古代ギリシア（霊魂の集合場所）、フィン人・リトアニア人（魂が鳥となって天に昇る道＝鳥の道）、メキシコ・ボリビア・ブッシュマン・アメリカインディアン（霊魂の通路）

二　昼間太陽の通った道（黄道）とするもの（チュートン諸民族・アラビア人）

三　現実の道や川に譬えたもの（Watling Street〔イギリスに残る古代ローマ街道の名〕、天のナイル〔エジプト〕、天のユーフラテス〔バビロニア〕、天漢〔天の漢水〕）

アレンの『Star Names, Their Lore and Meaning』では、古代スカンジナビア人は、戦闘で殺された英雄達の宮殿（グラッズヘイムにあるヴァルハラ）へ行くための幽霊達の小道が天の河であり、同様な観念は、アメリカの原住民にも見られると

いう[11]。

天の河が死者の世界への通路であるならば、伊邪那岐命が死者の世界である黄泉国から帰還する通路としても、天の河は実に相応しいのでなかろうか。この点、注目されるのが、次の万葉歌である。

（4）巻三・四二〇番歌の「天の川原での禊ぎ」について

石田王《いはたのおほきみ》卒之時《しゆつせしとき》、丹生王《にふのおほきみ》作歌《つくりしうた》一首并短歌

…天地乃《あめつちの》　至流左右二《いたれるまでに》　杖策毛《つゑつきも》　不衝毛去而《つかずもゆきて》…天有《あめなる》
左佐羅能小野之《ささらのをのの》　七相菅《ななふすげ》　手取持而《てにとりもちて》　久堅乃《ひさかたの》　天川原尓《あまのかはらに》
出立而《いでたちて》　潔身而麻之乎《みそぎてましを》　高山乃《たかやまの》　石穂乃上尓《いはほのうへに》　伊座都類《いませつる》
香物《かも》

（天地が接するその涯まで、杖を衝いてでも衝かなくても、何とかして行って、……天上のささらの小野（月世界の小野）にある七節の菅を手に取り持って、天の河原に出て行って、禊ぎをすれば良かったのに、それをせずに、石田王を、高山の巌の上に置いてしまった〔葬ってしまった〕ことだ。）

右の歌については、「死なずに済む方法を教えてもらうために行く」といった解釈が多いが、そうではあるまい。歌中では、「泊瀬の山に　神さびに　齋きいます」こと、「高山の巌の上に　君が臥やせる」こと、つまり埋葬してしまったことを悲嘆し後悔している。そもそも古代に於ける死は、現代とは異なり、肉体から魂が抜け出ることを意味する。そこから殯（もがり）の時間が始まる。仏教の中陰に当たると考えても良いが、この時期は、まだ魂が彷徨っている時期で、もしも亡くなった人の魂を確保して、元の肉体に戻せば、復活できるとされた。当該歌は、まさにその殯の時の歌であり、一連の祭儀は、魂が肉体に戻って生き返ることを願った行為とみるべきである。

本歌は丹生王が石田王を蘇生させるために、まず月世界であるささらの小野へ赴き、「七相菅《ななふすげ》」を手に入れようとする。月は不老不死の世界であり、七夕伝説の節で延べたように聖数「七」には復活の意味があり、「七相菅《ななふすげ》」という呪具を使い、霊魂の復活を図るためである。以下の解釈には、二通りの理解が可能である。一つは、石田王の霊魂はささらの小野に浮遊する形で存在し、それを七相菅に閉じ込めて天の河に持って行き、天の河の生命力を有する水を浴びて禊ぎをすることで、石田王の霊魂を復活させるという方法である。もう一つは、石田王の霊魂は、地の果てである天の河との接点にまで来ており、今まさに天の河を遡って死者の世界へ赴こうとしているところなので、「七相菅《ななふすげ》」の呪具を使いその霊魂を引き留め、天の河の水を浴びて禊ぎをして霊魂の復活を図ろうとする方法である。どちらも可能性があるが、いずれにせよ、「七相菅《ななふすげ》」と「天の河での禊ぎ」のセットで、石田王の霊魂が死者の国へ赴くのを防ぎ、霊魂を「七相菅《ななふすげ》」に入れて持ち帰ることで亡骸に入れて、生き返らせようとしたのだと推測される。しかし、実際には、地の果てに行く事は出来ず、ささらの小野で「七相菅《ななふすげ》」の呪具を手に入れることも、天の河で禊ぎをすることもできずに、石田王を蘇生させることが結局実現できなかったことを悔やんだ歌と理解できよう。即ち、甦生に失敗し、復活不可能な「滅」の状態にしてしまい、葬ってしまったことを嘆いているのである。

　ところで、どういう方法で、丹生王は、月世界へ行こうとしたのか。それは、「天地乃《あめつちの》　至流左右二《いたれるまでに》　杖策毛《つゑつきも》　不衝《つかず》　毛去而《もゆきて》」という方法であった。地の果てまで行けば、天地が接合しているので、天上世界へ到達できるという考えである。これは、既に拙稿で指摘したように「天地接合の観念」によるものである。[12] 古代日本人は、地の果て、海の果てまで到達出来れば、そこには、天の壁が降りてきていて、そこから天上世界へ移動できると考えたのである。これは上述の『博物誌』等に見られる、地の果て、海の果てから、天の河などを通って、天上世界へ昇っていけるという発想と通じるものである。

　当該歌の場合は、地の果てまで行けば、月世界である「ささらの小野」に移動できる。なぜなら、ささらの小野と目される三日月は夕方に西の山際近くに出現して、すぐに山の端（地平線下）に沈んでいくので、古代人は、地の果てとささらの小野は、繋がっていると想定したからである。[13] 三日月、即ち、左佐羅能小野《ささらのおの》に到達出来れば、「七相菅《ななふすげ》」を「手取持而《てにとりもちて》」という行為も可能になる。また、天の河も天上世界を流れて、天の壁を下り大地に接しているように見えるから、古代人は天の河も地の果てと繋がっていると観念した。地の果てまで行けば、「久堅乃《ひさかたの》　天川原尓《あまのかはらに》　出立而《いでたちて》　潔身而麻之乎《みそぎてましを》」という行為も実行できると考えるのは自然である。次の写真は、天の河が大地に接して見える構図で、この写真のように、地の果てまで行けば、天の河で禊ぎができると古代人が考えたと推測されるのである（写真は藤井旭氏撮影）。

　それにしても、丹生王が、天の河で禊ぎをすることで石田王の霊魂復活を実現しようと願ったのはなぜか。

　上記で指摘した伊邪那岐命の神話では、黄泉国から長い道のりを逃走し、日向の橘の小門で禊ぎ祓いを実施し、天上世界の多くの神々が誕生した。その黄泉国からの長い道のりは、伊邪那岐命の御帯からできた道之長乳歯の神、即ち天の河で表された。つまり、天の河は、死者の国である黄泉国と現世という生者の国を結ぶ通路でもあり、その果ての生者の国では、禊ぎ祓えによって、死者の国の汚れからも神々が生まれ、最後に、汚れがすっかり祓われた清浄な伊邪那岐命の身体から、三貴神が誕生した。ここでは、死の世界と生の世界は隣り合わせに存在し、禊ぎ祓えによって、死の世界から生の世界へ、それこそ蘇る〔黄泉帰る〕ことができたとも言える。また、同じく「誓約」の場面でも、天の河の水の「生命の水」的側面を指摘した。

このように、天の河の禊ぎ祓えに、死を生に変えられる力があるのならば、天の河が大地に接した地の果てという空間では、禊ぎ祓え、あるいは禊ぎのみによって、死を生に変換

図1　地の果てが天の河と接する様子

できるのであり、今まさに天の河を遡り死の世界へ赴こうとしている石田王の霊魂を死の世界から生の世界へ禊ぎによって連れ戻し石田王の蘇生を図ろうとしたことが窺われるのである。

まとめ

以上考察してきたように、天の河の機能は多岐にわたるが、幾つかに分けて考えることができよう。

一つは、あの世と此の世、彼岸と此岸を隔てる境界としての役割・機能である。代表的なものとしては、七夕伝説の天の河と、死者と生者を隔てる三途の川がある。両者とも、常時は二つの世界を厳重に隔てる役割を果たしていて、その掟を破ることを許さない厳格な管理がされている境界としての大河である。そして、どちらも、聖数「七」が重なった日だけ、その渡河が許されるという決まりを持った河である。また、どちらも、橋や舟を使い渡河するという点でも共通している。その意味で、仏教の「三途の川」は、実は天の河を指している可能性が高い。また、古事記の誓約神話に出て来る天の安の河も、天照大御神の所属する天上世界である高天原と速須佐之男命の所属する地上世界である葦原の中国を隔て

る大河として両者の境界となっていることは明らかである。この機能の場合は、天の河の両岸が、別個の世界として存在し、天の河を越えれば、別の世界へ移動できてしまうことになるので、その意味でも、「七・七」の日のような特別な場合以外は、渡河は許されない形式になっているのである。

従って、形式は、天の河を横断する形で為されるのが普通である。

二つ目は、あの世と此の世を繋ぐ通路としての機能である。あの世〔異郷〕と此の世〔現世〕を結んであの世から此の世、此の世からあの世へ往き来できる通路としての天の河である。

中国の伝説で、張騫が黄河を遡り天の河に達し、牽牛・織女と出遭う話や、海辺の人が槎に乗って、海の涯から天の河を遡り、牽牛星に出遭う話が典型で、古事記で、伊邪那岐命が黄泉国から逃走し、禊ぎ祓えをする前に汚れた帯を解き放ったものが道之長乳歯の神で、黄泉国から葦原の中国までの長い道中を表わし、天空の神である伊邪那岐命が身につけていたために、多くの衣類が天上の星座等になるが、帯は、その細長い形態から天の河になったと推測されるのも、その形式の話と言えよう。

この形式では、天の河は源から下流へと流れており、その果てが海の果てや地の果てと繋がっているという構造になっている。すなわち、天海接合、天地接合の観念である。

当然のことであるが、この形式は、天の河を縦に遡る形で為されることが多い。但し、「七・七」の日は天の河横断も通路と為る。

三つ目は、天の河が、復活や生成の場として機能している場合である。万葉集巻三・四二〇番歌で、丹生王が、七節菅を使い、天の河で禊ぎをして石田王の魂を復活させたいと考えた事がそれに当たる。

また、古事記の誓約の場面で、天照大御神と須佐之男命がそれぞれ、三女神と五男神を生むが、それは、天の河の両岸で向かい合った両者が、天の真名井に物実《ものざね》である十拳の剣や勾璁のみすまるを振り滌いで、かみ砕き、息を霧として吐き出して生成したのであって、天の河は、新たな生命の誕生する場でもあったことになる。

この新たな生命の誕生が天の河で為されることの一つの理由は、天の河という名称の通り、天を流れる河と認識されたのであり、河であれば水があるとされたからであろう。水が神話世界では、生命の源になることは、「生命の水」の観念としてよく知られているとおりである。特に、天上世界は、神秘的で、不老不死とも結び付く事が多く、天の河の水は神聖で、生命を復活・生成する力があると考えたことは十分納得いくところであろう。

これは、天の河の両岸でも、下流でも行われる。横断・縦断に拘わらず、天の河の水、つまり、神聖な「生命の水」を使うことに意味がある。

四つ目は、七夕伝説に典型的に見られる物で、一年に一度、七月七日だけであるが、天の河は、普段は離れている牽牛と織女、彦星と七夕つめが再会し、愛情を交わすことができる場でもある。但し、中国と日本では、天の河の大きさなどの認識が大きく異なるようだ。中国では、「河」で表記する事が多いように、川幅が広い大河である。一方、日本は、万葉集では、天漢（巻八が3、巻九が2、巻十が35、巻二十の左注に1）の41、天河（巻八1、巻十が9）の10、天川（巻十に1のみ）、他に、漢（巻八に1）の1、河（巻八に1）の1があり、圧倒的に「天漢」表記が多い。「天漢」は、「天の漢水」ということで、天の河と中国に実在する地上の漢水が繋がっているという認識から生まれた表現である。これは、単に中国の表記をまねているだけであろう。一方、「天河」の方が「天川」より多いのも、表記は中国に倣っているからであろう。然し、一例だけでも、中国にはない「天川」（巻十・二〇三〇）があるのは貴重で、この歌の作者には、天の河は「大河」ではなく「小さな川」だという意識があったのではないかと推測される。

いずれにせよ、日本では、青年が隣村に住む乙女に舟を漕いで渡って行けるような比較的狭い川幅の川として認識されていたようだ。それは、山上憶良の「たぶてにも　投げ越しつべき　天の川（つぶてだって投げ渡せそうな天の川）」（万葉集・巻八・一五二二）という表現に典型的に見いだされよう。だからこそ、中国では、その長い距離を超えるために鵲の橋の上を更に馬車を走らせて渡る形式であり、日本では、その短距離の天の川を越えるには、手漕ぎ船や、徒歩で渡れば十分と考え、日常的な移動手段で描かれるという違いが生まれたのだと推論される。

さらに、牽牛と織女が七夕の一夜を過ごす空間も、懐風藻になどに描かれた「華閣」（出雲介《いづものすけ》吉《きちの》智首《ちしゅ》の「七夕」）の如き豪華な楼閣での煌びやかな一夜の描写と、万葉集に描かれた彦星と七夕つめが「天の川原に　領巾《ひれ》を敷いて」一夜を過ごす（巻八・一五二〇）などと謂う戸外の質素な空間で過ごす一夜とでは、雲泥の差がある。中国では、あくまで神仙世界の浮世離れした世界の出来事として描かれているのに対し、日本では、日常世界のありふれた極めて現実的で生活臭が漂う世界の出来事として描写されているのだ。厳密に言えば、中国では、天の河は二人を隔てる障害でしかなく、出逢いはそれを越えた空間でなされるが、日本では、天の河は障害であるとともに、その河原は二人の出逢いの場にもなってしまうという二重性を持っていることになろう。

これは、基本的に、天の河を横断する「七夕伝説」が主な場合である。ただ、日本と中国では、天の河の大きさの認識、神仙譚か現実社会に近いかの相違が見いだされる。

なお、誓約神話で武装した天照と須神が天の安の川を挟んで敵対するという、恋愛とは対極的な場面でも天の川が舞台となる側面も見逃してはならないだろう。

注

（1）拙稿「七夕伝説の発生と変容」（『古事記年報』四九号、二〇〇七年一月）、『異郷訪問譚・来訪譚の研究　上代日本文学編』（和泉書院、二〇〇九年十二月）第四部第七章等。

（2）拙稿「浦島伝説の淵源」（『国語と国文学』七三巻一〇号、一九九三年七月）。

（3）後世の例だが、能の『羽衣』では、月の満ち欠けを十五人の黒衣の天女と十五人の白衣の天女が毎日一人ずつ交替し作り出していると描写する点も参考になる。

（4）拙稿注1に同じ。

（5）拙稿注1に同じ。

（6）出石誠彦「牽牛織女説話の考察」（『支那神話伝説の研究』所収、中央公論社、一九七三年）。

（7）拙稿「誓約の意味」（前掲『異郷訪問譚・来訪譚の研究　上代日本文学編』）二五二―二七一頁。

（8）拙著『星座で読み解く日本神話』中「第六章　伊邪那岐命の禊ぎ祓えと三貴子の誕生まで――日月星辰誕生の天文神話」では、天空の神である伊邪那岐命が脱ぎ捨てた衣服等が次々と天上世界を彩る星座となることを指摘している。

（9）海部宣男『宇宙をうたう　天文学者が訪ねる歌びとの世界』（中公新書、一九九九年）。

（10）注6に同じ。

（11）Richard Hinckley Allen "Star Names, Their Lore and Meaning" *Dover Publications*, Inc., New York, 1963.

（12）拙稿「浦島伝説の一要素――丹後国風土記逸文を中心に」（『国語国文』五四巻二号、一九八五年二月）。

（13）ささらの小野が三日月のような細い月の呼称であることは、拙著『異郷訪問譚・来訪譚の研究　上代日本文学編』（和泉書院、二〇〇九年十二月）の第四部第一章「ささらの小野について」で詳述した。

南方熊楠のミクロコスモスとマクロコスモス(1)

——南方曼荼羅の世界観(2)

井村 誠

いむら・まこと——大阪工業大学教授、京都外国語大学非常勤講師。専門は言語文化学。主な論文に「南方熊楠のネイチャー誌掲載英文論考一覧」（『英学史研究』第55号、二〇二二年）、「南方熊楠のネイチャー誌掲載英文論考——天文学関係論考2篇」（『大阪工業大学紀要』六十七巻二号、二〇二三年）などがある。

南方熊楠（一八六七～一九四一）は粘菌の研究で知られるが、その研究分野は広く博物学・民俗学に及び、また高野山官長を務めた土宜法龍との交流を通して、大乗仏教についても深く理解していた。本稿では、粘菌の研究や仏教への接近を通して熊楠が見究めようとしていた世界（生命観・宇宙観）の一端を垣間見たい。

はじめに

南方熊楠は慶応三年（一八六七）に和歌山城下の橋丁で生まれた。幼少の頃から動植物に親しみ(3)、小学生の時に『和漢三才図会』(4)や『本草綱目』(5)、『大和本草』(6)などの書物を筆写している。和歌山中学校時代には恩師鳥山啓(7)から博物学の薫陶を受け、僅か十三歳で英書や和漢の書物を参考にしながら『動物学』と題する自作教科書を完成させた(8)（**図1**）。その後明治十七年（一八八四）に十七歳で東京大学予備門(9)に入学するが授業には馴染めず、二年後には退学して渡米する。それは失意の中での逃避行でもあり、はじめから学問の方向や目的がはっきりと定まっていたわけではなかったが、当時広がりつつあったダーウィン(10)の進化論の影響もあって、やはり少年のころから好きだった生物を探求したいという気持ちを持ち続けていた(11)。その後熊楠は十四年間の海外遊学生活を送ることになるが、前半六年間の滞米生活中に粘菌をはじめとする様々な隠花植物（シダ類・コケ類・藻類・菌類など）の標本を収集している。明治二十五年（一八九二・二十五歳）にロン

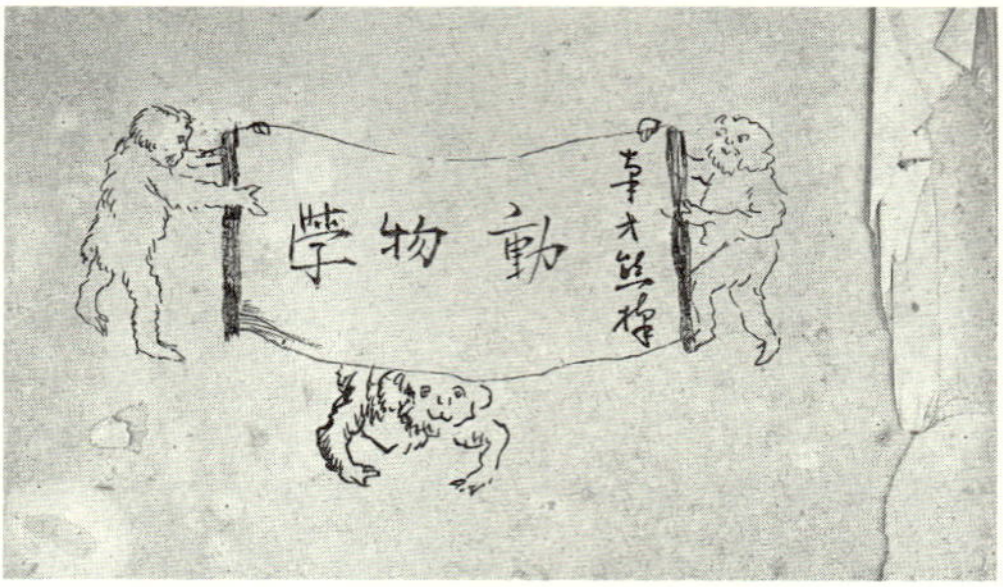

図1　『動物学』（南方熊楠顕彰館所蔵）

ドンに移ってからは、大英博物館に通う毎日で、フィールドワークからデスクワーク中心の生活に変わるが、明治三十三年（一九〇〇・三十三歳）に帰国するとまた標本採集をはじめ、膨大な数の標本を残している。熊楠が収集した菌類の標本はキノコを中心に四五〇〇種類に及び、粘菌については、熊楠が発見した新種十種を含み一〇〇〇点程度あるといわれているが[12]、その多くは、筑波の国立科学博物館に収められており、現在デジタルアーカイブ化がすすめられている[13]。

熊楠の植物研究は、ひたすら標本を収集して観察することが主であった。このような方法は「記載」とよばれ、博物学を背景としてリンネの生物分類学に繋がるものである[14]。しかし熊楠が粘菌に関して論文として発表したものは少なく、筆者の調べでは「植物学雑誌」（Journal of Plant Research）に発表した粘菌目録が二本[15]と、ネイチャー誌に掲載された粘菌の色に

1886（明治 19 年）	渡米
1887（明治 20 年）	サンフランシスコのビジネススクールに入学 ミシガン州ランシングの農学校に入学
1888（明治 21 年）	アナーバーへ移住　動植物を観察 アマチュア植物学者カルキンスの知遇を得る
1891（明治 24 年）	フロリダ、キューバなどで地衣類・粘菌の標本採集
1892（明治 25 年）	渡英　ロンドンへ移住　大英博物館・自然史博物館に通う
1900（明治 33 年）	帰国
1901（明治 34 年）	那智に移住　隠花植物など調査
1904（明治 37 年）	紀伊田辺に移住
1908（明治 41 年）	田辺の原生林、十津川方面植物調査
1910（明治 43 年）	田辺市兵生村植物調査
1916（大正 5 年）	自宅庭で新種の粘菌（ミナカテルラ・ロンギフェラ）を発見
1926（大正 15 年）	粘菌標本 90 点を摂政宮に進献
1928（昭和 3 年）	日高郡川又・妹尾国有林にて粘菌調査
1929（昭和 4 年）	昭和天皇にご進講　粘菌標本 110 点進献
1932（昭和 7 年）	昭和天皇に粘菌標本 30 点進献

図2　年表

関する論考が二本[16]確認できたに過ぎない。では熊楠が研究した粘菌とはどのような生物なのか。また熊楠はなぜ粘菌に惹かれたのだろうか。

一、粘菌研究

(1) 粘菌とは何か

粘菌（学名：Myxomycete　俗名：slime mold）は、森の倒木や落ち葉などにへばりついているカビのように見える生物で、生涯の内にさまざまに姿形を変えるため変形菌とも呼ばれている。はじめは小さなキノコのような形をしているが、それは胞子が詰まった子嚢で、子実体と呼ばれる。胞子が発芽するとアメーバ様になって移動しながらバクテリアを捕食し、細胞分裂を繰り返して増殖する。[17]粘菌アメーバには雌雄があって互いに接合し、それらが集まってカビ状の変形体となり、そこからまた子実体が形成される（図3）。

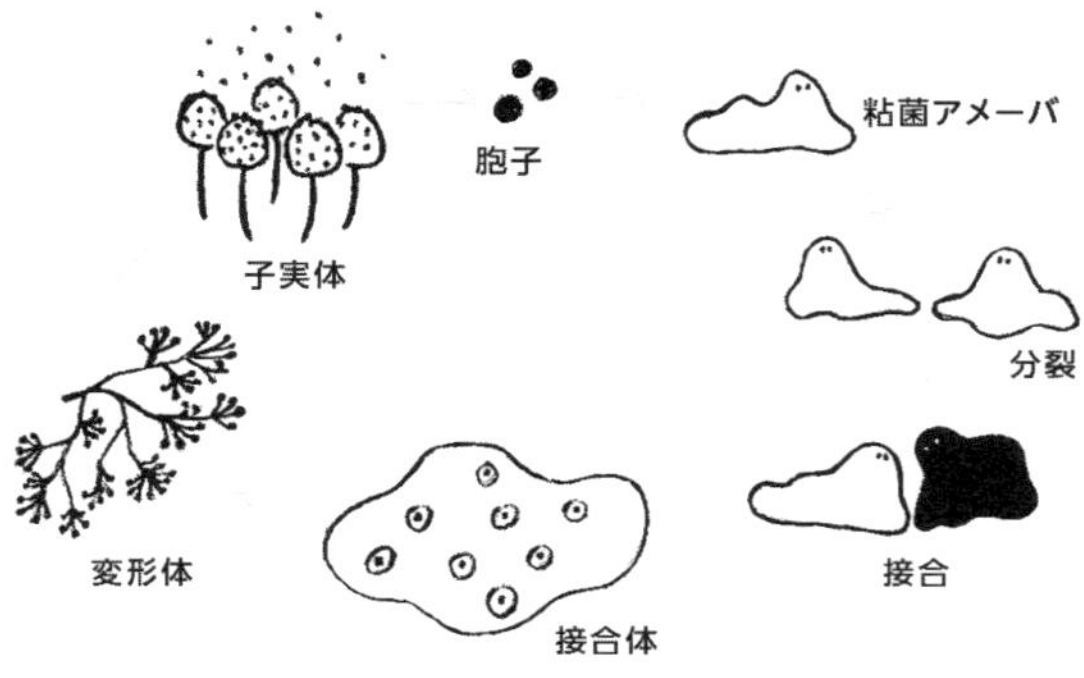

図3　粘菌のライフサイクル（紀南Good）

この動物とも植物とも区別のつかない不思議な生き物は生物学的にどのように分類されるのだろうか。熊楠が生きていた当時は、動物と植物の二大区分に原生生物を加えた三界説[18]が主流であり、粘菌は原生生物に分類されていた。ただ、原生生物はさらに原虫のような動物性のものと、藻類や細菌のような植物性のものに分けられ、粘菌やゾウリムシ等はいずれにも属さないとするか、あるいは両方の性質を兼ね備えているとするしかなかった。ただ、熊楠は粘菌を動物と捉えていたようである。[19]その後提唱された五界説[20]でも粘菌は原生生物なのか菌類なのか、分類が定まらないままであった。現在の分類では、生物は細胞の構造や機能によって大きく「原核生物」（Procaryote）「真核生物（Eucaryote）」「古細菌（Archaea）」の三つのドメイン[21]に分けられている（図4）。原核生物は核をもたず、細胞膜の内側に遺伝子がそのまま入っているもの、つまり細菌類（Bacteria）を指し、いっぽう真核生物には核があって、その中に遺伝子が収められているものをいう。古細菌は細菌なのでそれ自体は原核生物であるが、二十億年ほど前に好気性細菌を取り込んでミトコンドリアとし、真核生物

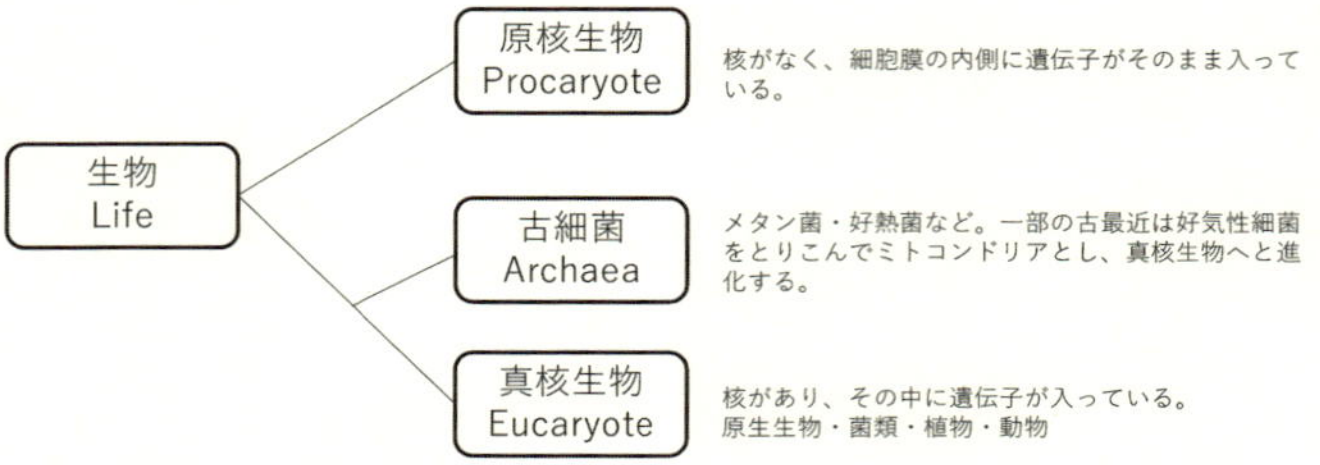

図4　三ドメイン説

へと進化したと考えられている(22)。粘菌は、複数の核を持つ単細胞生物であり、三ドメイン説では堂々と真核生物に分類されることになる。しかしながらドメインはいわば界の上位分類であり、その先は五界説と異ならず、粘菌は依然として原生生物に入れられたり、または単一の分類群には属さないなどとされたりして、現在でも分類は定まらないままである。もし熊楠がいま生きていれば、人類の遠い祖先となる古細菌に着目していたかもしれない。

（2）熊楠はなぜ粘菌に惹かれたのか

熊楠は、この植物と動物に分化する以前の原初的な生物のように思われる粘菌が、まるで輪廻転生のようなライフサイクルを通して明滅を繰り返す様子を、顕微鏡を通して見つめていた。『古事記』の冒頭に、「天地の始めには、国はまだできたばかりで脂のように浮かんでおり、クラゲのように漂っていた。その中から、アシカビ(23)のように生えてきたものがあり、その神の名をウマシアシカビヒコヂと呼んだ」とある。

天地初発之時、於高天原成神名、天之御中主神。次、高御産巣日神。次、神産巣日神。此三柱神者、並独神成坐而、隠身也。次、国稚如浮脂而、久羅下那州多陀用弊流之時、如葦牙因萌騰之物而成神名、宇摩志阿斯訶備比古遅神。(24)

熊楠がこの『古事記』の記述と粘菌を重ね合わせていたかどうか不明だが、粘菌を生命の原初形態のようなものと見ていたことは、彼が親交の深かった真言宗の僧侶でのちに高野山官長となる土宜法龍（一八五四～一九二三）へ宛てた書簡からも覗える。

大乗は望みあり。何となれば、大日に帰して、無尽無究の大宇宙のまだ大宇宙を包蔵する大宇宙を、たとえば顕微鏡一台買うてだに一生見て楽しむところ尽きず、そのごとく楽しむところ尽きざればなり。

（明治三十六年七月十八日付土宜法龍宛書簡(25)）

つまり粘菌というミクロの世界を顕微鏡を通して覗きながら、熊楠は大宇宙というマクロの世界の成り立ちをも理解しようとしていた。大日というのは、大日如来、つまり太陽のことであり、エネルギーを象徴している。一三八億年前にビッグ・バンが起こり、四十六億年前に太陽系が形成されて地球が誕生し、三十五億年前に最初の生命細胞が地球の海の中で生まれて様々な細菌となり、それが原核生物と真核生物に分かれて、今日の生物へと至った。このような宇宙の起源と生命誕生の過程を考えれば、物質も生物もすべて宇宙のエネルギーがもたらしたもの（姿を変えたもの）ということになる。仏教で言えば、無情も有情も、全て大日から生じているということになる。仏教は森羅万象の存在や人間の認識について、はるか昔から考え抜いて来た哲学の集大成であり、宇宙と生命の存在論・認識論である。むろん熊楠が生きていた当時にまだビッグ・バン理論は存在していなかったが、「大乗は望みあり」というとき、熊楠は仏教の教えの中に、科学の根源的な問いをも解き明かす鍵が秘められていると感じていた。熊楠は仏教を信仰の対象としてではなく、科学を包摂する遠大な哲学と捉え、そこに自分の学問の方向性を見出そうとしたのだと思う。

図5　熊楠の顕微鏡（南方熊楠記念館所蔵）

二、熊楠が目指したもの

（1）熊楠にとっての学問

熊楠の学問の礎にあるのは博物学[26]である。熊楠が理想としたのは古代ローマのプリニウス[27]やスイスのゲスナー[28]といった博物学者達であり、また仏教では在家でありながら仏陀の直弟子たちを凌ぐ智慧をそなえていた維摩居士[29]に心を寄せていた。和漢の本草書に始まり、大英博物館所蔵の図書や、果ては大蔵経[30]まで写し取ろうとした熊楠にとって、学問とは森羅万象について全てを知り、理解することだった。このような熊楠の学問への想いを松居竜五は「一切智の夢」という言葉で表している[31]。一切智とは仏教で、あらゆるものについて完全に知る智慧のことをいうが、智慧は単に知識として知っているということではなく、現象について完全に理解すること、つまりそのようなことがなぜ起こるのかという理由（ことわり）について真に理解することをいう。この「智慧の完

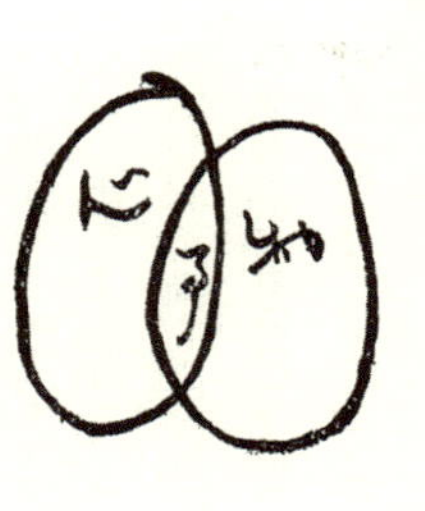

図6　事の学（『南方熊楠全集』より）

成[32]」こそ、仏教の修行の目的であり、熊楠の学問の目的と一致するものであった。熊楠は大乗仏教の思想の中に、自分の学問を体系づけるすじみちを見出そうとした[33]。鶴見和子によって「南方曼荼羅」として世に知られるようになった図像がそれを表すものと考えられている[34]。南方曼荼羅を読み解くためには、その前提としてまず「事の学」と五つの「不思議」ということについて理解する必要がある。

（2）事の学

「事の学」はロンドンで知己を得たばかりの土宜法龍にあてた書簡の中で熊楠が述べたもので、その十年後に示される「南方曼荼羅」の萌芽となったものと見られる。

> 小生の事の学というは、心界と物界とが相接して、日常あらわる事という事も右の夢のごとく、非常に古いことなど起こり来りて昨今の事と接して混雑はあるが、大綱領だけは分かり得べきと思うなり。電気が光を放ち、光が熱を与うるごときは、物ばかりのはたらきなり（物理学的）。（中略）電気、光等の心なきものがするはたらきとは異なり、この心界が物界とまじわりて生ずる事（中略）という事にはそれぞれ因果のあることと知らる。その事の条理を知りたき事なり。（中略）今の学者（科学者および欧州の哲学者の一大部分）、ただ箇々のこの心、この物について論究するばかりなり。小生は何ぞ心と物とがまじわりて生ずる事（人界の現象と見て可なり）によりて究め、心界と物界はいかにして相違に、いかにして相同じきところあるかを知りたきなり。
>
> （明治二十六年十二月二十四日付土宜法龍宛書簡[35]）

前後の文脈を含めて考えると、内容は次のように解釈できる。「物質のはたらきによって生じる光や熱などの現象は物理法則によって客観的・合理的に説明される（西洋の因果律）。いっぽうで心のはたらきによって生じる夢などの現象は、主観的・非合理的なものとされるが、そこにも当該の現象を生じさせる何らかの理由（因果）がある。しかも我々は主客一体となった現象（体験されている事実）の世界に生きていて、そこでは不思議なめぐりあわせや、夢で見たことが現実になるといったようなことが起こり得る。私は物と心を別々に研究するのではなく、双方の相互作用によって生じている現象の世界をこそ対象として研究し、なぜそうなっているのかを明らかにしたいのだ。そうすることによって物質世界をつかさどる道理と精神世界をつかさどる道理がどのように異なっており、またどのような点で同じなのかを知りたいと思う。」

ここで熊楠の態度はあくまでも実証的である。心は見ることができないから、見ることのできる物と現象を観察することを通して心の法則を帰納しようとしているのである。熊楠にとって夢や神話・伝承などの分析は「事の学」であると同時に「心の学」でもあった[36]。以上のことから分かるように、熊楠は近代合理主義に基づく当時の西洋科学のアプローチは「物の学」にとどまり、それだけで森羅万象を理解することはできないと考えていた。この十年後に「事の学」は「南方曼荼羅」となって結実する。

(3) 五不思議

熊楠は学問として探求すべき領域を五つの「不思議」という言葉で表している。

ここに一言す。不思議ということあり。事不思議あり。物不思議あり。心不思議あり。理不思議あり。大日如来の大不思議あり。予は、今日の科学は物不思議をばあらかた片づけ、その順序だけざっと立てならべ得たることと思う。（中略）心不思議は、心理学というものあれど、これは脳とか感覚諸器とかを離れずに研究中ゆえ、物不思議をはなれず。したがって、心ばかりの不思議の学というもの今はなし、またはいまだなし。次に事不思議は、数学の一事、精緻を極めたり、また今も進行しおれり。論理学なる学（中略）は、ド・モールガンおよびブール二氏などは、数理同然に微細に説き始めしが、かなしいかな、人間というものは、目前の功を急にするものにて（中略）、実用の急なきことゆえ、数理ほどに明ならず、また修むる者少なし。（中略）さて物心事の上に理不思議がある。これはちょっと今はいわぬ方よろしかろうと思う。右述のごとく精神疲れおれば十分に言いあらわし得ぬゆえなり。これらの諸不思議は、不思議と称するものの、大いに大日如来の不思議と異にして、法則だに立たんには、必ず人智にて知りうるものと思考す。

（明治三十六年七月十八日付土宜法龍宛書簡[37]）

西洋科学が「物の学」の領域を出ていないという点では十年前の書簡当時と事情は変わっておらず、「心の学」についても「脳とか感覚諸器とかを離れずに研究中ゆえ、物不思議をはなれず」とあるように心を物として扱う限り「物の学」と変わりがないと言っている。おそらくこれは唯物論・機械論に基づく当時の行動主義心理学などの流れを指していると思われる。次に「事の学」については数学の領域のみ精緻を極めていると言っているが、この部分はやや理解しづらい。物の理（合理）と心の理（因果）の対応関係を西洋の合理主

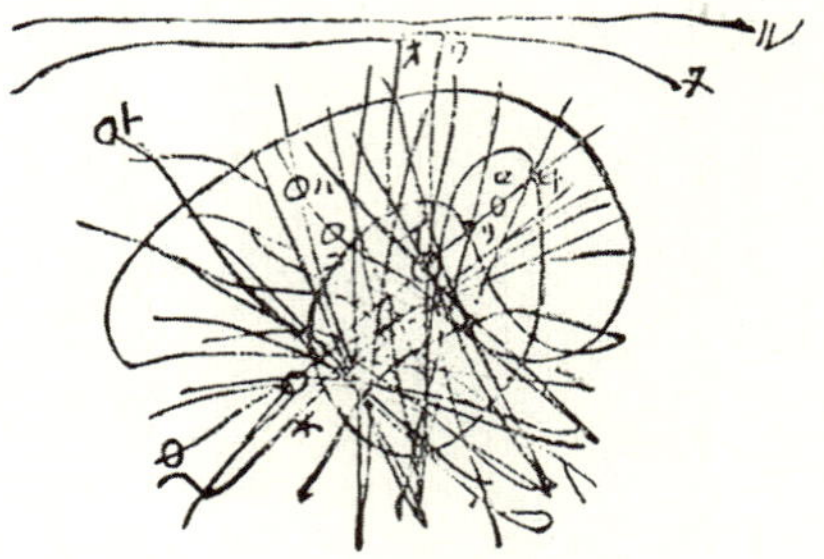

図7　南方曼荼羅1(『南方熊楠全集』より)

義に基づく数学で説明出来るとは考えにくいからである。しかし鶴見和子は熊楠がド・モールガンとブールに触れていることに着目し、これは複雑なものごとの相互関係を知るための確率論に基づく論理学の重要性を示唆しているのではないかと述べている。(38) さらに物・心・事の三不思議の上に「理不思議」があり、その上に「大日如来の不思議」があって、「理不思議」までは人智の届くところであるという。「理不思議」についてはここでは語られていないが、それは推論に加えて予知などのいわば第六感によって知り得る領域と考えられる。(39)

(4) 南方曼荼羅

「南方曼陀羅」(**図7**)は、熊楠の世界観ないし宇宙観を示すものと考えられているが、より正確には森羅万象についての真の理解(智慧の完成)へといたるすじみちを表しているといえるだろう。

この世間宇宙は、天は理なりといえるごとく(理はすじみち)、図のごとく(図は平面にしか画きえず。実は長、幅の外に、厚さもある立体のものと見よ)、前後左右上下、いずれの方よりも事理が透徹して、この宇宙を成す。その数無尽なり。故にどこ一つとりても、それを敷衍追究するときは、いかなることをも見出し、いかなることをもなしうるようになっておる。(同書簡(40))

「実は立体のものと見よ」とあるのでこれは立体曼荼羅(41)ということになるが、この複雑に入り組んだ線はさまざまな事象が原因と結果の関係で結びついていることを表している。そしてそれらは非常に入り組んではいるが、ある部分を取り出してよく観察すれば、かならずその因果関係を明らかにすることができると述べている。しかしそれには比較的簡単な場合と非常にむつかしい場合があるという。

その捗りに難易あるは、図中(イ)のごときは、諸事理の萃点ゆえ、それをとると、いろいろの理を見出すに易くしてはやい。(ロ)のごときは、(チ)(リ)の二点へ達して、初めて事理を見出だすの途に着く。それまではまず無用のものなれば、要用のみに汲々たる人間にはちょっと考え及ばぬ。(ニ)また然り。(ハ)のごときは、さして要用ならぬことながら、二理の会萃せるところゆ

え、人の気につきやすい。（同書簡[42]）

ここで熊楠が萃点と呼んでいる（イ）のように複数の因果の通り道が四方から交わるところでは、いろいろなことが見通しやすい。いわば山の峠の分岐点のように、そこに立てば視界が開け、見通しがよくなるようなものである。たとえば電気と磁気を統一して説明したマクスウェル[43]の電磁場の理論などは萃点の一つといえるだろう。しかし萃点のような結節点を見出すことは容易なことではなく、ふつうは（ロ）や（ニ）のように別の結節点にたどりつくまで気づかれることなく見過ごされている場合が多い。逆に（ハ）のような単純な交わりの場合は気づかれやすいが、分かったところでさほど有用なことではないと言っている。

（ヌ）ごときに至りては、人間の今日の推理の及ぶべき事理の一切の境の中で、（この図に現ずるを左様のものとして）（オ）（ワ）の二点で、かすかに触れおるのみ。（中略）さてこれら、ついには可知の理の外に横たわりて、今少しく眼鏡を（この画を）広くして、いずれかにて（オ）（ワ）ごとく触れた点を求めねば、到底追蹤に手がかりなきながら、（ヌ）と近いから多少の影響より、どうやらこんなものがなくてかなわぬと想わるる（ル）ごときが、一切の分かり、知りうべき性の理に対する理不思議なり。（同書簡[44]）

さらに図の上部にある（ヌ）は推論などでなんとか到達できる領域、（ル）にいたっては、手掛りがなくふつうでは想像がつかないが、偶然のひらめきなどで発見するような可知の限界領域と考えられる。動物は人間を含めてそれぞれの感覚器官の制約の中で世界を認識している。たとえば、犬には色はあまり識別できないが、人間より遥かにすぐれた嗅覚を持っている。また人の血を吸うヒルは、目は見えないが、センサーで人の体温を感じて木から落ちてくる。このように動物はそれぞれ種によって異なる認識世界の中で、何不自由なく生きている。ただ人間は、他の動物とは違い、道具を使うことによって身体に備わった感覚を超えて世界を認識することができる。たとえば目に見えない光や電波、耳には聞こえない超音波なども、装置を用いて観測することができるし、実際に肉眼で見ることがとうてい不可能な、何千万光年と離れたブラックホールの姿すら、電波を加工した画像で確認することができる。これが図では（ヌ）あたりのことになるのではないかと思う。さらにアインシュタイン[45]の相対性理論や湯川秀樹[46]の中間子理論などは、思考実験や推論の上にひらめきやインスピレーションが作用して可能になったものであり、図では（ル）で示されている「理不思議」の領域に属するも

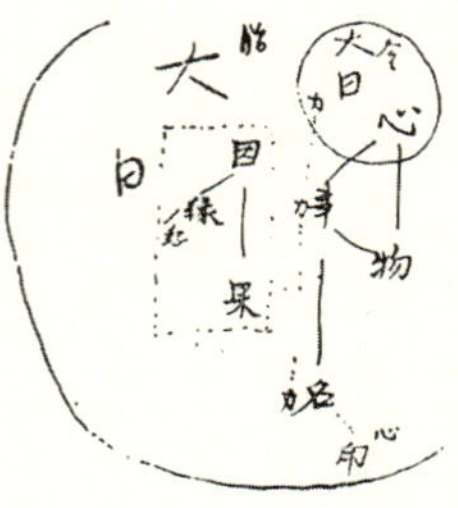

図8　南方曼荼羅2（『南方熊楠全集』より）

のと考えられる。このように人間の知性は科学を使ってふつう目に見えないものの発見を可能にし、さらにひらめきなどによって自らの知の限界を拡張してきたが、それでもなおどうしても知り得ない「不可知」の領域があり、それを熊楠は「大日如来の大不思議」と呼んだ。

この三週間先の書簡で熊楠はさらに別の図（**図8**）を示して次のように述べる。

すなわち四曼荼羅のうち、胎蔵大日中に金剛大日あり。その一部心が大日滅心（金剛大日中、心を去りし部分）の作用により物を生ず。物心相反応動作して事を生ず。事また力の応作によりて名として伝わる。（中略）右のごとく真言の名と印は物の名にあらずして、事が絶えながら（事は物と心とに異なり、止めば絶ゆるものなり）、胎蔵大日中に名としてのこるなり。これを心に映して生ずるが印なり。故に今日西洋の科学者等にてなんとも解釈のしようなき宗旨（クリード）、言語（ランゲージ）、習慣（ハビット）、遺伝（ヘレジチー）、伝説（トラジション）等は、真言でこれを実在と称する、すなわち名なり。

（明治三十六年八月八日付土宜法龍宛書簡[47]）

熊楠自身が曼荼羅という言葉を使っているように、実はこちらの図の方が「南方曼荼羅」の核心を示しているという。[48]これまでの経緯を踏まえて内容をまとめると、次のように解釈できる。「心も物質も現象もすべての条理を包摂する胎蔵界（全宇宙）に属している。そしてその中で心は智慧を表す金剛界に属しており、その外側にある物と相互作用として現象となる。ただし現象は止めば消滅するものなので、宗教や言語、習慣、遺伝、伝説などとなって集団に記憶される。これを「名」といい、それが個人の認識対象としてとりこまれて記憶される場合を「印」という。」したがって熊楠が研究の対象にしようとした「事」というのは、ここで「名」と呼んでいる集団記憶にあたる部分と、「印」とよんでいる個人記憶にあたる部分（夢など）にあたると考えられる。

次に「事」が「名」や「印」となる過程を熊楠は因果と縁起の論理で説明する。

(5) 因果と縁起

物質の構造や機能は西洋科学の因果律によって明らかにされる。心の構造や機能はおそらく深層心理や無意識の研究によって明らかにされる。そして物と心が交わる事というのは人間が経験する現象であり、それには夢や神話や伝承などが含まれる。そして人間が経験する現象にも必ず原因と結果があるのだが、それは単一な関係ではなく複雑に絡み合っており、一つの結果がまた別の結果の生む原因となって連鎖しながら総体としての現象を生み出す複雑系の世界である。現代科学は複雑系の世界にも迫っているが、それは偶然性が支配する確率論的な世界である。

> 因はそれなくては果がおこらず。また因異なればそれに伴って果も異なるもの、縁は一因果の継続中に他因果の継続が竄入し来たるもの、それが多少の影響を加うるときは起、（甲図。熊楠、那智に登り小学教員にあう。別に何のこともなきときは縁。）（乙図。その人と話して古え撃剣の師匠たり人の聟ときき、明日尋ぬるときは右の縁が起。）故にわれわれは諸多の因果をこの身に継続しおる。縁に至りては一瞬に無数にあう。それが心の止めよう、体にふれようで事をおこし（起）、それより今まで続けてきたれる因果の行動が、軌道をはずれゆき、またはずれた物が軌道に復しゆくなり。（同書簡[49]）

偶然の出会いも辿れば何らかの因果が重なったものであり、そのような出来事は日常身の回りで頻繁に起きているが、特に気にもとめない場合は縁にとどまる。しかしその出来事が個人的な注意・関心を引いて認識の対象となった場合にはその人にとっての経験となり、これを起と呼ぶ。つまり物界は因果の法則に従って運動しているが、そこに心のはたらきが作用することによって現象（＝事）として認識される。さらに人間の思考の限界である「理不思議」の領域では、たとえばセレンディピティと呼ばれるような偶然の重なりや、直観、ひらめきなどが作用している。熊楠は単なる偶然の域を超えるように見える発見や予感の的中のことを「やりあて」という造語で呼んでいるが、熊楠自身夢のお告げで探していた植物を見つけたことが何度もあったようである。これらは合理的な因果律では説明できない現象であり、ここでも熊楠は因果と縁起がはたらいていると考える。「縁は一因果の継続中に他因果の継続が竄入し来たるもの、（中略）縁に至りては一瞬に無数にあう。それが心のとめよう、体にふれようで事をおこし（起）」とあるように、ふだん気にも留めていないでやり過ごしていること（縁）が気づきによって新たな現実（起）となる（**図9**）。すなわち熊楠が求めた「智慧の完成」とは、このような気づきの度合いを高めることでもあったのではないか。そのために膨大な文献を収集・記録するとともに記憶の中に収め、鉱脈を見つけようとした。現代でいえばデータ・マイニングのようなやり方が熊楠の学問の方法であり、しかもそれをコンピュータの無い時代にやっていた。熊楠は雑誌記事や和文論考のほかに研究中の内容を含む膨大な書簡を残しているが、これらを熊楠は頭脳の外部記憶装置のように使っていたのかも知れない。[50]

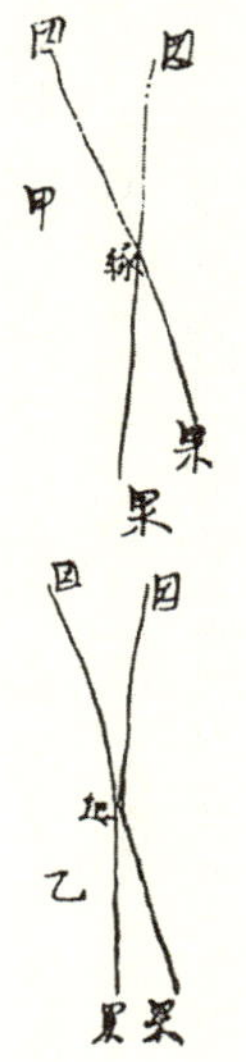

図9　因果と縁起（『南方熊楠全集』より）

三、現代科学における「物の学」の躍進

熊楠が「物の学」と呼んだ科学は飛躍的な発展を続け、生命現象をも全て究極的には物質という要素に還元できるという一元論に基づいて、そのメカニズムを次々と明らかにしてきた。ここで現代科学が生命や心についての根源的な理解にどこまで迫っているのか、いくつかの例をとりあげて考えてみたい。

(1) 生命とは何か

量子論で有名なシュレディンガー[51]が一九四三年に行った講演は今日の分子生物学や生化学の発展に大きなインパクトを与えたと言われている。その講演録[52]によれば、生命とは「一般的な（古典的な）物理法則に抗おうとする存在」であるということである。つまり、熱力学の第二法則によればエントロピーは増大し、「無秩序」が広がって物質は静的な平衡状態へ向かって拡散していくのが自然法則であるが、生物は生きている間はそれに抗って恒常性（ホメオスタシス）を保とうとする。そしてそれを可能にしているのが、生物細胞を構成するたんぱく質などの分子が原子に比べて桁外れに大きいという事実であるという。もし細胞体を構成する分子が非常に小さければ、いわゆるブラウン運動によって無秩序に飛び回っている原子や分子にぶつかられて細胞は崩壊してしまうことになる。遺伝子を構成するＤＮＡ（核酸）にしても、その分子の長さは人間の場合二メートルにもなるという。その後一九五三年にワトソンとクリックによって生命の設計図である遺伝子の構造が明らかにされ、それ以降唯物論に基づく生物学は著しい発展を遂げつつ現在に至っている。二〇〇一年にノーベル生理学・医学賞を受賞した遺伝学者ポール・ナースは生命を次のように定義している。[53]

① 自然淘汰によって進化する能力をもつこと。(The ability to evolve through natural selection.)

② 周りから仕切られた物理的な存在であり、しかも周りの環境と物質や情報の伝達を行うこと。(Life forms are

bounded, physical entities. They are separated from, but in communication with, their environments.)

③　化学的・物理的・情報装置であること。(Living entities are chemical, physical, and informational machines.)

科学は人間も一種の機械とみなしている。肉体が物質である限り、遺伝、進化、代謝、老いなどの生命活動も物理・化学法則に支配される。そこでは精神活動もまたアドレナリンやドーパミンなどのホルモンの分泌や、電解質を介した電気信号といった物質的要素に還元されることになる。[54]

ただ、人間は機械ではないと主張する生物学者福岡伸一は、生命を「動的平衡にある流れ」であると定義している。[55] 多細胞生物である人間の体細胞は種類によってそれぞれ数日から数カ月のサイクルで常に入れ替わっていながら、個体としてのアイデンティティを保っている。つまり生物のからだは常に変化の流れの中に合って、以前と同じという事がない。この生命観は、仏教の無常観に通じるところがある。[56]

(2) 心とは何か

心を目で見ることはできないので、心理学では精神活動をモデル化して理解しようとする。認知心理学などでは一般に物理的な刺激が感覚器官によって受け取られ、それが神経を伝わって脳で知覚として経験され、さらに過去の経験と照らしあわされて、意味として認識・理解されると考えている。[57] たとえば音波は聴覚器官によって感覚として受け取られ、それが信号として神経を伝わって脳では「ジリリリ…」という音として知覚され、それはベルの音として認識され、さらに「お昼休みの時間が来た」というように理解される。

「意識」

意識について定義することは難しいが、ここでは一応一般的な概念として、「感覚や知覚が統合されてものごとを認識できたり、さまざまな感情を抱いたり、考えたり、行動を起こしたりできる状態のこと」としたうえで考察をすすめる(図10)。さて意識はどのようにして生じるのか。今日生成系AIが驚異的な進歩をしつつあるが、大量の言語データをインプットして、ディープラーニングを続けたとして、はたして人工知能がいつか意識をもつようになるのだろうか。現代の人工知能学者や神経科学者はそれが可能だと考えているようである。プリンストン大学のマイケル・グラッツィアーノ博士は、その著書『意識はなぜ生まれたのか』の中で「注意スキーマ理論(Attention Schema Theory)」という考え方を紹介している。[58] 簡単に言えば、意識とは一種のセルフモニタリングシステムであり、自分が経験していることを認識できるメタ認知システムということになる。この理論によれば、多く

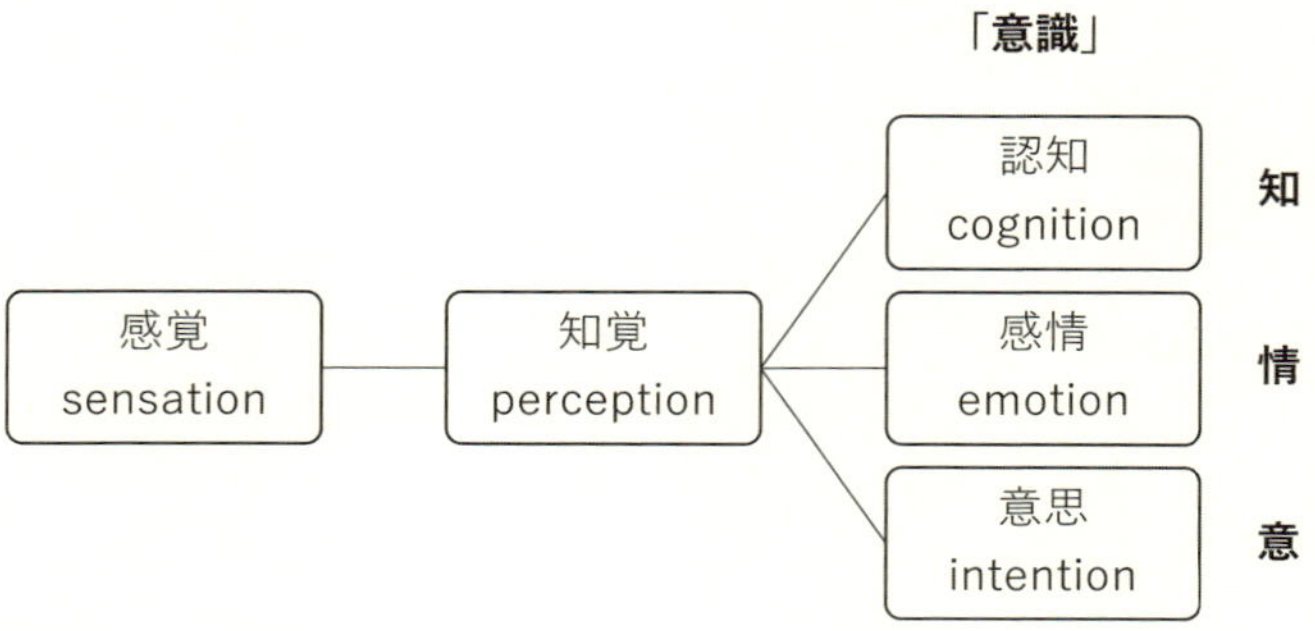

図10　感覚・知覚・意識

の感覚刺激が電気信号として神経回路を伝わる中で有効なものが選択されて採用される。これが注意（attention）であり、一次的な経験と言える。次に意識は、二次的にその経験を語るメタ認識ということになる（"Attention is something the brain does. Consciousness is something the brain says it has."[59]）。そしてこのモデルに基づいてアルゴリズムを組み立てれば、人工知能が意識を持つことが可能になると述べている。二〇四五年には、人工知能が人間の能力を超える技術的臨界点（シンギュラリティ）に到達するといわれており、神経科学は情報科学と連携して心の領域に迫っている。

「知性」

『広辞苑』では「知性」を「頭脳の知的な働き。知覚をもととしてそれを認識にまで作りあげる心的機能」と定義している。[60]この定義では「知性」を人間の高度な頭脳の働きとして捉えているが、人間以外の動物、たとえば無脊椎動物には「知性」は無いのだろうか。熊楠が魅せられた粘菌は単細胞生物であり頭脳は持ち合わせていないが、実は非常に賢い動きをすることで注目を集めている。イグ・ノーベル賞を受賞した北海道大学の中垣俊之教授の研究では、迷路の形をした培養器の中に粘菌を入れて、餌を置くと粘菌は餌までの最短距離を辿ることが実証されており、これが次世代コンピュータの開発に応用されているということである。[61]この粘菌のふるまいには、何か知性的なものが感じられる。この他にも、たとえば中枢神経系をもたないタコは、擬態といって、獲物から身を隠すために自在に体の色を変える驚くべき能力を持っていることが分かっているが、中沢新一はこれを「脳によらない知性」と呼んでいる。[62]

人間以外の動物も、生存のために必要な感覚器官を発達させており、それぞれ独自の知覚世界を持っている。これをドイツの生物学者エクスキュル[63]は「環世界」と名付けた。[64]たとえば、目も耳もないマダニは、酪酸の匂いを感じる嗅覚と、鋭敏な温度センサーをもっていて、温血動物の接近を察知して木の枝先からその上に落ちる。またコウモリは我々の聞こえない超音波で障害物の存在を察知する。このようなことから、知性というものは人間だけでなく、あらゆる生物に備わっているといえるのではないか。この考え方が正しいとすれば、知性は**図10**では感覚・知覚と意識との間に存する無意識の知（暗黙知）ということになる。エクスキュルの著書は熊楠の蔵書目録には見当たらず、熊楠が環世界説を知っていたのかどうか不明だが、知の限界ということを考えていたことからも、同様な世界観を持っていたことが想像される。熊楠は、明治政府の神社合祀政策による自然破壊に反対する運動に人生の後半を費やすが、その際にエコロジーという考え方を日本にもたらしたといわれている。おそらく熊楠は個々の生物の生態は、自然環境とのかかわりの中でアフォーダンス[65]的に決められて行くものであり、あらゆる生物に見られる「知性的」なふるまいは、大自然の理に叶うように発現していると考えていたのではないか。

（3）「物の学」の限界

以上考察したように今日の科学は心も「物の学」の範疇として解明しつつあるが、生命活動や精神活動のメカニズムがいかに明らかにされたとしても、それらが存在する根源的な理由を解き明かしたことにはならない。シュレディンガーはこのような根源的な問いについて人間が理解できるかという認識の問題は「自然科学の領域外に属し、おそらく、そもそも人間の理解の及ばないところにある」[66]と述べている。まさに南方曼荼羅における「大不思議」である。さらにポール・ナースも自意識や自由意志といったことに関しては「従来の自然科学の道具立てに頼るのみでは理解に到達しえず、心理学や哲学、そして人文学全般の知見を援用する必要がある（"I do not think we can rely only on the tools of the traditional natural sciences to get there. We will have to additionally embrace insights from psychology, philosophy and the humanities more generally."）。」と述べている[67]。このような根源的な問題を言葉によって理解することは、人間の思考の限界を超えることなのかもしれない[68]。

四、「レンマ学」のアプローチ

宗教人類学者の中沢新一は、熊楠が「事の学」や「熊楠曼荼羅」で示そうとした学問の構想を体系化し、「レンマ学」という新たな学問的アプローチを提唱している。それは西洋的なロゴスの知と、東洋的なレンマの知を総合した新たな知の体系を構築することを目指す試みである。

（1）レンマの知

レンマ（英：lemma　希：λῆμμα）は「つかむ」という意味の動詞（λαμβανω）の名詞形で、インド古来の思考様式である四論（①肯定②否定③肯定でも否定でもない④肯定でも否定でもある）のギリシャ語訳であるテトラ・レンマ（τετραλῆμμα）に基づいている。[69] ロゴスの知が線形的な論理に基づいて分析的に事態を把握しようとする知であるのにたいして、レンマの知は、非線形で直観に基づいて全体を把握しようとする知の在り方を指す。[70] たとえば、野球で飛んできたボールの着地点を瞬時に判断してキャッチしたり、熟練した職人が道具を自分の体の延長のように使いこなしたりする能力のようなものがこれにあたる。このような直感的な知は暗黙知[71]とよばれ、無意識の領域に属し、言語化することができないが、「頭ではなく身体で分かる」というように、人間がものごとを本質的に理解することと関わっている。武道や仏教が追い求めてきた悟りの境地（智慧の完成）は、稽古や修行を通してレンマの知を磨くことによって得られる。熊楠が求めていたのもこのような知であり、それを学問修行によって研ぎ澄まそうとしていたのだと考えられる。

（2）唯識と縁起

ものごとを本質的に理解するためには、人間がものごとをどのように認識しているのかを知る必要がある。これを太古から追究してきたのが大乗仏教の唯識思想である。因果は無数にあり、それが心のとめようで認識世界にとりこまれて主観的現実となることを縁起というのだという意味のことを熊楠は述べているが、これはまさに唯識の考え方に他ならない。[72]「華厳経」では森羅万象に対するものの見方を①事法界、②理法界、③理事無碍法界、④事々無碍法界の四つに分けて「四種法界」と呼んでいるが、中沢はこれをレンマ学の骨格をなす有力なモデルと捉えている。[73] 以下にそれぞれがどのような認識形態なのか、熊楠の「不思議」と関連付けてみたい。

① 事法界は事不思議に対応する現象の世界で、我々はこれを論理的（ロゴス）あるいは経験的・直感的（レンマ）に認識している。

② 理法界は、理不思議に対応し、人間がロゴスを超越してレンマ的知性によって直感的に理解し得る世界。

③ 理事無碍法界は、事理が融合する一体不二の世界で、認識主体を包摂した主客が混然一体となった世界。

④ 事々無碍法界は、大不思議に対応し、事物・事象がそのままで相互に交流し融合する世界で、人間の存在や認識を超えて存在し続ける世界。

中沢はレンマ学を単なる抽象論に終わらせることなく、具体的な学問体系として構築するために「レンマ的数論」「レンマ派言語論」「芸術のロゴスとレンマ」を展開している。詳細は中沢（二〇一九）[74]を参照されたい。

おわりに

南方熊楠は東洋の本草学と西洋の博物学を学び、大乗仏教の思想に依って学問のあり方を追求した。博物学は今日では自然科学としての役割を終えたといわれ、熊楠が「物の学」と呼んだ物質一元論に基づく現代の自然科学が今や宇宙の起源や生命誕生の謎まで解き明かそうとしている。ただ科学万能主義が批判されるように、自然科学のみが真理を追究する学問ではない。森羅万象の真の理解へ接近するためには、認識の主体である観察者を包摂したアプローチも必要なはずである。今日ますます学問の細分化・先鋭化が進む中で、自然科学のみならず社会科学や人文学の分野の垣根を超えた総合的な知を追究する学問が求められており、その意味で熊楠が追い求めた学問の方向性は、時代に逆行するどころか少しも色褪せてはいない。そして何よりも心惹かれるのは熊楠の飽くなき探求心と、求道心である。熊楠の博覧強記の裏にどれだけの努力があったか、熊楠の蔵書目録や資料目録を見るだけでも圧倒される。熊楠の学ぶ姿勢は智慧の完成を目指す修行に他ならない。そこには苦しみもあるが、知ることの楽しみと、分かることの喜びがある。熊楠を通じてこれまでに知らなかったいろいろなことに出会い、学びをひろげることができる。自分にとっては熊楠こそが「萃点」となっている。

注

（1）本稿は第二十五回天文文化研究会（二〇二三年七月九日於：大阪工業大学梅田キャンパス）で発表した内容をもとにまとめたものである。

（2）密教における正統な曼荼羅と区別して「南方マンダラ」と表記する場合があるが、本稿では当初の命名（注34参照）にしたがって「南方曼荼羅」とする。

（3）動物の「熊」と植物の「楠」から成る熊楠という名前は、小さい頃から動植物に強い関心を持ち、生命現象の観察を通して森羅万象を理解しようとした生涯を象徴している（唐澤大輔『南方熊楠――日本人の可能性の極限』（中公新書、二〇一五年）四頁）。

（4）寺島良安（一六五四～没年不詳）が江戸中期に編纂した百科事典。全一〇五巻。

（5）李時珍（一五一八～一五九三）が明代に編纂した百科事典。全五十二巻。

（6）貝原益軒（一六三〇～一七一四）が江戸中期に編纂した百科事典。全十八巻。

（7）鳥山啓《ひらく》（一八三七～一九一四）。和歌山県出身の博物学者。『軍艦マーチ』の作詞者としても知られる。

(8)『動物学』は第四稿まであり、写真はそのうち第一稿のもの（一八八〇年九月十七日完成）。

(9) 予備門の同級生には夏目漱石、正岡子規、山田美妙、秋山真之らがいる。

(10) Charles Darwin (1809-1882).

(11) 熊楠は日本に進化論をもたらしたモース（Edward Morse, 1838-1925）の講義録『動物進化論』を予備門時代に読んでいたようである。ダーウィンの『種の起源』が出版されたのは一八五七年で熊楠はまだ生まれていない。モースが東京大学で講義をしたのは一八七七年～一八七九年で熊楠が鐘秀学校（小学校の速成中学科）および和歌山中学校に在学中のことである。

(12) キノコが推定一五〇万種類ほどあると言われているのに対して、粘菌は僅か九〇〇種類程度しかない。粘菌について大方調べつくした熊楠は、畢竟種類の豊富なキノコを採集することが多くなったようである。

(13) https://dex.kahaku.go.jp/kumagusu（最終閲覧日：二〇二四年六月二十八日）。

(14) Carl von Linné (1707-1778).

(15)「本邦産粘菌類目録」（『植物学雑誌』第二二巻二六〇号、一九〇八年）三一七―三二三頁。「現今本邦ニ産スト知レタ粘菌種ノ目録」（『植物学雑誌』第四一巻四八二号、一九二七年）四一―四七頁。

(16) Colours of Plasmodia of Some Mycetozoa「粘菌の変形体の色（一）」(Nature No.2121, Vol.83, Jun. 23, 1910)、Colours of Plasmodia of Some Mycetozoa「粘菌の変形体の色（二）」(Nature No.2243, Vol.90, Oct.24, 1912).

(17) 粘菌アメーバのことを熊楠は「原形体」と呼んでいる。

(18) 一八八六年にドイツの生物学者エンルスト・ヘッケル（Ernst Heinrich Philipp August Haeckel, 1834-1919）が唱えた説で生物を動物界（Animalia / animal kingdom）、植物界（Plantae / plant kingdom）、原生生物界（Protista / protist kingdom）の三つに分類した。

(19)「今粘菌の原形体は固形体をとりこめて食い候。このこと原始動物にありて原始植物になきことなれば、この一事また粘菌が全くの動物たる証に候。」（一九二六年十一月十二日付平沼大三郎宛書簡、『南方熊楠全集』第九巻（平凡社、一九七一年）四五七―四五八頁。

(20) 一九六九年にアメリカの生物学者ロバート・ホィッタカー（Robert Whittaker, 1920-1980）が提唱した説で、三界説の内植物界をさらに植物界と菌界（Fungi / fungus kingdom）、原生生物をさらに原生生物界とモネラ界（Monera）に分けて五界とした。キノコなどのいわゆる菌類は菌界に属し、細菌はモネラ界に属す。

(21) 九九〇年にアメリカの微生物学者カール・ウーズ（Carl Woese, 1928-2012）が唱えた説で、生物を細胞の様態によって三つのドメインに分類した。

(22) 動物と植物の枝分かれにも、この古細菌進化の過程が関わっている。原始の海には今ほど酸素が含まれていなかったと考えられ、約二十七億年前に、海中でシアノバクテリア（藍藻）という光合成を行う細菌が大量発生し、海中と大気中に酸素が多く含まれるようになった。それまで酸素をエネルギーに変える機能をもたなかった古細菌は、酸素をエネルギーに変えることができる好気性細菌を取り込んでミトコンドリアとし、真核生物へと進化する。またシアノバクテリア自身は葉緑体として真核生物に取り込まれて植物に進化したと考えられている。

(23) アシカビ（葦牙）は、葦の芽のことでカビではないが、

「牙」は「黴る（＝自然に生える）」の名詞化で、カビ（黴）の語源と考えられている。

(24) 新編日本古典文学全集第一巻『古事記』（山口佳紀・神野志隆光校注、小学館、一九九七年）二九頁。

(25) 『南方熊楠全集』第七巻（平凡社、一九七一年）三五六頁。

(26) 博物学は自然界（動物界・植物界・鉱物界の三界）に存在するものすべてを研究する学問であり、英語ではNatural history（自然史）となるが、今日でいう自然科学（Natural science）をも含んでいた。日本では医薬としての効能を中心に動物・植物・鉱物を研究する本草学が中国からもたらされ、江戸時代に隆盛を極めていたが、ケンペル（Engelbert Kämpfer, 1651-1716）やシーボルト（Philipp Franz Balthasar von Siebold, 1796-1866）らによって西洋の博物学が紹介された。「博物学」という言葉が使われるようになったのは明治時代になってからで、最初に用いたのは博物館の父と呼ばれる田中芳男（一八三八〜一九一六）ではないかと目されている。

(27) ガイウス・プリニウス（Gaius Plinius, 23-79）。古代ローマの博物学者。噴火したヴェスヴィオ火山の調査と被災者救出に出かけて死亡したといわれている。熊楠はプリニウスの著書『博物誌』を愛読し、自身の著作の中でしばしば引用している。

(28) コンラート・ゲスナー（Conrad Gesner, 1516-1565）。スイスの博物学者。多言語に通じ、書誌学の父とも呼ばれる。ゲスナーが著した『動物誌』も熊楠が愛読し、しばしば引用した書物の一つである。

(29) 熊楠は土宜法龍との書簡のやり取りの中で、自分のことを維摩居士の前身である金粟如来（きんぞくにょらい）と称している。

(30) 三蔵と呼ばれる経（仏陀の教え）・律（戒律）・論（注釈）全ての仏教聖典を集めたもので、一切経とも呼ぶ。

(31) 松居竜五『南方熊楠――一切智の夢』（朝日新聞社、一九九一年）。

(32) 般若心経にある「般若波羅蜜」の般若（पञ्ञा, paññā）は智慧を意味し、波羅蜜（पारमिता, Pāramitā）は悟り（完全な習得）への道を意味する。併せて「智慧の完成」という意味になる。

(33) 松居竜五『南方熊楠――複眼の学問構想』（慶應義塾大学出版会、二〇一六年）。

(34) 鶴見和子によれば、「南方曼荼羅」の名付け親は仏教学者の中村元（一九一二〜一九九九）であるという。曼荼羅は密教の教えを絵で分かりやすく表現したもので、胎蔵界曼荼羅と金剛界曼荼羅があり、それぞれ慈悲と智慧を表していると考えられている。

(35) 『南方熊楠全集』第七巻（平凡社、一九七一年）一四五頁。

(36) 橋爪博之『南方熊楠と「事の学」』（鳥影社、二〇〇五年）九〇―一〇三頁。

(37) 『南方熊楠全集』第七巻（平凡社、一九七一年）三六四―三六五頁。

(38) 鶴見和子『南方熊楠――地球志向の比較学』（講談社学術文庫、一九八一年）二一八頁。

(39) 唐澤太輔『南方熊楠――日本人の可能性の極限』（中公新書、二〇一五年）一六六頁。

(40) 『南方熊楠全集』第七巻（平凡社、一九七一年）三六五頁。

(41) 京都の東寺にある羯磨曼荼羅（羯磨は梵語のKarmaで、業の意味）は、弘法大師空海が密教の教えを視覚的に分かりやすく説くために仏像を配置したもので、立体曼荼羅として知られている。

(42) 『南方熊楠全集』第七巻（平凡社、一九七一年）三六五頁。

(43) James Clerk Maxwell (1831-1879).
(44) 『南方熊楠全集』第七巻（平凡社、一九七一年）三六六頁。
(45) Albert Einstein (1879-1955).
(46) 湯川秀樹（一九〇七～一九八一）。
(47) 『南方熊楠全集』第七巻（平凡社、一九七一年）三九〇頁。
(48) 松居竜五『南方熊楠――複眼の学問構想』（二〇一六年、慶応義塾大学出版会）四〇三頁。中沢新一『森のバロック』（講談社学術文庫、二〇〇六年）八九頁。
(49) 『南方熊楠全集』第七巻（平凡社、一九七一年）三九一頁。
(50) 雲藤等「南方熊楠の和文論文の役割――和文論文外部記憶装置説の試み」『熊楠研究』第六巻（二〇〇四年、南方熊楠資料研究会）二五一―四六頁。
(51) Erwin Schrödinger (1887-1961).
(52) シュレディンガー『生命とは何か』（岡小天・鎮目恭夫訳、岩波文庫、二〇〇八年）。
(53) Paul Nurse *What is Life?* Oxford : David Fickling Books, 2021, pp.190-191.
(54) 二〇二三年に筆者の父が亡くなる前に一度低ナトリウム血症で倒れたことがある。血液中のナトリウムが不足することによって起きる痙攣、昏睡などの意識障害である。このときに、神経の働きも電気信号の伝達であり、ナトリウムなどの電解質（鉱物）が関わっていることを考えれば、人間も機械と同じではないのかと、ふと思ったことを今でも鮮明に覚えている。
(55) 福岡伸一『生物と無生物のあいだ』（講談社現代新書、二〇〇七年）一五二―一六八頁。
(56) 大乗仏教の一派で瑜伽行唯識派の世親（三〇〇～四〇〇年頃）が説いた『倶舎論』は一種の原子論であり、物質を極限の構成要素にまで分解してそれを実在とし、構成要素の集合体を虚構とする。この考え方によれば「自我」というものは実在せず虚構（無我）であることになる。これは福岡伸一がいう動的均衡の考え方に相通じるものがある。
(57) 守一雄『認知心理学』現代心理学入門第一巻（岩波書店、一九九五年）。
(58) Michael Graziano *Rethinking Consciousness* New York : Norton, 2019.
(59) https://www.youtube.com/watch?v=DIr9asELRQQ（最終閲覧日：二〇二四年六月二十八日）。
(60) 「知性」と似た言葉に「理性」があるが、goo辞書（https://dictionary.goo.ne.jp/）では「〈知性〉が、物事を論理的に考え、判断する能力をいうのに対して、〈理性〉は、特に感情に左右されず、道理に基づいて考え、判断する能力をいう」としている。
(61) 「賢い粘菌。迷路を解く」（日本経済新聞、二〇二一年九月九日付朝刊）三六頁。
(62) 中沢新一『レンマ学』（講談社、二〇一九年）九八―一〇五頁。
(63) Jakob Uexküll (1864-1944).
(64) エクスキュル／クリサート『生物から見た世界』（日高敏隆起・羽田節子訳、岩波文庫、二〇〇五年）一一―二六頁。
(65) 環境が動物に対して与える意味のこと。アメリカの知覚心理学者ギブソン（James J. Gibson, 1904-1976）が提唱した考え方。佐々木正人『アフォーダンス入門』（講談社新書、二〇〇八年）を参照。
(66) シュレディンガー（前掲注52書）二三頁。
(67) Paul Nurse（前掲注53書）p.210.
(68) オーストリアの哲学者ウィトゲンシュタイン（Ludwig

Josef Johann Wittgenstein, 1889-1951）は、その著書『論理哲学的論考』の中で、言語の限界は思考の限界であることを示した（『ウィトゲンシュタイン』A・C・グレーリング著・岩坂彰訳、講談社選書、一九九四年）。またアメリカの言語学者サピア（Edward Sapir, 1884-1939）とウォーフ（Benjamin Lee Whorf, 1897-1941）は、言語によって世界の切り取られ方が違い、それが人間の認識に影響を及ぼしていることを示したが、これはサピア・ウォーフの仮説として知られている（『言語・思考・現実』B・L・ウォーフ著・池上嘉彦訳、講談社学術文庫、一九九三年）。

（69）山内得立『ロゴスとレンマ』（岩波書店、一九七四年）六八―七一頁。

（70）ちなみにレンマは言語学では語形変化を含む語のグループのこと指す。たとえば、thinkという単語は、think, thought, thoughtと時制変化をするほか、現在分詞のthinkingと三人称単数現在のthinksという形があるが、これらを全て含めて一つのレンマとみなす。したがって語数としては五つでも、レンマとしては一つと数える。このことからもレンマが全体的（ホーリスティック）な物事の捉え方であることが分かる。また数学ではレンマは「補題」と呼ばれ、ある命題を証明するために必要な定理とは別に補助的に用いられる定理を指す。

（71）マイケル・ポラニー『暗黙知の次元――言語から非言語へ』（佐藤敬三訳、紀伊国屋書店、一九八〇年）。

（72）この考え方は意識の考察でとりあげた「注意スキーマ理論」とも符合する。

（73）中沢新一（前掲注62書）一一二―一一六頁。

（74）中沢新一（前掲注62書）。

図版出典

図1　南方熊楠顕彰館所蔵
図2　『世界を駆けた博物学者　南方熊楠』（南方熊楠顕彰会編、二〇〇六年）を参考に作成
図3　紀南Good「ＴＨＥ粘菌――粘菌って、美しい！」https://good.tetau.jp/article/4/https://good.tetau.jp/article/4/（閲覧日：二〇二四年六月二十二日）
図4　高等学校生物教科書等を参考に作成
図5　公益財団法人南方熊楠記念館蔵
図6　『南方熊楠全集』第七巻（平凡社、一九七一年）一四五頁
図7　『南方熊楠全集』第七巻（平凡社、一九七一年）三六五頁
図8　『南方熊楠全集』第七巻（平凡社、一九七一年）三九〇頁
図9　『南方熊楠全集』第七巻（平凡社、一九七一年）三九一頁
図10　心理学関連の書籍を参考に作成

◎コラム◎

天文学者は星を知らない

真貝寿明

一般の方がイメージされる天文学者は、天体望遠鏡の傍らにいて、優しそうな顔をした、夜空に輝く星や星座を熟知している人間かもしれない。しかし、必ずしもそんなことはない。現代の天文学者のほとんどは、ずっとパソコンの前にいて（望遠鏡の操作をするときもモニタ越しで）、夜空を見上げて星を見ることはほとんどない。

もともと「天体望遠鏡」で見える星は、人間が認識できる可視光領域の電磁波の光で見る姿である。星間物質（ガスやダスト）による光の吸収が大きな天体や遠方で赤方偏移している天体ならば、赤外線領域の観測になる。さらに星間ガスの分子スペクトルを見るには電波望遠鏡による観測になる。逆に高エネルギー現象を観測するのは、波長の短いX線さらにはガンマ線領域になり、宇宙空間に打ち上げた望遠鏡が必要になる。十年前から時空の歪みを伝える重力波観測が実現しているが、これはレーザー干渉計を運用しつつ、その時間変化が生じるかどうかをモニタしている観測である。

天文学と称される学問は、生物学と同様に多くの事例を集め、それらを分類していくことが主流となる。新種を発見すればニュースになるし、数を集めて統計をとればそれも貴重な報告となる。分類した先に見据えるのは、それを統一的に説明する理論である。生物学では遺伝学がそれに相当するだろうか。天文学では物理学がその役割を果たす。体系化された数式で星や宇宙の進化が説明できて満足する物理屋思考がそこにある。最近では、天文学者と称する者よりも、宇宙物理学者と称する者が多くなってきている。

天文観測は精緻になり、扱う星の数も、扱うデータ量も相当なものになっている。例えばブラックホールの直接撮像に成功したＥＨＴ（イベント・ホライズン・テレスコープ）プロジェクトは、世界中の電波望遠鏡を同日同時刻に一つのブラックホールへ向けて同時観測するものだが、五夜分のデータを解析するのに二年ほど要して論文発表を行った。その過程で、統計数学者の協力を得たという。先日の研究会で、その統計学者曰く「天文学者は、観測精度を上げようとして大きい望遠鏡を作りたがる。大きい望遠鏡ができると、さらに遠くの星を見ようとする。同じ星を見ればそれだけで精度の良い観測ができるのに、何て効率の悪いことをしているのか。」（笑）

観測と理論の間には、数値シミュレーションという第三の分野が登場している。紙と鉛筆では解けない数式をコンピュータで解明していく手法である。計算機の進化はめざましく、三十年前にスーパーコンピュータが必要だった計算は、いまでは個人用のラップトップマシンで可能になっている。だが、研究者はさらに大規模に、さらにパラメータを増やした計算をするために、いつまでも大型計算機を追い求めることになる。

私自身は、宇宙に関する研究をしたいと高校生の頃に志し、入れた大学は物理学科だったので物理を学んだ。卒業研究を着手する頃に、相対性理論の教授が着任したのでそこに所属し、手習いに初期宇宙の研究を指導された。そして、重力波のシミュレーション研究やその背景数学、高次元ブラックホールやワームホールの研究へと守備範囲を広げ、最近は重力波のデータ解析に携わっている。重力波でブラックホールを見ているはずだが、宇宙のどこか遠いところから来ている、という程度の認識で興味の対象は数字に過ぎない。宇宙の話を子供たちにする際に、あまりに星の知識がないので、一年間、大阪市立科学館のプラネタリウム解説員養成講座に通ったことがある。そこで知ったのは、アマチュアの方のほうが、私よりはるかに夜空の星の見え方に詳しいという事実だった。

このように、天文関係で仕事をしている研究者は必ずしも望遠鏡で星を見ているわけではない。天文学者に「あの星は何？」と聞いても答えは期待しないほうがよい。ある知り合いの天文学者曰く「我々は、まだ見えていないものを見つけるのが仕事だ。見えている星には興味がない。」ここまで開き直っていれば、文句は言えまい。

奄美与論島における十五夜の盗みの現代的変容をめぐる一考察

澤田幸輝

旧八月十五夜は、全国的に子どもたちが月に備えた団子や餅を盗む風習がある。しかし現在の十五夜の盗みは、日中に実践されるなど習俗が形骸化している向きがあり、すでに消滅した地域も少なくない。本稿では、鹿児島県与論島における十五夜の盗みを事例に、当該習俗の変容過程を島の社会経済状況を踏まえながら検討するとともに、島内における習俗の地域的差異や年代間の差異について、多様なナラティブをもとに議論する。

はじめに

文化や民俗を固定的・静態的に把捉する認識論に対して、疑義が呈されて久しい。太田は、初期の民俗学者や文化人類学者が、近代化を背景に原初的な文化が崩壊・消滅しつつあることを語る意思を持つことで、翻って彼／彼女らが抱く真正な社会的行為のイメージに合わないナラティブを排除してしまうこと、換言すると、その文化を担う人々の歴史的な創造行為が捨象され得ることを指摘する。[1] また民俗学のコンテキストからも、民俗文化を古代社会の残滓と把捉するのではなく、民俗文化が現代社会においていかに機能しているかを分析する必要性、あるいは民俗文化が変化と維持、消滅と再生を繰り返すことを所与とした上で、民俗文化の再生産に対して積極的意義を見出すべきことが指摘されている。[2] 本質主義的な視点から民俗文化を捉えるのではなく、地域社会における内外部の相互作用や、地域社会を取り巻く社会的・歴史

さわだ・こうき――沖縄女子短期大学総合ビジネス学科 助教／和歌山大学大学院観光学研究科。専門は観光研究、文化研究。主な論文に澤田幸輝・尾久土正己「国内観光研究における地域アイデンティティ論の再検討――沖縄県石垣島におけるアストロツーリズムを事例に」（『観光学評論』第十巻、第二号、二〇二二年）八三―九五頁、澤田幸輝・米澤樹・吉村幸真・尾久土正己「Sky Quality Meterを用いたアストロツーリストの夜空評価をめぐる定量的調査――和歌山県紀美野町立みさと天文台と鹿児島県与論島を事例とした分析」（『観光と情報』第二十巻、第一号、二〇二四年）一〇五―一二四頁、Sawada, Koki, Nakayama, Fumie, Okyudo, Masami, "Empirical study on the digital planetarium system for measuring visual perception of the night sky: Analysis of impact from light pollution and astrotourism", *Communicating Astronomy with the Public Journal 33*, vol. 33, 2023, pp.52-61 などがある。

的背景を検討しつつ、それが動態的に再創造される様相を描写するモノグラフの作成が求められるのである。

本稿で事例に取るのは、旧暦八月十五夜に行われる「十五夜の盗み」（以下、「盗み」）である。[3] 旧八月十五日は、一般に「十五夜」と呼ばれ、古来観月の好時節として広く日本国内で親しまれてきた。この夜を中国では、秋の中心（旧七〜九月）を意味する「中秋」と呼んだことから、現在では「中秋の名月」の名でも知られている。概して、民間習俗としての十五夜は、月見団子、イモ、枝豆、栗、御神酒などを供え、また芒や萩などの秋の草花を花瓶に挿して、宵月にまつる年中行事として把捉されている。[4]

ところで、十五夜の習俗について「満月をめでる風習」[5]などと記述されることがあるが、天文学的に見た場合、満月（望）は、太陽、地球、月の一点の位置関係で決するものであり、十五夜当日が必ずしも天文学的な満月になるとは限らない。しかし、十五夜は秋分の頃であることから、月待ちの時節として好期であることに変わりはない。月の出は平均して毎日約五十分ずつ遅くなるが、秋の夕刻の東の空では黄道が大きく傾いているため、夕刻に東から上ってくる満月前後の月の出の間隔は、他の季節と比べて小さくなる特徴がある。また、連日あまり変わらない時刻に月が上昇してくることから、日没後すぐに月を拝することができる時節として把捉できるのである。

本稿では、鹿児島県与論島における盗みに着目しながら、盗みの習俗が地域社会で持続・維持されながらも、現代的に変容している様相を多様なナラティブを踏まえながら素描することを目的とする。

一、十五夜習俗と盗み

わが国における十五夜の最古の観月記録は、平安時代初期の漢詩人島田忠臣《しまだのただおみ》の『田氏家集《でんしかしゅう》』にあるとされる。[6]『田氏家集』に見える観月は、平安朝初期の貴族文人が私宴で月を愛でながら漢詩を詠むもので、当時の観月が唐文化の影響を強く受けていることはつとに指摘されてきた。諸氏によって議論は分かれるものの、宮中において私宴としての十五夜の観月が行われ始めたのは平安時代初期であり、宇多、醍醐朝の頃から盛んになり始めたとされている。[7]

他方で、常民が行う十五夜習俗は、単に名月を愛でる年中行事としてではなく、収穫儀礼や祖霊祭としての側面がより前景化しているとされる。[8] これは、十五夜を前後とした時節が畑作の収穫期に当たるからであり、畑作の収穫祭に種々行事が混淆した習俗が現行の十五夜であると考えられている。[9]

実際、近畿地方から九州地方一円では十五夜を「イモメイゲツ」と呼び、里芋や薩摩芋などを供える地域が多く、また東北地方一円では「マメメイゲツ」と呼び、枝豆などを供える地域が多いなど、全国的に畑作儀礼の一面が看取されることが報告されている。[10]

これらの習俗の起源を遡及した際、「平安時代の文献には直接、見いだすことは困難であるが、おそらくこれは収穫の喜びとして古くから日本で行われていたに違いない」[11]など、中世以前から行われてきたとする推察や、「江戸時代の民間では、江戸・上方共に芋名月といって、薄や団子と共に名月に芋を供えて食べる風があった」[12]など、江戸期頃から発達を見たとする議論がある。しかしいずれにしても、民間習俗としての十五夜は、農耕儀礼上の収穫祭としての側面が強い年中行事であったことに違いなかろう。

ところでかつては、十五夜の習俗が稲作の収穫儀礼であるとする説も提起されていた。直江は、南西諸島や朝鮮半島における十五夜の習俗を帰納的に類推しながら、本来はその年の新穀を供える稲作儀礼が、内地に伝播・定着する中で、盆、八朔、霜月祭などに分離し、十五夜をめぐる習俗が形骸化した可能性を指摘している。[13]また神谷は、十五夜には初穂祭としての側面があること、また当日はモチや稲穂の代用である芒を供することなどから、稲作儀礼との関連を示唆している。[14]

しかし、こうした稲作文化と十五夜習俗を結びつける行論は、稲作農耕が日本文化の象徴軸であるとする柳田民俗学の仮説に通底する思索であり、伝承文化の一元的認識論に立脚したものであると推察される。[15]事実、先述の直江は、与論島における旧八月の豊年踊で初穂が献上されることを一つの根拠に、稲作儀礼と十五夜習俗の接続性を見出しているが、[16]同島におけるコメの収穫期は新暦七月であり、[17]稲作の収穫祭として同定するには時期が遅すぎる向きがある。また小野は、十五夜綱引きと稲作儀礼とを結びつける行論に対して、十五夜綱引きは「広く農作物全体の祭、生活全体の節祭である」と、否定的な見解を示している。[18]坪井が指摘する通り、日本文化の形成過程を検討するに当たっては、稲作農耕を象徴軸とした価値体系とイモをはじめとした畑作農耕の価値体系という、異質の価値体系が等価値にあったものとして認識すべきであり、[19]同様に十五夜習俗も稲作儀礼と畑作儀礼の両面からの考察が求められるものと思料する。

郷田は、常民が行う十五夜の特徴について、以下十二の要素を挙げている。[20]

(1)　里芋などの芋類や山野の採り物を供える
(2)　新穀や焼米を供え、穂掛けをする

(3) 藁苞で地面を打つ
(4) 綱引きを行う
(5) 相撲をとる
(6) 蓑笠をつけた訪問者が来る
(7) 中には、河童が海と山とを往来する日とする地域がある
(8) 子供組・若者組の行事としての集団性が強い
(9) 供物に対する社会的禁忌が存在する
(10) 供物を盗む
(11) 火祭りが行われる
(12) 年占的性格を持つ

とりわけ本稿で着目するのは、(10)供物の盗みである。

月見団子を盗む習俗が日本全国で広く行き渡っていたことは、文化庁の『日本民俗地図Ⅰ』で伺い知ることができる。[21]月見団子の盗みについて、柳田は次の記述をしている。[22]

> 八月十五夜の團子突きがつい近ごろまであつたが、あれは全國的といつてよいほど、各地の子供に知られてゐる惡戯であつた。細い長い竹竿のさきに、縫針や釘などを附けたものさへ關東にはあつた。それを垣根の隙からそつとさし入れて、縁端のお月見團子を取つて行くのである。中には家の人たちがゐる前で、さして來てやつたと自慢する子がある。取られた家でも笑ひながら代りを補充したり、または十五夜團子は盗まれるほど好いと言つたり、その盗んで來たのを貰つて食べると、何かのまじなひになるといふ人さへあつたのだから、面白くてたまらなかつたわけである。

近畿一円でも同様に、竹の先に釘をつけてダンゴを突き刺す風があったと伝えられており、河内長野では「七軒盗んで食べたら縁が早い」との伝承があり、また枚方では子どもたちが「月見の団子一つくだんせ、月見の団子」などと言って遊び歩いたことが報告されている。[23]

月見団子だけでなく、畑作の農作物を盗んでよいとする風習も広く伝わっている。対馬では、十五夜には誰の畑のイモでも盗って食べてよいとされた「イモヌスビ」の風習があり、北安曇郡ではモノを結わえる藁縄一尋分であれば何でも盗ってよい「スゲボウズ」の風習があったとされている。[24]しかし、盗みの習俗が教育上あるいは風紀上悪い習慣として、本土では明治末期から大正期にかけて消滅した地域が多かったことも報告されている。[25]

二、盗みをめぐる議論

かつては日本全国で見られた盗みの習俗だが、盗みの構造

を体系的に議論した論考は多くない。盗みをめぐる習俗の起源や、なぜ盗みの儀礼構造を取るかについて、決定的な論が提示されていないのが現状である。

盗みの習俗について、共通の神祇信仰に立脚した集団性の観点や、ムラ社会の社会的紐帯にもとづく贈与観念の観点から、その本質性を断片的に論及する議論が散見される。桜井は、盗みの習俗では、神事に際して他者が持ち寄った供物を共食することで健康や豊年を祈願する観念が継承されていることを指摘する。[26]和歌森は、「収穫のよろこびを集団の人員全てがともにしようとしたことの名残」が盗みであるとして、ムラ社会の紐帯性からその本質性を把捉する視点を提示している。[27]また宮本は、「神仏に供えたものは、多くの人がそれを分けあって食べてこそ、神や仏の恩寵にあずかるもの」だという贈与交換の視点から、盗みの本質性を模索している。[28]

いずれの論考も一定の妥当性はあるものの、なぜ盗みの儀礼構造をとるかについての論述としては不十分な向きがある。

盗みの儀礼構造を取る意義を挑戦的に考究した論考に、吉成がある。[29]吉成は、高知県の事例を踏まえながら、単に供物の盗みが許される、あるいはカミが供物を持って行くに過ぎないといった〈消極的な盗み〉と、他者に気付かれることなく供物を盗み去ることで、盗まれる側／盗む側に豊作がもたらされると考える〈積極的な盗み〉という対照軸を措定する。そして先後関係では、〈積極的な盗み〉の方が本質的な民俗文化であると推察している。[30]すなわち、豊作をもたらすカミの表象を体現した行為が〈積極的な盗み〉であり、十五夜という「非常に見つかりやすい状況のなかで」、月神の「監視下で行われる盗みが、誰にも気づかれずに成し遂げられるとすれば、その盗みは、神の意思に敵った正当なものであるとする観念が」盗みの根底にあることを指摘する。[31]カミの意思が介在するがゆえに、誰にも気付かれない盗みが成立するのであって、盗まれる側／盗む側に豊作の神の加護がもたらされると指摘するのである。[32]

既往文献で盗みの儀礼構造をとる意義が積極的に模索されていない中で、吉成は盗みの構造を形而上学的に論究している点で高く評価することができる。しかし以下の諸点において、若干の検討が必要であると考える。

第一に、吉成も留保している通り、全国的に見た場合、〈積極的な盗み〉より〈消極的な盗み〉の方が多く見られるのであって、両者の接続性をいかに捉えるかという点は検討の余地がある。これは〈積極的な盗み〉に本質性を求めるだけでは収斂しない問いであり、なかんずく、通時的な盗みの変容プロセスを踏まえた上での分析が必要であると思われる。

第二に、吉成は〈消極的な盗み〉の構造がエビス神の盗みにも応用できるとするが、十五夜の盗みは子どもたちが実践する儀礼であり[33]、一方のエビス神の盗みは大人の漁師たちによって実践される儀礼という、実践者の違いを指摘することができる。盗みという儀礼構造は類似するも、十五夜の盗みは子どもたちの実践がより重視されるのであって、質的な差異があることを指摘したい。

第三に、蓋し形而上学的に思索した場合、〈消極的な盗み〉と〈積極的な盗み〉の二分は可能だが、供物を捧げる実践者レベルで思索した場合、盗まれることを所与とした上で供物を捧げていることは容易に想像できるのであって、実践者レベルで両者を明確に区分していたとは考えにくいと思われる。実践者が〈積極的な盗み〉に意義を見出していたからこそ、他者に気付かれることを厭わない公然たる〈消極的な盗み〉が成立していたとも考えられる。

吉成の議論に対して、著者の結論を先んじて提示すると、贈与交換の意味で捧げられた各家の供物を貰い集めることに盗みの意義があり、漸次、子どもたちの遊戯としての意味合いが習合する中で、盗みという儀礼構造がより前景化したものと考えられる[34]。宮本が「もらうまえにだまって持っていくのがおもしろくなったのだとも考えられる」と推察している通り[35]、また先の柳田も盗みが「面白くてたまらなかつた」と記述しているように[36]、子どもたちの遊戯としての視角が重要になってくるものと思料する。

以上の点を踏まえ、本稿では、鹿児島県与論島で現在も維持されている盗みを事例に、特に島内の地域的差異と年代間の差異に着目しながら、盗みの変容プロセスを話者のナラティブとともに跡付けつつ、既往文献の議論に対して若干の検討を付してみたい。また、与論島における社会環境の変化を通時的に概観しつつ、盗みの変容プロセスに影響を与えた要因についても検討する。

三、奄美与論島における十五夜と盗み

与論島は、鹿児島県の最南端に位置する奄美群島の離島である。周囲約二三・七キロメートル、人口は約五〇〇〇人で構成されている。珊瑚礁の隆起で形成されたため、最高標高が九七・一メートルの平坦な島であり、また周囲は遠浅のサンゴ礁で囲まれている[37]。沖縄本島北方約二二キロメートルに位置するため、島の南側を見渡せば、沖縄本島の島影をくっきり眺望することができる。

島の主産業は観光と農業で、干潮時に島の東海岸に現れる百合が浜や諸種のマリンレジャーは、島の主たる観光資源

になっている（**図1**）。観光産業について、与論島は昭和四十七年（一九七二）の沖縄返還まで日本最南端の国境の島であったことから、「南のさいはて性」や「南国イメージ」を求める都市圏の若者たちが与論島に押し寄せる現象が生じた[38]。ピーク時の昭和五十四年（一九七九）には、年間入込客

図1　与論島の百合が浜（著者撮影）

数が一五〇万人を超すなど、観光産業による利益を多く享受した一方で、急増する観光客がもたらす観光公害に悩まされた[39]。しかし、「南のさいはて性」が石垣島などに移動したこと、また海外旅行の大衆化等を背景として、現在では六万人前後の年間入込客数で推移している[40]。

与論島は豊かな天文文化が息づく島でもある。ブリブシ（スバル、M35）やミチブシ（オリオン座三つ星）を漁撈に利用したとする古老の語りが採取されているほか[41]、城集落では今もなお二十三夜待の儀礼が執行されている[42]。旧暦文化が根付いていることに象徴される通り、与論島の人々は、今もなお天文との関わりの中で生活のリズムを紡ぎ出している。

与論島では現在でも盗みの習俗を維持しているが、既往文献において盗みの習俗を体系的に論じたものは多くない。既往文献を総合的に検討したところ、与論島における盗みは以下の特徴を挙げることができる。

(1)　盗みをめぐる名辞には「トゥンガヌスドゥ」、「トゥンガモーキ」、「トゥンガヌキャー」、「トゥンガヌスミヤー」などがある。

(2)　稲作及び畑作の豊作祈願に関連する農耕儀礼である。

(3)　月神信仰に関連する儀礼である。

(4)　子どもが実践する儀礼であり、彼／彼女らの集団性に

立脚している。

(5) 盗みに対して〈消極的〉意義を認めている。

(6) 豊年踊（十五夜踊）との関連は不明瞭。

(7) 昭和五十五年頃までに行事の形骸化が進む。

これらの諸点は相互に排他的な関係にないが、本項ではその概要を明示しておきたい。

第一の点について、著者らが管見する限り、既往文献における盗みは「トゥンガヌスドゥ」、「トゥンガモーキ」、「トゥンガヌキャー」、「トゥンガヌスミャー」の四つの名辞が認められる。「トゥンガ」は、与論島方言でダンゴを意味する。[43] 川村は「ヌスドゥ」に「盗人」を宛がっており[44]、野口は「モーキ」に「盗キ」を宛がっている。[45] 与論島方言で「ヌスドゥ」は盗人や泥棒を意味することから[46]、「ダンゴ泥棒」なる意として解することができる。本土で広く使用される「ダンゴ盗み」と酷似している点に鑑みると[47]、これらの名辞は本土からの影響を受けた習俗を与論島方言に直したことが伺われる。明確な時期は不明なるも、本土由来の習俗が後世になって与論島に定着したことが推察される。

第二と第三の点について、与論島の十五夜は、コメ、ムギ、アワ、キビなどの穀物で作ったダンゴを庭先に置いた臼の上に出し、月神に供える行事であったという。[48] ただし、島の大半が天水稲作であったなど稲作地帯としては不向きな与論島にあって、コメのダンゴを供した家は限られたことが推察される。[49] 事実、与論島には「十五夜《ジュウグヤ》ぬ 月《チッキュウ》ぬ美《チュ》らさんぼぉ、麦や上出来《ジョウディキ》」などの俚諺が残っており[50]、また与論島における稲作の収穫期が新暦七月頃である一方、畑作のアワやトーギン（ナミモロコシ）の収穫期が新暦八月頃であったことに鑑みると[51]、与論島の十五夜習俗は、畑作との関連儀礼であったことがより伺われる。いずれにせよ、与論島における盗みの習俗は、稲作・畑作を含めた広義での農耕儀礼であったことが推察される。

第四の点について、昭和五十七年（一九八二）に城《ぐすく》地区で撮影されたフィルム映像では、以下のナレーションとともに盗みの様子が収められている。[52]

> 十五夜の団子盗り。家々を忍んで回る。お月様に供えた月見団子。子どもたちは、人々に見つからぬよう、そっとお月様の団子を頂いてくる。人々は子どもを神と見ている。だから団子盗りは、神が家々を訪れ、祝福してくれるのだと考えている。子どもたちだけの、いや、神々の饗宴。十五夜の宴である。

年齢を異にする子どもたち六人が、月明りだけで屋敷の庭先に供えられた供物を盗みに入る。供物は小豆が塗された扁平状のムッチャー（白餅）十個程度で、供物は盆の上に段々に置かれている。子どもたちは持参した竹の先にムッチャーを突き刺していく。枝葉を落とした竹を持参しているが、先端には枝葉を残しており、それがムッチャーを止めるストッパーの役割を果たしている。子どもたちは、家々に供えられているムッチャーを全て盗んで行く。そして、盗ったムッチャーを城跡の高台に集まって皆で食べる様子が収められている。

この映像で見られるのは、与論島における盗みの習俗が、子どもたちによって実践される儀礼であり、また年齢の異なる集団で実践されていることである。増尾は「村の子供等は群をし二三人づつ交々之を取りに来る」と記述しているが[53]、子どもたちが集団で実践する儀礼としての側面が強かったものと思われる。先の民俗文化映像研究所の映像においても、年少の子どもが、年かさの子どもたちの盗みを見真似で実践している様子が描写されている。[54] 島の子どもたちは、盗みへの参加を通して、集団性や社会性を育んでいたことが想起される。

第五の点について、上野は「悪童どもは庭先に忍び込み、お供え物をごっそり盗って門口の反対側へ逃げる。家人は『団子泥棒！』とどなるが、決して後追いをしない。仕来りである」と記述しており[55]、原田は「子供等の楽しい遊びの一つとして、昔からの習俗で家主は怒らない」と記述している。[56]「仕来り」、「家主は怒らない」とあるように、社会全体で公認された盗みであったことが伺われる。前項の吉成の議論に鑑みると、与論島における盗みは〈消極的な盗み〉であり、管見する限り、供物を捧げる家人及び供物を盗む子どもが、盗みに対して豊作祈願などの〈積極的〉な意味は見出していなかったと思われる。

第六の点について、旧八月十五日は、城集落の琴平神社・地主神社《とこぬしじんじゃ》境内において、豊年踊（十五夜踊）が奉納される（**図2**）。豊年踊の詳細は諸氏の論考を参照されたいが[57]、与論島では旧三月、八月、十月のそれぞれ十五日に豊年踊が奉納される。与論島の豊年踊は、本土風の装束や狂言などを取り入れた一番組と、琉球や奄美の舞踊を取り入れた二番組の踊りで構成され、五穀豊穣などを祈願して奉納されるものである。旧八月の豊年踊は、豊年の感謝祈願、島中安穏、無病息災の祈願が主たる目的であり、祭りの最後には獅子舞や綱引きなどが行われる。豊年踊の起源については諸説あるが、山田は永禄四年（一五六一）に与論島主の又吉按司《またよしあじ》が創作したものと同定している。[58] 十五夜踊と盗みの起源は異なるものと推察されるが[59]、既往文献で両者の接続性についての省察は十分になされていない。本稿では、豊年踊と盗みの関係についても、若干の検討を加えたい。

第七の点について、野口は以下の記述をしている[60]。

> 現在の与論島文化地帯における「十五夜トゥンガ」や「トゥンガ盗き」は民俗としての価値を殆ど失った。それは①畑作の物ではなく米の粉で作られているのが殆どであること②ダンゴでなく餅であるものも多いこと③子どもたちは盗みでなく貰いに来ている、ことなどがあげられる。

その発行年に鑑みると、昭和五十年代後半には与論島における盗みの習俗が形骸化していたことが推察される。また形骸化の根拠として、供物が畑作の収穫物から市販の米粉を使用したムッチャー（モチ）に変化していること、また「盗み」から「貰い」に変容していることを挙げている。実際に現在の盗みは「貰い」に変容しており、地元メディアでは「与論版ハロウィン」などと紹介されている[61]。

一方で野口は、盗みに対して本質主義的な視点を提示しているが[62]、盗みにおける「民俗としての価値」の内実については特に記述しておらず、また習俗の変容過程についての詳細な検討は十分になされていない。民俗文化は維持と変容を繰り返しながらも、常に再創造されるものとして把捉すべきことは前述の通りだが、本稿では、与論島における盗みの民俗的価値に拘泥する視点ではなく、その多様なナラティブに焦点を当てながら、盗みの変容プロセスを立体的に素描したい。

図2　旧8月15日の豊年踊（著者撮影）

表1　2022年10月時点における年齢3区分に見る字ごとの人口[63]

	茶花	立長	城	朝戸	西区	東区	古里	叶	那間
14歳以下	266	64	73	30	58	73	31	24	102
15～64歳	926	227	150	147	160	273	176	93	324
65歳以上	573	194	183	130	99	252	165	74	265
人口計	1765	485	406	307	317	598	372	191	691

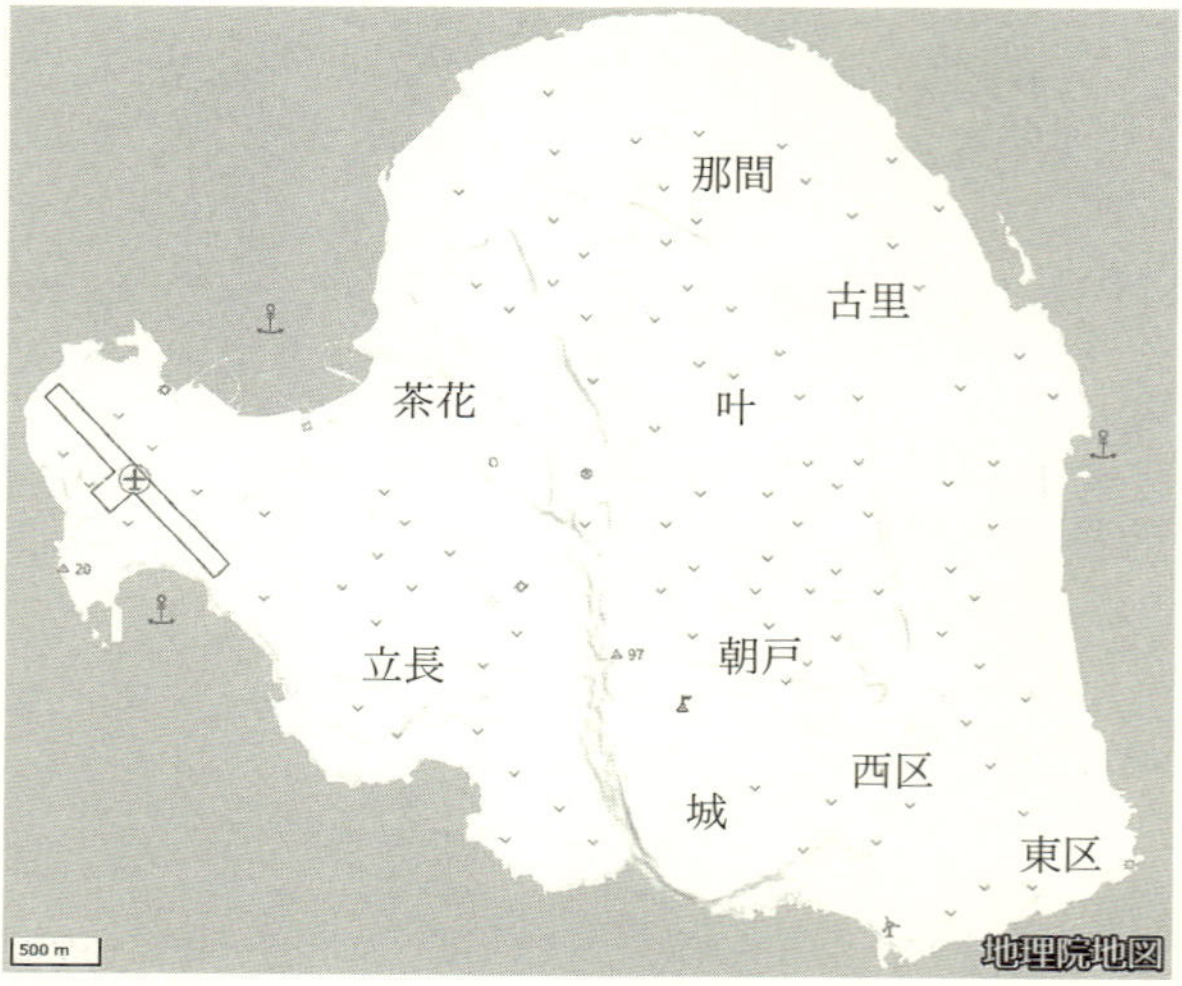

図3　与論町における9の字（国土地理院地図より作成）

四、調査概要

本調査は、二〇二二年八月から二〇二三年十二月まで断続的に実施した。本調査では、聴き取り調査及び参与観察を採用した。聴き取り調査では半構造化インタビューを採用し、話者が経験した盗みについて自由に語ってもらう方式をとった。また、場合に応じて、複数名の話者に対して同時に聴き取り調査を行った。聴き取りが不十分であった場合は、再度の聴き取り調査やメール等でやり取りを行った。

与論町は茶花《ちゃばな》、立長《りっちょう》、城《ぐすく》、朝戸《あさと》、西区《にしく》、東区《ひがしく》、古里《ふるさと》、叶《かのう》、那間《なま》の九の字で構成されている[64]（**表1**及び**図3**）。聴き取り調査に際しては、雪だるま式サンプリングを採用し、年代や出身集落が異なるようサンプリングを行ったが、全ての年代及び集落出身者への聴き取りはできていない。聴き取り調査の対象やサンプルサイズは不十分であり、今後も継続調査が求められるため、本稿はこれらの調査の中間報告としての位置づけである点に留意を要する。

なお、二〇二二年の十五夜は新暦九月十日（月の出：午後六時五〇分）、二〇二三年の十五夜は新暦九月二十九日（月の出：午後六時十九分）に当たり、それぞれ盗みの様相を参与観察した。

五、与論島における盗みの変容をめぐるナラティブ

本節では、与論島における盗みの変容を立体的に素描する

表2　出身集落及び話者の出生年ごとの盗みをめぐる習俗の名辞

	茶花校区		与論校区				那間校区		
	茶花	立長	城	朝戸	西区	東区	古里	叶	那間
昭和15年	○								
昭和17年							●		●
昭和23年			●						
昭和26年						●●○			
昭和27年			●	●					●
昭和32年						●	●		
昭和33年								●	
昭和38年	○		◇		◇				◆
昭和42年						●			
昭和43年					◎				
昭和48年							●		
昭和49年	○								
昭和55年							◎		
昭和56年			◎						
昭和58年				◎					
平成2年	○								
平成3年	○	○							◎
平成5年					◎				
平成8年	○								
平成9年									◎
平成10年					◎				
平成21年						◎			
平成25年			◎						

●トゥンガヌスドゥ　○トゥンガモーキャー　◎トゥンガトゥンガ　◇トゥンガ
◆トゥンガヌスミャー

ために、⑴習俗の名辞、⑵十五夜の供物、⑶盗みの時間、⑷盗みの方法、⑸豊年踊との関連の五つの立項について、話者のナラティブを踏まえながら検討していく。実際には、これら五つの立項以外でも、話者によって質的な差異が認められたが、本稿では紙幅の関係上、出身集落や世代間において構造的な差異が認められた項目のみを検討することとする。

(1) 盗みをめぐる習俗の名辞

本調査では①トゥンガヌスドゥ、②トゥンガモーキャー、③トゥンガトゥンガ、④トゥンガ、⑤トゥンガヌスミャーの五つの名辞が採取された。①ヌスドゥは「盗み」や「泥棒」の意、②モーキャーは「儲ける」や「掻っ払う」の意、⑤ヌスミャーは「盗りに行く人」や「強盗」を意味するという。また④トゥンガについても、子ども相手に使用する際は③トゥンガトゥンガ、日常会話では④トゥンガを使用するとの語りも採取できた。なかんずく②トゥンガモーキャーの名辞を用いていた話者は、「モチを稼いでくる」、「モチを儲けるのよ」など、語りの中で「稼ぐ」や「儲ける」の語を使用する向きがあった。

表2は、出身集落及び話者の出生年ごとの習俗の名辞を分類したものである。**表2**の通り、茶花地区では戦前から現在に至るまで②トゥンガモーキャーの名辞が使用される傾向にあった。他方で、与論校区及び那間校区では、昭和四十年代以前に出生した話者は①トゥンガヌスドゥの名辞を用いる傾向にあったが、昭和五十年代以降に出生した話者は③トゥンガトゥンガの名辞を使用している傾向があった。

(2) 十五夜における供物

十五夜の供物には、①畑作収穫物で作られたトゥンガ(ダンゴ)、②糯米や米粉で作られたトゥンガもしくはムッチャー(白餅)、③プチムッチャー(ヨモギモチ)、④市販の菓子類、⑤その他の供物などが挙げられた。

①畑作収穫物のトゥンガには、ムギ、アワ、トーギン(ナミモロコシ)、キビ、ヒエ、エンドウ、ソテツなどで作られたものがあり、各家によって原料が異なったという。②糯米や米粉で作られた白餅には、一般的な月見団子に加えて、表面に小豆を塗したものや餡を入れたものがあり、丸くしたものや扁平状のものなど形も様々であったという。⑤その他の供物では、ウブシ(ふくれ菓子・ソーダムッチャー)、みたらし団子、ゆで卵、清涼飲料水などのほか、近年ではサーターアンダギー、乾麺、焼き鳥なども供えられているという。

表3は、出身集落及び話者の出生年毎に分類した十五夜における供物の種類である。出生年ごとの特徴を見ると、昭和二十年代以前に出生した話者は①畑作収穫物のトゥンガ及び②糯米や米粉で作られた白餅が、昭和三十年、四十年代生まれの話者は③プチムッチャーが、昭和五十年代以降に出生した話者は④市販の菓子類が主たる供物であったことが分かる(**表3**)。

①畑作収穫物のトゥンガ、②糯米や米粉で作られた白餅、及び③プチムッチャーは、各家で三個から十個程度、庭先や縁側、門柱、玄関先など月が見える空間に供されていたが、木の上やソテツの鉢植えに供して、子どもたちが簡単に盗めないようにした家もあったという。盗む供物の数については「置いてあるのは全部かっぱらって行った(昭和十七年、那間)」、「空の皿だけが残ってる時も多かった(昭和三十八年、那間)」などの語りが見られたが、中には「神様の分をお供えしているから、一個は置いて来いよって婆さんから言われていました(昭和二十六年、東区)」、「基本的には一個ずつしか盗らなかったです(昭和三十八年、城)」といった語りも採取できた。また必ずカミダナに供え物をした後に、月神に供

表3　出身集落及び話者の出生年ごとの十五夜における供物の種類

	茶花校区		与論校区				那間校区		
	茶花	立長	城	朝戸	西区	東区	古里	叶	那間
昭和10年代	●						●○		●○
昭和20年代			○●◎	○◎		●◎			●○◎
昭和30年代	◎◆		○◎		◎○	◎	◎	◎	○◎
昭和40年代	◎◆					◎			
昭和50年代				◆◎			◎		
昭和60年～平成6年	◆				◆				◆◎
平成7年～平成16年	◆	◆			◆				◆◎
平成17年以降			◆			◆			

複数印の場合は、左から主たる供物を示す。
●畑作のトゥンガ（ムギ、トーギン、キビ、ソテツなど）
○白のトゥンガ（白餅、小豆を塗したもの、餡入りなど）
◎プチムッチャー（ヨモギモチ）　◆市販の菓子類

図4　島のスーパーマーケットでの十五夜の供物（著者撮影）

したとする語りも多く採取できた。

他方で、④市販の菓子類が主である現代的盗みは、供物がなくならないよう島のスーパーマーケットやインターネットで一括購入する家が多く、また一人一個の供物を盗るよう、張り紙などで規則を明示する家も多い（図4）。供物の内容も、茶花集落や朝戸集落など人口が密集している地域では「うまい棒」や飴玉、ポリエチレン詰清涼飲料といった安価の菓子類が供される傾向にあるが、那間校区や東区などの散村集落では、「ポッキー」などの箱菓子や「おっとっと」、「コアラのマーチ」など袋詰めの菓子などが供される傾向にあるという。

③プチムッチャーについて、昭和十年代生まれの話者は

図5　城集落で見られた十五夜の供物（著者撮影）
家の玄関先に供されており、左からウブシ、扁平状のプチムッチャー、市販の菓子類の詰め合わせが供されている。

「プチムッチャーは裕福な家でしか作れなかった（昭和十五年、茶花）」、「ヨモギモチは高級だよ（昭和十七年、古里）」など、プチムッチャーが十五夜における一般的な供物でなかったとの語りを多く採取したが、昭和三十年代、四十年代頃に出生した話者は「プチムッチャーが食べられる日だという意識が強かった（昭和三十二年、古里）」、「ほとんどがヨモギモチでした（昭和四十二年、東区）」など、プチムッチャーが主たる供物であったとの語りが多い傾向にあった。さらに、平成年間以降に出生した話者は「お餅を置いてる家はあるかもしれないけど、見たことがない（平成二十五年、城）」、「プチムッチャーは珍しいお菓子だったから豪華認定してた（平成十年、西区）」など、プチムッチャーを供する家が少なかったと語る話者が多い傾向にあった。また「モチが出されてたら、見て見ぬふりする時があるよね。モチと『コアラのマーチ』だったら、『コアラのマーチ』を盗るよ（平成九年、那間）」など、市販の菓子類を選りすぐったとする語りも採取できた。なおプチムッチャーも、丸型や短冊形など、各家によって形が異なったという（**図5**）。

②糯米や米粉で作られた白餅についても、一部の話者からは「中に小豆（餡）が入ったダンゴモチが一番高級だった（昭和十七年、那間）」、「裕福な家はあんこを入れられるけど、

平民はモチを出すだけで精一杯だった（昭和二十六年、東区）」といった語りを採取した一方で、「城あたりは、白餅に島内産の小豆を混ぜる習慣だった（昭和二十七年、朝戸）」、「トゥンガと言えば、基本的に白いモチに小豆が外についたものという認識（昭和三十八年、城）」など、集落間や世代間で、白餅に対する認識に差異が見られた。

集落ごとの特性を見た場合でも、供物の種類に若干の差異が見られる（**表3**）。例えば、茶花集落の場合、昭和三十年代生まれの話者が「先生の家ではお菓子とかが出た（昭和三十八年、茶花）」と語るなど、他集落と比べて早い時期から市販の菓子類が供されていたことが伺われた。また那間校区では、「古い家に行ったら、ヨモギモチがあったよ（平成九年、那間）」など、他地域と比べて現在でもプチムッチャーを供する家が多い傾向にあるという。

また供物の変化にともなって、持参する道具も世代間で差異が見られた。①畑作収穫物のトゥンガ、②糯米や米粉で作られた白餅、及び③プチムッチャーを盗った話者の多くは、盗んだ供物を竹に突き刺して持ち歩いたと語る傾向にあった。「細長い竹が折れ曲がってきて、もう刺せないと思ったら、盗みを終えた（昭和四十二年、東区）」、「モチは竹に刺しているだけだから、いつの間にか落ちてなくなったりしてました（昭和三十八年、城）」、「たくさんモチを盗ったら、竹串を輪っかにして、モチが落ちないようにして持ち歩きましたよ（昭和十七年、古里）」といった語りも多く採取された。ただし、「そんなにたくさんモチは盗れなかったから、紙袋に入れていたのかもしれない（昭和三十三年、叶）」など、昭和三十年代以降に出生した話者は、竹でなく、袋を使用したとする語りも見られた。

他方で、④市販の菓子類を盗った話者は、ゴミ袋や市販のリュックサックを使用したと語る傾向にあった。「小学校四年からチャリンコに乗れるんだけど、リュックを背負って、チャリンコの前カゴに九十リットルのゴミ袋を入れて、そこに全部ぶち込んでた。重くなったら帰るみたいな感じ（平成三年、那間）」といった語りが採取された。

（3）盗みの時間

盗みに入る時間について、本調査結果を大別すると、①薄暗くなってから盗みをしたとする語り、②月待ちをしてから盗みをしたとする語り、③豊年踊との関連から盗みをしたとする語り、④時間を決めて盗みをしたとする語りの四つが採取された。

①薄暗くなってから盗みをしたとする語りは、世代ごとで質的な差異が見られた。昭和四十年代以前に出生した話者は、

月との関連の中で盗みの開始時間を把捉する語りが採取された。

〔話者1〕昔は暗くなってからでした。目的は十五日のお月さんのためだから。お月さんが上がって来ない内に供えたら、みんな盗られて、お月さんが食べれないから、母はいつもお月さんがちゃんと上がってから供えるようにしてましたよ。（昭和十五年、茶花）

〔話者2〕基本的に月が出るまでは盗っちゃいけないルールがあったから、月が出始めた頃から行く。ある程度、暗くなるまで待ってから行くわけです。（昭和三十八年、那間）

一方で、昭和五十年代以降に出生した話者は、月との関連が後景化し、大まかな目安として開始時間を把捉したとする語りが採取された。

〔話者3〕夕方、薄暗くなってからですね。早く行っても、結局（供物は）出てないんですよね。薄暗くなってから出すから。朝戸は小学校があるので、その辺りで集合して行くみたいな感じでした。（昭和五十八年、朝戸）

〔話者4〕今くらいは早くなかった。何時かと言われたらちょっと分かんないけど、薄暗くなってたはず。明るい内からは行ってなかった気がする。帰り道は真っ暗だから、ちょっと怖い気持ちもありつつ、それを楽しみながら帰るみたいな感じだった。（平成三年、茶花）

これらの話者は、月との関連で盗みをしていなかったものと思われるが、十五夜における日没と月の出がほぼ同じ時間帯であることに鑑みると、[65]月の出との連続性の中で習俗が変化したことが推察される。事実、「薄暗くなると同時に、月が東の方から上がってきますから（昭和三十八年、城）」などの語りも採取された。

②月待ちをしてから盗みをしたとする語りは、昭和四十年代以前に出生した話者から採取することができた。具体的には、「月が上がりきった頃、（月の）全面が見えた時が合図です。月の上がり具合を見て、もう良いだろうとスタートダッシュするわけです（昭和二十七年、那間）」、「お月様が五寸くらい上った後に始める（昭和四十二年、東区）」とする語りがあった。

③豊年踊との関連から盗みをしたとする語りは、とりわけ与論校区の話者から多く採取された。具体的には、豊年踊との連続性から盗みを始めたとする語りが見られた。

〔話者5〕われわれのような城集落の子どもたちは、神社の祭り（豊年踊）が終わる頃、月が出始めた頃から回り始めました。すばしっこい中学生が先に荒らしていくわけだ。それでも、(供物が)残ってはいないだろうかと思いながら、ほとんどの家を片っ端から回るんですよ。

(昭和二十七年、城)

〔話者6〕十五夜踊りが終わるのが、だいたい周りが暗くなる頃ですよ。今日の祭りは終わりですみたいな大人の合図の後、子どもたちが鳥居からダッシュで各民家へと走るわけです。足の早いやつから盗って行きますから、足の遅いやつは横の道に逸れて行くわけです。ですから、足が遅かったり、低学年だと貰えないわけね。城集落を通過して、朝戸に行きますよね。しかし、その時の子どもの数は一学年七十人いますから、小学生だけで三百から四百名近くの子どもがいるわけです。中学生もいます。中学生は先に盗ってしまって、小学生の分はほとんど残ってなかったです。

(昭和二十七年、朝戸)

〔話者7〕琴平神社から東区の実家までは結構あるんですよ。琴平(神社)で祭を見て、城集落から順番に貰って帰るわけだから、陽が落ち始めたと思った時、ちょっとでも明るい内に帰ろうと思ってました。だから、祭りを最後まで見たことない。全部終わるまで神社にいたら、もう真っ暗だもん。兄弟で行きましたけど、下の連中は盗り切らんわけね。べそ掻いて歩いてるくらいだから。上の兄弟が何とかその子たちの分を稼いでくるんだね。手を引いて一生懸命に歩かせるから、時間かかるんだよね。思い出すね。でも毎年それが楽しみで、また次の年も琴平神社まで行くんだね。

(昭和二十六年、東区)

④時間を決めて盗みをしたとする語りは、とりわけ平成十年前後以降に出生した話者から多く採取された。これらの語りでは、学校生活との関連からの語りが見られた。

〔話者8〕学校から、何時頃に回り始めて、何時頃に終わりましょうみたいな注意事項が書かれた紙を貰ってやる感じだった。基本的に学校が終わってからだから、四時とか、五時に始めて、八時には帰ってたと思う。伝統では日没までには帰らないといけないけど、回り切れるわけないから、普通に七時、八時まで回ってたと思うよ。

(平成十年、西区)

〔話者9〕四時に授業が終わるから、五時に集合する。学校が休みの日にやってくれるトゥンガトゥンガはないんで。小学校の時は学校からの指導がありました。何時までに帰りなさいよという注意事項を書かれた紙が配られて。だから、暗くなる七時くらいまでには帰ってました。

(平成二十一年、東区)

これらの語りに見られる通り、平成十年前後以降に出生した話者は、学校からの教育指導等の影響で、日没前（月の出以前）の明るい時間帯から盗みを実践していることが分かる。「伝統では日没までには帰らないといけない（話者8）」とあるように、近年の盗みでは、月との関連が後景化していることが推察される。

（4）盗みの方法

盗みをめぐる実践方法についても、世代間や集落間で差異が見られた。とりわけ与論校区出身の話者は、①盗みをする際に「トゥンガトゥンガ」と声を掛けたと語る傾向にあったが、茶花校区や那間校区出身の話者は、②何も言わずに盗みをしたと語る傾向が見られた。

①「トゥンガトゥンガ」の掛け声をした話者は、供物を盗みに来たことを家人に知らせるための一種の挨拶として声を掛けたとする傾向が見られた。

〔話者10〕家に入って行く時に「トゥンガトゥンガ」って言うんですよ。「トゥンガトゥンガ」が当たり前の挨拶でした。（昭和二十七年、城）

〔話者11〕黙っては盗らない。相手に子どもが盗りに来たことを気づかせるくらいの感じで、必ず「トゥンガトゥンガ」を小さな声で言いました。（昭和三十二年、東区）

〔話者12〕人にばれないように入って行って、でかい声で「トゥンガトゥンガ」って言ってから、バーッと盗っていくんだよ。（昭和四十二年、東区）

ただし与論校区出身者であっても、「声は全然掛けないし、お供えがあればしれっと盗んで行く感じでした（昭和三十八年、城）」など、「トゥンガトゥンガ」の声を掛けなかったとする語りも採取できた。

他方で、②何も言わずに盗みをしたとする話者は、盗む行為に対する意識がより前景化している向きがあった。

〔話者13〕ヌシに見られんように、こっそり盗るのが楽しみでした。もう泥棒のような感じで、見られたら困るんだよね。でも、ヌシになる人も番して見ておって、ヤーヤーと言って追い回されました。それが楽しみでした。（昭和十五年、茶花）

〔話者14〕僕が子どもの頃には、「トゥンガトゥンガ」なんて聞いたことがない。声を出さないように忍び寄って、家の人の様子を伺いながら、見つからんように盗むスリルを味わうんだ。盗みに行ったら、婆ちゃんからヤーヤーって言われて、名前まで呼ばれたもんだから、その時にはがっかりしたよね。（昭和十七年、那間）

〔話者15〕やっぱり盗みが建前にあるから、何かを言うというのはなくて、こっそり盗って来る感じが多かった。

今はお菓子頂戴になってるけど、俺なんかにすれば、盗みのスリルがなくてがっかりだなと思う。
（昭和三十三年、叶）

〔話者16〕与論校区は、貰う時に「トゥンガトゥンガ」とか言うじゃん。俺らは言わない。こちらの気持ちとしては、盗むじゃないけど、気付かれないように盗るって感覚だった気がする。
（平成九年、那間）

とりわけ那間校区出身者は、「トゥンガトゥンガというのは、盗る行為も全部含めて、音声に込めているでしょ。僕らはそういうことをしなかった（昭和二十七年、那間）」など、「トゥンガトゥンガ」と声を掛けることに対して違和感があるとする語りを多く採取した。

なお現在では、島内全域で「トゥンガトゥンガ」の声を掛ける傾向にある。地元メディアは、「与論島では各家庭の庭先に供えた餅や菓子を、子どもたちが『トゥンガトゥンガ』と掛声し、もらっていく姿が見られた」などと紹介している。(66)

こうした盗みの実践方法に変容した背景として、学校教育や他集落との交流による影響が考えられる。

〔話者17〕「トゥンガトゥンガ」の意味は、学校で教えられたんだと思います。学校で教えられたから、知識が入ってきたから、途中からみんなで盗る時に「トゥンガトゥンガ」って言い出すようになったんだと思います。「トゥンガトゥンガ」って言って、持ち去るみたいな感じでした。
（平成三年、茶花）

〔話者18〕正式名称は「トゥンガトゥンガ」なんだけど、茶花は「トゥンガモーキャー」って言って貰いに行くから、一回、どっちで言うべきみたいな感じになったと思う。
（平成十年、西区）

（5）豊年踊との関連

第三項で概観した通り、とりわけ城集落周辺の出身者は、豊年踊と盗みの連続性を語る傾向にあったが、茶花校区、那間校区出身者の多くは、豊年踊と盗みが独立した習俗であると認識している向きがあった。

〔話者19〕城集落に近い人は子どもの時から親しみがあっただろうけど、遠いところは帰るまでの心配をしないといけないから見に行かない。トゥンガだけを楽しむ。トゥンガは（豊年）祭とは関係ないわけね。
（昭和三十二年、東区）

〔話者20〕当時の那間の連中は、十五夜踊（豊年踊）に行ってないと思うよ。十五夜踊があるのは知ってたけど、それ自体は大人になってからしか見てない。
（昭和三十八年、那間）

〔話者21〕十五夜踊がトゥンガの日にしてることを知らない。大人になってから知りました。他の茶花校区の人も知らなかったと思いますよ。（平成三年、茶花）

なお、平成十年前後以降に出生した話者は、盗みの時間が早まったこともあり、豊年踊に参加できなかったとの語りも見られた。

〔話者22〕十五夜踊には行かなかった。ちょうどトゥンガの時間だったし、トゥンガが終わる頃には（祭りも）終わってるから。それよりも、お菓子を貰いに行くのがメインだった。（平成十年、西区）

〔話者23〕トゥンガを回って、暗くなってから十五夜踊を見に行く感じ。でも、神社に行きはするけど、ちゃんと見たことはない。友達とだいたい遊んでるから。（平成二十五年、城）

六、考察

（1）島内の盗みをめぐる習俗の地域差

前節で詳述した通り、与論島の盗みには地域間で差異が見られた。次項以降で検討する通り、同じ集落の出身者であっても世代間で差異が認められ、また近年ではこうした地域的差異が薄らぎつつある。しかし大局的に見た場合、茶花校区、与論校区、那間校区の特徴は以下の通りであろう。

① 茶花校区出身者は、総じて習俗に対してトゥンガモーキャーの名辞を使用する傾向があり、供物を盗る際には声を掛けない。

② 与論校区出身者は、習俗に対してトゥンガヌスドゥ及びトゥンガトゥンガの名辞を使用する傾向があり、供物を盗る際に「トゥンガトゥンガ」の声を掛ける。豊年踊との関連で盗みを把捉している傾向がある。

③ 那間校区出身者は、トゥンガヌスドゥ及びトゥンガトゥンガの名辞を使用する傾向があり、供物を盗る際には声を掛けず、盗みへの意識がより前景化している向きがある。

『与論町誌』[67]をもとに、これら校区の歴史的な成立背景を素描すると、琉球服属以前は東区、西区、朝戸付近にのみ集落が形成されていたが、十五世紀初頭に北山王の三男王舅《オーシャン》が渡来して以降（文永年間以降）、城への集落形成が進んだとされる。そして、島津氏の琉球支配が始まる藩政期以降（慶長年間以降）、城集落やその他の古集落で人口密集が進んだことを背景に、城集落から茶花集落・立長集落へ、朝戸集落・城集落から叶集落・那間集落へ、西区集落・朝戸集落から古里集落へと、未開拓地であった各字への移住が進み、概ね明治以前までに現在の原型となる集落が形成されたという。[68]また城集落は、明治三十八年（一九〇五）に役場が茶花集落に移るまでの約五〇〇年間、島の政治文化の中心であったとされている。[69]

以上の仮説を採択するならば、盗みの習俗は藩政期以降に本土から城集落に流入し、城集落における豊年踊との習合が進む中で、島内全域に広がっていったものと考えられる。さらに言うと、城集落をはじめとする与論校区の盗みが、流入した際の原型をより留めている可能性が考えられる。現時点で結論付けることはできないが、例えば昭和三十二年古里出身の話者によると、自身は「トゥンガトゥンガ」の掛け声をしなかったが、大正十五年（一九二六）東区出身の父親は「トゥンガトゥンガ」の掛け声をしていたという。

柳田は、山口県や福岡県の一部地域において、旧正月十四日に子どもたちがトヨトヨ、トヒトヒ、タビタビなどと言って、各家からモチや米餞などを貰い歩く風習があるとした上で、その語源はいずれも「給へ」の口語形「タウベ」であったと推察している。[70]また柳田は、これらの習俗が家主からの歓待を求める一種の贈与交換の形式でなかったかと推察している。[71]加えて、西日本各地で八朔に稲田の畔で「作頼む、作頼む」と大声で叫び歩く風習があることも知られている。[72]十五夜行事が、小正月や八朔と関連する習俗であることがつとに指摘されてきたことに鑑みると、[73]与論校区で「トゥンガトゥンガ」と言って盗みに入るのは、本土での習俗との連続性の中で変容した残滓として見ることができるかもしれない。

本稿では仮説に留めるが、盗みの儀礼的構造に、掛け声をする要素が組み込まれた形で、本土から城集落をはじめとする与論校区に民俗文化が流入し、藩政期における那間校区や茶花校区への人口移動の中で、トゥンガヌスドゥなる名辞とともに習俗が確立していったことが考えられる。そして漸次、与論校区以外では声を掛ける側面が形骸化し、盗みをすることへのスリルや非日常性を楽しむ子どもたちの遊戯へと変容したことが推察される。こうして考えると、少なくとも与論島では、吉成が指摘する〈消極的盗み〉／〈積極的盗み〉なる二項対立[74]ではなく、地域社会の共同性に立脚した「貰い歩く」習俗から、子どもたちの遊戯としての側面が前景化することで「盗み」の習俗へと変容したことが考えられる。換言すると、〈積極的盗み〉から〈消極的盗み〉に変容したのではなく、「貰い歩く」習俗から〈積極的盗み〉ないし〈消極的盗み〉に分岐していったとの視点も提示できるものと思料する。

ただし、地域ごとの区分は概略的な思索にもとづく仮説であって、例えば各家における家族構成や世帯主の縁組関係等で、盗みの手法にも変化が見られることが考えられる。昭和三十年頃までは出身集落や家の格によって婚姻関係が決まったとの報告もあるが[75]、現在では島外出身者との縁組や移住者同士の婚姻関係が認められ、集落ごとのネットワークもより開放的になっていることから、地域ごとの特徴を十把一絡げに議論することに対しては慎重を期す必要がある。

また本調査では、立長集落出身者への聴き取りが十分に行えていない。立長集落の原型が城集落からの移住者によって形成されたことを踏まえると[76]、与論校区の盗みと類似した特徴が見られる可能性がある。小野が、立長集落における十五夜習俗の名辞がユガフニゲーであったと報告していることに鑑みると[77]、独自の文化が構築されている可能性も考えられる。サンプルサイズを大きくした上での継続調査が求められる。

(2) 農業生産の変容及び社会生活環境の変化との関連

前節で見た通り、話者の出生世代ごとでも十五夜の供物や盗みの実践方法に差異が見られた。これらの世代間ごとの差異を総合的に勘案すると、

① 昭和二十年代以前に出生した話者
② 昭和三十年代から四十年代に出生した話者
③ 昭和五十年代以降に出生した話者

に大別することができる。

①昭和二十年代以前に出生した話者の語りを総合すると、十五夜の供物はアワ、ムギ、トーギンなどの畑作収穫物のトゥンガ、及びコメのムッチャーであり、与論校区及び那間校区出身者における習俗の名辞は、概してトゥンガヌスドゥであった。

②昭和三十年代から四十年代に出生した話者の語りを総合すると、十五夜の供物はプチムッチャー（ヨモギモチ）が主となるが、与論校区及び那間校区出身者における習俗の名辞は、依然としてトゥンガヌスドゥであり、また盗みと月との関連が伺われる語りも多く採取された。

しかし、③昭和五十年代以降に出生した話者からは、漸次、市販の菓子類が主たる供物へと変化し、その名辞もトゥンガトゥンガへと変容していることが看取された。また平成十年前後以降に出生した話者は、日没前に盗みを終えるなど、月との関連がより後景化している様相が見られた。

世代区分と与論島における農業生産物及び社会生活環境の変化を照合すると、概ね次の点を指摘することができる。まず①昭和二十年代以前に出生した話者の幼少期の主食は唐芋を中心としたイモであり、コメを食することができたのは一部の階級に限られていたという[78]。与論島でコメが常食になるのは、奄美群島の日本復帰、及びそれに伴う食糧配給制の実施が開始された昭和三十年頃とされている[79]。ただし、昭和三

十年代前半も賽の目状に刻んだ甘藷と一緒に混ぜて食べる家が多く、[80] また昭和三十八年（一九六三）はコメ・イモともに不作で、ソテツが常食になっていたなど、[81] 依然として貧しい食生活が続いたことが報告されている。本調査においても、「主食はイモでしたよ」、「当時は欠食時代だった」、「道端の雑草でも食べてた」などの語りが採取された。

①昭和二十年代以前に出生した話者は、戦前から戦後の混乱期にかけて盗みを実践した世代であり、当時は畑作を中心とした不安定な自給自足生活が主たる社会環境であった時代である。「食糧難の時代にお餅が食べられるもんだから、もう指折り数えて待ってましたよ（昭和十五年、茶花）」といった語りにあるように、日常生活との対比から、盗みが非日常性を持ったハレの行事として認識されていたことが推察される。

②昭和三十年代から四十年代に出生した話者について、昭和三十年頃からの与論島の変化としては、各校区で製糖工場の設置が始まったことが挙げられる。昭和三十七年（一九六二）には、製糖企業の合理化を企図した南島開発株式会社与論事業所が設立される。[82] 製糖工場の建設で、それまで自給自足のために耕作されてきた水稲や各種畑作が、換金作物のキビ生産に変容する。

表4　与論島における農業生産の推移[83]

		水稲	麦類	甘藷	キビ
収穫農家（戸）	昭和32年	1,088	1,164	1,447	910
	昭和40年	69	131	1,106	1,238
	昭和45年	32	2	352	1,227
	昭和50年	64	1	93	1,072
収穫面積（ha）	昭和35年	178	105	263	120
	昭和40年	14	9	155	492
	昭和45年	7	—	25	716
	昭和50年	16	—	4	619
生産額（千円）（割合（%））	昭和40年	7,111（17.9）	45（0.0）	29,390（7.9）	226,938（61.4）
	昭和52年	13,296（1.0）	—	—	858,191（67.4）

表4は、与論島における農業生産の推移を示したものである。**表4**に示す通り、昭和三十七年（一九六二）の製糖工場の設置にともなって、昭和三十二年（一九五七）と昭和四十年（一九六五）では水稲及び麦類の農家戸数や収穫面積が急減し、キビのモノカルチャーに変容したことが分かる。昭和五十五年（一九八〇）頃までには、全島で稲作の生産がなくなったとされている。[84] また、各家から製糖工場にキビを運搬するための町道や農道の建設も始まる。昭和三十年頃から道

表5　与論島における産業別就業者数の推移[88]

上段：男 下段：女	第一次産業		第二次産業		第三次産業			
	農業	漁業	建設	製造	小売 販売	通信 運輸	サービス	公務
昭和35年	1,534 1,780	1 1	67 2	17 251	62 80	39 3	98 50	57 6
昭和40年	1,163 782	14 5	53 —	74 748	58 79	46 4	107 66	77 9
昭和45年	1,049 449	13 —	96 1	59 1,190	87 115	48 5	155 101	81 16
昭和50年	835 165	32 1	149 2	69 1,123	127 132	74 7	244 131	96 22
昭和55年	791 194	33 1	242 9	82 1,031	221 218	87 16	343 227	109 13

路の整備開発が進み、昭和四十九年（一九七四）には県道の完全舗装がなされている。(85)

その他の変化に目を転じると、昭和二十九年（一九五四）に制定された「奄美群島復興特別措置法」に基づき、昭和三十二年（一九五七）に町営発電所が設置、昭和三十八年（一九六三）からは簡易水道の給水が開始される。(86) また昭和三十年頃からは、本土の需要に支えられて大島紬などの紬業が隆盛し、昭和四十五年（一九七〇）以降は旅客入込数の急増にともなう観光産業が急成長を見せることになる。(87) このように、本土の高度経済成長と相俟って、与論島における生活水準も格段に向上していくとともに、島内全体の産業構造も大きく転換していった。

表5は、与論島における産業別就業者数の推移を示したものである。**表5**に示す通り、昭和三十五年（一九六〇）から農業就業者数は減少の一途を辿るが、紬産業を中心とした製造業、及び観光産業を含む第三次産業の就業者数は増加し続けていたことが分かる。

製糖工場の建設を嚆矢として、観光ブームが更なる拍車をかけた与論島における社会環境の変化は、旧態依然とした自給自足の生活を瓦解させるとともに、島内に市場経済を浸透させる役割を担った。②昭和三十年代から四十年代に出生した話者は、まさに島の社会生活環境が変化する過渡期に盗みを実践した世代である。キビの単一栽培によって、畑作収穫物のトゥンガやコメで作られるムッチャーを供える家は減衰し、翻ってプチムッチャーが代替として供されるようになる。ただし、プチムッチャーの原料は市販の米粉や餅粉、小麦粉などに変容し、またプチムッチャーそのものを購入する家も現れるようになった。

昭和五十四年（一九七九）に開店した島のパン屋では、昭和五十年代後半から島民の要望に応えて、十五夜にプチムッチャーを生産するようになったという。他方で、「でっかい鍋でヨモギを炊いてる人がいた（昭和三十八年、茶花）」、「ヨモギを処理するために近くの家にミキサーを借りに行った（昭和三十二年、古里）」、「プチムッチャーを作ることが楽しみでした（昭和五十五年、古里）」など、プチムッチャー作りに関する語りも多く採取された。

③昭和五十年代以降に出生した話者の世代になると、島の社会環境の変化が安定期に向かうとともに、後述する学校教育による影響、インフラ基幹の整備、市場経済の浸透、年少人口の減少等、様々な要因を背景に、供物がプチムッチャーから市販の菓子類へと変化し、月との関連も後景化した。例えば、道路の開発整備にともなって他集落への盗みが容易になったことが挙げられる。「那間の場合は、マジで茶花に出稼ぎに行く感じだった。茶花にまず遠征に行って、帰って来てから那間を回るみたいな感じ（平成九年、那間）」との語りにあるように、特に平成年間以降に出生した話者は、自転車や原付等を使用して他集落で盗みをしたとの語りが多く採取された。昭和四十年代前後に出生した話者の多くが「道は舗装されてないから、校区内だけを走り回ってた感じだったよ（昭和四十二年、東区）」と語っていたことに鑑みると、③昭和五十年代以降に出生した話者の世代は、道路の開発整備に伴う他集落との積極的な相互作用が、翻って盗みの習俗をめぐる島内の地域差を減衰させる要因になったことが推察される。

また、プチムッチャーに使用するヨモギは「そこら辺の畔とか畑に生えてるやつだから、農薬が多くかかってたかもしれない（昭和三十三年、叶）」との語りにあるように、衛生思想の観点から、自作のプチムッチャーが減少し、市販のモチや菓子類に変容したことも考えられる。何よりも、モチを作る手間やプチムッチャーを手作りできないなどの現実的な問題から、市販の菓子類を供える家が増加したことが考えられる。

（3）学校教育との関連

与論島における盗みの変容を検討するに当たっては、学校教育による影響も勘案する必要がある。特に前項で見た③昭和五十年代以降に出生した話者は、学校教育による影響を強く受けていることが推察される。

第一に、習俗をめぐる名辞の変容が挙げられる。実際の教育現場での語りは採取できなかったが、「教育側の配慮だと思うんだけど、ヌスドゥ、つまり泥棒は響きが悪いということで、言葉狩りがあったわけです（昭和三十二年、東区）」、「今のトゥンガトゥンガは、時代に合った呼び名よね。ヌスドゥというのは、盗人を奨励してるみたいで、学校教育では聞こえが悪いがね（昭和二十七年、城）」など、学校の教育現場でトゥンガヌスドゥの名辞の使用を制限し、その代替としてトゥンガトゥンガの名辞を使用するような教育指導があったことを示唆する語りが採取された。なお、「先生の挨拶とか、標語とかで書かれるわけです。与論の言葉は使うなってね（昭和二十七年、古里）」など、かつては与論島方言の使用を制限する教育指導があったことを示唆する語りも多く採取された。

第二に、夜間外出の制限が挙げられる。（話者8）や（話者9）のように、平成十年前後以降の出生者は、学校の規則である帰宅時間を踏まえて、日没前から盗みをしている様相が見られた。事実、与論小学校が保護者向けに配布している資料では、「遅くとも、午後7時には（トゥンガトゥンガを）終えて、午後7時30分位までには帰宅する」とあり、[89] 学校からの教育指導の状況が示されている。なお、昭和四十二年頃に与論中学校で「夜間外出禁止令」が出たとする語りが採取され（昭和二十七年、那間）、また『与論町誌』では、昭和五十年代後半から「非行防止に対処すべく、小・中・高のPTAが一致協力して夜間補導や交通補導に当たり、校外生活指導の徹底を図っている」とあることから、[90] 漸次、学校教育において夜間外出に対する規制が厳しくなったことが伺われる。

第三に、習俗伝承の系統が地域コミュニティの集団性から親や学校に移行していることが挙げられる。先の資料では、盗みに関する歴史的背景や習俗内容が記述されており、「学校でも行事の意義も含めて発達の段階を踏まえた指導を行う」とある。[91] 昭和四十年代頃までに出生した話者は、「先生や親からは何にも言われないね。周りの友だちとか、先輩の兄ちゃんたちの後ろをついて行って、盗み方を習うのが伝統的だったと思う（昭和四十二年、東区）」など、兄弟姉妹や地域社会における子供組の上下関係から、盗みの習俗が伝承されてきたとの語りが多く採取された。集落ごとの少人数グループで習俗を伝承するため、その習俗にもグループごとに多様性が生まれてくる。しかし、年少人口の減少等を背景に、地域社会で子ども同士の集団を形成するのが困難になってきたことから、現在では学校や親が習俗伝承の役割を果たすようになっている。

均質的な指導がなされる学校教育では、集落ごとの小グループで育まれてきた多様性を捨象してしまう可能性があり、また本土から赴任してきた教諭の場合、適切な指導が困難である場合も考えられる。③昭和五十年代以降に出生した話者の世代は、このような教育機関による指導の比重が重くなっている世代であり、規則などの決まりきった枠組みの中で盗みを実践してきた世代であると考えられる。

おわりに

本稿では、奄美与論島における盗みの習俗に着目し、かかる習俗が変容してきた様相を多様なナラティブとともに跡付けつつ、当該習俗めぐる地域的差異や世代間での差異を明らかにしてきた。また、これらの差異が現出する要因についても若干の考察を試みた。本稿は与論島におけるフィールド調査の中間報告の位置づけにあり、これらの暫定的な仮説が支持され得るかについては、更なる調査が求められる。また、盗みの習俗をめぐる名辞や十五夜の供物などに関しては、標本調査などの定量的調査を採用し、集落間や世代間の大まかな傾向を把捉する取り組みも必要であろう。

与論島における十五夜習俗をめぐっては、例えば盆行事との関連など、他の年中行事との連続性についても検討する必要がある。大島など他の奄美群島では、旧八月にアラシツ、シバサン、カネサルなど連続的な物忌み、年中行事が展開され、その中葉に十五夜を迎えるが[92]、与論島における旧八月の年中行事は、八月朔日から四日までのハチガチニゲーと盗みを含む豊年祭に限られている[93]。与論島の十五夜習俗が特殊なものであるかについては、今後の検討課題としたい。

また周辺の奄美群島や琉球圏の民俗との比較考証も求められる。盗みと類似した民俗として、奄美群島の一部ではモチ貰いの習俗がある。徳之島では、ムチムレ、ムチタボリ、アキムチ、アキムッチ、タネムッチなどの呼び名があり、旧盆十五日に行う集落、彼岸に行う集落、一月十六日に行う集落など、習俗も多様であるという[94]。伊仙町の報告によると、夕刻に仮面や覆面などで仮装した小中男女学生の一団がイボロと呼ばれる竹製の容器を持って各家を訪問し、モチを貰うために歌い踊るという[95]。盗みではなく貰いである点、十五夜の習俗ではない点などを除けば、与論島の盗みと類似した祭礼構造が見られる。また北見は、旧八月に大島で行われるドンガの習俗について、与論島方言のトゥンガが、ドンガの原初的な用法でないかとの仮説を立てている[96]。慎重な検討が必要ではあるものの、与論島における盗みと他の奄美群島における習俗の間に連続性が示唆されている。本土で広くなされていた盗みの習俗が、なぜ奄美群島の中で唯一、与論島にだけ残っているかについては、他の島々の連続性を踏まえた検討が求められる。

与論島における盗みの習俗が形骸化しつつあることは否定できないが、習俗そのものは現在まで維持され続けている。現在の盗みは、農耕儀礼や月神信仰としての側面は後景化し、翻って地域コミュニティの成員同士の交流の機会になっている傾向が見られる。愛知県における現在の「お月見泥棒」が「母親同士の交流の場ともなっている」と指摘されている通り[97]、著者が行った参与観察においても、同行している保護者同士が談笑する様子や、盗みに入る子どもたちと家人が会話する様子など、地域住民同士のふれあいの場になっている様子が見られた。しかし現在の盗みは、贈与交換価値を重視する与論島民の精神によって支えられており、特に血縁関係や自分の子どもたちを慮って市販の菓子等を供している家も多いという。

〔話者24〕子どもたちがいなければ、トゥンガトゥンガにそこまで興味はなかったと思う。(供物を)出してなかった時期に従兄妹が来て、お前の家は何もなかったって言われて、そこから出すようになったこともあるよね。
(昭和五十五年、古里)

〔話者25〕小学校の子どもがいる家は、絶対にモチとか準備しないんだよ。子どもの間で、お前の家のモチは嫌だっていう話になるから、子どもが嫌がるよね。子どもがいると、ちゃんとしたお菓子を置かなきゃいけないって感じ。お前の家に行ったよとか、行くからねって話になるから。子どもからしたら、お菓子の質のセンスが問われるよね。だから、親は大変なのよ。(平成九年、那間)

中には「徐々に出さなくなる家もあった」、「子どもたちが少ないところは(供物を)出さなくなる」など、年少人口の減少とともに、盗みの習俗が消滅しつつあるとの語りも多く採取された。島民の抱く盗みへの意識が、今後どのように変容していくかを分析する必要があることを申し添え、本稿の結びとしたい。

注

(1) 太田好信『トランスポジションの思想―文化人類学の再創造』(世界思想社、一九九八年)。

(2) 宮田登『民俗学』(講談社、二〇一九年)。

(3) 概して「盗む」とは、密かに他人のモノを取って自分の所有物にすることであり、現代社会では反社会的行為として把捉されている(高桑守史「儀礼的盗みとムラ」(網野善彦他編『日本民俗文化大系八 村と村人――共同体の生活と儀礼』小学館、一九八四年)二九七―三一五頁を参照)。しかし後述する通り、現在の盗みの習俗では「貰い歩く」という順社会的行為に変容している向きがあり、字義通りの「盗み」はあまり見られなくなっている（小早川道子「『お月見どろぼう』の現状と研究視点」（『中京大学文学部紀要』第五十一巻、第一号、二〇一六年）二三九―二五四頁を参照）。しかし本稿では、「貰い歩く」という現代的習俗も含めて、「盗み」の名辞を一括して使用することとする。

（4）藤沢衛彦『図説日本民俗学全集四――子ども歳時記・年中行事編』（高橋書店、一九七一年）。

（5）桜井徳太郎『季節の民俗』（秀英出版、一九六九年）六一頁。

（6）山中裕『平安朝の年中行事』（塙書房、一九七二年）。

（7）前掲注6。

（8）直江広治「八月十五夜考」（『民間伝承』第十四巻、第八号、一九五〇年）二八九―二九六頁。

（9）例えば、坂本要「農耕儀礼」（福田アジオ・宮田登編『日本民俗学概論』吉川弘文館、一九八三年）八一―九〇頁を参照。

（10）倉林正次編『日本まつりと年中行事事典』（桜楓社、一九八三年）。

（11）前掲注6、二三七頁。

（12）森末義彰・日野西資孝編『風俗辞典』（東京堂出版、一九五七年）四七六頁。

（13）前掲注8。

（14）神谷吉行「八月十五夜の民俗と文芸」（『日本文學論究』第一九号、一九六一年）四三―四八頁。

（15）坪井洋文『イモと日本人――民俗文化論の課題』（未來社、一九七九年）。

（16）前掲注8。

（17）町田原長『与論島民俗文化史資料』（自費出版、一九八〇年）。

（18）小野重朗『奄美民俗文化の研究』（法政大学出版局、一九八二年）一八八頁。

（19）前掲注15。

（20）郷田洋文「年中行事の地域性と社会性」（大間知篤三他編『日本民俗学大系 第七巻――生活と民俗㈡』、平凡社、一九五九年）一七五頁。

（21）文化庁編『日本民俗地図Ⅰ（年中行事一）』（国土地理協会、一九六九年）。

（22）柳田國男『定本柳田國男集 第二十一巻』（筑摩書房、一九六二年）三四頁。

（23）原泰根「大阪府の歳時習俗」（堀田吉雄他『近畿の歳時習俗』明玄書房、一九七六年）二四二頁。

（24）柳田國男編『歳時習俗語彙』（民間伝承の会、一九三九年）五五八頁。

（25）宮本常一『宮本常一著作集九』（未來社、一九七〇年）。

（26）前掲注5。

（27）和歌森太郎『年中行事』（至文堂、一九五七年）一六八頁。

（28）前掲注25、六三頁。

（29）吉成直樹「『十五夜の盗み』覚書――盗みと神意」（『日本民俗学』第一七五巻、一九八八年）一―一九頁。

（30）前掲注29。

（31）前掲注29、一三頁。

（32）前掲注29。

（33）前掲注24。

（34）同様の指摘は、西角井正芳編『年中行事辞典』（東京堂出版、一九五八年）にある。

（35）前掲注25、六四頁。

（36）前掲注22、三四頁。

（37）与論町『第六次 与論町総合振興計画』（https://www.yoron.

jp/kiji00325/3_25_3_5_86_1_up_87B4L3RS%E7%AC%AC%EF%BC%96%E6%AC%A1%E4%B8%8E%E8%AB%96%E7%94%BA%E7%B7%8F%E5%90%88%E6%8C%AF%E8%88%88%E8%A8%88%E7%94%BB.pdf」二〇二二年）。

(38) 神田孝治『観光空間の生産と地理的想像力』（ナカニシヤ出版、二〇二二年）。

(39) 与論町誌編集委員会編『与論町誌』（与論町教育委員会、一九八七年）。

(40) 鹿児島県（二〇二三年）「奄美群島への入込・入域客数」（https://www.pref.kagoshima.jp/aq01/chiiki/oshima/chiiki/zeniki/oshirase/documents/38010_20240326195555-1.pdf」二〇二四年）。

(41) 澤田幸輝・北尾浩一・米山龍介・尾久土正己「与論島における星文化とその観光活用に向けての一考察」（『観光学』第二十五巻、二〇二一年）六九―八二頁。

(42) 澤田幸輝・尾久土正己「奄美与論島における二十三夜待」（『天文教育』第三十五巻、第三号、二〇二三年）七四―八三頁。

(43) 例えば、菊千代・高橋俊三『与論方言辞典』（武蔵野書院、二〇〇五年）三六一頁を参照。

(44) 川村俊英『与論島の民謡と民俗』（自費出版、一九八四年）五四二頁。

(45) 野口才蔵『与論島の俚諺と俗信――信仰と古習俗』（自費出版、一九八二年）二三九頁。

(46) 例えば、前掲注43、四〇二頁を参照。

(47) 例えば、前掲注21を参照。

(48) 前掲注44。

(49) 前掲注45。

(50) 前掲注39、一三〇八頁。

(51) 前掲注17。

(52) 民俗文化映像研究所『日本の姿――与論島の十五夜踊り』（紀伊國屋書店、二〇〇七年）。

(53) 増尾国恵『与論島郷土史 資料誌』（与論町教育委員会、一九六三年）一八二頁。

(54) 前掲注52。

(55) 上野正夫『与論島に生まれて――わが島育ち人生』（町田ジャーナル社、一九九二年）三九頁。

(56) 前掲注17、二〇八頁。

(57) 例えば、山田実『与論島豊年舞踊詞と研究』（自費出版、一九七二年）を参照。

(58) 前掲注57。

(59) 豊年踊の起源が永禄四年（一五六一）であり、また盗みが本土から流入した文化であると仮定した際、「トゥンガ」の盗みは豊年踊りの起源に比べてかなり遅れて島に定着したものと思われる。十五夜にダンゴを供える風習は中国の「月餅」に倣ったとされるのが定説だが（例えば、前掲注34、六五頁を参照）、中秋節で月餅を供える風は宋代には形成されており、明清朝時代に広く定着したとされている（曺述燮「中秋節の来歴とその慣習」（『愛知淑徳大学論集』第一〇巻、二〇一〇年）一七―三〇頁）。わが国の場合、例えば『後水尾当時年中行事』には以下の記述があり、少なくとも江戸時代初期の宮中周辺では畑作の供物が中心であったことが推察される。

十五日、名月の御盃つねの御所にて参る。まづ芋、次に茄子を供す。茄子をとらせましくて、萩の箸にて穴をあけ、穴のうちを三反箸をとほされて御手にのさる。…清涼殿の庇に構へたる御座にて月を御覧あり。彼の茄子の穴より御覧して御願あり。これらも専世俗に流布の事也、禁中にはいつの比より始まれる事にか。

下って、曲亭馬琴の『俳諧歳時記』には「十五夜の月を玩ぶこと、中ごろより和漢みな然り。民間今日、餌を製し、同器に芋と枝豆とを盛り、并に神酒、尾花を月に供し、或は互に相贈る」とあり、また『守貞漫稿』には「八月十五夜、賞月俗ニ月見ト云、三都トモニ今夜月ニ團子ヲ供ス」とあることから、本土で十五夜にダンゴを供える風習は江戸時代中葉以降に定着したものと推察される。これらの点に鑑みると、豊年踊が奉納され始めた時期から遅れて「トゥンガ」盗みが島に定着したと思われ、時代とともに両者が習合したと考えられる。

(60) 前掲注45、二三九頁。

(61) 例えば、南海日日新聞「十五夜に『トゥンガ、トゥンガ』――与論版ハロウィン」(二〇一七年十月六日)。

(62) 前掲注45。

(63) 与論町「与論町の人口ピラミッドを作りました!」(https://www.yoron.jp/kiji0032140/3_2140_up_p8h7p02u.pdf 二〇二三年)。

(64) 与論町には、茶花小学校、与論小学校、那間小学校の三つの小学校が存する。茶花集落と立長集落は茶花小学校(茶花校区)、城集落、朝戸集落、西区集落、東区集落は与論小学校(与論校区)、古里集落、叶集落、那間集落は那間小学校(那間校区)と、字ごとに概ね通学区域が措定されている(前掲注39)。話者らは往々にして、自身が住まう字ではなく、校区単位で経験を語る傾向があった点に留意を要する。なお島内には、中学校、県立高校(昭和四十二年に県立大島高等学校与論分校設立)がそれぞれ一校ずつ存する。

(65) 例えば、二〇二三年の十五夜は、日没が十八時十六分、月の出は十八時十九分である。

(66) 前掲注61。

(67) 前掲注39。

(68) なお茶花集落は、後述する昭和四十五年以降に生じた観光ブーム等を契機として、与論校区や那間校区からの「二次移住」が進んだとされている(前掲注39)。

(69) 前掲注39。

(70) 前掲注22。

(71) 前掲注22。

(72) 井之口章次「農耕年中行事」(大間知篤三他編『日本民俗学大系 第七巻――生活と民俗(二)』平凡社、一九五九年)一三三頁。

(73) 例えば、前掲注20を参照。

(74) 前掲注29。

(75) 松本幹雄「与論島の漁業」(九学会連合奄美大島共同調査委員会編『奄美(自然・文化・社会)』日本学術振興会、一九五九年)九八―一一六頁。

(76) 前掲注39。

(77) 前掲注18、一八四頁。

(78) 栄喜久元『与論島の民謡と生活』(自費出版、一九五〇年)。

(79) 前掲注17。

(80) 前掲注75。

(81) 前掲注39。

(82) 前掲注17。

(83) 前掲注39、五五六頁。

(84) 前掲注39。

(85) 前掲注39。

(86) 前掲注17。

(87) 前掲注39。

(88) 前掲注39、九三頁。

(89) 与論小学校「『トゥンガトゥンガ』における児童の安全確保等について(お願い)」(二〇二三年)。

(90) 前掲注39、九二七頁。
(91) 前掲注89。
(92) 前掲注18。
(93) 前掲注39。
(94) 徳富重成「徳之島のムチモレ行事――面縄での聞書」(島尾敏雄編『奄美の文化――総合的研究』法政大学出版局、一九七六年)三四七―三五八頁。
(95) 前掲注94。
(96) 北見俊夫「奄美 年中儀礼」(大間知篤三他編『日本民俗学大系 第一二巻――奄美・沖縄の民俗 比較民族学的諸問題』平凡社、一九五九年)二二一―五〇頁。
(97) 小早川道子「『お月見どろぼう』の現状と研究視点」(『中京大学文学部紀要』第五十一巻、第一号、二〇一六年)二四六頁。

謝辞 本稿執筆に際して、与論郷土研究会事務局会長 麓才良さま、与論町役場商工観光課 麓誘市郎さま他、与論町役場、与論町教育委員会職員の皆様、及び和歌山大学観光学部十一期生 河野舞さまより話者の皆様のご紹介を頂いた。関係者の皆様に、厚く御礼申し上げます。そして何よりも、不躾なお願いにも拘わらず、貴重な語りを頂いた話者の皆様に深く感謝申し上げます。また紙幅の関係上、話者皆様の語りを掲載できなかったことをお詫び申し上げます。なお本研究は、科研費22K12613(代表:尾久土正己)による助成を受けて行われたものである。また本稿は、第二十六回天文文化研究会で発表したもの(澤田幸輝・尾久土正己「奄美与論島におけるトゥンガヌスドゥの変容」)を、大幅に加筆・修正したものである。

◎コラム◎

三日月の傾きと農業予測
――鹿児島県与論島のマクマを事例に

澤田幸輝

月の傾きは、季節によって見え方が異なる。月の通り道を白道というが、この白道は太陽の通り道である黄道から約五・一度の傾きで、ほぼ同じである。春分（太陽の中心が春分点を通過する日）における黄道は、東京の場合、地平線に対して約七八度傾いている。[1] 一方、秋分（太陽の中心が秋分点を通過する日）における黄道は、東京の場合、地平線に対して約三一度の傾きとなる。[2]

三日月は、太陰暦の三日に当たる月だが、春の三日月は下方向にある太陽から照らされるため、寝たような月の傾きになる。他方で、秋の三日月は、横方向にある太陽から照らされるため、立ちあがったような月の傾きになる（図1）。

また、緯度によっても月の傾きが異なる。本報で事例に取る与論島の場合、東京に比べて低緯度に位置するため、春分における黄道は、地平線に対して約八六度の傾きとなる。[4] したがって、低緯度地域における春分の三日月は、本州地域と比較してより寝たような月の傾きになるのである。

季節で傾きが異なる三日月を観測した人々は、気象や農業予測に関する俚諺を多く残してきた。三上晃朗は、関東地域を中心に、以下のような月の傾きと気象、それに関連する月の傾きと農業予測に関する民俗調査記録を多く記述している。[5]

・三日月のとき、船底のように水がたまりそうに見えると雨降りの日が多く、また剣がたって見えるときには、その月は日照りが続く〔群馬県吾妻郡〕
・三日月が立つと雨が降り、横になると雨が降らない〔埼玉県所沢市〕
・三日月さまが立つと米の相場が上がり、横になると相場が下がる〔茨城県土浦市〕
・三日月が立っていると、作物がよくとれる〔埼玉県児玉郡〕

このように、月の傾きに関する俚諺・伝

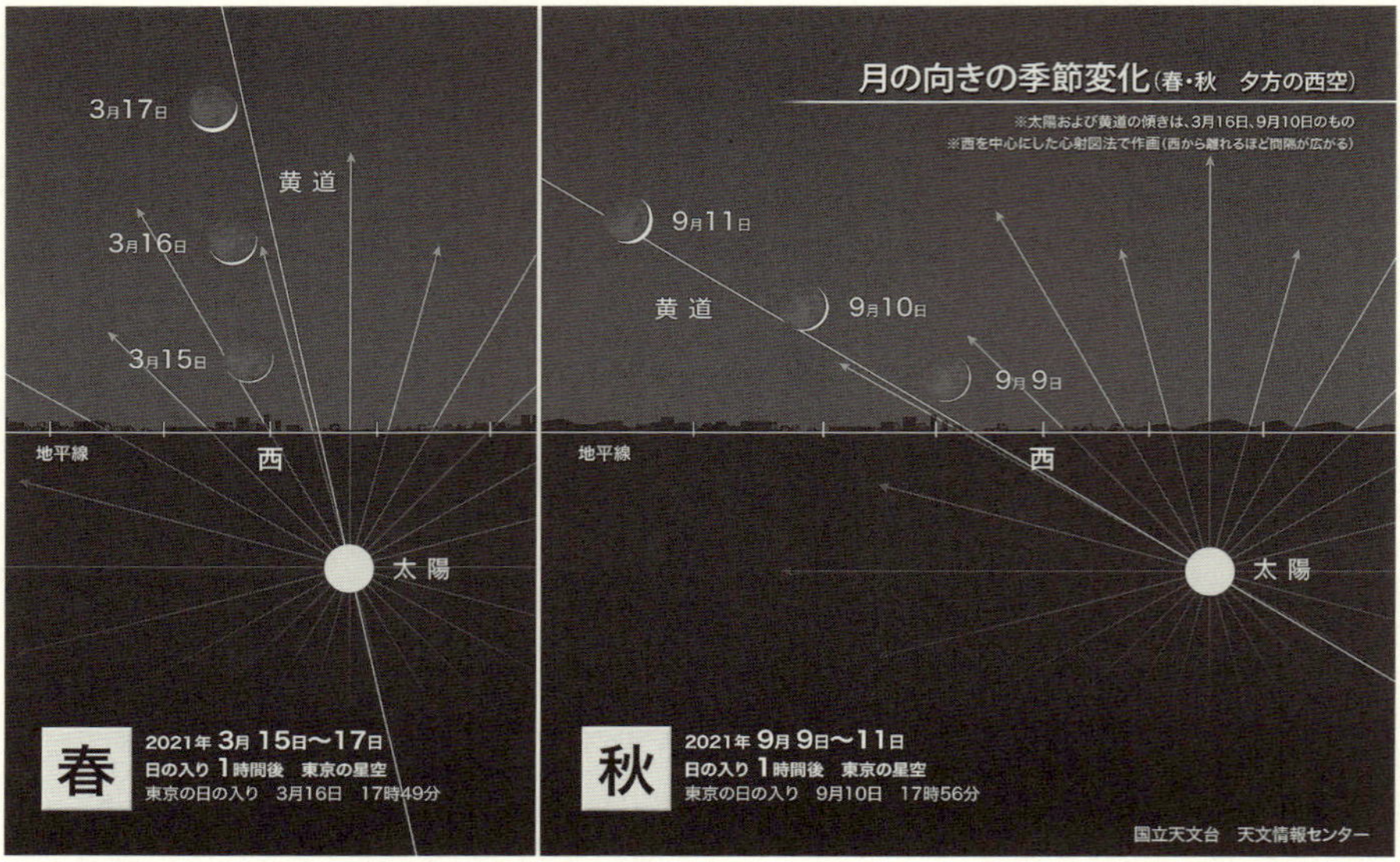

図1　2021年における春分の日の三日月と秋分の日の三日月[3)]

承は多く残るが、同一地域でも真反対の伝承が混在しており、その原形は不明であるという。[6]

鹿児島県与論島においても、三日月の傾きと農業予測に関する伝承が残っている。例えば野口才蔵は、次の俚諺を記述している。[7]

正月ぬまくま、夏世果報《ナチユガプー》、正月ぬ下下《シムサ》がい夏不作《ナチヤッスー》。八月ぬまくま冬世果報《フユユガプー》、八月ぬ下下がい冬不作《フユヤッスー》。

「まくま」とは「三日月が斜になっていない月」(寝たような傾きの月)、「下下がい」とは「水が溜まらないような形に傾く」月(立ち上がったような月)のことだという。[8] またここでの正月、八月は、いずれも旧暦を指している。

天文学的に見た場合、春分付近である旧正月の三日月はマクマとなり、秋分付近の旧八月の三日月はシムサガイとなる。特に、低緯度地域にある与論島の場合、旧正月のマクマは、本州に比べてより寝たような三日月となる。「正月ぬ下下がい」と「八月ぬまくま」は科学的に正しくない記述だが、観測時期を旧正月と旧八月に特定している点に、三上[9]の調査結果との差異が見られる。また三日月に、マクマという特有の名辞を付している点に特徴があるといえよう[10]。

なお、この俚諺についての民俗調査を実施したところ、ほとんどの話者において記録できなかったが、唯一、大正十三年生（立長出身）の古老から、この俚諺を採取することができた。ただし、この古老も、自身が農業予測に使っていたわけでなく、明治生まれの母親から聞いただけであったという。現在では失われてしまった俚諺といえよう。

現在のところ、奄美・琉球地域で同様の俚諺は管見できておらず、マクマは与論島方言でも特異な名辞であることから、とりわけ特異な民俗文化であることが伺われる。また三日月の観測時期を旧正月と旧八月に限定し、「八月ぬ下下がい冬不作」としていることから、いつ頃かの冬季に飢饉が生じた可能性も考えられる。黄道と白道の交点は一八．六年で一周することで、月の黄道からのずれが日々変化すること、また旧正月、旧八月の三日は年によって異なる（新暦ではない）ことから、年によって三日月の傾き具合には変化がある。この年ごとの三日月の傾き具合の変化を見ながら、与論島の人々は農業予測をしていた可能性もある。今後は、周辺地域における月の傾きと農業予測に関する民俗調査を継続しながら、与論島における農業生産の通史的変容を踏まえた分析を実施していきたい。

注

（1）太陽が地平線上にある時の地平線に対する黄道の傾き。北緯九十度－東京の緯度三五．七度＋地軸の傾き二十三・四度＝約七十八度。

（2）太陽が地平線上にある時の地平線に対する黄道の傾き。北緯九十度－東京の緯度三十五・七度－地軸の傾き二十三・四度＝約三十一度。

（3）国立天文台「月の向きに注目（二〇二一年三月）」、https://www.nao.ac.jp/astro/sky/2021/03-topics01.html（最終閲覧日二〇二四年六月二十六日）。

（4）太陽が地平線上にある時の地平線に対する黄道の傾き。北緯九十度－与論島の緯度二十七・三度＋地軸の傾き二十三・四度＝約八十六度。

（5）星の民俗館「月の伝承」、http://www.maroon.dti.ne.jp/starlore/densho/moon_list.html（最終閲覧日二〇二四年六月二十六日）。

（6）前掲注5。

（7）野口才蔵『与論島の俚諺と俗信』（自費出版、一九八二年）。

（8）前掲注7。

（9）前掲注5。

（10）なお与論島では、三日月を含めた欠けた月のことを「カーバタジッキュー」ともいう（菊千代・高橋俊三『与論方言辞典』（武蔵野書院、二〇〇五年））。

謝辞　本報執筆に際して、与論郷土研究会事務局会長 麓才良さま、与論町役場商工観光課 麓誘市郎さまより、多大なるご協力を頂いた。また本報は、第二十五回天文文化研究会で発表したもの（澤田幸輝・尾久土正己「奄美与論島の月にまつわる民間習俗」）に加筆・修正したものである。

あとがき

天文化学を進める上で見えてきたもの

——理系出身者の視点から

真貝寿明

私自身は、宇宙物理学を長い間フィールドにしている（今でも現役と認識されているとは思う）が、天文を軸に文化・科学論・自然観を語るという「天文文化学」にはまりつつある気がしている。これは、多分に、人を巻き込むのを得意とする松浦清氏の影響かと思う。

正直申し上げて、どんなテーマに着手したらよいのか、巻き込まれた当初は悩むばかりだった。二〇一六年の夏休み前、年に二回ほど開催されている「天文文化研究会」で、初めて「何か話をしてください」と頼まれても、実は一ヶ月前まで何の話をすれば良いのか決まっていなかった。偶然そのときに発売された嘉数次人氏の『天文学者たちの江戸時代』（ちくま新書）を読み、そこで紹介されていた「麻田剛立がケプラーの（惑星運動の）第三法則[1]に相当する法則を考え出していたという話がある。（中略）真相は謎である。」との文章に出会った。この一文がきっかけとなって、麻田剛立についての報告を研究会で行い、それを紹介した文章が、前著に所収された拙稿[2]である。

麻田の使ったデータが、理想的すぎていて実測されたものではなく、独自に見出したとは考えにくい、という結論となった。このときは、ケプラーの書にあるデータ、麻田の残したデータ、現在の惑星データの三つに、フィッティング曲線を求めた程度の報告であったが、わずかな手間で、これほどの結果が得られることが意外でもあった。

その流れで私は、幕末から明治にかけて、西洋科学にどのように日本人が出会っていったかに興味をもった。リスト作りが好きな私は、書誌的追跡から始める。電子化が進められた現代では、自宅でインターネットに接続するだけで、福澤諭吉の出版物を開くことができ、福澤が参考にした英語で書かれた啓蒙書を開くことができる。志筑忠雄がニュートン力学の理解に二十年間格闘した(ケイル著の)ルロフスによる蘭訳書を開くことができる。本来ならば、現物を見ることが第一とされたであろうが、記載内容の比較を行うのであれば電子ファイルにアクセスできれば十分だ。先人には申し訳ないと思うほど、利便性は増している。一ページごとにスキャンされた図書館の方(およびスキャナーを開発された方)には頭が上がらない。その後の私は、興味の向くまま、その調査を強引に「天文文化」に結びつけてお茶を濁している。本巻に収録した「世界地図と星図の系譜」は、博物館で江戸期の古世界地図に出会ったことがきっかけだった。もう一編の「浦島伝説」は、専門にしている相対性理論の例として浦島太郎の話をよく引き合いにだすものの、きちんと調べてみたことがきっかけだった。何か新しいことを始めると、調べなければならないことの深さが見えない。全体の中での位置づけも不明瞭だ。文献を読みながら、関連図を作成して全体像を把握しようとする作業が、そのまま系譜づくりにつながった形である。

理系をフィールドにする私にとっては、文系研究の文献探しの手法がまだ慣れない。理論物理学の論文であれば、その参考文献欄を辿ることで、ほぼ一〇〇パーセントの過去の研究にたどり着くことができる。ところが、文系の論文だと、それが必ずしもたどれない。常に最新成果を主張していく理系論文と、多様な視点で論理展開していく文系論文の違いを感じている。「管見の限り、xxxはなかった」というフレーズを今回私は初めて用いた。何か、自分で、一歩領域を広げた感じもしている(笑)。

天文文化学設立の目的の一つは、各自の専門領域を広げて、学問の境界を取り払い、文理協働の研究へと進むことだ。

天文文化研究会に参加してくださる方々は、専門をもつ研究者の方も、科学コミュニケータの方も、一般の方もさまざまだ。だが、何か疑問を発すると、必ず何らかの反応があり、解決へのヒントになったり、さらなる課題になるような環境が構築できていて、好ましい状況になってきている。読者の中で、ご興味をお持ちの方は、是非、メーリングリストに入っていただき、研究会にもご参加いただければその雰囲気を感じていただけることと思う(3)。

天文文化学設立の目的の一つは、天文というキーワードを用いて、より多くの方に学問の楽しさを伝えることだ。二〇二〇年の暮れ、我々は『天文文化学へのいざない～過去、現在、未来をつなぐ星たち～』と題した展示を数日間行った。「美術品にみる天文学」「文学作品にみる天文学」「言語学からみる天文学」「学問の受容プロセスと天文学」「工芸品にみる天文学」「現代天文学における謎」と題したカテゴリーでのポスター展示と関連現物の展示を行った。こちらもご興味をお持ちであれば、ポスター内容をウェブ(4)に残しているのでご覧いただければ幸いである。

幸い、我々の研究は、科研費に採択(5)されて、そのスタートアップを加速することができた。そして、本書原稿取りまとめ締め切り日の今日、次の科研費(6)にも採択された、という朗報が入ってきた。今後も、研究費に見合う成果と社会への成果の還元を目指して進んでいきたい。

今回、思文閣出版から二〇二一年に出版した『天文文化学序説』(7)に引き続き二冊目の刊行ということで、ようやく天文文化学も一発屋ではないことを示すことができたのではないかと思う。

前回の「あとがき」の締めの言葉がなかなかよかったので、それをここに再掲して終わりたい。

＊＊＊

学問や文化活動の根源的な動機は好奇心と挑戦である。宇宙を知ることは、人間を識ることにも繋がっている。天文文化学創設に向けた科研費申請書類には、

融合研究を通じて、再び「天文文化」を一般の方も含めた我々の手に取り戻し、「われわれが何者であり、何処に進むのか」という本質的な課題に一つの指針を与えたい。

との大風呂敷を広げた文章も掲げた。「われわれが何者であり、何処に進むのか」を『解決する』とまでは書かなかったが、本書を手にされた方に、その意気込みが少しでも感じていただけたなら、本書の存在価値もゼロではなかったと思う。天文文化学に関心を抱かれ、その開拓にご参加していただける方が広がることを期待している。

注

（1）「惑星の公転周期Tの二乗は、軌道の長半径Rの三乗に比例する（$T^2=kR^3$（k：定数））」という法則で、ケプラーがブラーエのデータをもとに見出したもの。一六一八年発表の本に掲載され、ケプラー自身は「調和の法則」と呼んだ。

（2）「近代物理学との邂逅――麻田剛立、本木良永と志筑忠雄」（松浦清・真貝寿明編集『天文文化学序説：分野横断的にみる歴史と科学』思文閣出版、二〇二一年）所収。

（3）天文文化学のホームページ https://www.oit.ac.jp/is/shinkai/tenmonbunka/index.html

（4）第一回「天文と文化」企画展のホームページ https://www.oit.ac.jp/is/shinkai/tenmonbunka/2021_Umeda/index.html

（5）挑戦的研究（萌芽）「天文文化学の創設：天文と文化遺産を結ぶ文理融合研究の加速」（二〇一九～二〇二二年度、研究代表・真貝寿明）。

（6）挑戦的研究（開拓）「天文文化学の新展開：数理的手法の導入で文化史と科学論から自然観を捉える研究の加速」（二〇二四～二〇二八年度、研究代表・松浦清）。

（7）松浦清・真貝寿明編『天文文化学序説――分野横断的にみる歴史と科学』（思文閣出版、二〇二一年）。

呪術と学術の東アジア

陰陽道研究の継承と展望

陰陽道史研究の会［編］

災いや病の原因を探り、
まじないや呪術で不祥を避ける……
生きる上での普遍的な課題に対する知恵であり、
人々の生活に密接に関わる文化であった陰陽道。
朝廷や幕府など各時代の権力者と
密接に結び付きつつも、地方や民衆間にも広く伝播し、
日本文化史に大きな影響を与えた
陰陽道はどのように発展していったのか。
呪術として、学術として、
また東アジアにおける位置付けなど、
多角的な視点により、深化、活性化していく
陰陽道史研究の動向を追う。

【執筆者】※掲載順
陰陽道史研究の会
山下克明
松山由布子
鈴木耕太郎
野口飛香留
赤澤春彦
斎藤英喜
木下琢啓
細田慈人
梅野光興
細井浩志
中島和歌子
マティアス・ハイエク
梅田千尋
山口えり
濱野未来
中村航太郎
馬場真理子
吉田拓矢
詫間直樹
水口幹記
田中良明
佐々木聡
大野裕司
張麗山
髙橋あやの

本体3,000円（＋税）
ISBN978-4-585-32524-6
【アジア遊学278号】

勉誠社
千代田区神田三崎町2-18-4 電話03(5215)9021
FAX 03(5215)9025 WebSite=https://bensei.jp

前近代東アジアにおける〈術数文化〉

水口幹記［編］

天文学・数学・地理学など自然科学分野と、易を中心とした占術が複雑に絡み合った思想・学問である「術数」。術数は前近代を通じて東アジアの国々に広く伝播し、それぞれの社会に深く浸透してゆくことで、それぞれの民族文化の形成にも強い影響を与えた。
幅広い文化的現象を統合する用語として〈術数文化〉というキータームを設定し、理論・思想以外の事象――文学・学術・建築物などへの影響や受容――を対象とし、地域への伝播・展開の様相を通時的に検討する。

中国中心の術数研究から
東アジアの術数研究への展開を望む一冊。

【執筆者】
水口幹記
武田時昌
名和敏光
清水浩子
佐野誠子
山崎藍
洲脇武志
田中良明
松浦史子
孫英剛
ファム・レ・フイ
チン・カック・マイン
グエン・クォック・カイン
グエン・コン・ヴィエット
佐々木聡
佐野愛子
鄭淳一
髙橋あやの
山下克明
深澤瞳
宇野瑞木

本体3,200円（＋税）
A5判並製・312頁

勉誠社
千代田区神田三崎町2-18-4 電話03(5215)9021
FAX 03(5215)9025 WebSite=https://bensei.jp

アジア遊学既刊紹介

295 蘇州版画—東アジア印刷芸術の革新と東西交流

青木隆幸・板倉聖哲・小林宏光　編

294 秀吉の天下統一—奥羽再仕置

江田郁夫　編

293 彷徨する宗教性と国民諸文化
—近代化する日独社会における神話・宗教の諸相

前田良三　編

はじめに　「彷徨する宗教性」と日独の近代　前田良三

第一部　近代日本—神話・宗教と国民文化

解題　前田良三

日本国家のための儒学的建国神話—呉泰伯説話　ダーヴィッド・ヴァイス（翻訳：前田良三）

神道とは宗教なのか？—「Ostasien-Mission（東アジアミッション）」（OAM）の報告における国家神道　クラウス・アントーニ

国民の人格としての生きる過去—昭和初期フェルキッシュ・ナショナリズムにおける『神皇正統記』とヘルマン・ボーネルによる『第三帝国』との比較　ミヒャエル・ヴァフトゥカ（翻訳：馬場大介）

戦間期における宗教的保守主義と国家主義—ルドルフ・オットーと鈴木大拙の事例を手掛かりに　チェ・ジョンファ（翻訳：小平健太）

ゲーテを日本人にする—ドイツ文学者木村謹治のゲーテ研究と宗教性　前田良三

第二部　近代ドイツ—民族主義宗教運動と教会

解題　前田良三

ナザレ派という芸術運動—十九世紀における芸術および社会の刷新理念としての「心、魂、感覚」　カーリン・モーザー=フォン=フィルゼック（翻訳：齋藤萌）

「悪魔憑き」か「精神疾患」か？—一九〇〇年前後の心的生活をめぐるプロテスタントの牧会と精神病学との論争　ビルギット・ヴァイエル（翻訳：二藤拓人）

近代ドイツにおける宗教知の生産と普及—ドイツ民族主義宗教運動における「ナザレのイエス」表象を巡って　久保田浩

自然と救済をめぐる闘争—クルト・レーゼとドイツ民族主義宗教運動　深澤英隆

フェルキッシュ・ルーン学の生成と展開—アリオゾフィー、グイド・リスト、『ルーンの秘密』　小澤　実

ヴィリバルト・ヘンチェルと民族主義的宗教（völkische Religion）　齋藤正樹

あとがき　前田良三

292 中国学の近代的展開と日中交渉

陶徳民・吾妻重二・永田知之　編

序説　陶徳民・吾妻重二

第Ⅰ部　近代における章学誠研究熱の形成とそのインパクト

十九世紀中国の知識人が見た章学誠とその言説—史論家・思想家への道　永田知之

「欧西と神理相似たる」東洋の学問方法論の発見を求めて—内藤湖南における章氏顕彰と富永顕彰の並行性について　陶徳民

戴震と章学誠と胡適—乾嘉への接続と学術史の文脈　竹元規人

「章学誠の転換」と現代中国の史学の実践—胡適を中心に（節訳）　潘光哲（邱吉、竹元規人編訳）

余嘉錫の章学誠理解—継承と批判　古勝隆一

内藤湖南・梁啓超の設身処地と章学誠の文徳について　高木智見

【コラム】『章氏遺書』と章実斎年譜について　銭婉約

【コラム】劉咸炘と何炳松の章学誠研究について　陶徳民

【コラム】清末・民国初期における史学と目録学　竹元規人

【コラム】『文史通義』の訳出を終えて　古勝隆一

第Ⅱ部　経史研究の新しい展開と日中人物往来

「東洋史」の二人の創始者—那珂通世と桑原隲藏　小嶋茂稔

羅振玉・王国維往復書簡から見る早期甲骨学の形成—林泰輔の貢献に触れて　羅琨（邱吉訳、永田知之校閲）

漢学者松崎鶴雄から見た湖南の経学大師—

291 五代十国―乱世のむこうの「治」

山根直生　編

290 女性の力から歴史をみる―柳田国男「妹の力」論の射程

永池健二　編

巫女・遊女
馬淵東一のオナリ神研究―オナリ神と二つの出会い　澤井真代
折口信夫の琉球巫女論　伊藤好英
地名「白拍子」は何を意味するか―中世の女性伝説から『妹の力』を考える　内藤浩誉
【コラム：生きている〈妹の力〉1】民俗芸能にみる女性の力―朝倉の梯子獅子の御守袋に注目して　牧野由佳
【コラム：生きている〈妹の力〉2】江戸時代の婚礼の盃事―現代の盃事の特質を考えるために　鈴木一彌
第Ⅲ部　生活と信仰―地域に生きる「妹の力」
くまのの山ハた可きともをしわけ―若狭・内外海半島の巫女制と祭文　金田久璋
長崎のかくれキリシタンのマリア信仰　松尾恒一
敦煌文献より見る九、十世紀中国の女性と信仰　荒見泰史
【コラム：生きている〈妹の力〉3】母親たちの富士登山安全祈願―富士参りの歌と踊り　荻野裕子
【コラム：生きている〈妹の力〉4】女たちが守る村―東日本の女人講　山元未希
第Ⅳ部　女の〈生〉と「妹の力」―生活から歴史を眼差す
江馬三枝子―「主義者」から民俗学へ　杉本仁
「妹の力」から女のための民俗学へ―瀬川清子の関心をめぐる一考察　加藤秀雄
「女坑夫」からの聞き書き―問い直す女の力　川松あかり
高取正男における宗教と女性　黛友明
【コラム：生きている〈妹の力〉5】「公」と「私」と女性の現在　山形健介

「妹の力」をめぐるミニ・シンポジウムの歩み

289 海外の日本中世史研究―「日本史」・自国史・外国史の交差

黄霄龍・堀川康史　編

序論　日本中世史研究をめぐる知の交差　黄霄龍・堀川康史
第1部　海外における日本中世史研究の現在
光と闇を越えて―日本中世史の展望　トーマス・コンラン
韓国からみた日本中世史―「伝統」と「革新」の観点から　朴秀哲
中国で日本中世史を「発見」する　銭静怡
ドイツ語圏における日本の中世史学　ダニエル・シュライ
英語圏の日本中世経済史研究　イーサン・セーガル（坂井武尊：翻訳）
女性史・ジェンダー史研究とエージェンシー　河合佐知子
海外における日本中世史研究の動向―若手研究者による研究と雇用の展望　ポーラ・R・カーティス
【コラム】在外日本前近代史研究の学統は描けるのか　坂上康俊
第2部　日本側研究者の視点から
イギリス滞在経験からみた海外における日本中世史研究　川戸貴史
もう一つの十四世紀・南北朝期研究―プリンストン大学での一年から　堀川康史
歴史翻訳学ことはじめ―英語圏から自国史を意識する　菊地大樹
ケンブリッジ日本学見聞録―研究・教育体制と原本の重要性　佐藤雄基
ドイツで／における日本中世史研究　田中誠
【コラム】比較文書史料研究の現場から　高橋一樹
第3部　日本で外国史を研究すること
日本で外国史を研究すること―中世ヨーロッパ史とイタリア史の現場から　佐藤公美
交錯する視点―日本における「外国史」としてのベトナム史研究　多賀良寛
日本でモンゴル帝国史を研究すること　向正樹

自国史と外国史、知の循環—近世オランダ宗教史学史についての一考察　安平弦司

【コラム】中国における日本古代・中世史研究の「周縁化」と展望　王海燕

第4部　書評と紹介

南基鶴『가마쿠라막부 정치사의 연구』(『鎌倉幕府政治史の研究』)　高銀美

Kawai Sachiko, *Uncertain Powers: Sen'yōmon-in and Landownership by Royal Women in Early Medieval Japan*（河合佐知子『土地が生み出す「力」の複雑性—中世前期の荘園領主としての天皇家の女性たち』）　亀井ダイチ利永子

Morten Oxenboell, *Akutō and Rural Conflict in Medieval Japan*（モーテン・オクセンボール『日本中世の悪党と地域紛争』）　堀川康史

Morgan Pitelka, *Reading Medieval Ruins: Urban Life and Destruction in Sixteenth-Century Japan*（モーガン・ピテルカ『中世の遺跡を読み解く—十六世紀日本の都市生活とその破壊』）　黄霄龍

Thomas D. Conlan, *Samurai and the Warrior Culture of Japan, 471-1877: A Sourcebook*（トーマス・D・コンラン『サムライと日本の武士文化：四七一—一八七七　史料集』）　佐藤雄基

【コラム】新ケンブリッジ・ヒストリー・オブ・ジャパンについて　ヒトミ・トノムラ

288 東アジアの「孝」の文化史—前近代の人びとを支えた価値観を読み解く

雋雪艶・黒田彰　編

序　雋雪艶

序文　黒田彰

一、孝子伝と孝子伝図

中国の考古資料に見る孝子伝図の伝統　趙超

舜の物語攷—孝子伝から二十四孝へ　黒田彰

伝賀知章草書『孝経』と唐宋時代『孝経』テクストの変遷　顧永新（翻訳：陳佑真）

曹操高陵画像石の基礎的研究　孫彬

原谷故事の成立　劉新萍

二、仏教に浸透する孝文化

報恩と孝養　三角洋一

〈仏伝文学〉と孝養　小峯和明

孝養説話の生成—日本説話文芸における『冥報記』孝養説話　李銘敬

説草における孝養の言説　高陽

元政上人の孝養観と儒仏一致思想—『扶桑隠逸伝』における孝行言説を中心に　陸晩霞

韓国にみる〈孝の文芸〉—善友太子譚の受容と変移　金英順

平安時代における仏教と孝思想—菅原文時「為謙徳公報恩修善願文」を読む　吉原浩人

三、孝文化としての日本文学

漢語「人子」と和語「人《ひと》の子《こ》」—古代日本における〈孝〉に関わる漢語の享受をめぐって　三木雅博

浦島子伝と『董永変文』の間—奈良時代の浦島子伝を中心に　項青

『蒙求和歌』における「孝」の受容　徐夢周

謡曲における「孝」　ワトソン・マイケル

『孝経和歌』に見る日本における孝文化受容の多様性　雋雪艶

和漢聯句に見える「孝」の題材　楊昆鵬

橋本関雪「木蘭」から見る「孝女」木蘭像の変容　劉妍

287 書物の時代の宗教—日本近世における神と仏の変遷

岸本覚・曽根原理　編

序文　岸本覚・曽根原理

Ⅰ　近世の書物と宗教文化

近世人の死と葬礼についての覚書　横田冬彦

森尚謙著『護法資治論』について　W. J. ボート

六如慈周と近世天台宗教団　曽根原理

【コラム】おみくじと御籤本　若尾政希

Ⅱ　『大成経』と秘伝の世界

禅僧たちの『大成経』受容　佐藤俊晃

286 近代アジアの文学と翻訳―西洋受容・植民地・日本

285 渾沌と革新の明治文化―文学・美術における新旧対立と連続性

明治絵画における新旧の問題　古田亮
秋声会雑誌『卯杖』と日本画・江戸考証　井上泰至
好古と美術史学―聖衆来迎寺蔵「六道絵」研究の近代　山本聡美
挿絵から見る『都の花』の問題―草創期の絵入り文芸誌として　出口智之
【コラム】目黒雅叙園に見る近代日本画の〝新旧〟　増野恵子

2　和歌・俳句

【書評】青山英正『幕末明治の社会変容と詩歌』合評会記　青山英正
子規旧派攻撃前後―鍋島直大・佐佐木信綱を中心に　井上泰至
「折衷」考―落合直文のつなぐ思考と実践　松澤俊二
新派俳句の起源―正岡子規の位置づけをめぐって　田部知季
【コラム】「旧派」俳諧と教化　伴野文亮

3　小説

仇討ち譚としての高橋お伝の物語―ジャンル横断的な視点から　合山林太郎
深刻の季節―観念小説、『金色夜叉』、国木田独歩　木村洋
名文の影―国木田独歩と文例集の時代　多田蔵人

4　戦争とメディア

【コラム】川上演劇における音楽演出―明治二十年代の作品をめぐって　土田牧子
【書評】日置貴之編『明治期戦争劇集成』合評会　日置貴之・井上泰至・山本聡美・土田牧子・鎌田紗弓・向後恵里子
絵筆とカメラと機関銃―日露戦争における絵画とその変容　向後恵里子

284 近世日本のキリシタンと異文化交流

大橋幸泰　編

序文　近世日本のキリシタンと異文化交流　大橋幸泰

I　キリシタンの文化と思想

キリシタンと時計伝来　平岡隆二
信徒国字文書のキリシタン用語―「ぱすとる」（羊飼い）を起点として　岸本恵実
日本のキリスト教迫害下における「偽装」理論の神学的源泉　折井善果
［史料紹介］「キリシタンと時計伝来」関連史料　平岡隆二

II　日本を取り巻くキリシタン世界

布教保護権から布教聖省へ―バチカンの日本司教増置計画をめぐって　木﨑孝嘉
ラーンサーン王国に至る布教の道―イエズス会日本管区による東南アジア事業の一幕　阿久根晋
パリ外国宣教会によるキリシタン「発見」の予見―琉球・朝鮮・ベトナム・中国における日本再布教への布石　牧野元紀
［史料紹介］南欧文書館に眠るセバスティアン・ヴィエイラ関係文書―所蔵の整理とプロクラドール研究の展望　木﨑孝嘉

III　キリシタン禁制の起点と終点

最初の禁教令―永禄八年正親町天皇の京都追放令をめぐって　清水有子
潜伏キリシタンの明治維新　大橋幸泰
長崎地方におけるカトリック信徒・非カトリック信徒関係の諸相―『日本習俗に関するロケーニュ師の手記』(一八八〇年頃)を中心に　マルタン・ノゲラ・ラモス

283 東アジアの後宮

伴瀬明美・稲田奈津子・榊佳子・保科季子　編

序言　伴瀬明美
［導論］中国の後宮　保科季子

I　「典型的後宮」は存在するのか―中国の後宮

漢代の後宮―二つの嬰児殺し事件を手がかりに　保科季子
六朝期の皇太妃―皇帝庶母の礼遇のひとこま　三田辰彦
北魏の皇后・皇太后―胡漢文化の交流による制度の発展状況　鄭雅如（翻訳：榊佳子）
唐皇帝の生母とその追号・追善　江川式部
【コラム】唐代の宦官　髙瀬奈津子

282 列島の中世地下文書―諏訪・四国山地・肥後

春田直紀　編

281 神道の近代—アクチュアリティを問う

伊藤聡・斎藤英喜 編

280 都市と宗教の東アジア史

西本昌弘 編

執筆者一覧（掲載順）

松浦　清　　横山恵理　　米田達郎
真貝寿明　　西村昌能　　勝俣　隆
井村　誠　　澤田幸輝　　北尾浩一
竹迫　忍　　作花一志　　北井礼三郎
玉澤春史　　岩橋清美

【アジア遊学 296】

天文文化学《てんもんぶんかがく》の視点《してん》

星を軸に文化を語る

2024 年 9 月 30 日　初版発行

編　者　松浦清・真貝寿明
発行者　吉田祐輔
発行所　株式会社勉誠社
〒 101-0061　東京都千代田区神田三崎町 2-18-4
TEL：(03)5215-9021(代)　FAX：(03)5215-9025

〈出版詳細情報〉 https://bensei.jp/

印刷・製本　㈱太平印刷社

ISBN978-4-585-32542-0　C1344

天文文化学から与那覇勢頭豊見親のにーりを考える

北尾浩一

きたお・こういち――星の伝承研究室。専門は天文民俗学。主な著書に『星と生きる　天文民俗学の試み』(ウインかもがわ、2001年)、『天文民俗学序説――星・人・暮らし』(学術出版会、2006年)、『日本の星名事典』(原書房、2018年)などがある。

沖縄県多良間島に伝わるにーりにおいては、日が暮れてから明け方までにのぼる星が順に歌われている。しかし、歌われている星についての従来の同定には疑問を感じていた。沖縄・奄美全体の星名を押さえた上で秋の四辺形からシリウスとプロキオンが歌われたと同定を行なうとともに、星を通して何を伝えようとしたか論じる。

1. 問題の所在

野尻抱影氏が『日本の星』『日本星名辞典』で八重山特に石垣島に比重を置いて記したため、沖縄の星と言えば八重山という誤解をされている。実際は、八重山以外の各地域に多様で豊かな星名伝承が伝えらえている。例えば、宮古群島には次のような天文文化がある。

(1)ロシア人言語学者ニコライ・A・ネフスキーによる星名伝承の調査[1)2)3)4)5)6)7)]

(2)多良間島の星見様[8)9)]

(3)宮古島の星見石を疑う立石[10)]

(4)与那覇勢頭豊見親のにーり等、星を歌った「にーり」(神歌)「アーグ」等[11)12)13)14)]

本稿では、そのなかで「与那覇勢頭豊見親のにーり」に歌われる星の同定を行なう。さらには、「にーり」の天文文化学としての意味を論じる。

2. 与那覇勢頭豊見親のニーリの概要

(1)ニーリのタイトル

「にーり」のタイトルは、次のように文献によって異なる。

・与那覇勢頭豊見親のにーり[15)]

・与那覇せど豊見親のにーり[16)17)]

・むいかぐすゆなぱ[18)19)]

本稿では、「にーり」のタイトルは、「与那覇勢頭豊見親のにーり」と表記する。

また、にーりの記録者が垣花良香《かきのはなよしか》氏[20)]、にーりの伝承者が宜野山ボナ氏[21)]と異なり、さらには歌う人によって、また歌うときによって多様性があることから、後述のように文献による違いがみられる。解釈も異なる。それらの相違を押さえた上で、天文文化としての意味を論じたい。

(2)労働歌であり神歌である

このにーりは、稲村賢敷氏が「その曲節は非常に簡単で軽快であって、祭の時神前にうたはれたものとは思われない。初めから労働歌として一般にうたわれたものであろう」と記している[22)]。2022年10月、多良間島にて実際の歌を聞き、その軽快なリズム、強弱、音階から神歌というよりも労働歌であったことに同感である。歌ってくださった浜川さん(昭和16年生まれ)は、「農作業を終えて木陰でおばあが歌うのを幼いときから聞いていた」と語ってくださった。

一方、『村誌　たらま島』には、年忌祭のシニツキエーグの打ち出しに歌われ、その理由として内容に「ニイラ島(死後の世界)」が出てくるからだろうと記されている[23)]。したがって、多良間島では労働歌としてだけでなく、死者への復活を願う神歌であったと思われる。

(3)ニーリに歌われている時代

この「にーり」で歌われているのは、1390年に与那覇勢頭豊見親が中山に朝貢した前のことであると思われる。戦いで瀕死の重傷を負って死者の国に下りていったが、蘇生して宮古島を治めることになった与那覇勢頭豊見親を歌う「にーり」の最後の部分のクライマックスに星が登場する。この点は、5つの文献での共通点である[24)]。星が歌われた事例は沖縄・奄美に多数あるが、秋の四辺形から明け方の星の出まで一晩の星の出を歌った事例は他に見られない。

那覇市のタカマサイ公園には与那覇勢頭豊見親逗留旧跡碑がある。与那覇勢頭豊見

親の屋敷跡である(**写真1**)。与那覇勢頭豊見親は、歴史上の人物であるが、詳細は不明である。下地和宏氏は、「与那覇勢頭豊見親は洪武23年(1390)中山に初めて朝貢したことでつとに知られる歴史上の人物である。にもかかわらず霧の中の人物のままである」[25]と記している。与那覇勢頭は、宮古島主に任命されるが、具体的にどのように統治したかは不明である。なお、瀕死の重傷を負った戦いとは、稲村賢敷氏は目黒盛戦争のことと記している[26]。

写真1　与那覇勢頭豊見親逗留旧跡碑(友利健氏撮影)

(4)にーりの舞台

与那覇勢頭豊見親のにーりの歌の舞台は宮古島である。宮古島の白川浜から星の出を見た。

ところが、稲村賢敷氏は、「このにーりは初め本島(筆者注:この場合の本島は宮古島)にも広く歌はれていたようであるが、今は多良間島に粟摺りうたとして残っているだけで、平良や下地々方には其の四二節以下だけが僅かに歌はれているに過ぎない」と記している[27]。星が順にのぼるのが歌われているのは47節〜[28]、48節〜[29]、49節〜[30]であり、宮古島平良、下地地方で僅かに歌われていた個所に含まれる。

3. 与那覇勢頭豊見親のにーりに歌われた星の同定

与那覇勢頭豊見親のにーりに歌われた星の同定を、『宮古島庶民史』『宮古島旧記並史歌集解』『村誌　たらま島』『多良間村史　第五巻資料編4(芸能)』『南島歌謡大成Ⅲ宮古島篇』の相違点に留意しながら行なう。なお、以下次のように略す。

『宮古島庶民史』…庶民史

『宮古島旧記並史歌集解』…史歌集解

『村誌　たらま島』…村誌

『多良間村史　第五巻資料編4(芸能)』…村史

『南島歌謡大成Ⅲ宮古島篇』…歌謡大成

2022年10月浜川さんが歌われたのは、村史にもとづいている。

(1)ユシャスミャ、ユシヤスミヤー(秋の四辺形)

星の出の冒頭に歌われている。文献ごとの歌と解釈を**表1**に記す。

表1 ユシャスミャの出——文献による相違

	歌	解釈
『宮古島庶民史』	49艮ぬ方ゆ見いりば あがるなうみーりば 50 ゆしゃすみゃやきんたて うりがあとからや	49東の空を仰げば 50ぺがす星座(ママ)を望み、(ゆしやすは島語で屋敷の事ぺがす星座の四つ星を指す)
『宮古島旧記並史歌集解』	47寅(とら)の方(ぱ)ゆ見いりば あがるなゆ、見いりば、 48ゆしやすみやーや、 きんたてい、うりが あとからや、	47寅の方則ち東を見ているとの意、 48「ゆしゃすみゃ」はペガス星座(ママ)のこと、「ゆしやす」は島語で屋敷のこと、ペガス星座の四つ星を指す、「きんたて」は四隅の柱を立てゝ家建をすること、即ちペガス星座の四ツ星を見て、その後からはの意
『村誌 たらま島』	47寅(とら)ぬ方(ぱ)ゆ 見いりば あがるなゆ 見いりば 48ゆしゃすみゃーや きんたてー うりが あとからや	47上方を 見ると 東の空を 見ると 48ペガス星座(ママ)の 四ツ星が見えた その 次には
『多良間村史第五巻』	48 寝(に)んた起(う)き しちゅいよ 寅(とぅら)ぬ方(ぱ)ゆ 見(み)いりばよ 49あがるなゆ 見(み)いりばよ ゆしゃすみゃーや きんたてぃ	48寝たり起きたり しながら 上方を 見ると 49東の空を 見ると ペガス星座(ママ)の 四つ星が見えた
『南島歌謡大成III宮古篇』	47寅(とら)の方(ぱ)ゆ 見いりば あがるなゆ 見いりば 48ゆしやすみやーや きんたてい うりがあとからや	47寅(とら)の方角〈東方〉を見ると 東の方角を見ると 48四隅〈ペガス星座(ママ)〉は四隅に柱を立て その後からは

星名は、ゆしゃすみゃ(庶民史)、ゆしゃすみゃー(村誌)(村史)、ゆしやすみやー(史歌集解)(歌謡大成)である。解釈は、庶民史で「ぺがす星座(ママ)」、その他は全て「ペガス星座(ママ)」であった。正しくはペガスス座である。厳密に言えば、ペガスス座β α γアンドロメダ座αでつくる秋の四辺形を意味する。本稿では「秋の四辺形」と記す。

また、重要なことは、星の出の方角が歌われているのは最初に出る秋の四辺形のみであり、続く星の出は方角が歌われていない。秋の四辺形の出の方角は、庶民史は艮、他は寅となっている。しかし、庶民史の再版には、艮に(とら)とふりがなある[31]。したがって、庶民史の艮は「うしとら」即ち北東ではなく、寅(東より30度北)を意味すると考えて間違いないだろう。

秋の四辺形を構成する星のなかでアンドロメダ座αはほぼ寅の方向からのぼる。ただし、アンドロメダ座α星は2等星であり、ある程度高度が上がらないと認識でき

ない。高度約4度、1900年宮古島の場合、ほぼ寅の方角となる。秋の四辺形の星が全てのぼったとき四辺形の中心は東から北へ約20度である。寅よりも南である。従って、庶民史、村誌、村史では「東の空」と解釈している。また、史歌集解では「寅の方則ち東」、歌謡大成では「寅(とら)の方角〈東方〉」と解釈している。歌謡大成は歌は史歌集解に準拠しているが、解釈については外間守善氏、新里幸昭氏が記している。

次に、きんたてい(史歌集解)(歌謡大成)、きんたてぃ(村史)、きんたて(庶民史)、きんたてー(村誌)が歌われているが、村史、村誌の解釈では家建て、柱について触れられていなかった。秋の四辺形が家の柱と重ね合わせ家建てと深くかかわっている点は歌の根幹にかかわり、解釈に必要である。

また、村史の場合は、寅のほうを見るを上方を見ると解釈している。上方は「あがり゜かた」であるなら「東のほうを見る」という意味になる。そして、あがるなゆを星がのぼるのではなく東と解釈して、「東の空を見るとペガス星座(ママ)の四つ星が見えた」と記している。

なお、秋の四辺形は、次のように星見様、波照間島の「ひーすくり・じらば」に登場する。与那覇勢頭豊見親のにーりの「ユシャスミャ」「ユシヤスミヤー」、星見様の「大ヨサシ星」「四差星」、波照間の「ユツァシキ」は同じグループの星名ではなかろうか。

◆多良間島の星見様の「大ヨサシ」「四差星」

多良間島に伝わる星見様の大ヨサシ星、四差星が秋の四辺形である[32)33)]。四差星の読み方は明記されていないが、「ユサス」と読むことが可能であろう。

◆波照間島の「ひーすくり・じらば」の「ユツァシキ」

「ひーすくり・じらば」に歌われている「ユツァシキ」も秋の四辺形であり、家建てという共通点がみられる。

ひーすくり・じらば

その一　ゆつぁしキ・じらば

原歌	訳
ゆつぁしキてそー	四辺形星を
やーなうーばし	元にして
やーばちくーり	家を造った
あんちょー	そうな
ウリヤミョーナチャ	囃子(それは　冥加なことよ)[34)]

秋の四辺形は家建てと関係がある重要な星で、だからこそ最初に歌ったのであろう。

図1は、中山朝貢の年1390年の秋の四辺形の出である。

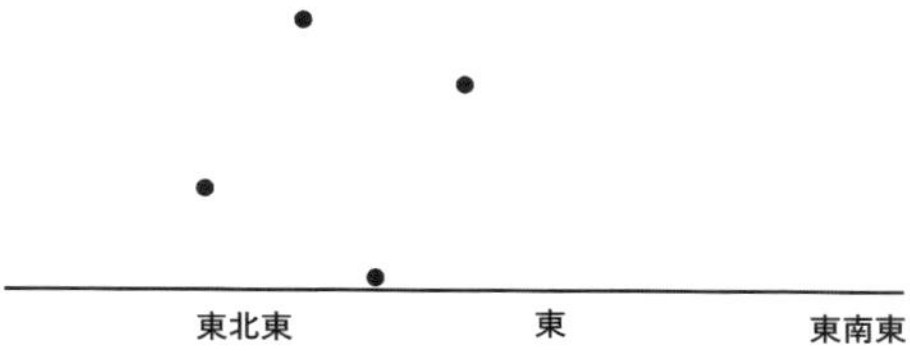

1390年7月29日 日の入り1時間40分後の秋の四辺形(宮古島)

図1　ユシャスミャの出

(2)ンミブス

2番目に、秋の四辺形の次にのぼる星「んみ星」を歌う。(**表2**)

表2　んみ星、んに星の出——文献による相違

	歌	解釈
『宮古島庶民史』	51むい星ば上がらし うりが後からや	51その後にすばる星群を仰ぎ(んみ星はすばる星群なり)
『宮古島旧記並史歌集解』	49んみ星(ぶす)ばあがらし うりがあとからや	49「んみ星」はスバル星群(むれ)のこと、「んみ」は群れ(むれ)の意、「八んみ」「十んみ」は八の群、十の群の意
『村誌　たらま島』	49んに星ば　あがらしい うりが　あとからや	49スバル星群の　星々が見え その　次には
『多良間村史第五巻』	50うりﾟがあとぅ　からやよ むﾟにぶすば　あがらしい	50その　次には スバル群星の　星々が見え
『南島歌謡大成III宮古篇』	49んみ星(ぶす)ば　あがらし うりがあとからや	49群れ星〈スバル星群〉をあがらし その後からは

庶民史では歌は「むい星」となっているが、解釈には、「んみ星はすばる星群なり」とある。庶民史の歌では2番目3番目に出る星ともに「むい星」となっており、2番目の「むい星」は「んみ星」の誤植であると考えてよいだろう。

庶民史の再版、史歌集解において「んみ星」に訂正されている。

　んみ星(ぶす)ばあがらし

　うりがあとからや[35)]

一方、村誌においては「んに星」、村史においては「むﾟにぶす」と表記されている。「ん」を半濁音「むﾟ」で表記するのがより正確であるという判断に基づく可能性がある。

　49「んに星ば　あがらしい　うりが　あとからや」[36)]

　50「うりﾟがあとぅ　からやよ　むﾟにぶすば　あがらしい」[37)]

村史では、その後からのぼるのは「むﾟ　にぶす」であることから、「うりがあとからや」を秋の四辺形でなく「むﾟ　にぶす」の項に入れたと思われる。しかし、一方で、秋の四辺形がのぼり「うりがとからや」と次の星の出までの時間の経過を歌うという意味

で、村誌、庶民史、史歌集解、歌謡大成のように秋の四辺形の項の最後に「うりがあとからや」を含めて、んに星、んみ星の項で最後に「うりがあとからや」と次の星の出を歌うというのも理解できる。

稲村氏は、「『んみ星』はスバル星群(むれ)のこと、『んみ』は群れ(むれ)の意、『八んみ』『十んみ』は八の群、十の群の意」と記している[38]。また、村誌においては、稲村氏と同様にスバル星群となっているが、村史においてはスバル群星となっている。「む゜にぶす」の「む゜に」は「群れ」であるから、「む゜にぶす」を漢字表記して群星としたのであろう。

庶民史…ムイ星は誤植であると考えて「んみ星」

史歌集解…んみ星(ぶす)

村誌…んに星

村史…む゜にぶす

片仮名表記するのは難しいが、「ンミブス」「む゜にぶす」は、2022年10月多良間島においても記録できた「ム゜ニブス」「ム゜ミブス」と同様プレアデス星団(昴)を意味する群れ星のグループの星名である。秋の四辺形のペガスス座γの出からプレアデス星団(おうし座η)の出まで約3時間13分(1900年、宮古島の場合)である。その時間の経過ののちにのぼる「んみ星」をニーリでは「うりがあとからや」と歌っている(「うりがあとからや」は、「これのあとからは」という意味)。

群れ星のグループの星名は、**図2**のように沖縄・奄美に広く分布する。群れ星以外のグループの星名は、奄美大島のナナツブシ、加計呂麻島のナナツレブシ、石垣島のフナープシィ、クナープシィ、ユブス等、一部だけである。喜舎場永珣氏は、石垣島の大川のフナープシィについて、「語源は組星(クナープシィ)の転である。組合っている星の集団の意」と記している[39]。石垣島のフナープシィ、クナープシィ、ユブスは、おそらく後の時代にムリブシ(群れ星)が伝播されるよりも前に存在していた名前であろう。宮古群島も群れ星のグループの星名が伝播される前に存在していた名前があったはずであるが、現時点では記録できていない。少なくとも与那覇勢頭豊見親のにーりが歌われているときには群れ星のグループの星名「んみ星(ぶす)」「む゜にぶす」等は宮古群島に入っていたことになる。そして、群れ星のグループが入る前に存在していた星名は消えてしまっていた可能性がある。

日本列島で広く分布するプレアデス星団の星名スバル、スマルが多くのプレアデス星団の星名を追いやってしまったように、群れ星以前の多様で豊かな星名が群れ星に追いやられ消えたのである。

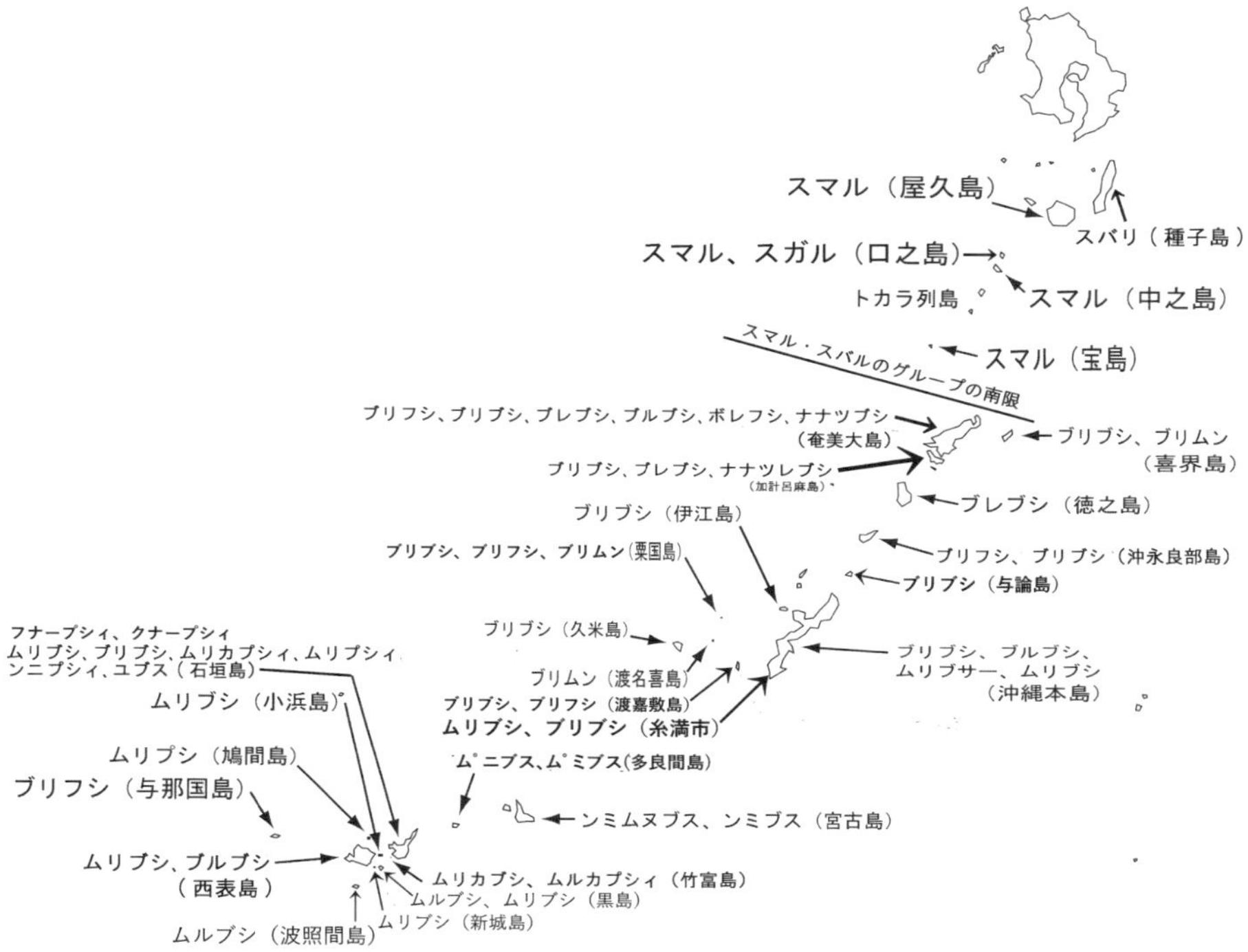

図2　南西諸島のプレアデス星団の星名

(3)ムイブス

3番目にプレアデス星団の次にのぼる「ムイブス」が歌われている(**表3**)。

表3　むい星の出――文献による相違

	歌	解釈
『宮古島庶民史』	52むい星ば上がらし うりが後からや	52その後に馭車座星群が上り(むい(箕)星はぎょしゃ座のこと)
『宮古島旧記並史歌集解』	50むい星(ぶす)ばあがらし うりがあとからや	50「むい星」は馭車座星群のこと、「むい」は箕(み)のことで馭車座星群の形が箕に似ているから言うのである
『村誌　たらま島』	50むい星ば　あがらしい うりが　あとからや	50箕ににた馭車座星群が見え その　次には
『多良間村史第五巻』	51うりﾟがあとぅ　からやよ むい星(ぶす)ば　あがらしい	51その　次には 箕に似た　馭車座星群が見え
『南島歌謡大成III宮古篇』	50むい星(ぶす)ば　あがらし うりがあとからや	50箕星〈馭車座星群〉をあがらし その後からは

全ての文献において、ぎょしゃ座とみている。しかしながら、ぎょしゃ座全体で箕に見立てるのは難しく、仮にカペラと ε、η で作る三角形としても、プレアデス星

団の出との間隔が約20分と短すぎる(1900年、宮古島の場合。もっとも明るい星カペラで算出)。イカ釣りの役星伝承のように順にのぼる星を目標にするとき、プレアデス星団の次はアルデバランとヒアデス星団で作るV字形が目標にされる。

多良間島の星見様に掲載されている箕(ムイ)星は、アルデバランとヒアデス星団でつくるV字形を意味する[40]。アルデバランとヒアデス星団でつくるV字形の場合、プレアデス星団(おうし座η)の出から約1時間5分(アルデバランで算出)(1900年、宮古島の場合)であり、プレアデス星団の「うりがあとからや」と歌われている星の出として最適である。アルデバランとヒアデス星団でつくるV字形を箕に見立てた箕星は静岡県にも伝承されている[41]。

したがって、このニーリの場合、ぎょしゃ座でなく、アルデバランとヒアデス星団でつくるV字形であると考えて間違いないだろう。

(4)タタキュミャ

4番目にむい星に続いてのぼる星を次のように歌った。

表4　たたきゅみゃ・たーきゆみやの出――文献による相違

	歌	解釈
『宮古島庶民史』	53たゝきゅみゃや上らし	53(たゝきみや星は不明)
『宮古島旧記並史歌集解』	51たーきゆみや上らし うりがあとからや	51「たゝきゆみや」星は不明
『村誌　たらま島』	51たたきゅみや　あがらしい うりが　あとからや	51おおぐま座が　見え その　次には
『多良間村史第五巻』	52うりﾟがあとぅ　からやよ たたきぃﾟみや　あがらしい	52その　次には おおぐま座が　見え
『南島歌謡大成III宮古篇』	51たーきゆみや　上らし うりがあとからや	51たーきゆみや星をあがらし その後からは

「たーきゆみや」について、稲村氏は、「『たゝきゆみや』星は不明」と記している。歌では「たーきゆみや」、解説では「たゝきゆみや」となっているが、何れにしてもタテイブシ(久米島)、タテーチ、タテイチ(粟国島)、タタスィブスィ(波照間島)と同様オリオン座三つ星を意味する可能性を考えていた。アルデバランの出とオリオン座三つ星の出は約1時間40分(1900年、宮古島の場合)の間隔で、「うりがあとからや」の表現にぴったりであると考えた。しかし、宮古群島においての伝承事例に出会えなかった。村誌、村史では、おおぐま座と解釈していた。

52「うりﾟがあとぅ　からやよ　たたきぃﾟみや　あがらしい」

(その　次には　おおぐま座が　見え)[42]

ところが、おおぐま座αβが顔を出せば朝を迎えてしまい、次にウプラクーラが

のぼることは不可能である。

タタキュミヤの同定は、次のように2022年10月の宮古島、多良間島の調査で行なうことができた。

◆多良間村塩川の野原博氏(昭和16年生まれ、塩川出身)がタタキィ゚という名前を伝え聞いていた。野原氏と次のように確認しながら記録した。方言の表記は友利健氏による。

W：野原博氏　K：北尾

K「フスでこう1，2，3と3つ並んだようなフスありましたか？」

W「オリオン座ですか」

K「はい、それは多良間の方言で？」

W「タタキィ゚」

K「どういう意味ですか」

W「叩くことですね」

K「3つの星がなぜ叩くなのでしょうね？」

W「それはわからない」

W「先輩が、多良間のことばではそれはタタキィ゚というんだよと」

K「タタキィ゚というのですか。タタキィ゚プスまでいうのですか」

W「タタキィ゚プスはなかったですね。タタキィ゚プスとは聞いたことなかったですね。タタキィ゚だけ」

「叩く」という意味は不明である。農具で叩く様子に見立てた可能性を推測している。

◆多良間島出身の渡久山春英氏が宮古毎日新聞2017年4月27日に、「オリオン座の三ツ星は『タタキ゚』」

◆『南琉球宮古語多良間方言辞典』の記述…「たたキ゚［tatakɿ］［名］オリオン座の三つ星」[43]

秋の四辺形(ペガスス座γ)がのぼってからプレアデス星団、アルデバランとヒアデス星団でつくるV字形、そして、オリオン座三つ星までの約6時間の星の出を歌ったのだった。秋の四辺形からオリオン座三つ星までを図にした(**図3**)。

オリオン座三つ星が上るころ、秋の四辺形は南の空高くに見える。

なお、タタキィ゚は、沖縄・奄美の他の地域では記録されていない。**図4**のように、波照間島のタタスィブスィがタタキィ゚と同じグループの可能性がある。

秋の四辺形
プレアデス星団
ぎょしゃ
アルデバランとヒアデス星団
オリオン座三つ星
東

図3　にーりに歌われた星

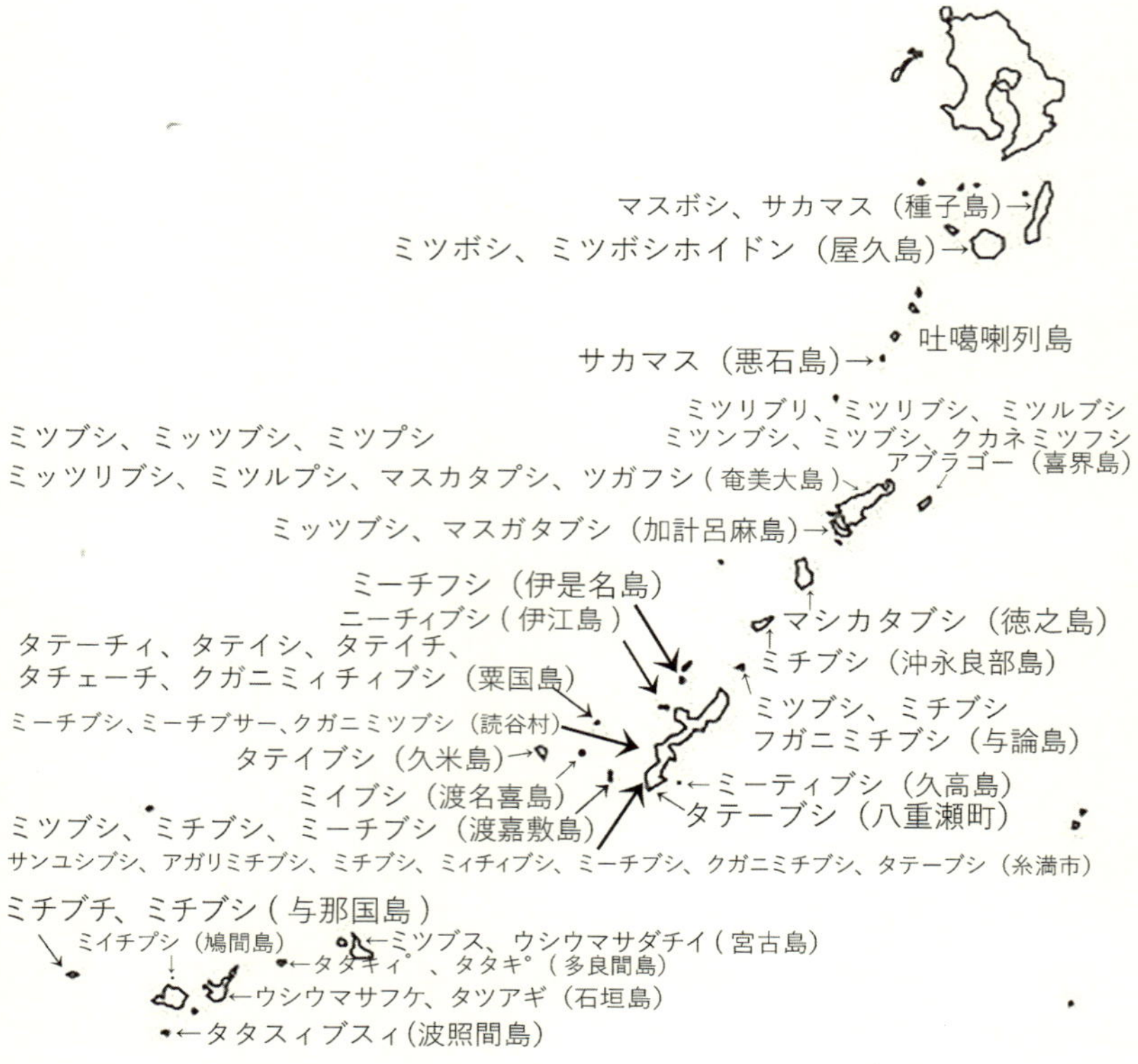
マスボシ、サカマス（種子島）
ミツボシ、ミツボシホイドン（屋久島）
吐噶喇列島
サカマス（悪石島）
ミツリブリ、ミツリブシ、ミツルブシ
ミツンブシ、ミツブシ、クカネミツフシ
アブラゴー（喜界島）
ミツブシ、ミッツブシ、ミツプシ
ミッツリブシ、ミツルプシ、マスカタプシ、ツガフシ（奄美大島）
ミッツブシ、マスガタブシ（加計呂麻島）
ミーチフシ（伊是名島）
ニーチィブシ（伊江島）
マシカタブシ（徳之島）
タテーチィ、タテイシ、タテイチ、
タチェーチ、クガニミィチィブシ（粟国島）
ミチブシ（沖永良部島）
ミツブシ、ミチブシ
フガニミチブシ（与論島）
ミーチブシ、ミーチブサー、クガニミツプシ（読谷村）
タテイブシ（久米島）
ミーティブシ（久高島）
ミイブシ（渡名喜島）
タテーブシ（八重瀬町）
ミツブシ、ミチブシ、ミーチブシ（渡嘉敷島）
サンユシブシ、アガリミチブシ、ミチブシ、ミィチィブシ、ミーチブシ、クガニミチブシ、タテーブシ（糸満市）
ミチブチ、ミチブシ（与那国島）
ミイチプシ（鳩間島）
ミツブス、ウシウマサダチイ（宮古島）
タタキィ゜、タタキ゜（多良間島）
ウシウマサフケ、タツアギ（石垣島）
タタスィブスィ（波照間島）

図4　南西諸島のオリオンの星名分布図

(5)ウプラクーラ

最後5番目に出る星はウプラクーラである。

表5　ウプラクーラの出――文献による相違

	歌	解釈
『宮古島庶民史』	54うぷらくーら上らし うりが後からや	54明けの明星が上り、(うぷらくーらは明けの明星)
『宮古島旧記並史歌集解』	52うぷらくーら、あがらし、 うりがあとからや	52「うぷらくーら」又「うぷらうさぎ」は明けの明星のこと、語彙は不明　最後に来る者、しんがりする者にも「うぷらうさぎ」という
『村誌　たらま島』	52うぷらくーら　あがらしい うりが　あとからや	52夜明けの明星が　見えて その　次には
『多良間村史第五巻』	53うり゜があとぅ　からやよ うぷらくーら　あがらしい	53その　次には 夜明けの朝星が　見えて
『南島歌謡大成III宮古篇』	52うぷらくーら　あがらし うりがあとからや	52明けの明星をあがらし その後からは

表5のように、庶民史、史歌集解、歌謡大成においては明けの明星、村誌においては夜明けの明星、村史においては夜明けの朝星と解釈していた。

うぷらくーら、あがらし、
うりがあとからや[44)]

稲村氏は、「『うぷらくーら』又『うぷらうさぎ』は明けの明星のこと、語彙は不明　最後に来る者、しんがりする者にも『うぷらうさぎ』という」と記しているように、ウプラクーラとウプラウサギを同一視して明けの明星と解釈していた。

村史には、明けの明星とせずに夜明けの朝星と表記している理由は不明である。朝の星であれば明けの明星でなくてもよいという意味かもしれないと考えたが真相は不明である。ちなみに多良間島では明けの明星はシェーカブスであり、ウプラクーラと類似したウプラウサギは記録できていない。したがって、ウプラウサギと同様にウプラクーラは明けの明星と考えないで、シェーカブス――明けの明星とは別の「夜明けの朝星」と表記した可能性を否定できないと思う。

ところで、ウプラウサギは、ニコライ・A・ネフスキーが次のように記録している。

・upura-usagi　明けの明星　upura：大浦。平良村ノ大字。(宮古島平良)[45)]

ウプラ(upura)は地名である。

ネフスキーに宮古語を教えたのが稲村賢敷氏(当時　東京高等師範の学生)である。1922年(大正11年)、稲村氏はネフスキーと宮古島を調査している。当然のことながら、稲村氏はウプラウサギ＝明けの明星と認識していた。加えて、現在においてもウプラ

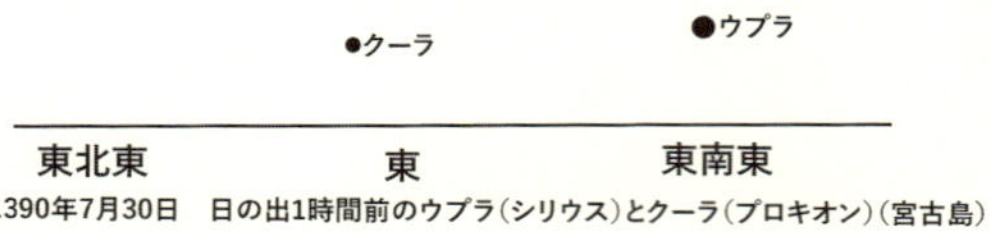

図5　ウプラクーラがのぼる

図6　宮古島のウプラ（大浦）クーラ（小浦）

ウサギは明けの明星の星名として記録できる。ウプラウサギが明けの明星として広く知られていることがウプラクーラも明けの明星と判断した原因となったと思える。

ウプラクーラがウプラウサギと全く別物であり、明けの明星ではないと判明したのは、友利健氏とのFacebookのMessengerでの議論がきっかけとなった。

友利「うぷらくーらは明けの明星ではない気がしてきました」
北尾「シリウスの可能性？」
友利「そうです。『星見様』に『大うら星・小うら星』がありますが、あれを『おおうらぼし』と読んじゃいけないんですね」

イカ釣りの役星においても、プレアデス星団、アルデバランとヒアデスでつくるV字形、オリオン座三つ星、シリウスという順に東の空からのぼる星を目標にしていた。シリウスならオリオン座三つ星の後に確実にのぼるが、明けの明星は確実ではない。宵の明星のときは見ることができない。たまたま木星が明けの明星の代わりに輝いていればよいが、そのような確率は決して高くない。また、時季によってはオリオン座三つ星より前にのぼることもあるだろう。その点、シリウスはオリオン座三つ星の約1時間33分後（1900年、宮古島の場合）に確実にのぼる。また、続いて約11分後にプロキオンがのぼる。友利健氏との議論をきっかけにウプラクーラはウプラ＝シリウスとクーラ＝プロキオンを意味すると考えるにいたった[46)]。

また、2022年10月、2023年4月、大浦を調査し、宮国さんより記録したウプラブスがシリウスであることが判明した[47)]。

ウプラクーラのウプラがウプラブスとして今日まで伝えられていたのである。

なお、ウプラ（大浦）、クーラ（小浦）は宮古島にある地名である。大ウラ（ウプラ）星が星見様に登場するが、宮古島の地名が星名になったものが掲載されており、星見様の形成に宮古島が大きくかかわっていることを示唆している（**図6**）。

続いて、大ウラ星、小ウラ星について、星見様をもとに考える。友利健氏の指摘のように大ウラ星をオオウラでなくウプラと読む。また、小ウラをコウラでなくクーラと読む。

◆多良間島の星見様

次の二通りの候補が論じられている[48]。

・大ウラ星…シリウス、小ウラ星…プロキオン

・大ウラ星…プロキオン、小ウラ星…こいぬ座β

◆波照間島の星見様

「大ウラ星　卯ヨリ出テ酉ニ入」

星圖には「大ウラ星●──●小ウラ星」と線が引かれている。

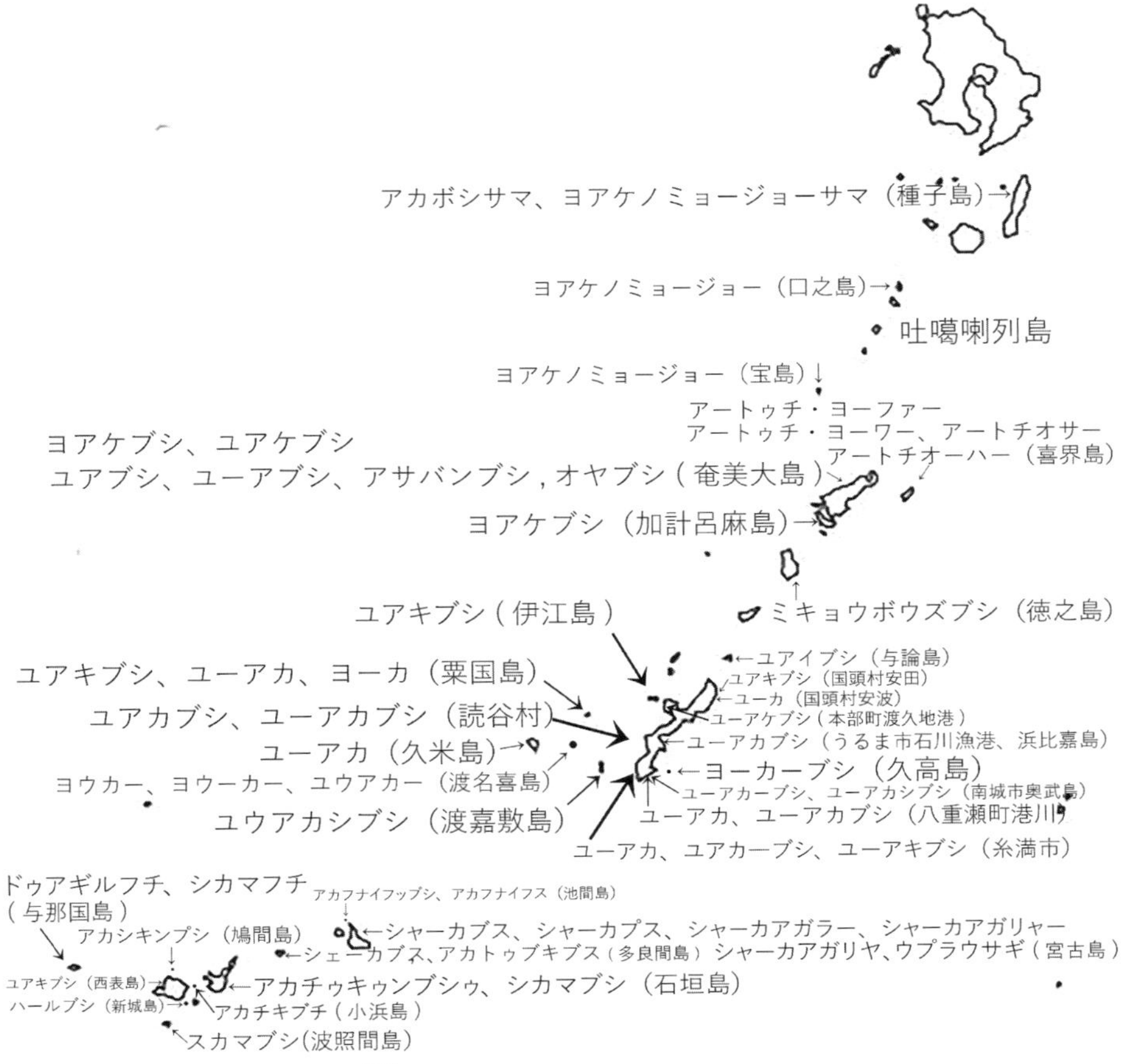

図7　南西諸島の明けの明星の星名[50]

黒島為一氏は、大ウラ星をシリウスと記している[49]。

◆久米島の星見様

「大ウラ星　但大ウラ小ウラ弐つ星也　卯ヨリ出テ酉に入」

具体的な情報がないが東のほうから大ウラと小ウラと二つ星として出ると記されている。こいぬ座α(プロキオン)とβはシリウスに比べて暗く、肉眼で低空を見るという条件を考えると「大ウラ…シリウス、小ウラ…プロキオン」になると思われる。

多良間のニーリに歌われる星名ウプラクーラを、稲村賢敷氏はウプラウサギと同様明けの明星と考えたが明けの明星の星名としてウプラクーラは分布していない(**図7**)。

(6)ウプテダ

ウプラクーラに続いて、明るくなり「うぷてだ」がのぼる。

表6　うぷてだの出——文献による相違

	歌	解釈
『宮古島庶民史』	55うぷ天太(てだ)ゆ上らし	55その後に太陽が上るようになり
『宮古島旧記並史歌集解』	53うぷてだゆ上らし	53お日様が上ってきた
『村誌　たらま島』	53うぷてだゆ　あがらしい	53お日様が　上ってきた
『多良間村史第五巻』	54うりﾟがあとぅ　からやよ うぷてぃだゆ　あがらしい	54その　次には 太陽が　上がってきた
『南島歌謡大成III宮古篇』	53うぷてだゆ　上らし	53大太陽(てだ)をあがらし

うぷてだについて、庶民史、村史では太陽、史歌集解、村誌では「お日様」、歌謡大成では大太陽であった。「てぃだ」で太陽なので親しみを込めて「うてぃだ」即ち「お日様」と解釈したのだろう。大太陽と解釈したのは、「うぷ」即ち「大」と明記したのだろう。

(7)星の出、太陽の出の結果

星の出、太陽の出を歌ったあとに、その結果どうなったかを歌っている(**表7**)。

表7　星の出、太陽の出の結果——文献による相違

	歌	解釈
『宮古島庶民史』	57島たてぃばならいゆ ふんたてぃばらいゆ	57沖縄島を見つける事が出来たこの航路を後世の者共よ、よくならつて怠るな
『宮古島旧記並史歌集解』	54にいらてだ、うかぎん、 あらうてだみうぶきん、 55島たていばならいゆ ふん立ていばならいゆ、	54にいら大王の御陰様での意 55「島たてい、ふん立」は宮古島を立派に立て直した、後世の人々はこれを見習えの意である。
『村誌　たらま島』	54にいらてだ　うかぎん あらうてだ　みうぶきん、 55島立(すまた)てば　ならいゆ ふん立てば　習いゆ	54こうして　にいら天太 あらい天太の　おかげで更生し 55島の立て直し　村の統治法を習って 立派な　統治者になった

『多良間村史第五巻』	55にりﾟら天太(てぃだ) みぅかぎん あらう天太(てぃだ)　みぅかぎん 56島建(すまた)てぃば　習(なら)いゆ ふん建てぃば　ならいゆ	55こうして　にいら天太 あらう天太の　おかげで蘇生し 56島の立て直し　村の統治法も習って 立派な　統治者になった
『南島歌謡大成Ⅲ宮古篇』	54にいらてだ　うかぎん あらうてだ　みうぶきん 55島たていば　ならいゆ ふん立ていば　ならいゆ	54ニイラ太陽のお蔭で アラウ太陽のお蔭で 55島立てを習った 国立てを習った

庶民史の解釈が他の解釈と大きく異なって、「沖縄島を見つける事が出来たこの航路を後世の者共よ、よくならって怠るな」と記されている。順に東の空に見える星を目当てに航海せよという解釈については、後述する。

(8)星名の解釈

与那覇勢頭豊見親のにーりに歌われる星名の解釈について、**表8**にまとめる。

表8　星名の解釈

にーり歌われる星名	庶民史、史歌集解、歌謡大成	村誌、村史	北尾・友利の解釈
ゆしゃすみゃ ゆしやすみやー	ぺがす星座(庶民史) ペガス星座(史歌集解)、(歌謡大成)	ペガス星座(ママ)	ペガスス座β α γアンドロメダ座αでつくる秋の四辺形
んみ星、んに星、むﾟ にぶす	スバル星群	スバル星群(村誌) スバル群星(村史)	プレアデス星団
むい星(ぶす)	馭車座星群	馭車座星群	アルデバランとヒアデス星団でつくるV字形
たゝきゅみゃ、たーきゆみ たたきゅみ、たたきぃﾟみ	星は不明	おおぐま座	オリオン座三つ星
うぷらくーら	明けの明星	夜明けの明星(村誌) 夜明けの朝星(村史)	うぷら(シリウス)、くーら(プロキオン)

4. 与那覇勢頭豊見親のニーリの全体から天文文化学としての意味を考える

星が歌われていない箇所を含めて、一晩の星を歌ったということについて考えていきたい。歌は、『宮古島旧記並史歌集解』に従う。

なお、ニーリの解釈については、庶民史、史歌集解、村誌、村史、歌謡大成、下地和宏氏著「与那覇勢頭豊見親について」を参考にして作成した(**表9**)。

表9　与那覇勢頭豊見親のにーり全体

歌(『宮古島旧記並史歌集解』より引用)	解釈
1　むいか越(ぐす)与那覇(ゆなぱ)よ 与那覇しどとよみやよ、	1豊見親の生まれた「むいか越(ぐす)」(平良東仲宗根にある「むいか井(があ)」付近)の与那覇勢頭豊見親よ
2　宮古(みやーく)の始りんよ、 島ぬ新立(あらだつ)んゆ、	2宮古の始まり、即ち島の新しくたった頃に
3　とゆむしゆが、にやーん にば、名といしゆが、 にゃーんにば、	3すぐれた人(とゆむしゆ)がいなかった 名高い人(名といしゆ)が いなかった
4　じやらばん、とゆみみ、 じやらばん、名とりみ、	4じゃあ私が、すぐれた人になろう じゃあ私が、名高い人になろう
5　いでいとゆみうたすが、 いでい名取うたすが、	5出世してすぐれた豊見親になったが 出世して名高い豊見親になったが
6　しやなんすが、うぷさん、 憎むすがたくさん、	6(名高い豊見親になったことを)ねたむ人がたくさんいて。憎む人がたくさんいて。
7　しやなんすん、しやなまり、 憎んすゆん憎まり、	7ねたまれねたまれ 憎まれ憎まれ
8　にいら島、下りていゆ、 あらう島、下りていゆ、	8死人の住むところ(にいら島)に下りていった。死人の住むところ(あらう島)に下りていった。
9　にいら天太(てだ)う前(まい)ん あらう天太御前ん	9にいら島の支配者(てだ、太陽)の前に出て。あらう島の支配者(てだ、太陽)の前に出て。
10びぐ筵(むしら)、しきゆうとり ぱだやぱら、敷うとり	10「びーぐ」を編んで作った筵(むしろ)を敷いて、「ぱだやぱら」(畳)を敷いて
11びく畳(だだみ)、うえぐん ぱだやぱら、上ぐん、	11びく畳の上に ばたやばらの上に
12手足(てぴさ)ぶり、うがみば、 びたびたと拝(うが)みば	12手も足も折って、畳にひれ伏して拝んだら
13なうやりが、与那覇(ゆなぱ)ゆ、 いきややりがとゆみやゆ、	13(にいらてだは、)どうしたのか、与那覇よ 何のためにか豊見親よと言った
14うわばだぬ童(やらび)ぬ、うが 美(み)しやぬ、あていなぬ	14そんなに美しい若者が
15にいら島下(う)りきすか、 あらう島下りきすか、	15どうして死人の住むところ(にいら島)に下りてきたのか、死人の住むところ(あらう島)に下りてきたのか
16まくとからうみうき、 まびらから、うみうき、	16まこと(真実)のことを申し上げましょう ありのままのことを申し上げましょう
17宮古の始りんゆ、 島ぬ新立つんゆ、	17宮古の始まり、 島の新しくたった頃に、
18とゆんしゆが、にやー んにば、名といしゆが にやーんにば、	18すぐれた人(とゆんしゆ)がいなかった 名高い人(名といしゆ)が いなかった
19じやらばん、とゆみみ、 じやらばん名取りみ、	19それじゃあ私が、すぐれた人になろう それじゃあ私が、名高い人になろう

20いでとよみ、うたすが いでい名取りうたすが、	20出世してすぐれた豊見親になったが 出世して名高い豊見親になったが
21あが二十才(はたつ)ぱだんゆ うぷすぐりばなんゆ、	21私の20歳頃、 はじめて名高くなった頃
22しやなんすが、うぷさん、 憎むしゆがたいさん、	22(名高い豊見親になったことを)ねたむ人がたくさんいて。憎む人がたくさんいて。
23しやなんすん、しやなまり、憎むすん、にくいまり	23ねたまれねたまれ 憎まれ憎まれ
24にいら島、うり来すゆ、 あらう島下りきすゆ、	24死人の住むところ(にいら島)に下りていった 死人の住むところ(あらう島)に下りていった
25にいら天太(てだ)がなすや、 あらう大帳ゆ、	25にいら島の支配者(てだ、太陽)は、あらう島の大きな帳簿を調べられたら
26下(すた)うから起しば 終りがみ、しやばきば、	26昔から現在まで、しゃばき(捌(さば)くこと、即ち調べること)すれば
27胸ぬかぎ者やり 肝ぬかぎ者やり、	27心のやさしい良い人間だったので
28ゆぬ宮古、帰りゆ ゆぬしやんか戻りぬ	28同じ宮古、同じ娑婆に帰れと仰せになった。
29ぷからしやど、あいそが、 いしやうしやどあいそが、	29それは誇らしやと思いますが それは喜ばしく思いますが
30目口(みふつ)がーりからや うむら変(がー)りからや	30目も口も変わってしまって そんなに変わりはててしまっては
31ゆぬ宮古かいらゝん、 ゆむしやんか戻らゝん、	31どうして宮古に帰ることができましょうか どうして戻ることができましょうか
32あんやちか、与那覇よ うりやちか豊見親よ、	32それでしたら与那覇よ それでしたら豊見親よ、
33にいら大道(うぷんつ)んゆ あろう大道んゆ	33にいら島の支配者(てだ、太陽)は、にいら島の大道に、あらう島の支配者(てだ、太陽)は、あろう島の大道に
34青綱(あうづな)ゆぱいばいら、 ま苧(ぶ)綱ゆぱいばいら、	34茅の綱(青綱)を大通にはい渡そう 麻の綱(ま苧綱)をはい渡そう
35うりたどり帰(かい)りよ 糸(いと)たどり戻りよ	35それをたどって帰りなさい 糸(綱)をたどって戻りなさい
36島行かば与那覇ゆ **国行かばとよみやゆ**	**36(蘇生して)宮古島に行ったら与那覇よ** **宮古にもどったら豊見親よ**
37人間(にんぎん)ぬなれやゆ、 **ゆかいしゃんあんだら、** **きばんしゃんあんだら、**	**37人間社会の常として** **富み栄える人もいるだろう** **世話する人もなく貧しい人もいるだろう**
38ゆかいがゆ、えーんな、 **きばんしゃゆみうすな、**	**38富み栄える人をねたむな** **貧しい人を軽蔑するな(ゆみうすな)**
39にいらてだみうかぎん **あらう天太みうぷきん**	**39にいら島の支配者(てだ、太陽)の御陰様で。あらう島の支配者(てだ、太陽)の御助けで**

40 糸たどり戻(むど)りば 綱たどり帰(かい)りば	**40 (豊見親は)綱をたどって(この世に)戻り、綱をたどって宮古島へ帰ってきた**
41 まぱずみぬ、ぬんでいや、 新(あら)ぱなぬ、すでいいや	41 はじめての更生した仕事は 新たに生き返ったところは
42 宮古の寅(とら)ぬ方(ぱ)んゆ 島のわーらんゆ	42 宮古島の東方にある 島の上方にある
43 白浜ん出(いで)うちゆり かぎ浜ん出うちゆり	43 白川浜というところに出て 美しい浜で生き返り
44 白浜んなかん かぎ浜んなかん	44 白川浜のまんなかに 美しい浜のまんなかに
45 んなぐ船ばぎうちゆい、 しなぐ船ばぎうちゆい、	45 砂で船の型をつくって 砂船をつくって
46 んなぐ船んなかん しなぐ船んなかん にんた起きしゆうちゆい、	46 その船のまんなかに 砂でつくった船のまんなかに 眠ったり起きたりしながら
47 寅(とら)の方(ぱ)ゆ見いりば あがるなゆ、見いりば、	**47 寅の方向を見たら、星のあがるのを見たら**
48 ゆしやすみやーや、 きんたてい、うりがあとからや、	**48 秋の四辺形の四隅に柱を立てて家建て、そのあとからは**
49 んみ星(ぶす)ばあがらし うりがあとからや	**49 ンミブス(プレアデス星団)が上がり、そのあとからは**
50 むい星(ぶす)ばあがらし うりがあとからや	**50 ムイブス(アルデバランとヒアデス星団で構成するV字形)が上がり、そのあとからは**
51 たーきゆみや上らし うりがあとからや	**51 タタキィ゚(オリオン座三つ星)が上がり、そのあとからは**
52 うぷらくーら、あ がらし、うりがあとからや	**52 ウプラ(シリウス)クーラ(プロキオン)が上がりそのあとからは**
53 うぷてだゆ上らし	**53 太陽が上がり、お日様が上がり**
54 にいらてだ、うかぎん、 あらうてだみうぶきん	54 にいら島の支配者(てだ、太陽)の御陰様で あらう島の支配者(てだ、太陽)の御助けで
55 島たていばならいゆ ふん立ていばならいゆ、	55 宮古島を立派に立て直した(島たてい、ふん立)ことを(後世の人は)見習え

(1)むいか越の場所

稲村賢敷氏によると、冒頭に歌われている「むいか越(ぐす)与那覇(ゆなぱ)」の「むいか越」は、宮古島市平良東仲宗根にある「むいか井(があ)」という洞窟井の付近をいう(**写真2**)。

写真2　むいか井

図8　白川浜

(2)世界観としての星・太陽

この歌(にーり)のクライマックスは2つある。ひとつは36節〜40節、もうひとつは星が順に出るのを歌い最後に太陽がのぼるところで、太字で示した。

「39　にいらてだみうかぎん　　あらう天太みうぶきん」と53節〜55節の「53うぷてだゆ上がらし」「54にいらてだ、うかぎん、あらうてだみうぶきん」は、太陽を支配者と重ね合わせている。死者の国から青綱をたどり白川浜へ、星ぼしの出をひとつひとつ歌い、最後に支配者である太陽がのぼる。死者の国から生きかえることと、それぞれの星の出、そして支配者である太陽が最後にのぼること。天体が単なる景観としてではなく、生死を含めた世界観を構成している。

天太(てだ)には、死者の国の天太(てだ)と最後にのぼる「うぷてだ」がある。死者の国にも、そして現世にも、天太(てだ)がある。にいら天太について、庶民史は閻魔大王、史歌集解では後生大王、村誌では「にいら天太」という表記をそのまま使用、村史では「天太がなすあらう島の王」と「天太」を含めて、歌謡大成では「ニイラ太陽(てだ)加那志」と太陽を含めて表記している(**表10**)。支配者を太陽(てだ)ということはこの歌の世界観の根幹であり、本稿においてもその点を留意して解釈を試みた。

死者の国にも支配者が存在し、それが太陽であり、現世にも支配者が存在しそれが太陽であり、そして与那覇勢頭豊見親が支配者になるという3つの太陽。そして、蘇生して現世(白川浜)に戻る時間軸が秋の四辺形、プレアデス星団、アルデバランとヒアデス星団でつくるV字形、オリオン座三つ星、シリウスとプロキオンの出ではなかろうか。

したがって、解釈においては、死者の国、現世ともに、太陽と同義であり、**表10**、**表11**のように支配者(てだ、太陽)と表記した。

表10　天太が大帳簿を調べる箇所の解釈

	歌	解釈
『宮古島庶民史』	25にいら天太かなすや あらう大帳(うぶちよう)ゆ 26　下うから起しば 終わりがみしゃばきば	25そこで閻魔大王は後生の大帳簿を 26終りまで詳しく御調べになり
『宮古島旧記並史歌集解』	25にいら天太(てだ)がなすや、 あらう大帳ゆ、 26　下(すた)うから起しば 終りがみ、しゃばきば、	25これを聞いて後生大王は、その後生の大きな帳簿を調べられたら 26昔から現在までの事を取調べられたの意、しゃばきは捌(さば)く事、調べる事である。
『村誌　たらま島』	25にいら天太　がなすや あらう　大(うぷ)ちようゆ 26下(すた)うから　うくしば おわりがみ　しゃばきば	25それを聞かれた　にいら天太(てだ)は　この世界の　帳簿をお出しになり 26昔のことから　現在までを くわしく　お調べになったところ
『多良間村史第五巻』	25にりﾟら天太(てぃだ)　がなすや あらう天太　がなすや 26　にりﾟら大(うぷ)　帳(ちょう)ゆよ あらう　大帳ゆよ 27下(すた)うから　うくしば 上(うわ)らがみ　しゃばきぃﾟば	25事情をおききになった　天太がなすあらう島の　王は 26にりﾟら(後生)の　大帳簿を あらう島(死の国)の　大帳簿をお出しになり 27昔のことから　現在までを くわしくお調べに　なったところ
『南島歌謡大成III宮古篇』	25にいら天太(てだ)がなすや あらう大帳ゆ 26　下(すた)うから　起しば 終りがみ、しゃばきば	25ニイラ太陽(てだ)加那志は アラウ大帳簿を 26始めから起こして 終りまで調べられたが
北尾解釈	25にいら天太(てだ)がなすや あらう大帳ゆ、 26　下(すた)うから起しば 終りがみ、しゃばきば、	25にいら島の支配者(てだ、太陽)は、あらう島の大きな帳簿を調べられたら 26昔から現在まで、しゃばき(捌(さば)くこと、即ち調べること)すれば

表11　死者の国から天太により蘇生する箇所の解釈

	歌	解釈
『宮古島庶民史』	40にいら天太みうかぎん あらう天太みうぶきん	40閻魔大王の御慈悲により
『宮古島旧記並史歌集解』	39にいらてだみうかぎん、 あらう天太みうぶきん、	39「みうかぎ」「みうぶき」は同意で御陰(おかげ)様で、又は御助けに依っての意「み」は接頭語である。
『村誌　たらま島』	39にいら天太(てだ)　みうかぎん あらうてだ　みうぶきん	39後生の王の　おかげで あらう天太の　お情けで
『多良間村史第五巻』	40にりﾟら天太(てぃだ)　みうかぎん あらう天太(てぃだ)　みうぶぎん	40与那覇はこのように　王の教えをうけ　王の温かい　おはからいで
『南島歌謡大成III宮古篇』	39にいらてだ　みうかぎん あらう天太　みうぶきん	39ニイラ太陽のお陰で アラウ太陽のお蔭で
北尾解釈	39にいらてだみうかぎん あらう天太みうぶきん	39にいら島の支配者(てだ、太陽)の御陰様で。あらう島の支配者(てだ、太陽)の御助けで

(3)「にーり」に相応しい季節

このにーりの通りに星の出が見えるためには、下記の条件を満たす季節である必要がある。

◆日の出前にシリウスとプロキオンがのぼること

シリウスは薄明が進んでも見ることができるが、プロキオンは厳しい。仮に太陽高度－13度のときにシリウス、プロキオンがともにのぼっている期間は1390年の場合7月22日以降、1900年の場合8月6日以降である。(太陽高度－13度、宮古島の場合)

(アストロアーツのステラナビゲータ12による)

◆日没後に秋の四辺形がのぼりはじめること

「寅の方(ぱ)ゆ見いりば　あがるなゆ、見いりば、」と歌っているので、秋の四辺形が全てのぼっていると「にーり」に相応しくない。日の入り後に秋の四辺形が全くのぼっていないという条件では、その翌朝にはシリウスとプロキオンはまだのぼっていない。1390年の場合、シリウス、プロキオンがともにのぼるのが7月22日以降である。しかし、7月21日の日の入り後太陽高度－13度のときにすでにペガスス座βが約6度にのぼっている。8月1日にはアンドロメダ座αがのぼりはじめる。秋の四辺形のうちの2つがのぼっていて3つ目のアンドロメダ座αがのぼる前が歌に相応しい時期と考えると7月21日～31日のわずか11日しか「にーり」に歌に相応しい時期はない。

また、1900年の場合、シリウス、プロキオンがともにのぼるのが8月6日以降である。8月15日にはアンドロメダ座αがのぼるのでその前日まで、即ち8月5日～14日までの10日間が「にーり」に相応しい時期となる。

(アストロアーツのステラナビゲータ12による)

従って、この「にーり」は、夏の一定期間、日の入り後に秋の四辺形が高度を上げ、明け方にシリウスとプロキオンがのぼる限定された期間を歌っている。

(4)星の出の方角

前述のように、最初にのぼる秋の四辺形のみ寅の方角と歌っているが、続いてのぼるプレアデス星団以降の方角は歌っていない。星の出の方角は、**図9**、**図10**のように、星によって異なる。プレアデス星団は秋の四辺形と大きく変わらないが、アルデバランとヒアデス星団でつくるV字形以降は少しずつ南のほうへと出る方向を変えていく。

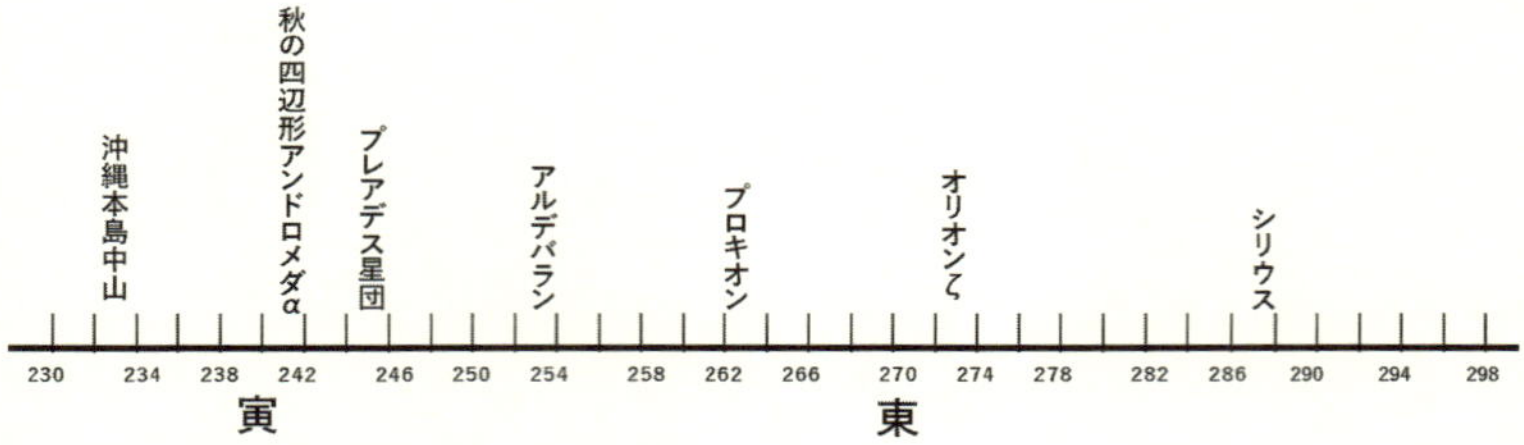

図9　宮古島から見る星の出の方角（1390年）

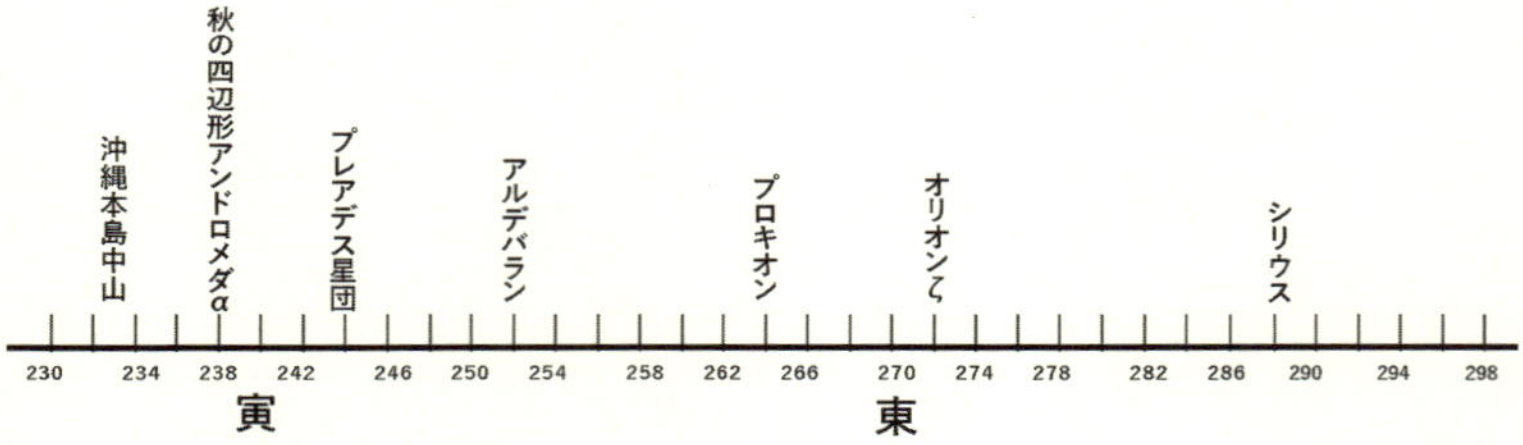

図10　宮古島から見る星の出の方角（1900年）

(5)航海の目標とした可能性

「にーり」に歌われている星を航海の目標とした可能性について考える。『宮古島庶民史』では、にーりの最後の「島たてぃばならいゆ　ふんたてぃばらいゆ」を次のように解釈している。

「沖縄島を見つける事が出来たこの航路を後世の者共よ、よくならって怠るな」[51)]

しかしながら、稲村賢敷氏は、『宮古島旧記並史歌集解』において、次のように航路という解釈をしていない。

「『島たてい、ふん立』は宮古島を立派に立て直した、後世の人々は、これを見習えの意である」[52)]

もし沖縄本島へ一直線で船を進めるのであれば(**図11**)、その方向は歌に歌われている星よりも北のほうへ進めなければならない。星の出る方向に進めては到達できない。また、当時の帆船では一晩で到達はできないであろう。

図9、**図10**のように秋の四辺形、プレアデス星団はそれほど大きく沖縄本島の方向と異ならないが、それ以外の星は大幅に異なる。それらの星ぼしの方向に進めてはいけない。

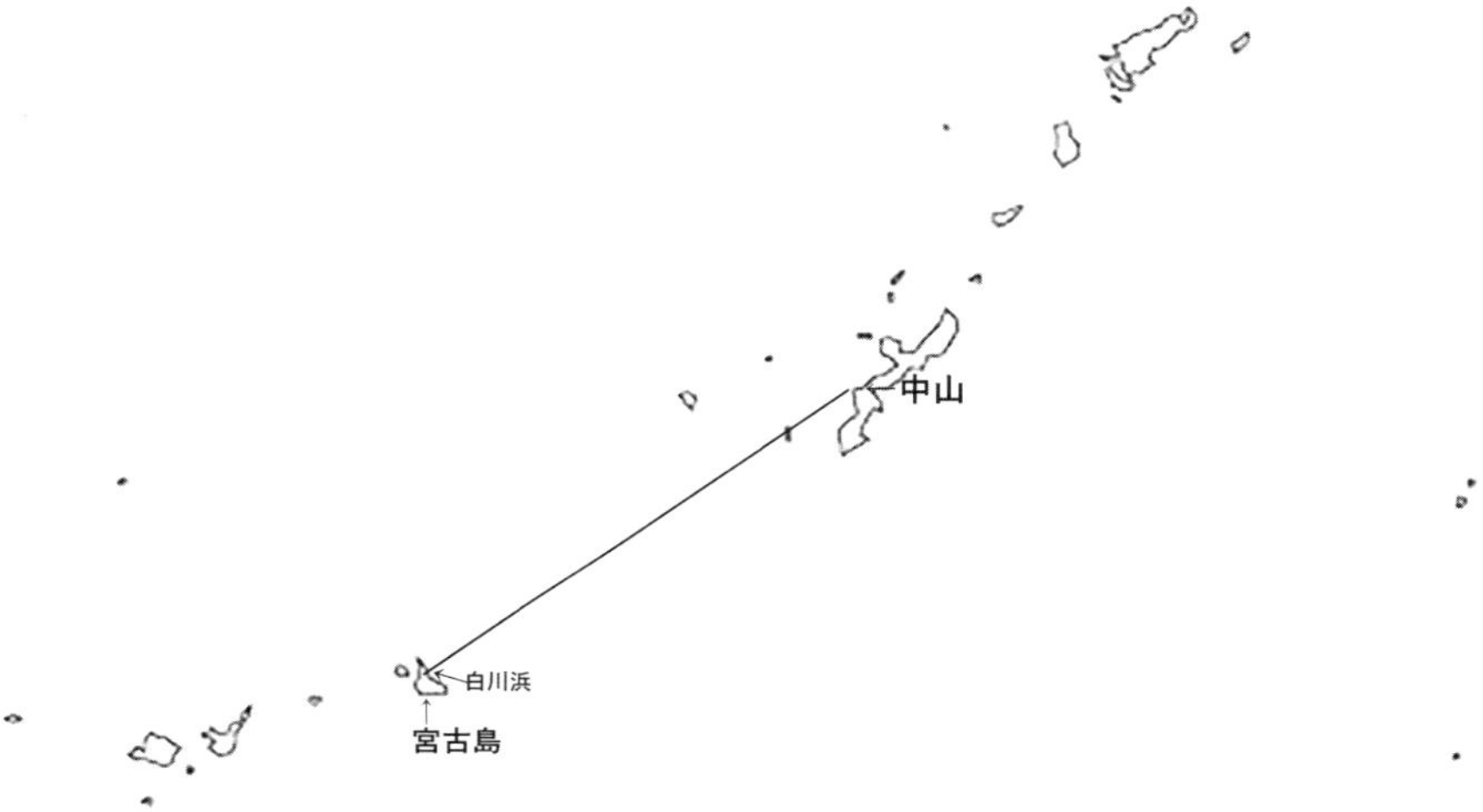

図11　一直線で到達するには、いつまでも秋の四辺形、プレアデス星団の方角を航海しなければならない

ホームページ「宮古島キッズネット」に「14世紀宮古島の人々の航海術」と題して、次のようなニーリの星を目標とする航海術が掲載されている[53)]。

・宮古島の港を昼頃に出発して池間島の西を通り八重干瀬(やびじ)に近づかないように北進
・八重干瀬を越えたところで船をうしとら(北東)の方向に向けて進む
・日没後は船をユシヤスミヤ(ペガサス星座)に向けて、さらに北東に進む。(午後7時〜8時)
・スバル座(ママ)(ンミ星)に向けて、東に進む。(午後10時〜11時)
・北東から昇ってくるぎょ車座(ママ)に向けて北東に進む。(午前0時〜1時)
・タタキユミヤ(キッズネットではシリウス)に向けて北東に進む。(午前3時〜4時)
・夜明け前、久場島の西側を航行し座間味島を通過後航路を東に取る。(午前5時頃)
・明けの明星(ウプラクーラ)に向けて東へ進む(午前6時頃)
・夜明けとともに太陽へ向かって進み、昼頃那覇港に到着。

キッズネットに記載されている星の出の方角を、本研究で同定した星の出の方角で検証してみた(**図12**)。

まっすぐ沖縄本島をめざすのではなく、早朝に宮古島から北へ向かって出発し、日

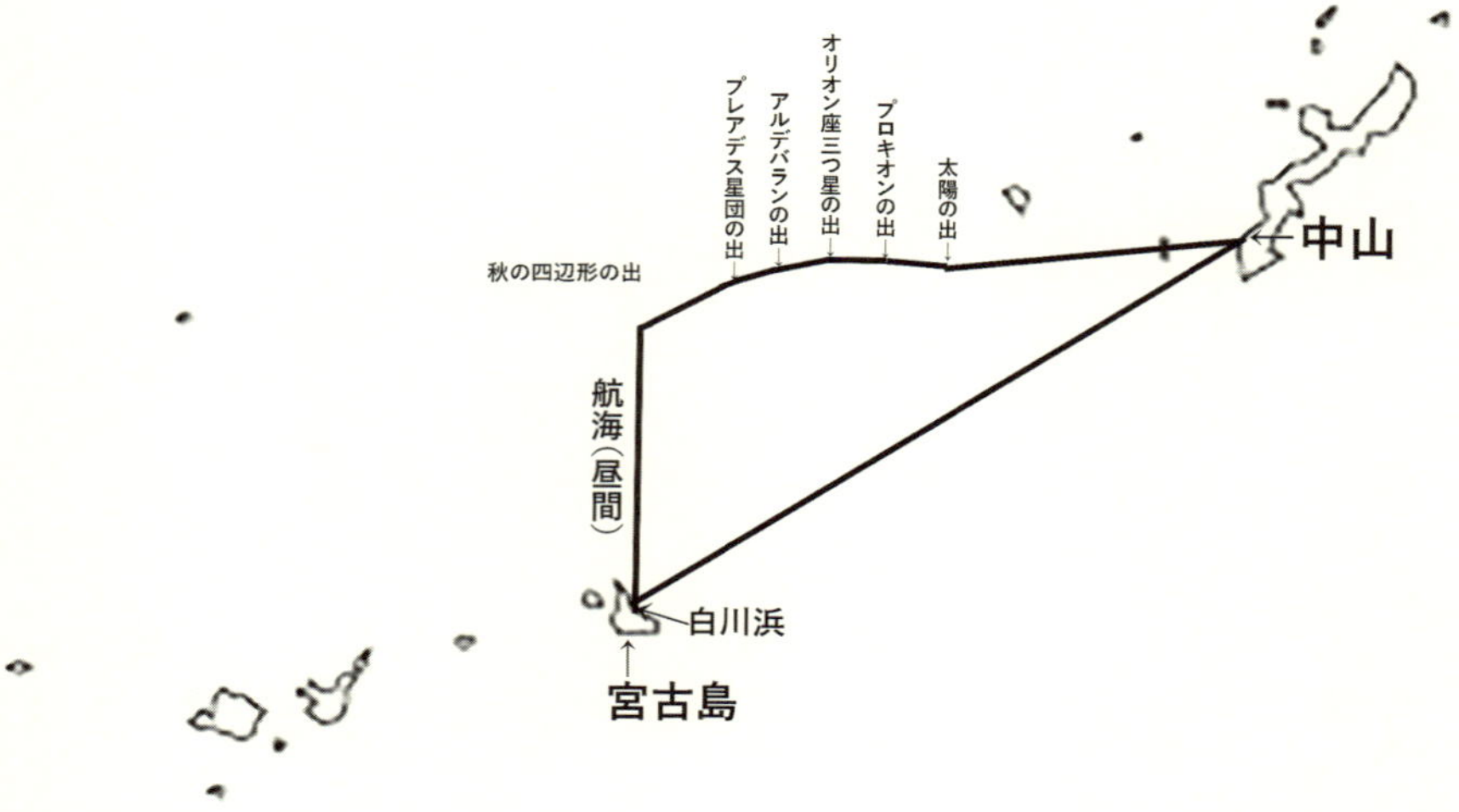

図12　歌われた星を目標にした場合、昼間は北へ進め、それから星ぼし、太陽の方向へ進める

が暮れてから最初にのぼる秋の四辺形の方向へ船を進める（時速10㎞）と考える。日の入り後約1時間（太陽高度が約-13度）になる頃、秋の四辺形の出を見てその方向を航海、次に約3時間13分後（おうし座ηで算出）のプレアデス星団の出からンミブスをめざす。続いて、約1時間5分後のアルデバランとヒアデス星団でつくるV字形の出（アルデバランで算出）よりムイブスを目指す。さらに約1時間40分後のオリオン座三つ星の出よりタタキィ゜を目指す。そして、約1時間44分後のプロキオンの出より、シリウスとプロキオンの間の約276度をめざす（1900年、宮古島の場合）。最後に太陽がのぼってから太陽の方向をめざす。実際にそのように航海したのか、気象条件はどうかという検証は今後の課題である。私は、航海の目標はニヌパブス（北極星）であり、1年の間で夏の限られた期間のみの秋の四辺形からシリウス、プロキオンまでの星の出は、航海の目標とするには不適切と思う。むしろ、与那覇勢頭豊見親の蘇生するクライマックスに一晩の星の出から太陽の出を歌ったと考える。航海の目標ではなく、支配者と太陽を重ね合わせた世界観、そのなかで星の出による時間軸を表現したのがこのニーリであると考える。

注

1） ニコライ・A・ネフスキー『宮古方言ノート上』（平良市教育委員会、2005a）p.113、125、184、314、568、617。
2） ニコライ・A・ネフスキー『宮古方言ノート下』（平良市教育委員会、2005b）p.93、115、135、376、430、481。
3） 北尾浩一「ネフスキーの記録した星名伝承」『ニコライ・A・ネフスキー生誕130年・来島100年記念文集　子ぬ方星』（ネフスキー記念文集編纂委員会、2022年）pp.234-238。
4） 北尾浩一「天文民俗学試論189」（『天界』第1179号、東亜天文学会、2023年）pp.291-292。
5） 北尾浩一「天文民俗学試論190」（『天界』第1180号、東亜天文学会、2023年）pp.329-330。
6） 北尾浩一「天文民俗学試論191」（『天界』第1182号、東亜天文学会、2023年）pp.407-408。
7） 北尾浩一「天文民俗調査報告（2022年）」（『大阪市立科学館研究報告』第33号、大阪市立科学館、2023年）pp.27-34。
8） 高城隆、星加弘文「『星見様』の研究（上）」（『沖縄文化』53、沖縄文化協会、1980年）pp.41-52。
9） 高城隆、星加弘文「『星見様』の研究（下）」（『沖縄文化』54、沖縄文化協会、1980年）pp.71-93。
10） 黒島為一「人頭税石？――八重山からの問題提起」（『地域と文化』第52号、1989年）pp.2-14。
11） 稲村賢敷『宮古島旧記並史歌集解』（琉球文教図書、1962年）pp.393-401。
12） 伊良部村史編纂委員会『伊良部村史』（伊良部村役場、1978年）p.1481。
13） 平良市史編さん委員会『平良市史第七巻資料編5　民俗・歌謡』（平良市教育委員会、1987年）p.620。
14） ニコライ・A・ネフスキー『宮古のフォークロア』（砂子屋書房、1998年）pp.190-191、pp.272-273。
15） 稲村賢敷『宮古島庶民史』（稲村賢敷、1957年）pp.211-231。
16） 稲村、前掲書、1962年、pp.393-401。
17） 外間守善、新里幸昭『南島歌謡大成Ⅲ宮古島』（角川書店、1978年）pp.163-165。
18） 多良間村誌編纂委員会『村誌　たらま島』（多良間村、1973年）pp.433-440。
19） 多良間村史編集委員会『多良間村史　第五巻資料編4（芸能）』（多良間村、1989年）pp.492-499。
20） 稲村、前掲書、1957年、p.212。
21） 多良間村史編集委員会、前掲書、1989年、p.492。
22） 稲村、前掲書、1962年、p.393。
23） 多良間村誌編纂委員会、前掲書、1973年、p.433。
24） 前掲注11、15、17、18、19。
25） 下地和宏「与那覇勢頭豊見親について」（『宮古島市総合博物館紀要』第12号、2008年）pp.11-26。
26） 稲村、前掲書、1962年、p.401。
27） 稲村、前掲書、1962年、p.393。
28） 前掲注11、17、18。
29） 前掲注19。
30） 前掲注15。
31） 稲村賢敷『宮古島庶民史』（三一書房、1972年）p.199。

32)　前掲注8。
33)　前掲注9。
34)　玉城功一「ひーすくり・じらば」(竹富町古謡編集委員会『竹富町古謡集　第三集』竹富町教育委員会、2000年) p.306。
35)　稲村、前掲書、1962年、p.400。
36)　多良間村誌編纂委員会、前掲書、1973年、p.439。
37)　多良間村史編集委員会、前掲書、1989年、p.498。
38)　稲村、前掲書、1962年、p.400。
39)　喜舎場永珣『八重山古謡　上巻』(沖縄タイムス社、1970年) p.51。
40)　前掲注8、9。
41)　北尾浩一『日本の星名事典』(原書房、2018年) p.92。
42)　多良間村史編集委員会、前掲書、1989年、p.498。
43)　渡久山春英、セリック・ケナン『南琉球宮古語多良間方言辞典』(国立国語研究所、2020年) p.250。
44)　稲村、前掲書、1962年、p.400。
45)　ネフスキー、前掲書、2005b、p.481。
46)　友利健、北尾浩一「多良間島のニーリに登場するウプラクーラについて」(『天界』第1176号、東亜天文学会、2023年) pp.168-171。
47)　北尾浩一「天文民俗調査報告(2022年)」(『大阪市立科学館研究報告』第33号、大阪市立科学館、2023年) pp.27-34。
48)　前掲注8、9。
49)　黒島為一「星圖」「天気見様之事」「星見様(仮題)」(『石垣市立八重山博物館紀要』第16・17号、1999年) pp.38-52。
50)　星名分布図(**図2**、**図4**、**図7**)は、下記により作成した。
　前掲注43、45、徳之島町の松山光秀氏から1984年に提供を受けた資料、北尾による現地調査、アンケート調査
　岩倉市郎『喜界島方言集』(中央公論社、1941年) pp.250-251
　野尻抱影『日本星名辞典』(東京堂出版、1973年) pp.184-188
　金城誠「浜・比嘉で拾った星の方言名」(『やちむん』第8号、やちむん会、1984年) pp.62-69
　金城誠「星の方言名一糸満市字糸満」(『やちむん』第9号、やちむん会、1986年) pp.47-53
　宮城信男『石垣方言辞典　本文編』(沖縄タイムス社、2003年) p.16
51)　稲村、前掲書、1957年、p.218。
52)　稲村、前掲書、1962年、p.400。
53)　宮古島キッズネット「宮古島のヒーロー(5) 14世紀の宮古島の人々の航海術」(最終閲覧日2024年1月3日　https://miyakojima-kidsnet.org/sailing.html)。

謝辞　2022年10月の多良間島、2023年4月の宮古島の調査に同行いただき、数々のアドバイスをいただいた友利健氏、与那覇勢頭豊見親のにーりについてご教示いただいた多良間村教育委員会の桃原薫氏、宮古島の宮川耕次氏、そして、星名伝承を語ってくださった話者のひとりひとりに感謝の意を表します。

天命思想の受容による飛鳥時代の変革
——北極星による古代の正方位測量法

竹迫　忍

たけさこ・しのぶ——日本数学史学会員。専門は古代の天文や暦法。主な論文に「大衍暦法による日食計算と進朔の検証」(『数学史研究』208、2011年)、「『格子月進図』の原図となった星図の年代推定」(『数学史研究』第III期 1(1)、2022年)などがある。

『平城遷都の詔』(708)によれば、古くより都は北極星を用いた測量法により造営されていた。古代中国で北極星による測量法が皇帝の居城の造営に用いられたのは天命思想によるものだった。この天命思想は、遣唐使を派遣した舒明天皇の時代に、王朝儀礼や都の造営・測量法とともに日本に伝わり、天皇制の確立につながった。神代より太陽崇拝の国とされる日本において、天皇の即位の礼や元日の朝賀のような重要な儀式が、北極星にちなむ大極殿で行われていたのもこのためだ。

はじめに

京都の南北に整った街並みは、平安京の条坊を基盤にしている。その測量方法には関心が持たれていたが、その背景となる思想についてはほとんど考えられてこなかった。妹尾達彦[13,158]は、

『王朝儀礼の挙行によって、天命の所在が具現化し、地上の権力者の正統性が証明されると観念されたのである。隋唐長安城は、なによりも、このような王朝儀礼の主要舞台として建設されたのである。』とする。

天命思想は天(北辰・北極星)に認められた天子(皇帝)が世を治めるという思想であり、それを具現化する王朝儀礼の舞台である都城が、天を意味する北極星を基準として方位測量して造営された。近代の研究者が古代の測量法と推定していた、太陽による方位測量が用いられていなかったのは、このような思想的背景があったからである。

筆者は古代に行われていた北極星による方位測定法を再現し、検証した結果を竹迫忍[18]で発表した。本稿ではそれに加え、天命思想による都城の造営法式が飛鳥時代

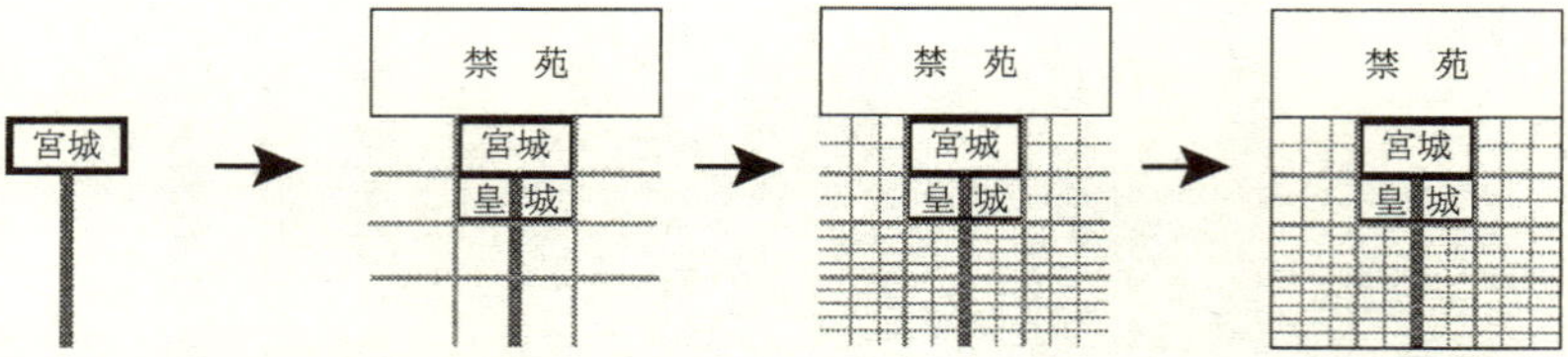

（1） 最初に南北の中軸線と宮城の位置をきめる。
（2） 宮城をかこむ禁苑と皇城をつくる。あわせて，宮城を基点に，外郭城に六つの主要街路（六街《りくがい》）をつくる。
（3） 六街《りくがい》を基準に，六街をふくむ東西12，南北9の街路をつくる。
（4） 最後に，外郭城の城壁をつくる。

図1　長安城の建築過程（妹尾達彦［13,121］図31）

に伝来し、舒明天皇がそれを受容して天皇制の確立に用いていたことを明らかにする。

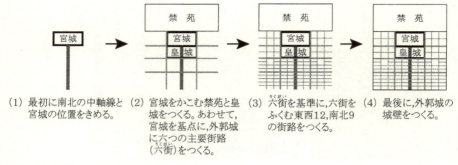

1．日本の宮と都城の都市計画

妹尾達彦[13,121]には長安城の造営過程を説明した**図1**がある。その手順はまず、中軸線の造営方位を測量する。その子午線に合わせて、中軸線上に宮城が造営される。つぎに南北東西にそれぞれ3本の主要大路と、役所である皇城がもうけられる。次の段階で街路がもうけられ、最後に外郭を囲む城壁が築かれた。中国ではこの最後の段階を都城とよぶが、日本の都城や宮には城壁はない。藤原京は飛鳥の宮から進化したような印象があるが、実際にはこの造営過程は理解されていて、必要に応じた形式で宮や都城が造営されていた。したがって、宮が正方位に造営された時点で、天命思想は受容されていたわけである。日本では、舒明天皇の飛鳥岡本宮(630)までは、宮は正方位では造営されていない。このような知識は、遣隋使(608)とともに隋に渡り、長安で二十年以上も学び、第一回遣唐使船(632)などで帰国した留学生らによりもたらされたと考えられる[1)]。

(1)唐・長安城の太極宮と大明宮の関係

長安城は**図2**のように、子午線に合わせた中軸線上に、太極宮と皇城が造営されており、太極宮の中央に天命思想の王朝儀礼を行う太極殿がある。663年には太極宮の北東に大明宮と正殿である含元殿が造営され、宮殿機能が太極宮から移されていくが、天命思想の王朝儀礼は最後まで中軸線上の太極殿で行われた[2)]。

日本においては、大極殿は天武朝以降に成立したとされている。しかし、北極星を意味する王朝儀礼の主祭殿である大極殿が、天命思想の伝来から半世紀も遅れて造営

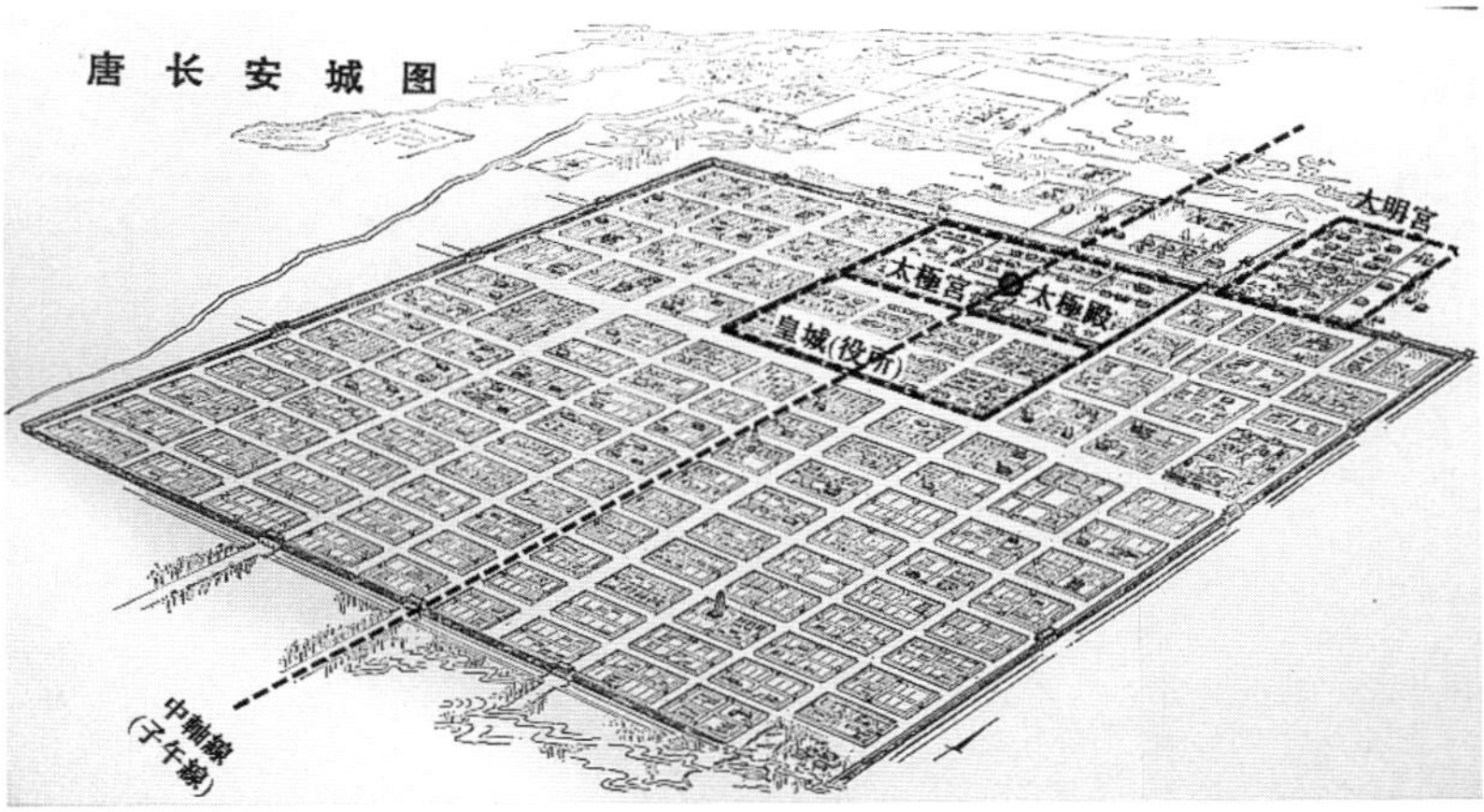

図2　唐・長安城の復元図（叶驍軍『中国都城歴史図録 第二集』（蘭州大学出版社、1986年）pp.148-149に加筆）

される理由はなく、伝来当初の舒明天皇の百済大宮（以下百済宮と略す）から、宮の中軸線上に造営されていたと考えられる[3)]。

2. 都城の測量法はインディアンサークル法ではなかった

これまでの古代の都城の測量法を詳細に検討した論文では、太陽や周極星を用いた、インディアンサークル法と呼ばれる方法で測量されたと推定するものがほとんどである[4)]。例えば、太陽を用いたインディアンサークル法（**図3**）は日時計のように棒（表）を地面に垂直に建て、その棒の先端の影を描き、午前と午後で同じ長さの影になる点を結べば、東西線が引けるという方法であり、この線を2等分する垂線が南北線となる。東西線より南北線の方が2段階の手順を踏むので測定誤差は大きい。

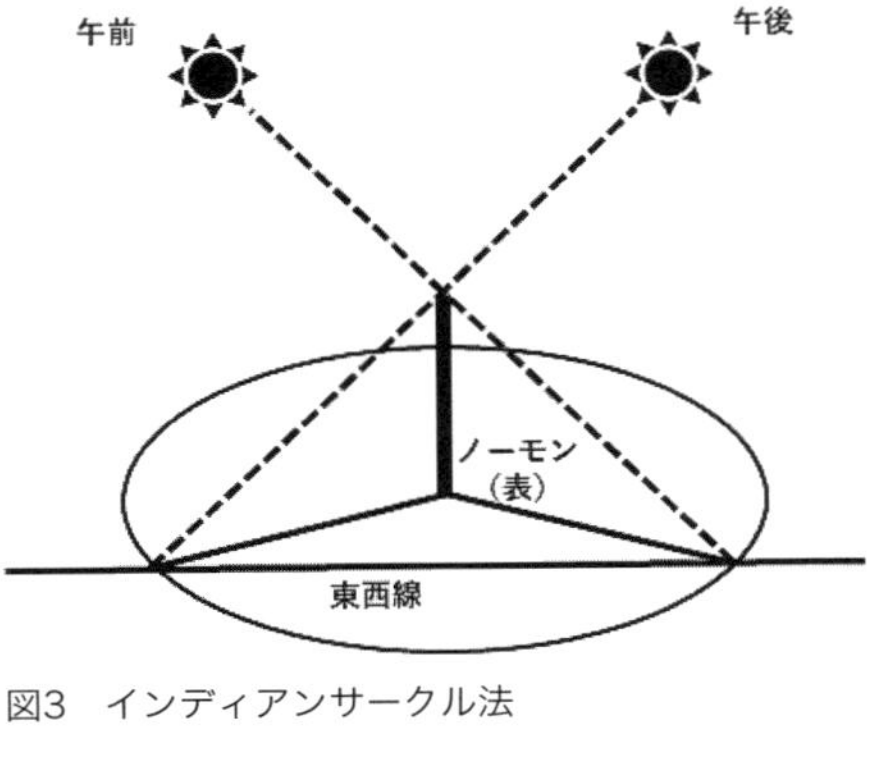

図3　インディアンサークル法

また、太陽の代わりに周極星を用いる方法として、『周髀算経』[5)]に記載のある、帝星（β UMi）を使う「北極璿璣四游（ほっきょくせんきしゆう）」と呼ばれる方法がある。この方法は棒に紐をつけておき、周極星が最東端にある時と、最西端にある

時に、星と棒の先端を結ぶ線を、目見当で紐を用いて地面まで伸ばし記す。その2点を結び東西線を引くという方法である。この他に、数カ月間かかるが周極星を筒のなかで巡らせ、精確に真北を求める方法もある。

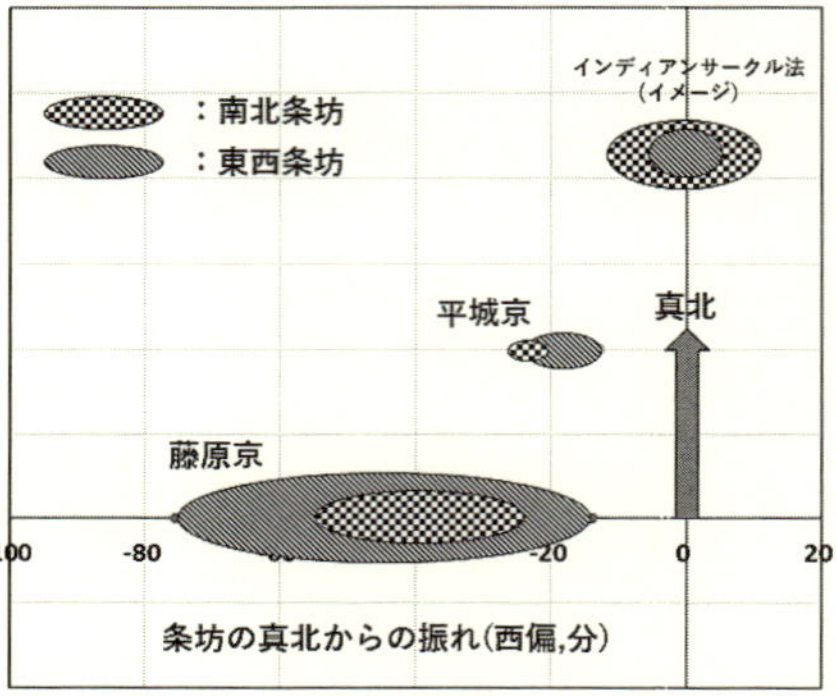

図4　条坊路の方位の分布

入倉徳裕[4,99]の表15及び表16には、藤原京と平城京の条坊方位の精度の表がある[6]。それはそれぞれの都城での各条坊路の方位を十数件ずつ計算し、平均値とその標準偏差をまとめたものである。**図4**はそれを図示したもの。この図は、南北条坊の誤差の分布が東西条坊の誤差の分布より小さいので、南北方位を直接測定したことを示しており、都城の方位はインディアンサークル法のような、東西方位の測定から南北を測定する方法で測量されていないことが明確になった。また、誤差の中心が真北ではないことから、用いられた測定法は精確に真北を求める方法でないことも確認された。

3. 都城の造営方位測定に関連した古典の記録

ここでは、都城の造営方位の測定に関係する記録（古典）を示す。

『詩経』[7]

「定之方中 作于楚宮 揆之以日 作于楚室」（定星が方中（南中）する時、楚宮を作る。日を測り、楚宮を作る）

注：この詩は、斉の桓公が衛の文公を助け、僖公2年（BC658）正月に楚丘（現在の河南省滑県の東）に都城を築いたことにちなむ[8]。宋代の建築書『営造法式』には秦末から漢初の学者毛享の『毛伝』の注『定、營室也。方中、昏正四方也。揆、度也。度日出日入、以知東西。南視定、北準極、以正南北。』も引用されている。注は定を室宿［α，β Peg］とし、昏に四方を正するので、古来、前年の秋の昏に室宿が南中した時と解釈されている[9]。しかし、後半には「太陽の日出日入で東西を測り、南の定を視て北の極（星）を基準にして、南北を正す」とある。

『周礼』天官・考工記[10]

「識日出之景與日入之景。夜考之極星、以正朝夕。」（日出と日入の影を記す［東西］。

夜は極星[11]を考える[南北]。それにより朝夕[東西]を正す。)

注：日出日入で東西を測り、夜極星により南北を測定し、東西を修正する。

『晏子春秋』[12]

『古之立国者、南望南斗、北戴樞星、彼安有朝夕哉』(古くに国を立てる者、南に南斗(斗宿)を望み、北に樞星(極星)を戴き、それにより東西を安んずる。)

『文選』[左太沖　魏都賦]に魏王(曹操)の故事として

『揆日晷、考星耀。建社稷、作清廟。』(日時計で測り、星の光で考え、社稷や宗廟を建てる。)

注：これも、『周礼』考工記とほぼ同じ。題名の魏都は鄴(ぎょう)である。

『隋大興城造営の詔』(開皇二年(582)六月)

『揆日瞻星、起宮室之基』(日をはかり(極)星を見て、宮室の基を起こす。)

『平城遷都の詔』『続日本紀』(和銅元年(708)二月)

『往古已降、至于近代、揆日瞻星、起宮室之基』(いにしえより、今に至るまで、日をはかり(極)星を見て(方位を確かめ)、宮室の基を起こす。)

これらの文献からわかることは、春秋時代から奈良時代まで、太陽と極星(北極星)を用いた方位測定が、王宮の造営に千年以上にわたり使われており、しかも、太陽を用いた測定方位を、最終的に極星を用いた測定方位で修正していることである[13]。これにより、春秋時代から天極に近い極星が方位測定に使われていたと推測できる。『営造法式』の方位測定でも、今(宋代)と方法が同じとして最初の2つの文献が引用されている。

4. 古代の北極星の同定

能田忠亮[41,105]はBC1000年頃から漢代までの北極星を『史記天官書』にある星座・天極星(星数4)のなかの一番明るい星の帝星(β UMi)と同定し、その後天枢(きりん座Σ1694,HR4893[14])に代わったとし、これが通説とされている。しかしこの説には根拠はなく、北極星は明るいという思い込みから同定がなされている。それが信じられた主な原因は、当時の日本の天文学者が使用していたBOSS星表[55]に、天極に近づく星(HR4852やHR4927)が掲載されていなかったためと思われる。この通説に対し、**図5**は筆者が竹迫忍[17]で同定した古代から用いられた北極星を含む北天の星図である。

(1)隋／唐／宋時代の北極星HR4893(5.3等星)

この時代の北極星については宋代の記録もあり、HR4893で議論の余地はない。中

国では北極星は「極星」(Pole Star)と呼ばれ「極の星」という意味しかない。中国には西洋から伝わるまで光度の等級はなかった。この暗い星が選ばれた唯一の理由は、**図5**から分かるように、この時代の天極に一番近い星だからである。したがって、中国の古代の北極星に明るい星という条件は無い。

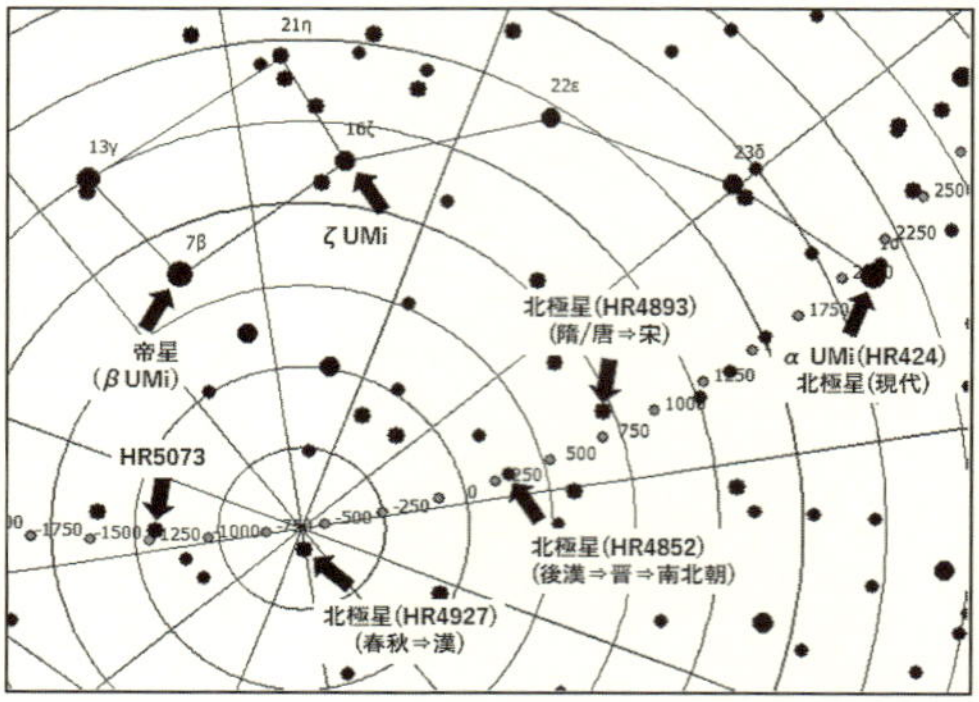

図5　BC600年の天極付近の星図[15] (6.6等星以上を表示)
注：小さな黒丸「●」はその年代での天極の位置。赤緯目盛は2°。

(2)後漢／晋／南北朝時代の北極星HR4852(6.3等星)

図5はBC600年の星図であるが、AD100年頃も帝星は天極から8.6°も離れており「極星」と呼ばれる資格はない。また、隋・唐の北極星HR4893もAD100年頃は**図6**のように4°余り天極から離れている。『宋史』天文志には、紐星(旧極星)は「AD500以前には不動、AD500頃には去極度(天極からの角度)が1度余、今(宋代)測ると4.5度」とあり、この記録に合う星はHR4852しかない。

(3)春秋／戦国／漢時代の北極星HR4927(6.0等星)

この時代の北極星候補は**図5**からHR4927しかない。この時代の極星に数値的な記録はないが、春秋時代に孔子が「北辰(極星)は動かず」と『論語』に残しており、また秦

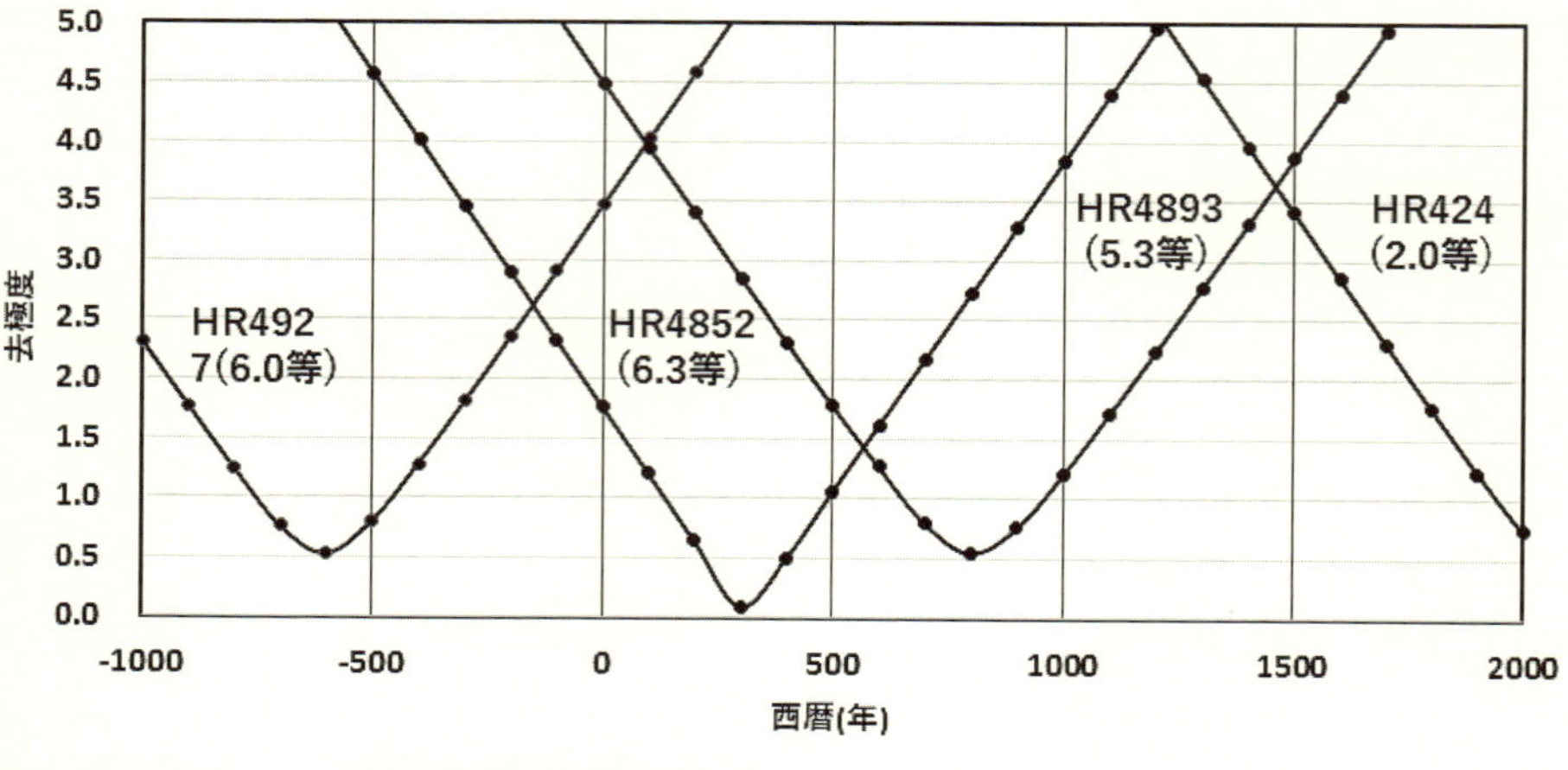

図6　古代の北極星の天極からの角度：去極度 (西洋度)

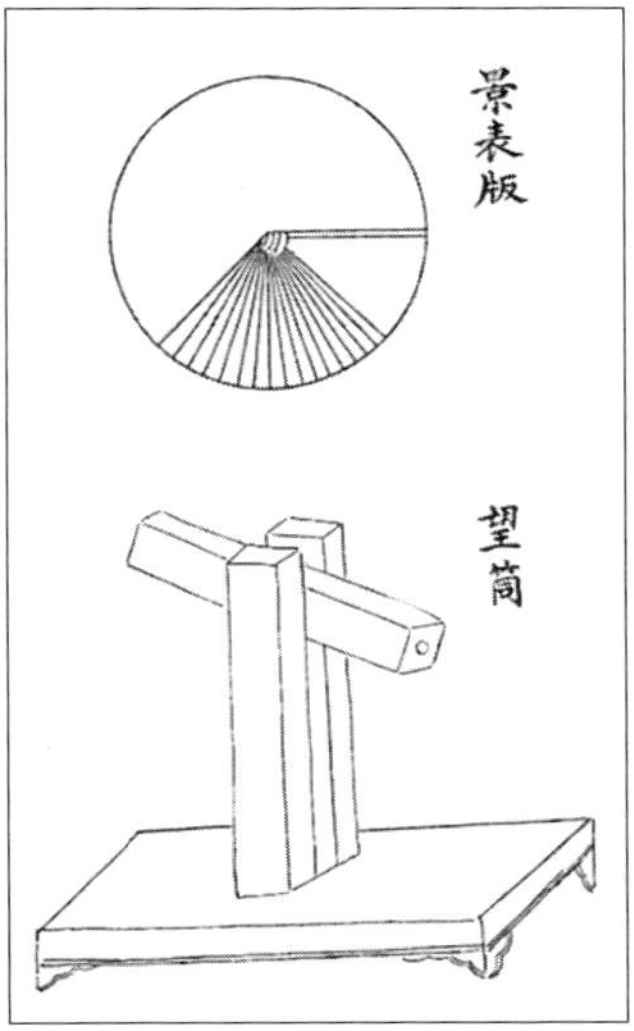

図7　景表版と望筒（『石印宋李明仲営造法式』[52]東北大学附属図書館蔵）

代の『呂氏春秋』には「極星與天倶游」とあり、天極を中心に極星が回っていた。これらの記述にHR4927は整合する。

5. 宋代『営造法式』の方位測定方法

妹尾達彦[13,118]は、都城の方位測量は『営造法式』に載る北極星によるものと断定している。『営造法式』[52]は北宋の哲宗（在位：1085～1100）のとき、李誡（李明仲）が勅を奉じて編纂し、1103年に刊行された官庁による最古の建築書である。その基本項目を述べた「営造法式看詳」に「取正之制」という太陽と北辰極星を用いた方位測定法の解説がある。

(1)測定に使用する観測器具

測定には**図7**の、太陽でできる棒の影を追う方位計の『景表版』と『望筒』を使用する。

景表版の大きさは、宋代の1尺を31.68センチとすると直径約43センチの円盤であり、その中心に高さ約13センチ直径3ミリの表（ノーモン）を立てて使う。

望筒は長さ57センチ、幅がタテヨコそれぞれ9.5センチ。その望筒の前後の板に直径16ミリの孔をあける。孔の視野は角度で約1.6度（2 x arctan（16/2/570））となる。望筒の中央は地上から95センチにあり、平地での見通し距離は約3.5キロとなる。

(2)測定手順（訳文のみ、原文は略す。）

① 昼に景表版で仮の子午線をもとめる。

『取正之制（方位の取り方の制度）。

まず（建造物の）基壇中央の日が当たるところに円盤を置く。中心に表（ノーモン）を立てる。表の影の先端を記していき、日中で最も短い影に印をつける。次に望筒をその（基壇）上に設置し、（円盤に記した）日の影を見て、（望筒の）四方を正しく定める。』（装置の大きさと測定方法から測定精度は低い）

② 夜に望筒で北極星をのぞき北の方位を定める。

『昼は筒を南に向けて（太陽を）望み、日の光を北に通す。夜は筒を北に向けて望む。南から筒を望み、前後の両孔の中心に北辰極星（北極星）を見る。その後、両端から重りをおろし、筒の両孔の中心を地面に記すことにより、南（北）を指

す。すなわち四方は正しく定まる。』

これらの手順で、昼に景表版で仮の子午線を求める作業手順には特に疑問点はない。問題は望筒を使う作業で、昼に望筒に光を通す作業[16)]の目的がこれだけの記述では不明である。そこで、これは正午に行うと考えた。古代では真太陽時なので、正午に太陽は南中する。正午の時報に合わせて、太陽の光を筒に通せば、望筒は自動的に子午線上に設置される。この場合①の作業は不要である。

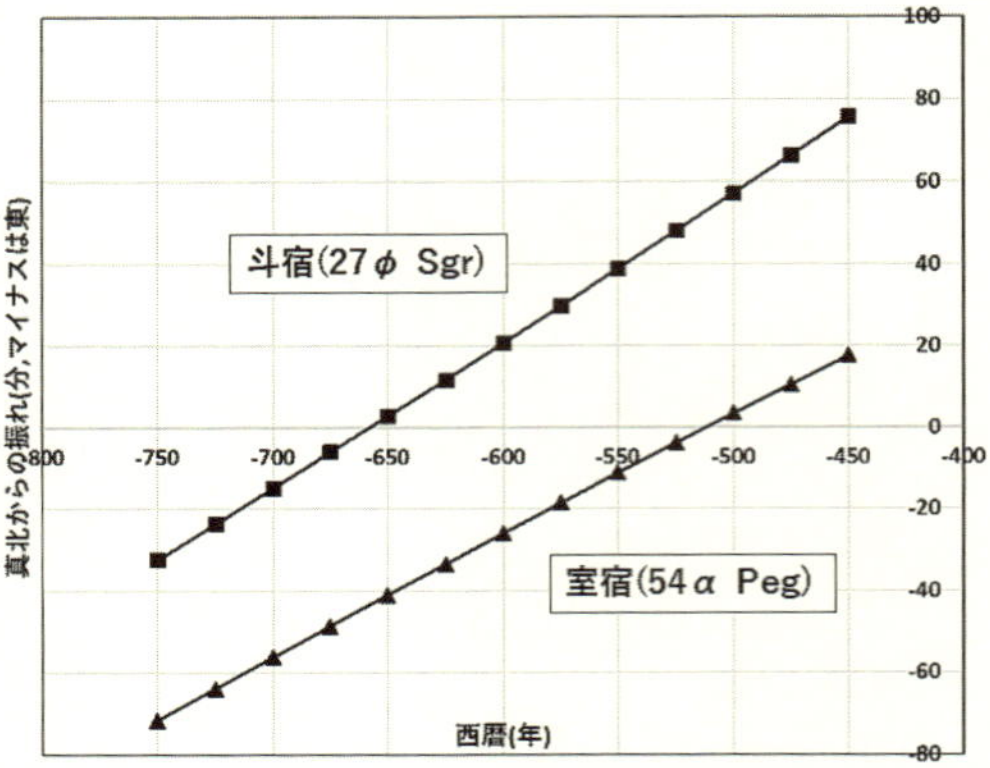

図8　春秋時代の方位の振れ（極星：HR4927）

次に不明なのが、北極星を見て方位を決める時刻である。例えば、『営造法式』が書かれた宋代には北極星は天極から1.7°離れている。時間を決めずに北極星を見ると真北から約±1.7°の間で方位が振れることになる。そこで考えたのが、『営造法式』にも引用のある『詩経』の「定之方中」(定の南中)である。『毛伝』には「南視定、北準極」とある。この記述により、室宿の南中を北極星の観測時刻とした可能性がある。さらに、『晏子春秋』にも「南望南斗」とある。

筆者が同定した、春秋時代の北極星(HR4927)を使い、室宿と斗宿の距星が南中した時刻の北極星の方位を計算した結果が**図8**である。この方式で測れば、春秋時代では真北±20分程度の振れで方位が測定できていたことになる。なお1°は60分である。**図8**により、この方法が発見されたのは、孔子(BC552～479)の時代より前と推定できる。

6. 距星の南中時に北極星を測定する方位測定法の原理

(1)基本原理の説明

天球は**図9**のように、地軸を中心に回転している。北極星は天極にあれば動かないが、実際には天極から少し外れたところにあり、他の星と同様に天極を中心に回転している。ここで、北極星と同じ赤経の星と180°離れた星を仮定し、この2つの星を定星と呼ぶ。2つの定星は観測者の天頂から南にあるとする。これら3つの星は同じ平

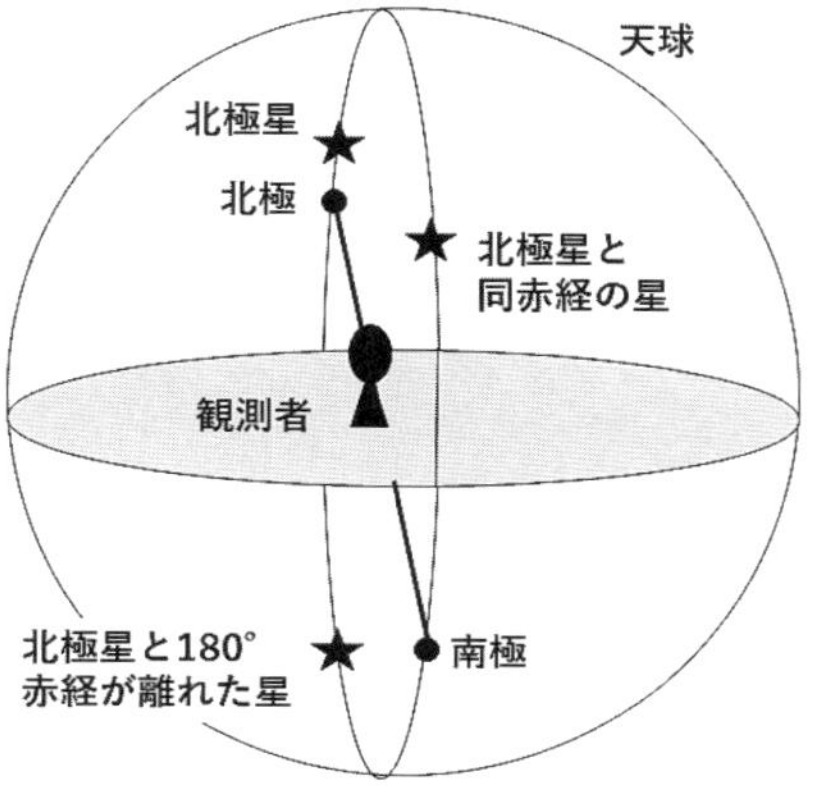

図9　測定原理の説明図

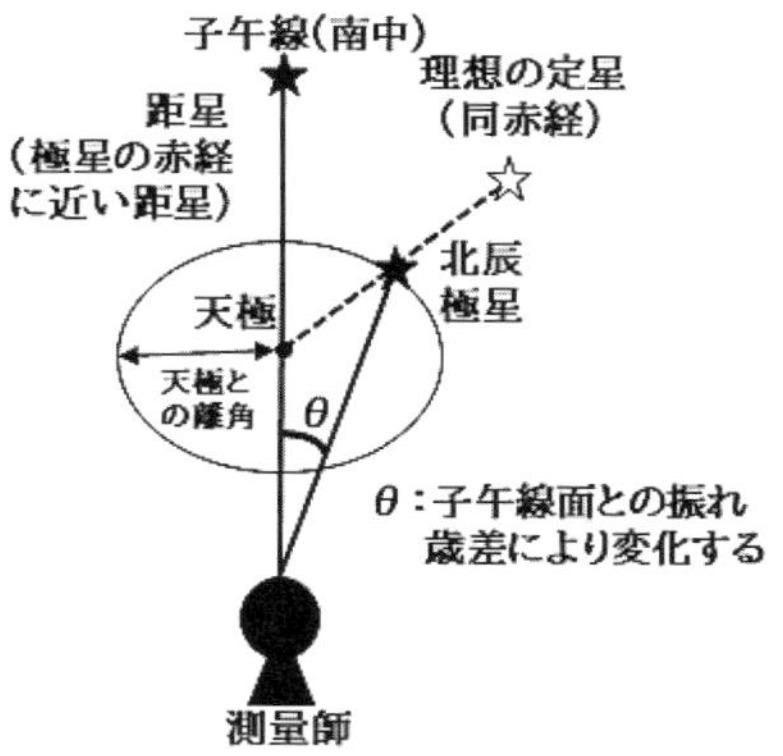

図10　定星を用いた測定法

面上にあり、地軸を軸として回転していることになる。

この平面と観測者の子午線が重なった時に、同赤経の定星は真南にあり、北極星は観測者から見て真北の天極の上方にある。季節が移り、北極星と赤経が180°離れた星が観測者から見えており、平面が子午線と重なった時には、定星は真南にあり、北極星は真北の天極の下方にある。これにより、年間を通じて測量が可能となる。

(2)定星に28宿距星を用いる

北極星と同赤経、若しくは180°離れた赤経に目印となる明るい定星は通常無い。その代わりに、中国では理想の定星に近い星宿の距星[17)]を定星として用いた。

この測定法の誤差を推定すると、星宿距星間の最大間隔は井宿の33°なので、定星が適切に更新されていることを仮定すれば[18)]、最悪その半分の16.5°に相当する分の南中時刻と測定方位が違うことになる。北極星が天極から1.5°離れていた場合の概算の最大誤差(θ)は約26分(1.5x sin (16.5))となる。実際には大半の距星間の間隔は井宿の半分前後なので、平均では10分前後となり、実用的な測量法である。この真北からの振れθは場所(都城の緯度)、年代(歳差)、用いる北極星と定星の関数になり、都城の遺構として残ることになる。これにより、都城の遺構方位による年代推定も可能となる。

(3)星宿距星を用いた測定結果の推算

表1は582年1月1日の長安での推算例である。この年に隋唐の北極星HR4893は赤緯88.6°にあり、天極より1.4°離れている。赤経は334.6°なので、方位を測るのに使う距星は、**表1**の距星の赤経の値から室宿と翼宿の距星となる。何も考えないで北極星を見ると、**表1**の方位の欄から最悪約100分程度西に振れるが、午前3時頃の翼宿の

距星が南中した時に北極星を見て方位を測ると、真北から11.5分西偏の方位を得ることができる。

(4)隋大興城(唐長安城/明西安城)の方位

隋朝を興した高祖楊堅は582年に漢長安城から東南の地に大興城を造営した。都城は南北8.6キロ、東西9.7キロで、幅6〜9メートルの城壁に囲まれていた。現在西側の延平門周辺の城壁跡は唐壁遺物公園として整備されている。そこで城壁跡に沿ってある東西2本の遊歩道(約3.5キロ)をGoogle Earth Proにて測定し方位を計算した結果、西側道が真北から14.2分西偏、東側道は15.6分西偏、平均で14.9分西偏となった。

表1　隋大興城(582)の例

時刻	北極星(HR4893)		定星			方位
(h)	赤経	赤緯	宿	HR	赤経	(分)
12.16	334.6	88.6	牛	7776	285.0	-75.9
12.65	334.6	88.6	女	7950	292.4	-67.0
13.42	334.6	88.6	虛	8232	303.9	-51.0
14.02	334.6	88.6	危	8414	313.0	-36.9
15.06	334.6	88.6	室	8781	328.7	-10.4
16.17	334.6	88.6	壁	39	345.4	18.6
16.72	334.6	88.6	奎	215	353.6	32.6
17.79	334.6	88.6	婁	553	9.7	57.4
18.53	334.6	88.6	胃	801	20.9	72.0
19.53	334.6	88.6	昴	1142	35.9	87.1
20.27	334.6	88.6	畢	1409	47.0	94.3
21.43	334.6	88.6	觜	1876	64.5	98.5
21.47	334.6	88.6	参	1852	65.1	98.5
22.09	334.6	88.6	井	2286	74.4	96.9
0.28	334.6	88.6	鬼	3357	107.3	71.7
0.48	334.6	88.6	柳	3410	110.4	68.0
1.41	334.6	88.6	星	3748	124.4	49.0
1.84	334.6	88.6	張	3903	130.8	39.2
2.97	334.6	88.6	翼	4287	147.9	11.5
4.18	334.6	88.6	軫	4662	166.1	-19.2
5.31	334.6	88.6	角	5056	183.0	-46.1
6.09	334.6	88.6	亢	5315	194.7	-62.7
6.68	334.6	88.6	氐	5531	203.7	-73.6
7.70	334.6	88.6	房	5944	219.0	-88.2
8.06	334.6	88.6	心	6084	224.4	-91.9
8.42	334.6	88.6	尾	6247	229.8	-94.9
9.69	334.6	88.6	箕	6746	248.9	-98.4
10.38	334.6	88.6	斗	7039	259.3	-95.7

注:方位は正が真北から西偏。

明朝初期の1369年に将軍徐達がこの一帯を平定すると、西の都という意味で西安府と改称し、以降この地は西安と呼ばれるようになった。その時城は新しい城壁が造営(1370〜1378)されたが、南西部分の城壁は隋大興城の皇城々壁の上に築かれている。西安城の城壁は南北約2.6キロであり、北端と南端の中心で測定した。西城壁の方位は真北から12.6分西偏となった。

よって、大興城の城壁は582年に11.4分西偏となる翼宿を用い測量され、その誤差は数分と考えられる。**図12**を見ると、大興城の方位測量に用いられた宿距星は、日本に伝来した時代の宿距星と比べると、1世代前の宿距星であることがわかる。

なお、妹尾達彦[13,119]は、発掘による隋唐長安城の南北軸の方位は真北から16分西偏としているので、長安城西城壁跡や西安城西城壁の筆者の測定値とほぼ整合していることになる。

7. 北極星(HR4927)により天文計算で得られる中国古代都城の方位

(1)天文計算による方位の推算値

春秋時代から漢代の北極星のHR4927を用いて、本稿6節の手順で方位を測定した場合、方位は年代と用いる定星により真北から振れる。これに、文献に載る遺構の方位や筆者が測定した方位を加えたものが**図11**である[19)]。**図11**の方位線の具体的な計算方法は、まず距星の南中時刻を逐次近似でもとめ、その時の北極星を見た方位を**表1**のように計算する。それを100年おきに計算し、真北に近い定星の振れを結んだのがこの図である。定星は春秋後期には室宿(秋の星座)と翼宿(春の星座)のペアだったが、その後壁宿と軫宿のペア、そして奎宿と角宿のペアに更新されたと推測される。この方位線に、趙の王城、始皇帝陵、漢の長安城などの遺構の方位が沿っている。古典に残るように、中国では天命思想により、春秋の古代から北極星による都城の造営

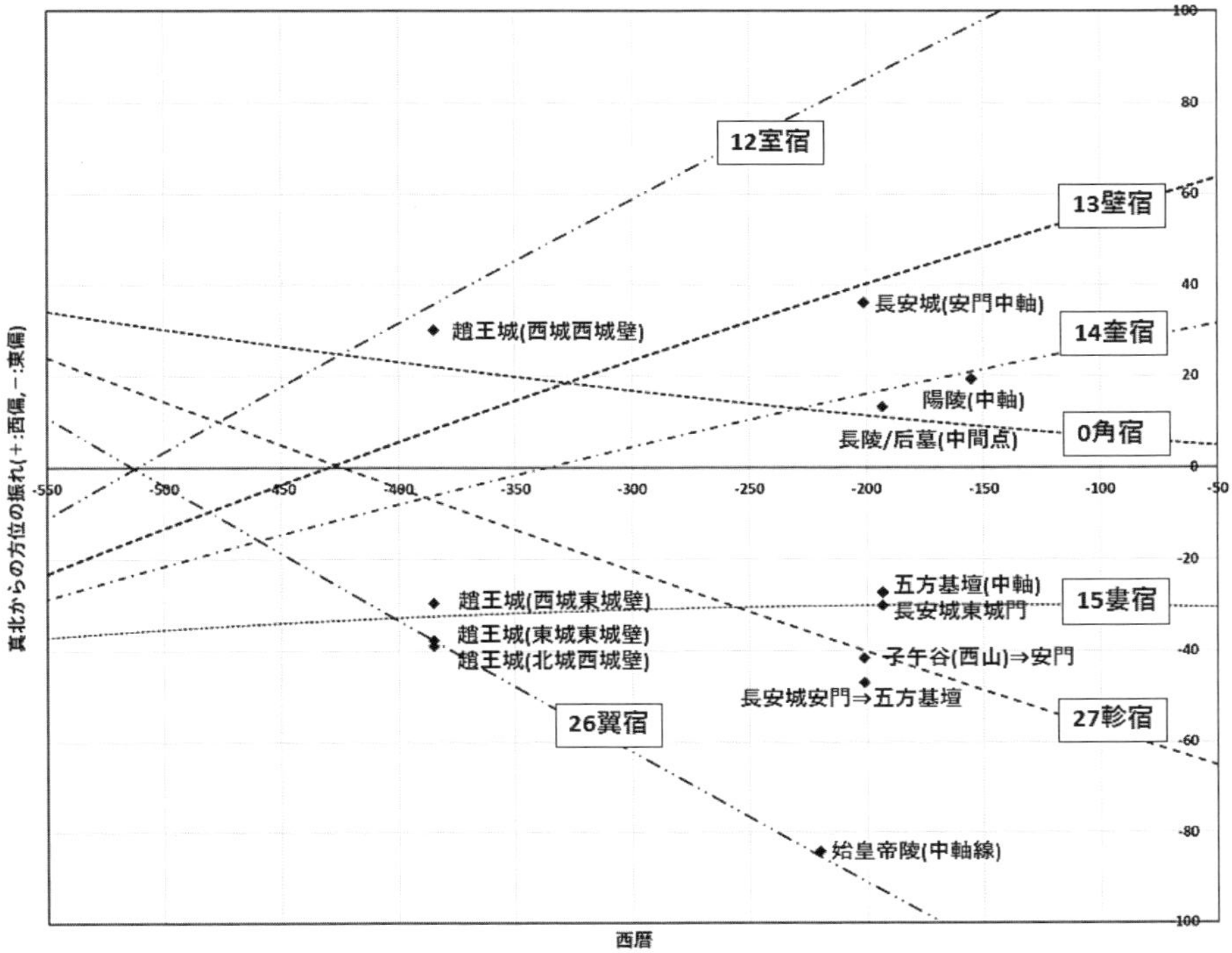

図11　春秋から漢代の北極星（HR4972）で得られる方位線と都城の遺構方位

方位の測量が行われていたことが明らかである。古代中国の都城等の方位の詳細については竹迫忍[20,15-32]を参照。また、歳差を考慮した方位の計算法についても同[20,95-98]を参照。

8. 日本の都城造営方位の解析と測定法推定の歴史

(1)都城造営方位の研究

藪内清[49,79-82]は『営造法式』にも記載のある『周礼』考工記の記述を引用し、聖武天皇の後期難波宮創建(726造営)にあたって当時の北極星(HR4893)が使われた可能性に言及しているが、

『正確な星図が無かった時代に、中国と同じように天枢を同定することは、かなりすぐれた天文学の存在を前提しなければならぬ。しかも、もし観測誤差を数分程度に限るとすれば、こうした極星の観測からはこの精度の結果は得られないのではないだろうか。』

として、太陽を用いて方位を測定するインディアンサークル法が恐らく唯一の方法と推定した。この当時、宮や都城の中軸線の方位は真北と考えられておりこの考え方が通説となった[20)]。その後、北極星(HR4893)の方位を日本古代の都城の造営方位測定法として考察した研究は見られない。むしろこの時代には現在の北極星(αUMi)は天の天極から遠く、北極星は無かったとする論文さえある。

(2)都城遺構の方位解析

平安京の条坊の方位は極めて真北に近い。宇野隆夫他[8,43]によると、内田賢二[7]と平尾正幸は1981年に最小二乗法を用い、理論上の条坊構成と発掘結果を比較し、その振れ(平安京の条坊が京全体として真北から振れていることを示す)を真北から22分55±48秒の西偏とした。これ以降、藤原京、平城京、それに長岡京でも同様の解析が行われ、それぞれ、真北から固有の振れを持っていることが確認されている。それをまとめたのが**表2**である。

(3)都城造営方位と方位測定推算値の比較

日本の古代において隋唐の北極星(HR4893)を用い、それぞれの距星の方位を計算し、真北に近い方位線を抽出したものが**図12**である。例えば650年に虚宿距星(β Aqr)が南中した時に観測すれば、真北より東約28分に北極星(HR4893)があることを意味する。さらに古代遺構の方位を、推定年代と方位により**図12**に記入した[21)]。これら古代遺構の方位が、距星が描く方位線にほぼ合致していることが分かる。**図12**の遺構

表2　都城条坊や大道の中軸線の真北からの方位の振れ

史跡*1	年代*2	直角座標方位	座標補正*3	真北からの方位		方位の出典*4
(参)太子道(筋違道)	?			西	約20度	奈文研[40,196]
(参)法隆寺(若草伽藍跡)	607			西	約20度	奈文研[40.196]
飛鳥岡本宮*5	630			西	約20度	林部 均[45,37]
百済宮	639			—	(正方位)	百済寺より推定
大和・中ツ道	(639)	26分31秒	6分12秒	西	32分43秒	本稿10節2項参照
飛鳥板蓋宮*5	643			—	(正方位)	林部均[45,37]
前期難波宮(中軸線)	650	−39分56秒	16分17秒	東	23分39秒	李陽浩[51,93]
難波大道中軸線	(653)*6	−42分39秒	16分17秒	東	26分22秒	李陽浩[51,94]
後飛鳥岡本宮	655			—	(正方位)	林部均[45,96]
大和・下ツ道(A区間)	(653)*6	15分36秒	6分56秒	西	22分32秒	本稿10節3項参照
大和・下ツ道(B区間)	(655)	35分51秒	6分56秒	西	42分47秒	本稿10節3項参照
大和・下ツ道(C区間)	(656)			東	40分	本稿10節3項参照
横大路	(653)*6			西	28分	本稿10節6項参照
飛鳥宮Ⅲ期(後飛鳥岡本宮)*5	672	31分58秒	6分5秒	西	38分3秒	本稿8節参照
藤原京(条坊最適方格)	672*7	28分21秒	6分32秒	西	34分53秒	入倉徳裕[4,180]
平城京(条坊最適方格)	708	14分15秒	6分56秒	西	21分11秒	入倉徳裕[4,180]
後期難波宮(中軸線)	726	−32分31秒	16分17秒	東	16分14秒	李陽浩[51,93]
長岡京(条坊最適方格)	784	−3分44秒	10分12秒	西	6分28秒	岩松保[5,21]
平安京(条坊最適方格)	793	14分23秒	8分52秒	西	23分15秒	辻純一[32,115]
平安京白河街区(今朱雀)	1075	−49分30秒	7分38秒	東	41分52秒	濱崎一志[44,130]

*1　6世紀末に建立された飛鳥寺は正方位ともされるが、北極星を用いた測量ではない（本稿9節を参照）。また、四天王寺も西に約3.5度も振れているので**表2**に含めていない。これらの寺院は王宮の方位にも影響を与えていない。振れの大きい近江大津宮（667、西に約1.5度）及び恭仁京（740、平均約1.3度西偏）も**表2**から除いた。
*2　括弧内はまだ推定造営年代が定まっていない遺構である。
*3　平面直角座標系の真北からの方位補正のため、国土地理院WEB（平面直角座標換算サイト）により次の場所の値で補正した。藤原宮跡、平城宮跡（下ツ道）、難波宮跡、長岡宮跡、平安京内裏跡（千本通）、京都・東大路通22)。
*4　**表2**の方位は本稿で計算したもの以外は、出典の文献に明示されている値である。
*5　同じ場所にある。飛鳥板蓋宮から正方位で造営された。（林部 均［45,37］）
*6　孝徳紀白雉4年（653）6月「処々の大道を修治」より。
*7　藤原京の年代は条坊施工開始推定年23)。

の方位と方位線の差の平均は**表3**のように−0.4±2.5(σ)分とわずかである。推定年の差でみれば平均は1.3±6.8(σ)年となる。これにより北極星による天文測量技術は、630年代に伝わり、その後の宮殿や大道は天文測量により造営されたと推定できる。なお**図12**では、石神遺跡(直角座標で40分西偏)や水落遺跡(同40分の東偏)から、斉明天皇の即位(655)の頃に定星が変更されたと推定した。同遺跡の方位は奈文研[39,41]参照。なお、歳差を考慮した方位の計算法については竹迫忍[20,95-98]を参照。

(4)飛鳥京跡Ⅲ期内郭の中軸線の方位

当初は飛鳥浄御原宮とされていた飛鳥の宮については近年発掘が進み、舒明天皇の飛鳥岡本宮(Ⅰ期)、皇極天皇の飛鳥板蓋宮(Ⅱ期)、斉明天皇の後飛鳥岡本宮と天武

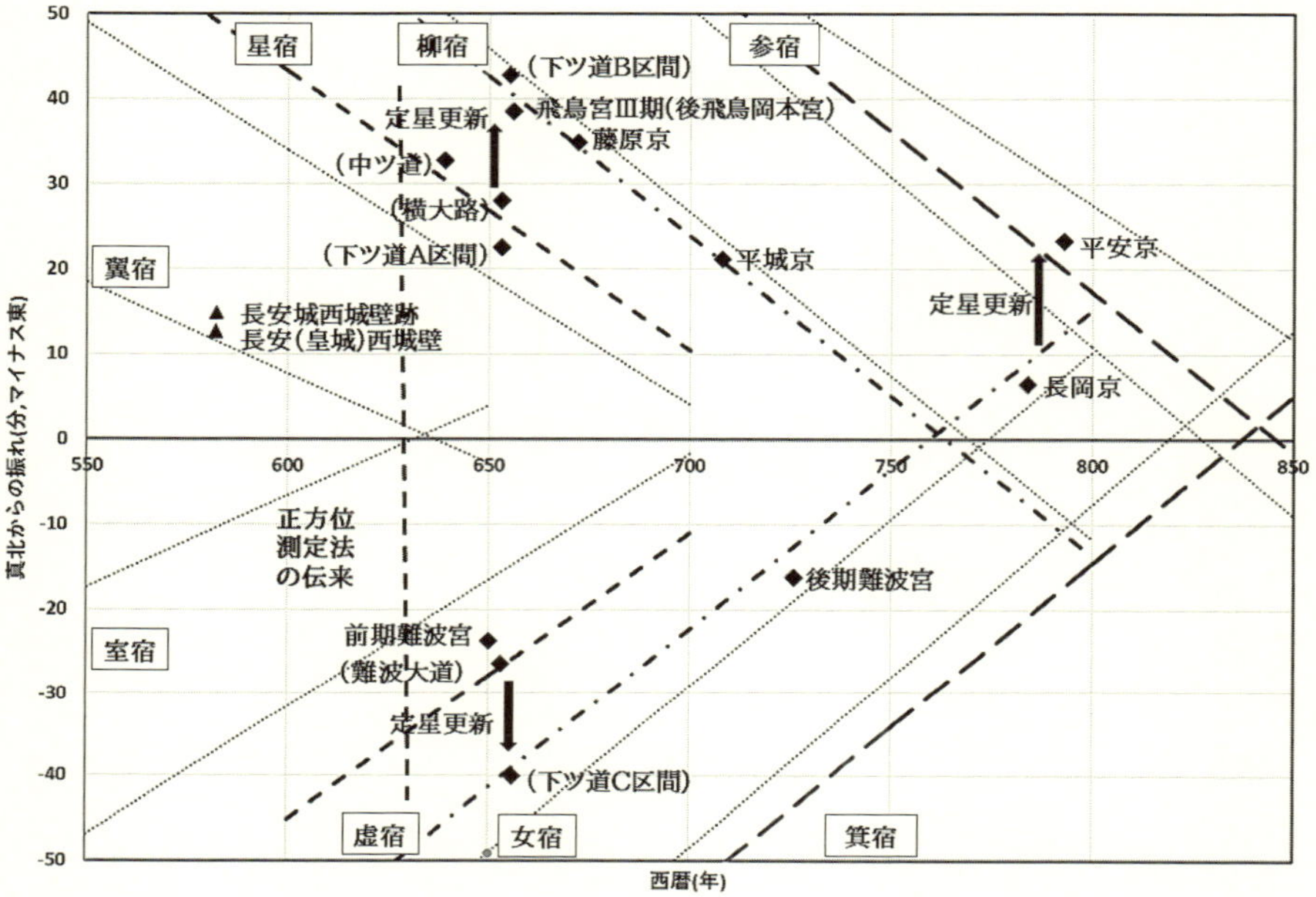

図12　北極星（HR4893）と星宿距星による方位線と都城や大道遺構の方位[24)]

表3　史跡遺構の振れと「取正之制」による方位との差（北極星：HR4893）

史跡	年代	遺構の方位	定星	計算方位(分)	差(分)	推定中心年	差(年)
(大和・中ツ道)	(639)	32分43秒	星宿	30.44	2.3	632	7
前期難波宮(中軸線)	650	－23分39秒	虚宿	-27.75	4.1	662	-12
難波大道中軸線	(653)	－26分22秒	虚宿	-26.73	0.4	654	-1
大和・下ツ道(A区間)	(653)	22分32秒	星宿	25.84	-3.3	662	-9
大和・下ツ道(B区間)	(655)	42分47秒	柳宿	40.77	2.0	649	6
大和・下ツ道(C区間)	(656)	－40分	女宿	-38.83	-1.2	653	3
大和・横大路	(653)	28分	星宿	25.84	-3.3	646	7
飛鳥宮Ⅲ期(後飛鳥岡本宮)	656	38分3秒	柳宿	40.2	0.5	662	-6
藤原京(条坊最適方格)	672	34分53秒	柳宿	34.38	0.5	671	1
平城京(条坊最適方格)	708	21分11秒	柳宿	20.86	0.3	707	1
後期難波宮(中軸線)	726	－16分14秒	女宿	-12.35	-3.9	716	10
長岡京(条坊最適方格)	784	6分28秒	女宿	9.35	-2.9	777	7
平安京(条坊最適方格)	793	23分15秒	参宿	19.95	3.3	784	9
平安京白河街区(今朱雀)	1075	－41分52秒	昴宿	-40.43	-1.4	1080	-5
			平均	-0.4±2.5(σ)		1.3±6.8(σ)	

注：冬の星座は2月、夏の星座は8月で計算した。

天皇の飛鳥浄御原宮(Ⅲ期)が営まれた京跡ということが判明した。その中軸線の方位に関してはどの資料にも明記されていない。しかし、奈良県立橿原考古学研究所[33,146]の表5には、飛鳥京跡Ⅲ期(後飛鳥岡本宮以降)の主要遺構の中心座標が掲載されている。その中軸線関係の座標が**表4**である。

表4　飛鳥京跡Ⅲ内郭　主要遺構座標一覧(世界測地系)

建物	X座標(m)	Y座標(m)	SB8010との方位
a　南門SB8010心	-169515.12	-16497.95	
b　内郭前殿SB7910心	-169489.05	-16497.90	N 0° 2'22"E*1
c　南の正殿SB0301心	-169442.50	-16497.84	N 0° 5'12"E
d　北の正殿SB0501心	-169403.75	-16497.96	N 0° 0'19"W
e　SB6205心	-169356.02	-16498.89	N 0° 20'19"W

出典：奈良県立橿原考古学研究所[33,146]
*1：N0° 6' 35"Eの誤り

表4を見ると、a点からd点までの中軸線はほぼ直角座標の北を指していることになる。しかし、e点は大きく外れているので、a点からe点までの5点で最良の中心軸を最小二乗法で計算する必要がある。エクセルでの計算結果としては、直角座標の北から31.97分の西偏となり、真北からは6.08分を加え38.05分の西偏となる。したがって、飛鳥京跡Ⅲ内郭の中心軸は、真北から約38分の西偏である。

一方、北極星HR4893と柳宿の距星を用いて方位を測定した場合、後飛鳥岡本宮が造営された656年には、真北より40.2分の西偏となる。これにより、飛鳥京跡Ⅲ内郭の中軸線の方位は、約2分の差で合致していることになる。石神遺跡にも直角座標で西に40分振れる区域がありこれに近い。奈文研[39,41]参照。

9. 天命思想受容以前に伝来していた測量法

飛鳥寺は588年に百済から仏舎利(釈迦の遺骨)が献じられたことにより、蘇我馬子が寺院建立を発願し、592年に起工し、596年に完成した日本最初の本格的な寺院とされている。創建時の飛鳥寺は、**図13**のように塔を中心に東・西・北の三方に金堂を配し、その外側に回廊をめぐらした伽藍配置だったとされる。

その南北中軸線については真北とされている。しかし、**図13**を見ると講堂や回廊などは約1.5度西に振れている。これについて、奈文研[35,15]は『これらの遺跡は伽藍中軸線をよく真北に通しているにもかかわらず、塔および仏殿を除いてはいずれも多少の方位の「振れ」を持っており、おのおので異なっている。その振れ方は回廊が各辺

で異なるために不正な四辺形となってしまうような状態で、全く仕事のにごりと理解される…。』と解説している。なお、奈文研[35,38]によると、門を含む回廊部分の建物群は礎石が残されているが、中心伽藍の塔および仏殿(3つの金堂)基壇は礎石ごと削られていた。そのためこれら中心伽藍の正確な方位は、測定できていないと考えられる。また、同報告書では「仕事のにごり」としているが、南北方位である西門は約1.5度西偏、他の礎石から測定された東西方位3箇所の平均も1.34度±0.28度の西偏であり、真北の南北中軸線から東西直線を割り出したものではない。したがって、門を含む回廊の南北中軸線は約1.5度西偏であると考えられる。これにより、飛鳥寺には「真北とされる中心伽藍の中軸線」と「約1.5度西偏の回廊部の中軸線」の2つがあることになる。また、飛鳥寺の起工時の592年頃には、北極星の代わりに北斗七星第4星を用い軫宿の距星でえられる方位が約95分であり、回廊の約1.5度の中軸線の方位は、この方法で測量された可能性が高い。

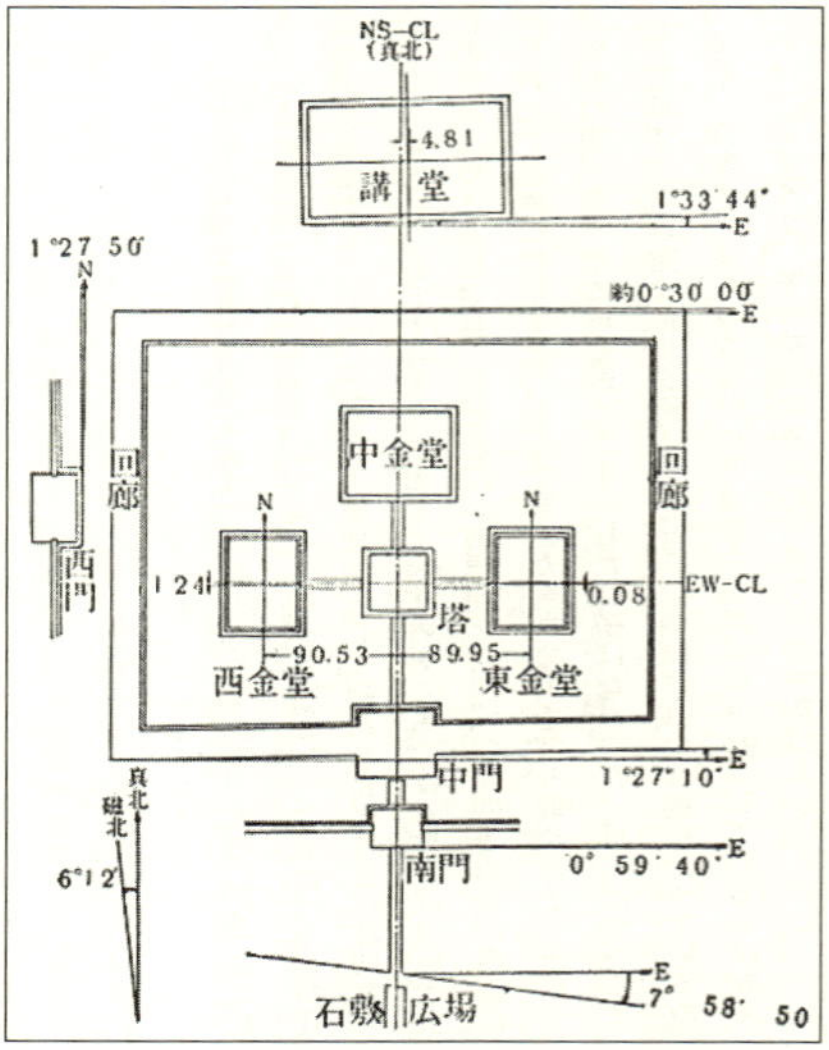

図13　飛鳥寺の中軸線と遺構の方位（出典：奈文研［35,15 Fig.4］）

さらに、**図14**の奈文研[35,PLAN7]塔心礎実測図では、刻んである十字の南北東西線の溝が、正方位の線に乗らずわずかに西偏しているのがわかる。このずれを実測図の溝の中心で計測すると平均で約1.7度程度の西偏である。これは回廊の建物の方位とほぼ一致しており、この一致が工事の施工誤差で偶然おきる可能性は少ない。これは、塔心礎の設置にも「1.5度程度西偏の測量方法」が用いられたことを示している。奈文研[35,18]はこ

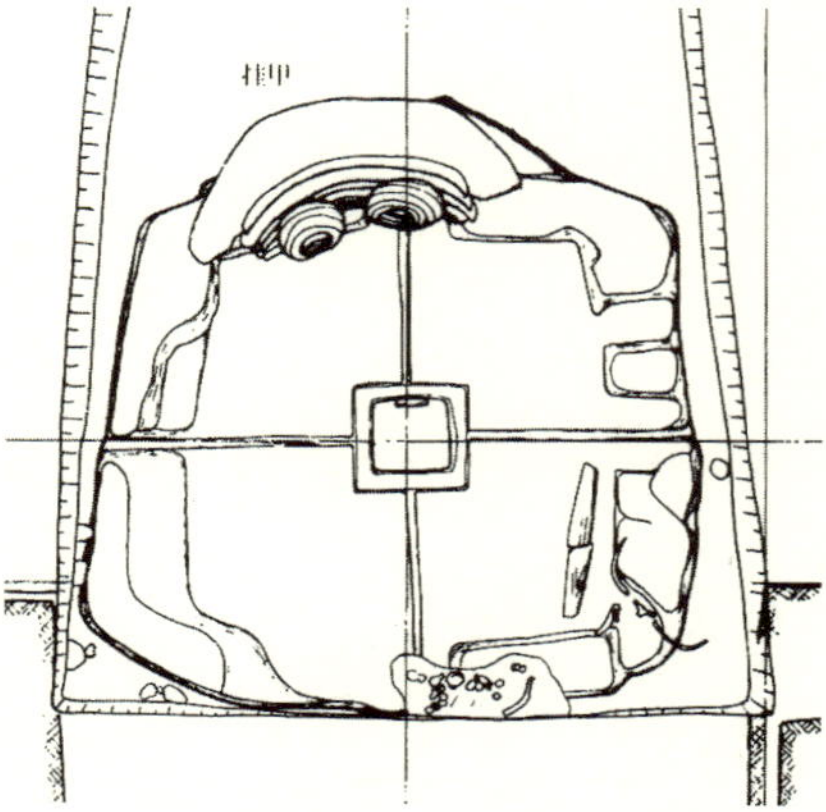

図14　飛鳥寺塔心礎図(出典：奈文研[35, PLAN7])

の十字の溝の方位のずれについては考察していない。なお塔心礎の十字の軸線が、寺の中軸線に沿って設置されている例は、百済末期の王都・益山の弥勒寺の西塔の心礎でも確認できる。

飛鳥寺では北斗七星第4星による測量法が用いられたと推定できるので、この測量法は、飛鳥寺建立に派遣された百済の技師から伝わったと考えられる。飛鳥寺には、真南北の中軸線も測量されてはいるが、その測量法は、舒明朝に始まる天命思想に基づく北極星による正方位測量法ではなく、太陽によるインディアンサークル法と推定される。何らかの理由で中軸線のみ昼間に測量されたのであろう。インディアンサークル法が用いられた真南北中軸線の遺構は現時点では他にない。

(1)北斗七星第4星による方位測量

図15に北極星の代わりに北斗七星第4星(δ UMa,HR4660)を用いた場合の方位測量の方位線とそれに沿った古代の遺構を示す。北斗七星で第4星の方位を測定した場合、軫宿距星(γ Crv,4662)が南中したときに真北から約1.5度西偏と、壁宿距星(γ Peg,HR39)が南中したときに約20分東偏の方位がえられる。この方位線に沿うのが、

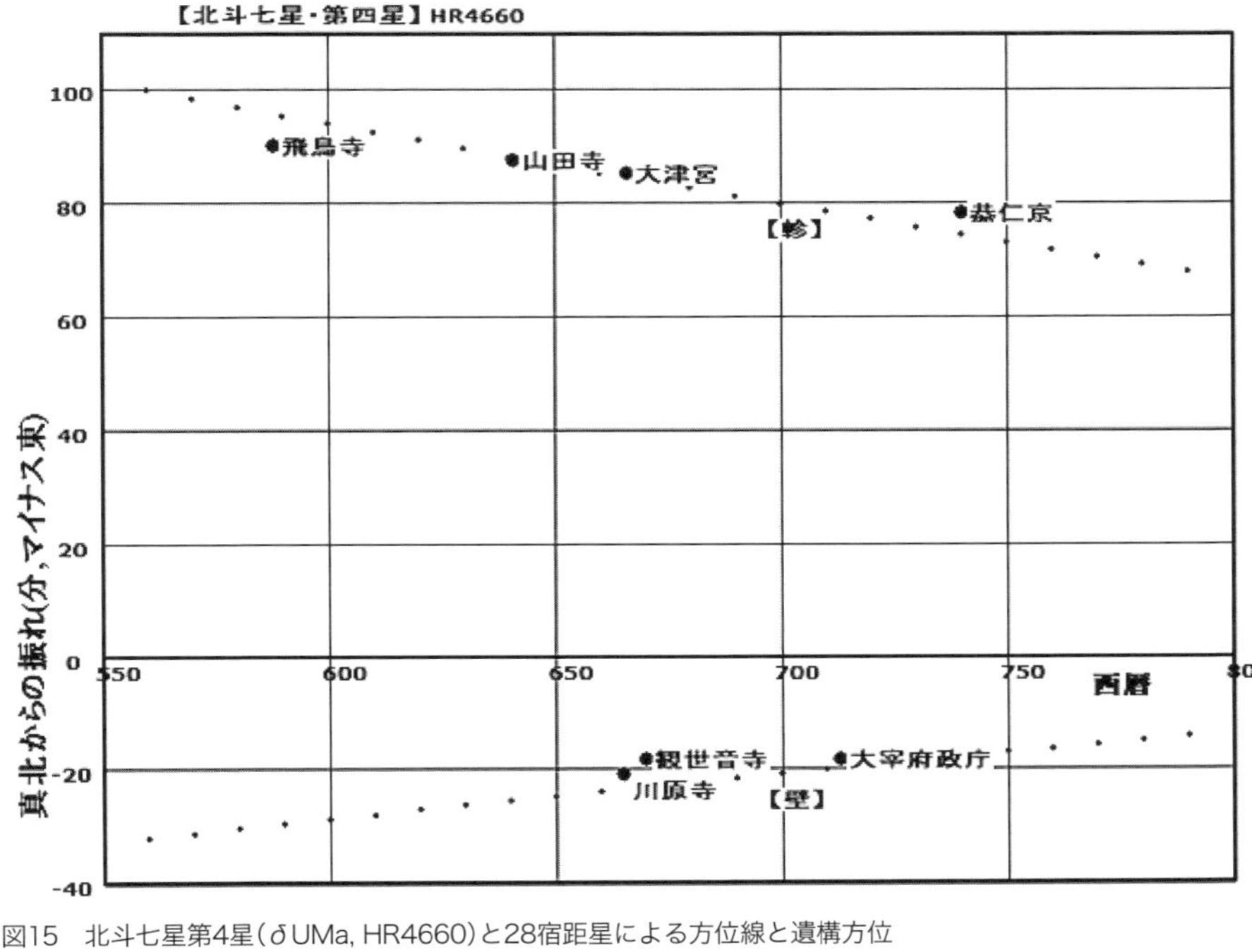

図15　北斗七星第4星(δUMa, HR4660)と28宿距星による方位線と遺構方位

飛鳥寺、山田寺、大津京、恭仁京などの西偏の遺構と、川原寺、大宰府観世音寺(造営年代不明)、大宰府政庁などに東偏の遺構である。

これらの遺構の共通点は、1)豪族の氏寺、2)天智天皇関連、3)地方の政庁、4)仏都などである。中国での北極星による測量が行われた都城は、皇帝の居城に限られる。それに対して、日本では、天皇の居城の都から日本中に正方位の建造物が広がっているとの印象がある。しかし、**図12**と**図15**を比べると、日本においても天命思想に基づく北極星による測量は、天皇の居城関連に限られていた。これは、後に陰陽寮とされる組織がこの測量法を厳格に管理していたことを示している[25)]。

10. 日本の古道の造営方位の解析と年代推定

(1)大和の三古道(上ツ道、中ツ道、下ツ道)建設年代の通説

大和三古道は、下ツ道を基準にしてほぼ同時期に敷設されたと考えられている。具体的には、大和平野南部を東西に走る横大路を基準に、まず下ツ道を決め、そこから当時の単位で4里にあたる2,118メートル[26)]間隔で中ツ道と上ツ道を置いたとされている。建設年代については、下ツ道の起点とされる丸山古墳に関係の深い推古天皇の時代に建設されたという説がある。他に、正方位が導入された7世紀半ばとする説と大きく2分されている。しかしこのような、これまでの三古道の建設年代の通説は、道路の発掘などによる考古学的根拠をもとにしたものではない。

(2)中ツ道の実ルートの検証

中ツ道は奈良県道51号天理環状線に平行していると考えられている。51号の沿線にある発掘地点や中ツ道関連の神社などをリストにしたのが**表5**である。中ツ道は2000年以降②③④[27)]と⑫の4ヶ所の発掘が行われた。②③④はその51号環状線上で、⑫は中ツ道の跡と見られている藤原京の東二坊大路上である。しかし、⑫から②を見た方位は真北から西に52分も振れてしまい、下ツ道の振れ24.4分の倍である。そこで**表5**を図にしたのが**図16**である。

想定ルート通りであれば、藤原京の東二坊大路を出た道は平城京の第四坊大路に直接入るはずである。しかし、中ツ道の実ルートは藤原京を出てすぐに想定ルートより100メートルほど西に折れ、下ツ道よりやや西に振れた方位で進む。上ツ道との間隔は西に寄った分約100メートル広い。北方では、そのまま進めば、平城京の東四坊大路より西の東四坊東小路に入るところを、さらに30メートルほど西に寄り、中ツ道跡とされる京道地割①を通り平城京に入る。最近平城京には当初十条まであったこと

表5　中ツ道関連発掘場所及び神社等(単位はメートル)

番号	場所	緯度	経度	X座標	Y座標	近似式差
①	地割・京道	34.650	135.816	-149712.50	-16866.50	-31.2
②	天理市池田町発掘地点	34.641	135.816	-150755.00	-16825.00	2.3
③	天理市櫟本町発掘地点	34.618	135.817	-153330.00	-16811.60	-4.2
④	天理市喜殿町発掘地点	34.611	135.817	-154034.50	-16803.50	-1.5
⑤	山邊御縣神社	34.587	135.817	-156753.53	-16779.80	1.2
⑥	初王子神社	34.577	135.817	-157819.41	-16766.05	6.8
⑦	天皇神社	34.574	135.817	-158152.62	-16765.27	5.0
⑧	素盞男神社	34.564	135.817	-159275.49	-16767.31	-5.7
⑨	村屋神社	34.548	135.818	-161032.08	-16746.53	1.5
⑩	天満神社	34.534	135.818	-162650.66	-16740.91	-5.4
⑪	三輪神社	34.511	135.819	-165126.20	-16621.42	95.0
⑫	東二坊大路(発掘地点)	34.509	135.819	-165430.00	-16630.74	83.4
⑬	天香久山(国常立神社)	34.496	135.818	-166883.06	-16689.96	13.0
⑭	水落遺跡	34.480	135.818	-168564.28	-16691.60	-1.6
⑮	橘寺東門	34.470	135.819	-169709.35	-16672.80	8.3

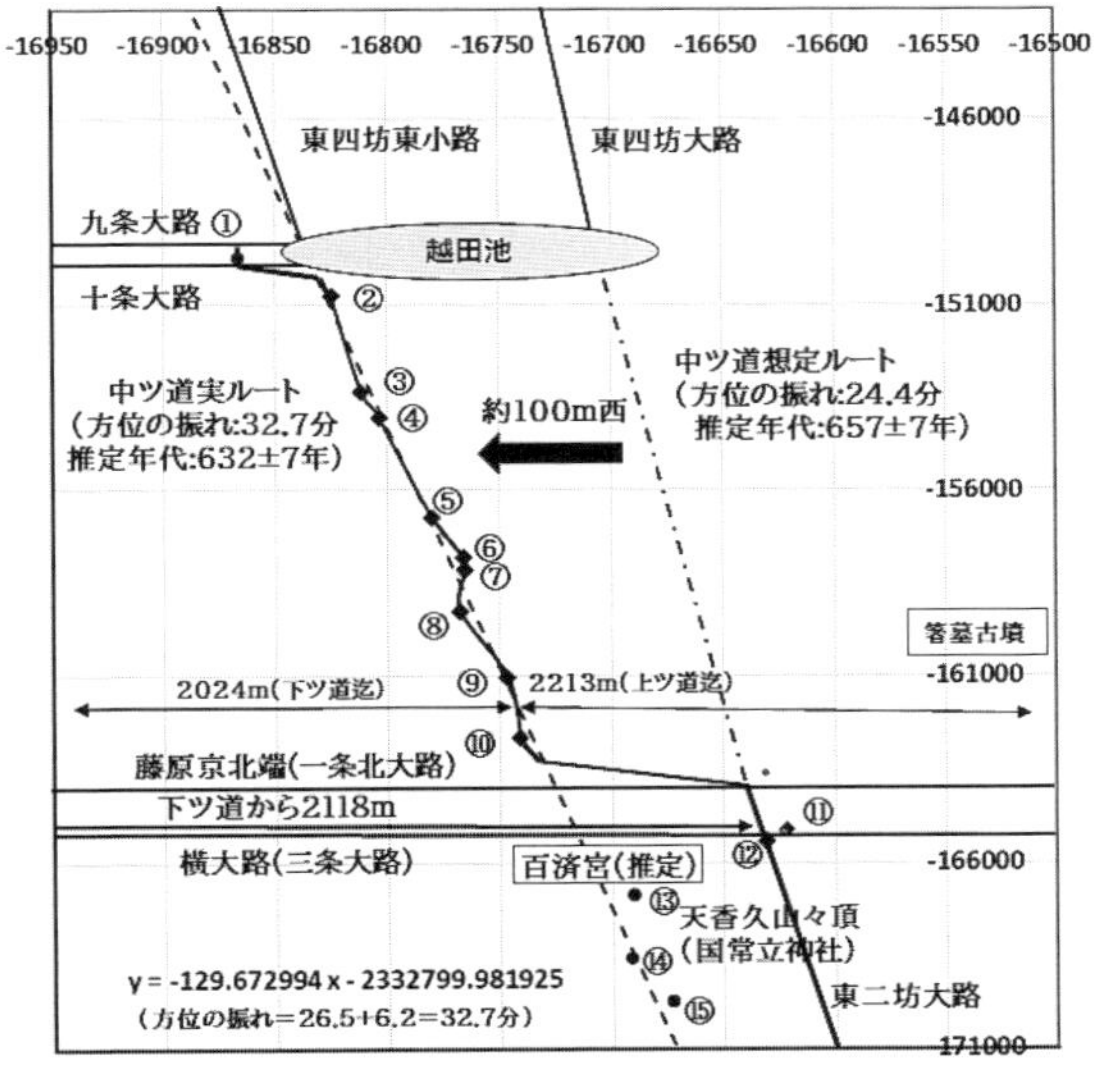

図16　中ツ道ルート図(世界測地系)
注:中ツ道実ルートの近似直線は②から⑩のデータによる。

がわかり、この京道地割も平城京内の道である。中ツ道の北方も平城京に入るわずかの距離のなかで30メートルほど西に振れていることになる。

この南北2個所の急変化の部分を除くと、中ツ道の実ルートの大部分(12キロ)は直線道路である。それを南に延長すると、天香具山々頂に達する。この図から中ツ道の測量の起点は明らかに天香久山であり、下ツ道との関係性はない。

それを裏付けるのが方位の違いである。中ツ道の直線部の真北からの振れは32.7分で下ツ道より8.3分大きい。定

星が星宿で振れが32.7分の建設推定年は632±7年となる。**表2**では630年に造営された飛鳥岡本宮は西に20°傾いているのでまだ正方位の思想は伝来していない。年表では636年に飛鳥岡本宮が焼失し、舒明天皇は田中宮に遷御している。その後、中ツ道から東約1キロの辺りに百済大寺(639)の造営を始め、その西に百済宮を置いた。この時期に北から百済宮へ入る大道(中ツ道)が敷設されたとすると方位も合致する[28]。中ツ道は百済宮から北に向かい、斑鳩を経由して難波津へ向かう道だろう。

順を追って整理すると、まず百済宮造営時に中ツ道が敷設された。その後に、下ツ道とその東8里に上ツ道が敷設された。天武天皇の藤原京造営にともない、下ツ道から4里(2118メートル)の位置に東二坊大路が設けられた。中ツ道との東西差約90メートルを補正するため、急角度の接続路が造られた。平城京造営においては、中ツ道と東四坊東小路とは九条大路において約2メートルしか違わないのでそのまま接続された。したがって、中ツ道は東四坊東小路の下層にあることになる。その後越田池造成のため、さらに30メートルほど西に接続路(京道)が造られたと考えられる。

横大路での、下ツ道と藤原京・東二坊大路(三輪神社)の間隔と東二坊大路と上ツ道の間隔が同じであるのは、単に測量基準が同じためである。中ツ道は橘街道ともよばれ、中世から江戸にかけてその記録が残っていて、三輪神社の欅《けやき》はその街道の目印にされた。しかし、藤原京以前の中ツ道が三輪神社を通っていたとする確証は、実はなにもない。方位の面からも中ツ道実ルートは遺構⑫から90メートルも西にあるので、遺構⑫は中ツ道ではなく東二坊大路の遺構である。したがって、「三古道が同時期に等間隔で建設された」とする推定は誤りである。

中ツ道と大和東部の条里制

従来中ツ道に関しては発掘データが無く、条里制に残る遺存地割を目印に研究が進められてきた。遺存地割とは、水田の地割のなかから、普遍的な水田地割と異なって、東西や南北方向に細長く連なる特異な地割である。中ツ道に関しては井上和人[2,22]に**図13**「中ツ道全図」として掲載されている。また、井上和人[3,182]はこの遺存地割をもとに中ツ道の方位の解析を行っているが、南部は前述した平城京の条坊路、北部は平城京の京道地割を通ると想定しているため、西に大きく振れた方位(63分33秒、15.6キロ、京道・三輪神社間)となっている。

井上和人[2,22]**図13**で中ツ道のルートを見ると、南部では香久山まで条里制の3里[29]と4里の境界線が筆者の中ツ道実ルートの中心線と一致している。すなわち、条里制は藤原京の条坊路を一切無視して実施されている。北部に関しては、京道地割の東端が

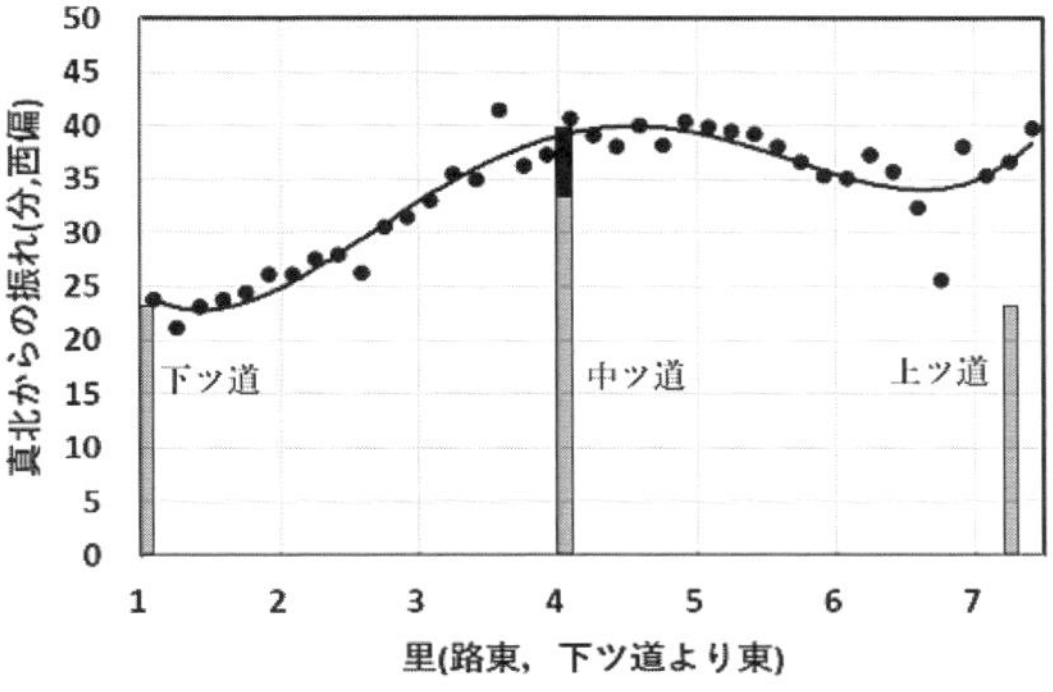

図17　南北方向の条里制地割の方位

3里と4里の境界となっており、平城京の整備後の中ツ道ルートに一致している[30)]。また、遺存地割は南部では境界線の東に隣接し、北部では西に隣接するという特徴もある。

木全敬蔵[11,108]には地割の南北方位の表がある。**図17**はそれを図にしたもので、6.2分加えて真北からの振れに変換した。1里目初めが下ツ道、4里目が中ツ道、7里2町目が上ツ道にあたる。4里における約40分の方位と中ツ道の実方位32.7分との差は京道地割による増加分約7分(30メートル／15キロ)と考える。4里付近から東の方位は、平城京整備後の中ツ道がほぼ条里制の基準となっている[31)]。また、下ツ道と中ツ道の間の間隔は等分したことになる。

(3)下ツ道の建設手順と年代の特定

従来の下ツ道の方位(公称値)

下ツ道の方位の振れは、橿原市八木の遺存地割(1982発掘)と朱雀門北の下ツ道中軸を結び、平均で17分25秒西偏(直角座標)とされ、真北からは約7分西偏を加えて24.4分西偏である。その後の発掘地点の方位との差も数分しかなかったので、下ツ道は直線道路と考えられていた。また、岸俊男[10,102-103]は見瀬円山古墳を下ツ道の起点と推定し、それが今では通説となっている。しかし下ツ道は、方位の違う3区間に分けて建設されたことを発見し竹迫忍[21]で発表した。

下ツ道の新しい発掘データによる方位

橿原市教委[9,48]は、下ツ道南部の発掘地点を結ぶ方位が、従来の倍の約36分西偏と報告している。しかも、地上の道路の方位とも大きな矛盾はない。そこで、**図18**のように他の発掘結果と併せて解析したところ、下ツ道の北部(A)と南部(B)の道は、藤原京内の下ツ道が筋違道(太子道)と交差している地点で接続していることが判明した。**図19**は交差する付近を拡大した図で、斜めの道が筋違道、北からの道が当初の下ツ道である。交差する地点から飛鳥の宮に向かう道は、当初は官道である筋違道が使われたと考えられる。また、**図12**を見ても推古朝の時代には真北から約23分西偏の方位を得ることができる定星はない。下ツ道は推古朝より後の時代に、筋違道との

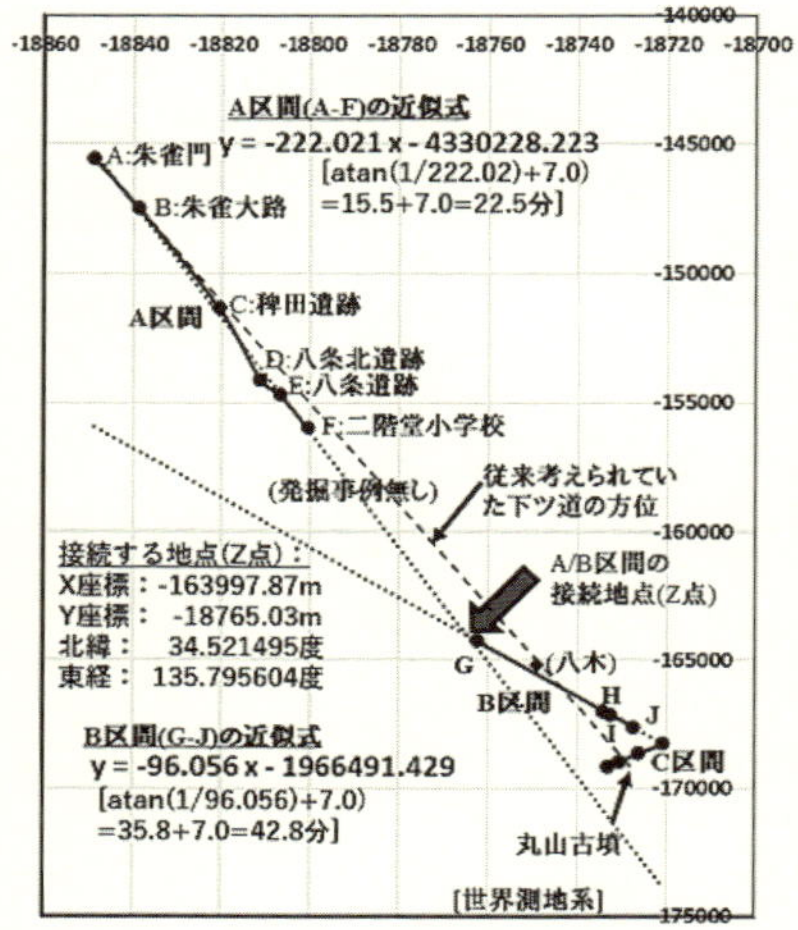

図18　下ツ道の方位（東西側溝中心の中点に補正）

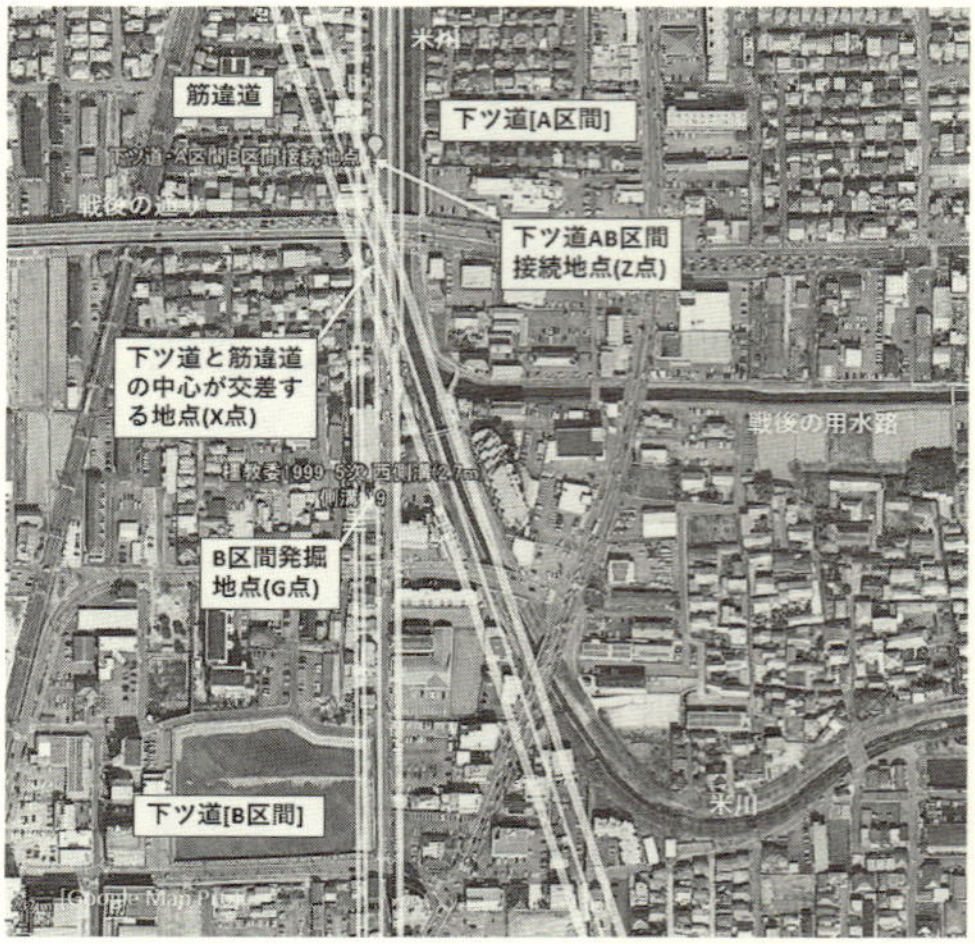

図19　下ツ道と太子道との交差点の拡大図（Google Earth Proの画像に加筆）

交差点を起点に北へ建設されたことになる。

南部の道は軽衢《かるのちまた》以南で方位がずれる

B区間は軽衢までは、地上の道路が下ツ道の想定路面におさまっている。しかし、軽衢から南では、地上の道路が想定線より大きくはずれ、丸山古墳にも食い込んでいた。そこで、軽衢からの道路の方位に合わせて道を延ばすと、丸山古墳の北西のカドをわずかに削り通過することが確認できた。このことは相原嘉之[1,26]が指摘している。軽衢から丸山古墳の北西部を削る方位は、計算すると約40分の東偏となった。この場合、地上の道路も想定線の内側に収まる。これにより、軽衢から南をC区間とし、その方位を40分の東偏と推定した。

下ツ道は3区間に分けて建設されていた

したがって、これまでの「下ツ道は丸山古墳を起点に平城京まで続く直線道」という通説はくつがえり、3区間に分けて建設されていたことが判明した。

A区間は筋違道交差点を起点とし平城京まで約19キロで22.6分の西偏。

B区間は筋違道交差点から軽衢まで約4キロで42.8分の西偏。

C区間は軽衢から飛鳥宮入口まで約1キロで、逆の約40分の東偏。

これにより、一番距離の長い北のA区間が本来の下ツ道であり、大和三古道の推古朝建設説の論拠とされてきた、丸山古墳起点説はくずれ、丸山古墳と下ツ道の関係性

は全く無いことも判明した。方位による建設推定年は、それぞれA区間が662年、B区間が649年、C区間が653年を中心に±7年程度の範囲になる。しかし、斉明天皇即位の655年に定星が替わった条件を加えると、A区間は654年頃、B区間は655から656年頃、C区間は655から660年頃の建設と推定される。

下ツ道3区間の建設年代の日本書紀との整合

そこで、日本書紀をみると、この3区間の推定年に対応する記述がある。

A区間は、653年にある「ところどころの大道を直した」という記録に整合する。難波大道や上ツ道もその方位により、この頃に整備されたと考えられる。

B区間は、斉明天皇が即位した655年に、小墾田宮を起こそうとしたが、木材が朽ちており、取りやめになったという記録に整合する。この時に、軽衢を経由して、小墾田宮までの道があらかじめ整備されたと考えられる。また、小墾田宮から東に向かう山田道の直線部もこの時代に整備されたことが、発掘により判明している。

C区間は、その翌年の656年に飛鳥に宮を起こしたという記録と合う。この時に、軽衢から飛鳥の宮までの道が整備されたと考えられる。また、同じ年に、狂心(たぶれごころ)の渠(みぞ)を築いているので、飛鳥への陸路と水路を整備したことになる。

このように、下ツ道は孝徳朝の653年にプレ下ツ道と筋違道(太子道)の交点から真北に建設され、その後の斉明朝に南に延長されたことになる。

(4)筋違道(太子道)の経路

筋違道ではこれまで**表7**のPからTの5ヶ所で側溝の遺構が見つかっている。遺構は全て西側溝の東縁なので、路面幅22メートル、方位約18.2°として道路中心に換算した。なお、発掘報告書に発掘場所の座標がない場合は添付されている発掘図から計測した。また、**表7**の発掘地点だけで近似式を求めた場合は、藤原宮南の日高山と交差するので、筆者がGoogle Earth Proで測定した日高山の西端(U点)と直線部の北端(O点)を加えた。日高山の西側には真北から西に約15°傾斜する数メートルの段差があり、ここは筋違道の切通しの可能性がある。

図20の近似式より、筋違道の方位は18.18°西偏。下ツ道と交差する点(X点)はX=-164072.16メートルとなり、Z点の約74メートル南であるが、筋違道の道幅を28メートル程度とすると、南北方向の片幅は47メートル程であり、z点との差は誤差の範囲である。また、**表7**の誤差から、発掘点の南部(R→T)では方位が若干西に傾き、実経路が東寄りになっていることから、X点が数十メートル北にある可能性もあるが、大きくは違わない。

表6　下ツ道のデータ

測定点		Y座標(m)			X座標(m)	計算式		参照文献
		東側溝心	西側溝心	中心		Y座標(m)	差(m)	
A	朱雀門			-18848.76	-145557.23	-18848.09	-0.68	奈文研[36,20]
B	朱雀大路(五条〜六条間)			-18838.81	-147484.19	-18839.41	0.59	奈文研[36,20]
C	稗田遺跡	-18808.56	-18832.86	-18820.71	-151328.51	-18822.09	1.38	奈文研[37,20]
D	八条北遺跡	-18799.50	-18823.40	-18811.45	-154080.00	-18809.70	-1.75	持田大輔[46,96-99]
E	八条遺跡	-18794.30		-18807.05	-154670.00	-18807.04	-0.00	大和郡山市教委[50,37]
F	二階堂小学校	-18788.00		-18800.75	-155975.00	-18801.16	0.41	天理市教委[29,5-7]
G	藤原京右京四条五坊		-18775.39	-18762.64	-164223.45	-18762.68	0.04	橿原市教委[9,48]
H	藤原京右京七条四坊	-18721.49		-18734.24	-166974.38	-18734.04	-0.20	奈文研[38,20]
I	藤原京右京八条五坊		-18745.14	-18732.39	-167137.37	-18732.34	-0.05	橿原市教委[9,48]
J	藤原京右京十条五坊		-18740.10	-18727.35	-167599.00	-18727.54	0.19	橿原市教委[9,48]
C区間	軽衢			-18720.72	-168248.73			Google Map Proで測定
C区間	道路二又			-18726.19	-168638.71			同上
C区間	丸山古墳切通			-18730.50	-168951.94			同上
C区間	飛鳥入口			-18732.98	-169136.07			同上

表7　筋違道の発掘及び測定データのまとめ

測定点		西側溝東縁(m)		道路中心(m)		計算値(近似式)		参照文献
		Y座標(m)	X座標(m)	Y座標(m)	X座標(m)	Y座標(m)	差(m)	
O	起点(直線部北端)	—	—	-20942.01	-157343.26	-20958.7	16.7	筆者測定
P	保津・宮古遺跡第14次	-20124.22	-159943.47	-20113.77	-159940.02	-20112.0	-1.8	田原本町教委[23,26]
Q	筋違道第4次(保津)	-20026.00	-160255.00	-20015.55	-160251.55	-20010.4	-5.1	田原本町教委[27,81]
R	筋違道試掘(バースデイ)	-19989.65	-160392.18	-19979.20	-160388.73	-19965.7	-13.5	田原本町教委[24,30]
S	筋違道第3次(薬王寺東遺跡)	-19939.00	-160533.00	-19928.55	-160529.55	-19919.8	-8.8	田原本町教委[26,74]
T	多新堂遺跡第3次(SD-52)	-19157.52	-162873.83	-19147.07	-162870.38	-19156.5	9.5	田原本町教委[25,58]
U	日高山西端から西14m地点	—	—	-17780.37	-167079.17	-17784.2	3.8	筆者測定

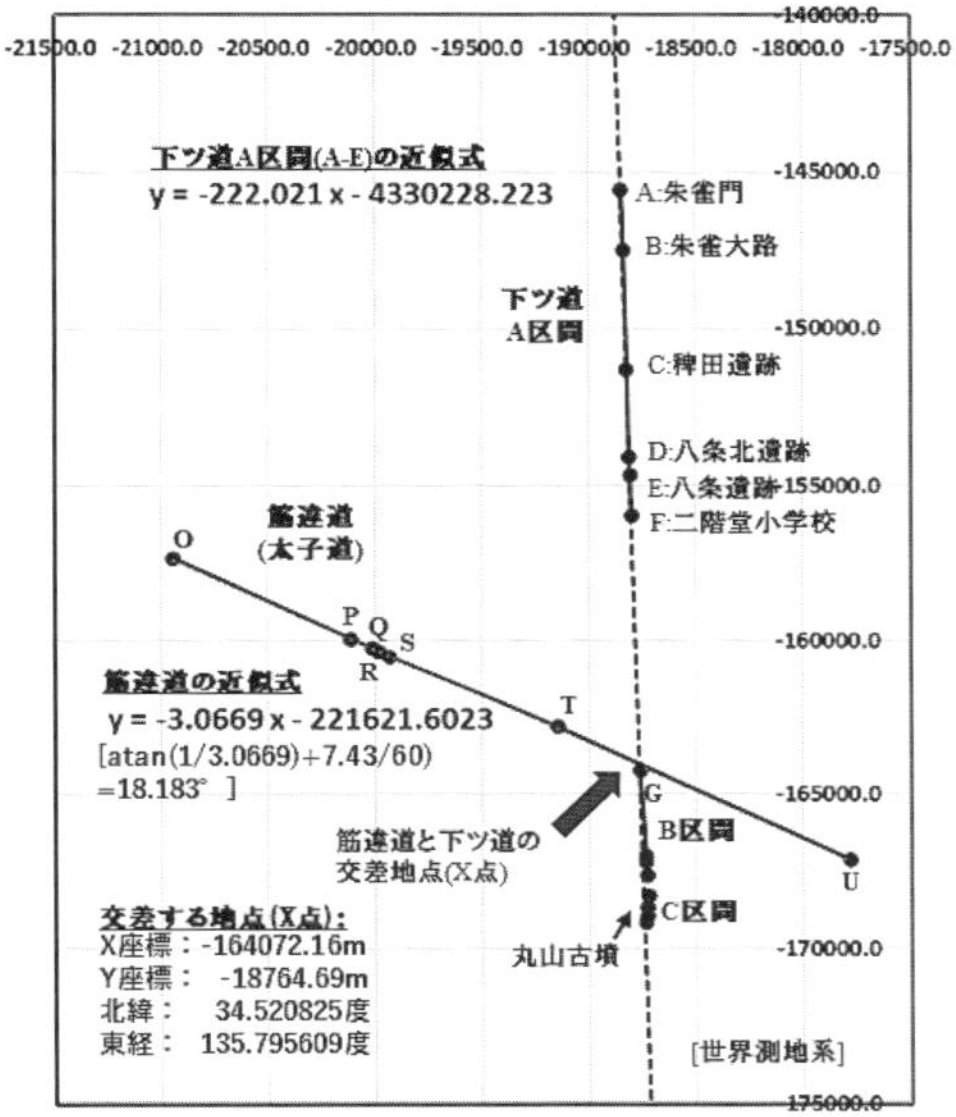

図20　筋違道と下ツ道の交差点(X)

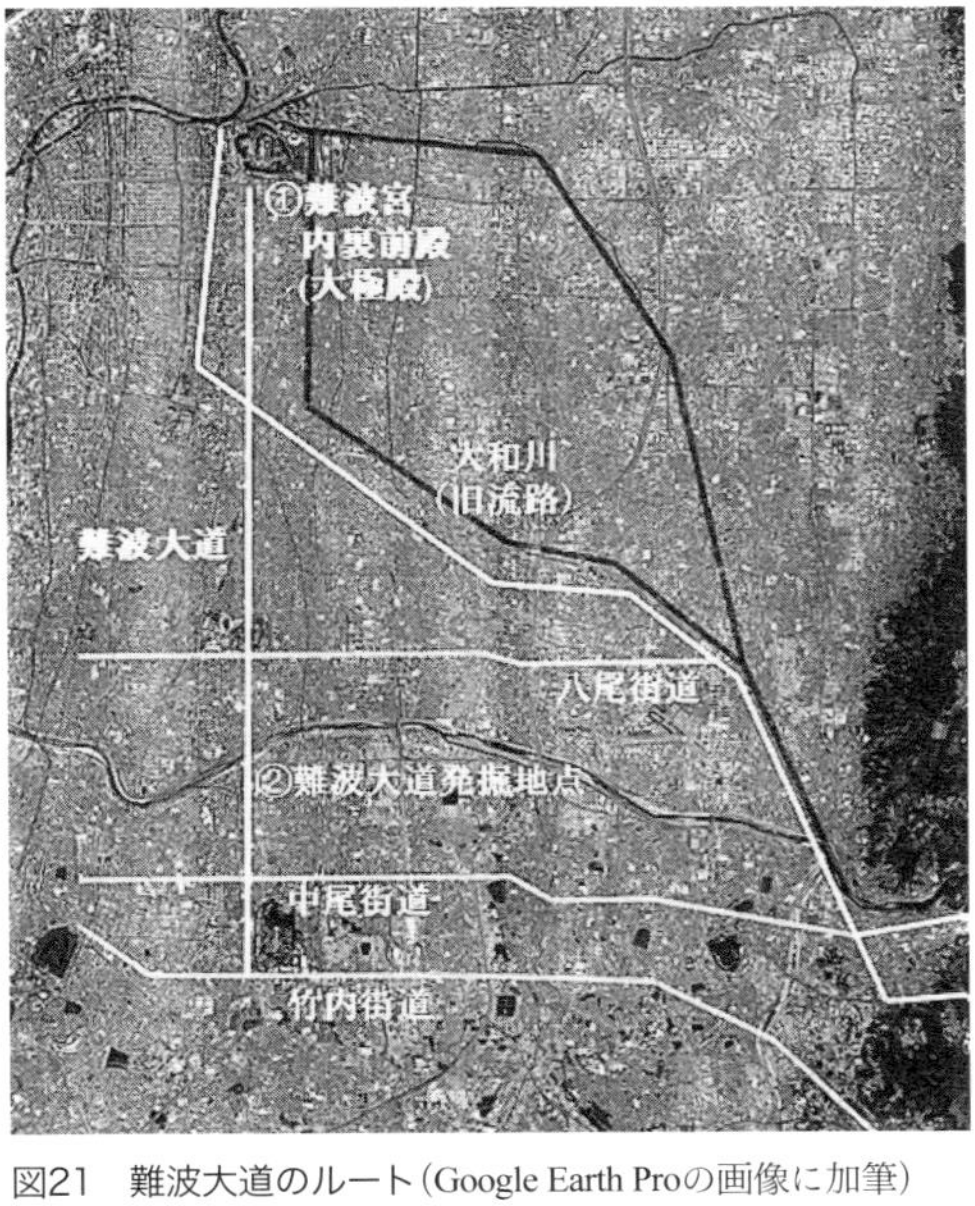

図21　難波大道のルート(Google Earth Proの画像に加筆)

(5)難波大道の方位による建設年代の推定

難波大道は、**図21**の難波宮から真南に建設された直線道路である。前期難波宮の内裏前殿①と、大和川今池遺跡の発掘箇所②を結ぶ方位は26.2分東偏であり、推定年は655年±7年である。これは、前期難波宮の造営年代と同じ時期であり、発掘成果とも整合し、孝徳朝652年頃に下ツ道と同時期に建設されたと考えられる。

位置情報(道路中心)

①:北緯34.681335°、東経135.523280°

②:北緯34.593196°、東経135.522466°

(6)横大路の方位による建設年代の推定

大和平野の南部を東西に横切る横大路は古くからあったと考えられている。ここでは直線道路に改修された年代を推定する。東西道は、南北線から直角に東西線を割りだす分、南北道より誤差が増える。横大路の上を走る現在の道路の方位は東で約28分北に振れており、真北から28分の西偏になる。推定年は646±(7年＋α)となるので、他の大道と同じく653年に建設されたと推定できる。また、下ツ道が横大路ではなく、筋違道(太子道)から北に建設されたのもそれを裏付ける。

(7)中大兄皇子一行の飛鳥への帰還(653)の道

653年に難波宮に孝徳天皇を残し、飛鳥に戻る中大兄皇子の一行は、完成したばかりの難波大道から長尾街道に折れ、竜田道から下ツ道に入り、太子道を通り、飛鳥河辺行宮に入ったと思われる。皇極上皇に公卿・百官が従った新大道での行列は、新しい時代への幕開けであった。

(8)推古天皇の「難波から京へ至る大道」のルート

日本書紀の推古天皇21年(613)に「難波から京に至る大道を置く」とあり、通説では、難波の津から真南に難波大道を下り、真東に竹内街道を通り、横大路で飛鳥に入る道とされている。しかし、難波大道は発掘により前期難波宮の朱雀大路に接続し、その方位も宮とほぼ同じであることが判明している。したがって、難波大道は652年の前期難波宮以降に建設されたと推定される。

通説に代わり、難波の津から川沿いに渋河道を南東に下り、竜田道を通り、筋違道で飛鳥に入るルートが、安村俊史[48]により提唱されている。筋違道を使うルートは、水運の経路である川に沿っている。また今回、下ツ道が当初筋違道と接続していたことが分かったことも、筋違道が推古朝の小墾田宮までの官道であった大きな根拠となる。さらに、舒明天皇が飛鳥岡本宮焼失から百済宮の間に宮を構えた田中宮(636)も筋違道の沿道であり、当時官道だった証拠でもある。

11. 天命思想の受容にみる飛鳥時代の変革

(1)正方位の都城・宮殿の意味するもの

中国では正方位の都城は、春秋戦国時代に始まり、元の時代まで確認できる。しかし、元の時代の都城は北極星を違え、または真北から方位を故意にずらしており、唐代の天命思想がそのまま継承されたものではないようである。また、太極殿は、曹魏にはじまり唐まで続くが、宋代以降は途絶えている。これを妹尾達彦[13,193]は宇宙論的儀礼論から実践的儀礼論に移ったためとしている。日本での飛鳥時代の宮の正方位化や大極殿の造営は、唐で最盛期にあった天命思想の伝来を意味している。

中国の正方位の都城や宮殿は**図23**に示すように、天命思想の上に築かれていた。北極星による測量はそれを具現化する測量法だった。

日本において、最初の正方位の宮は天香具山の麓に造営された舒明天皇の百済宮である。百済宮は未発見であるが、併設された百済大寺(吉備池廃寺)が正方位であることから推定できる。その宮から、北に向けて建設された大路が中ツ道だった。また、

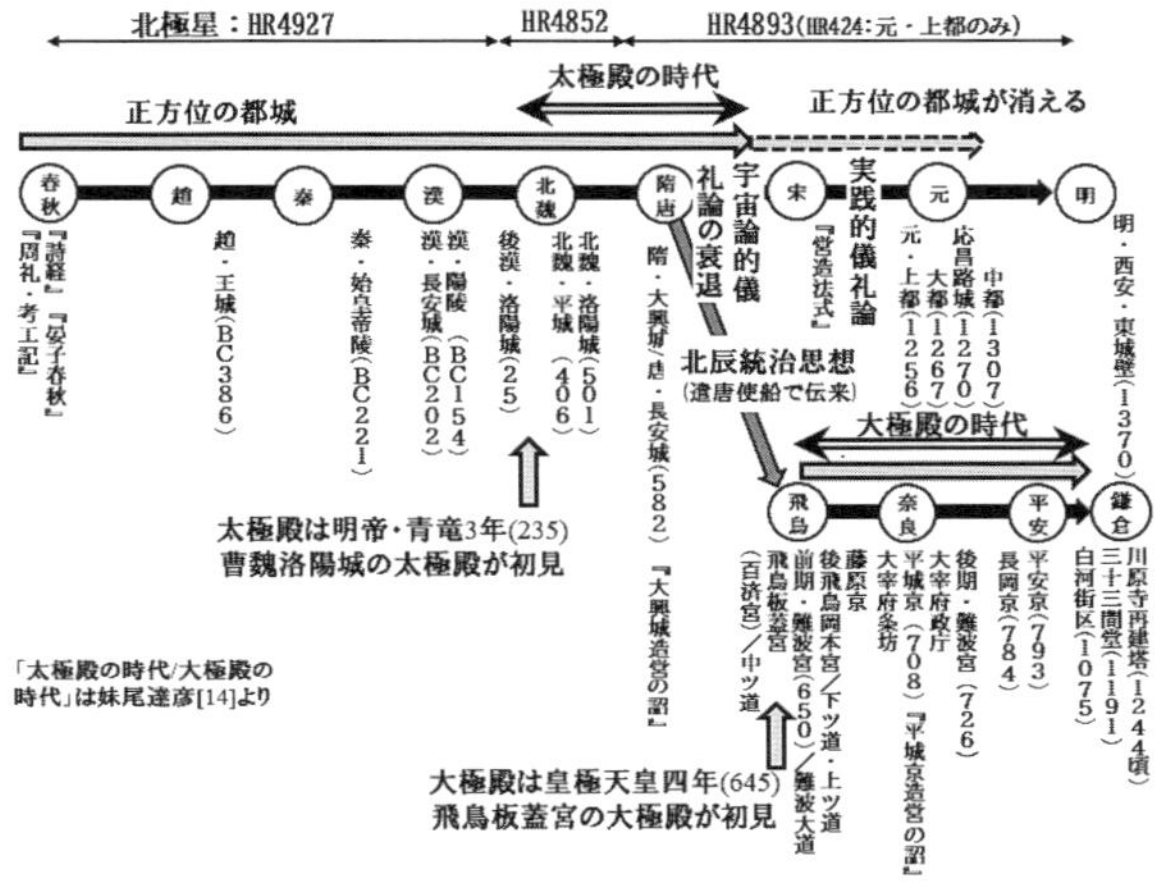

図22　正方位の都城と太極殿／大極殿の系譜(注:元代の大都、中都、応昌路城を除き、正方位の造営を確認した遺構や造営物)

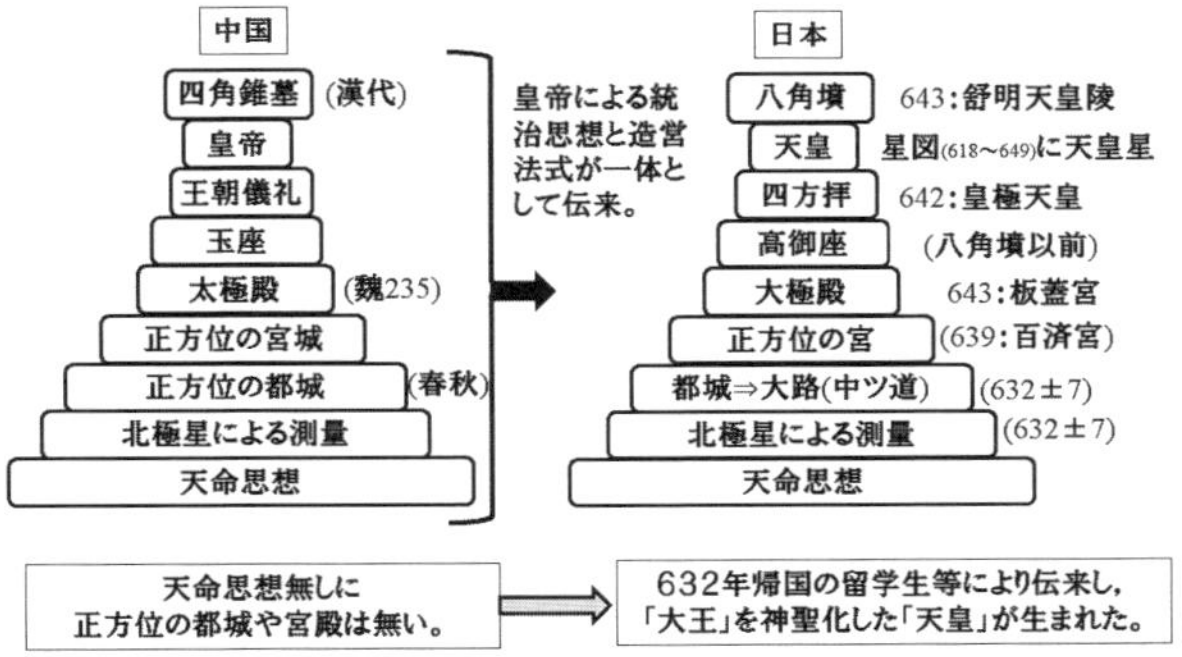

図23　天命思想の上に築かれた構造

大極殿は板蓋宮での乙巳の変で初めて登場するが、中国にはばかって太の字の1画を欠いている。さらに、皇極天皇は即位した642年に四方拝を行なった。一部にはこれを皇極天皇のシャーマン的要素と誤解しているが、中国にならい天を祀る王朝儀礼を宮の真南の高台で行ったものだろう。宮の正方位化に見られるように、四方という概念も中国起源である。また、高御座を模したとされる天皇墓である八角墳も、舒明天皇陵から造られ始めた。これらの登場年代を考えると、舒明朝においてこのシステムが一体として中国から伝来し導入されたと考えられる。

また、この時に観測用に伝来したと考えられる星図『格子月進図』[32]に記載の星の名前『天皇』と説明『天皇為天心東方神也：天皇は天の中心を為し、東方の神である』か

ら、中国の皇帝に替わる『天皇』という名称が採られたと思われる。

(2)王朝儀礼の変遷

王朝儀礼は舒明朝で、北辰(北極星)から受けた天命の正当性を具現化する天命思想の儀礼として始まったが、現在の例えば天皇の即位儀礼の一つである大嘗祭には、北斗七星や天照大御神(太陽神)が取り入れられている。北斗七星が取り入れられたのは、天智天皇の時代であろう。天智天皇は王朝儀礼に北斗七星を取り入れて日本の独自色を出したのである。それは高松塚古墳の中国の星宿図の壁画に北斗七星がないことからもわかる。さらに、天智天皇系から王権を簒奪した天武天皇は、その正当性を日本の神である、天照大御神にも求めた。天命を北辰(北極星)から受けたことに加え、天照大御神(太陽神)の子孫として、その正当性を主張した。ともに、白村江前後の中国との関係や壬申の乱の状況から、日本独自の改変が加えられたのである。日本には古くから太陽信仰があったが、天皇の王朝儀礼については、中国から伝来した南北軸の天命思想に始まり、後の天武・持統の時代に東西軸の太陽神(天照大御神)が取り入れられた。王朝儀礼の舞台である北極星の神殿を意味する大極殿は舒明天皇の時代に採用され、東西軸で造営された天武天皇のエビノコ郭の神殿は太陽神(天照大御神)の影響であろう。

日本神話の北極星である『天之御中主神』(あめのみなかぬしのかみ)は国学院大学古事記学センターの神名データベースでは『記紀編纂時に程近い新しい時期において、天の中心の主宰神という高度に抽象的な性格を担って、観念的に創出された神であろうと考えられており』と説明されている。このように、北辰(北極星)と太陽神の神話の系統をこの時代に都合よく統合したのである。

(3)舒明朝は革新の時代だった

推古朝からの宮や王陵の造営法式をみると、**表8**のように舒明天皇の百済宮(未発見、併設された百済大寺より正方位と推定)からその形式が変わり、それが継承されている。板蓋宮は火災で消失した20°西偏の飛鳥岡本宮の敷地を整地して、正方位で造営された。正方位の宮や大路は北極星で測量されている。したがって、天命思想は、飛鳥岡本宮から百済宮の間の舒明天皇の時代に伝来したと考えられる。天文測量を用いた造営法式の他に、舒明天皇が導入した重要な制度には時刻制がある。古代での時刻は12支で表す12辰時が用いられている。『日本書紀』での12辰時の初出は、欽明天皇15年(554)の百済からの奏上文。日本での記事は、舒明天皇八年(636)の出退時刻の規定である。この規定を作る頃には時計を用いた12辰時制が始まっていたと考えられ

表8　王陵や宮の造営法式のまとめ

	推古	舒明		皇極	孝徳	斉明	天智	天武	持統	
	小墾田宮(603)	岡本宮(630)	百済宮(640)	板蓋宮(643)	難波宮(652)	後岡本宮(656)	大津宮(666)	浄御原宮(672)		藤原京(694)
八角墳(高御座)	x	−	○	−	x(円墳)	○	○	○	○	
大極殿	x	−	(○)(推定)	○(書紀)	○(内裏前殿)	○(SB7910)	?	○(SB7910)		○
正方位の宮	(x)	x(20°西偏)	(○)(推定)	○	○	○	85分西偏	○		○
大路(南北直線道)			○(中ツ道)		○(難波大道)	○(下ツ道)				条坊路
天文(北極星)測量	(x)	x	○	○(推定)	○	○	北斗七星	○		○

る。その時計は天智天皇の漏刻の制作が660年のため、日時計とみなされている。しかし、日時計の発明は中国でも12世紀の宋代であり[33]、日本では江戸時代までその痕跡を見いだせないとされる[34]。また、垂直に棒を立てただけの日時計では、一定間隔の時刻を測ることはできない。したがって、舒明天皇の時代に時刻制とともに中国製の漏刻も伝来していたと考えられる。天智天皇の漏刻はそれをもとに研究したものだろう。複数段の漏刻を日本独自で発明することは不可能である。

また、天命思想の主祭殿である大極殿が『日本書紀』に最初に現れるのは板蓋宮であるが、これまでは確たる根拠もなく『日本書紀』の潤色とされ、無視されている。日本では藤原宮や浄御原宮のエビノコ郭において大極殿が成立したとされ、それ以前にはなかったとみなされている。しかし、舒明朝に中国から伝来した王朝儀礼の中心舞台である「太極殿」が、半世紀以上たってから、完成形として突然現れることはありえない。実際には大極殿は中国の天命思想を受容した当初の百済宮から導入され、その形式も変化して行ったのである。

舒明天皇は即位の後、すぐに最初の遣唐使の派遣を決めた。632年の遣唐使の帰国から、板蓋宮の大極殿で乙巳の変が起きるまでの12年間の日本書紀に、多くの日本初の出来事が記載されている。この期間に、遣唐使船によりもたらされた知識に基づき、大王を神聖化する天命思想や、それに関連する基盤技術の導入があった。その後に起きた、乙巳の変は変革の起点ではなく、変革により起きた事件だった。舒明天皇が進めた、大王を天皇として神聖化する天命思想は、蘇我氏が実権を握っていた時代に導入されたことになる。それを蘇我氏が許容した理由は、「天命思想」は中国の王朝

交代にさいして「易姓革命」(元の王朝が天から見放されたために次の姓の違う王朝に代わる)の裏付けになる思想でもあったからだろう。

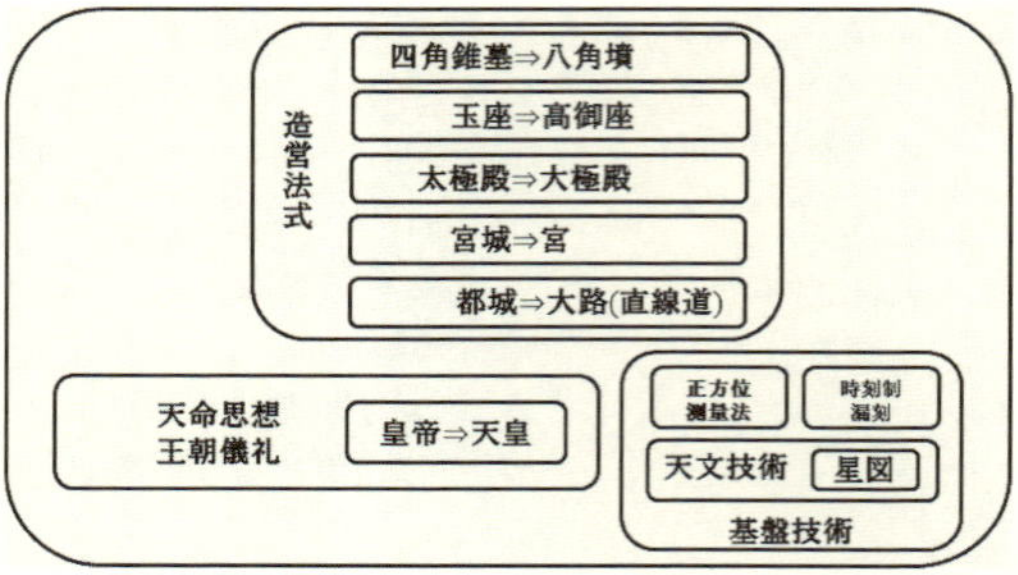

図24　舒明天皇の時代に導入された天命思想に基づく思想と技術

おわりに

春秋時代から中世までの皇帝の居住する都城の造営には、北極星による方位測量法が用いられていた。正方位の都城は天から天命を受けて統治する天命思想を具現化する王朝儀礼の舞台であり、北極星による測量法は天命思想を支える基盤技術だった。日本の飛鳥時代での宮の正方位化は、単に造営法式の伝来ではなく、天命思想の伝来と受容を意味していた。

古代の方位はこれまで太陽による測量とされていたため、宮の正方位化や王朝儀礼を行う北極星を意味する宮殿である大極殿などが関連付けて研究されることはなかった。しかし、実際には舒明天皇の時代に、天命思想を受容し、それに基づく正方位の造営法式や基盤技術が一体として伝来し導入された。これにより、大王を神聖化した、天命思想の王朝儀礼を行う天皇が生まれていた。これらの飛鳥時代の事象は天命思想を軸として考えることにより、初めて理解できるのである。

『日本書紀』の記述が少ないために事蹟が少ないとされている舒明天皇だが、最初の遣唐使の派遣により、天皇の直接統治につながる重要な基盤を築いていた。古事記が推古朝で終わっているように、次の舒明朝は天皇を戴く新しい王朝のはじまりだった。万葉集においても、考古学で存在が確認されている最古の天皇である雄略天皇(5世紀)の冒頭の歌に続き、2首目に舒明天皇の国見の歌があり、奈良時代においても舒明朝が新王朝の幕開けと見られていたことが分かる。

注

1)　飛鳥寺(592)は奈文研[35,15]が飛鳥寺の伽藍中軸線の方位を真北としたため、正方位の寺院とされているが、礎石の残る中心伽藍を囲む回廊や門、講堂の方位は真北より約1.5度西に振れている。この方位は北斗七星を使い測量されたと考えられる大津京や恭仁京の方位に近い。また、伽藍中軸線の方位は正しく真北ということからも、星を使う測量法で

はなく、太陽を使ったインディアンサークル法で昼間に測量されたと考えるのが自然である。したがって、飛鳥寺で用いられた測量法は、天命思想の伝来以前の測量法と考えられる。なお、飛鳥寺以降約半世紀の間、正方位の建造物の遺構は無い。詳細は本稿9節を参照。

2) 大明宮と太極宮の関係は妹尾達彦[13,105]を参照。王仲殊[53,413]は、『日本の平城京および平安京の宮城内の正殿である大極殿も高い「竜尾壇」あるいは「竜尾道」という基壇の上に建てられていた。これは疑いなく唐の長安の大明宮含元殿の形をまねて造ったことになる。しかし、日本の宮城の正殿は「含元殿」ではなくずっと「大極殿」と呼ばれていた。要するに、「大極殿」という名称の採用は660年代よりも以前だったはずである。』として、『『日本書紀』の中で、この板蓋宮については「十二の通門あり」云々のやや誇張しこじつけたような表現もあるが、正殿を「大極殿」と称したという記載には、それなりの信憑性があると思われる。』とする。林部均[45,143-144]は、天命思想の導入により飛鳥浄御原宮において、エビノコ郭の正殿である大極殿が造営され、この宮で大極殿が成立したとしている。しかし、エビノコ郭には西門しかないのでその正殿は東西軸の宮殿である。長安城にみられるように、天命思想の宮殿は南北軸であり、東西軸の宮殿は、北極星に由来する大極殿とは呼べない。天武朝は、半世紀前に伝来した中国の天命思想を弱め、太陽神である天照大神を導入した時代であり、エビノコ郭の正殿が東西軸であることはその影響と考えることができる。

3) 百済宮(640)はまだ未発見であるが、『日本書紀』によると、乙巳の変が起きたのは次の飛鳥板蓋宮の大極殿である。また、その後の前期難波宮や後飛鳥岡本宮/飛鳥浄御原宮・内郭の発掘結果では、大極殿相当とされる宮殿跡が宮の中軸線上で発掘されている。「大極殿」は中国から伝来した宮殿の名称「太極殿」を改名したものであり、伝来当初の大極殿と、完成形である藤原宮の大極殿とでは、いろいろな様式が違うのは当然のことである。

4) 本稿8節 都城造営方位の研究 を参照。

5) 『周髀算経』は中国古代の天文数学書。主要な部分は後漢の頃の編纂と考えられ、春秋戦国時代から後漢に至る内容を含むとされる。

6) 入倉徳裕[4,100]は解析結果をもとに、『平城京条坊が、真南北・東西を指向していないことはあきらかであり、在来の古道である下ツ道が設定基準であったことは疑い得ない。』とする。また同註12では『東西条坊を介さずに南北条坊を下ツ道と平行に設定するのは、かなり難しく、天文測量によるしかないと思われる。』とする。詳細は同論文を参照。

7) 『詩経』は中国最古の詩篇。単に詩とも呼ばれる。目加田誠[47,63-65]を参照。

8) 『春秋左氏伝』は竹内照夫[15,62-63]を参照。

9) 詳しくは橋本増吉[42]を参照。『毛伝』は直接参照されていないが、「昏」が議論の対象になっているので、『毛伝』の「昏正四方也」がもととなっていると考えられる。毛亨以来、『詩経』の注釈者は定を室宿とする。現行本『詩経』は毛亨らが伝えた『毛詩』とされる。

10) 『考工記』は『周礼』の一編で、中国最古の技術書。実際には『周礼』に欠けていた『冬官』を春秋後期の斉の人がまとめたとされる『考工記』で補ったもの。

11) 古代中国で北極星は「北辰」、「極星」、「紐星」や「天枢」と呼ばれていた。

12) 『晏子春秋』は斉の三公[霊公、荘公、景公](BC581-490)の時代に仕えた政治家・晏子の言行録をまとめた書。引用した箇所は、「第六巻　内篇雑下第六　第五」にある。

13) 天命を下す北辰である北極星を用いて測定することに意義があったためだろう。

14) HR番号は「Bright Star Catalogue」[56]の星表番号として参照する。

15) **図5**は、星表は「SKY2000 Master Catalog, Version 5」[58]、歳差の計算式はJ. Meeus[57,134]

を用いて計算し表示している。

16） 竹島卓一[22,44]は望筒を通した太陽の光の動きにしたがって、台座を回転して方位を求めると想定しているが、台座の構造的に無理のある解釈である。

17） 中国では赤道や黄道に沿って28個の星宿(星座)があり、それぞれの星宿の西端の近くに座標の基準となる明るい距星と呼ばれる星が決められている。

18） 中国と日本の都城などの遺構を検証した結果としては、最適な星宿距星が選定されている場合は少なく、一つか二つ星宿がずれている場合が多い。

19） **図11**は長安の緯度による計算値。邯鄲では偏位40分で約1分の差がある。

20） 1958年頃には、飛鳥、奈良時代の主要宮殿、大寺跡の中軸線方位は真北を指していると考えられており(奈文研[35,48]参照)、インディアンサークル法による測定方位はそれに合致し、通説となったと考えられる。

21） 白河街区(1075)は時代がはずれるので図12には載せていない。

22） 遺跡発掘時に用いられる平面直角座標系は地球上の1地点を中心に平面の直角座標に置き換えた座標系である。中心から東西に離れるほど真北との差が大きい。

23） 藤原京の条坊造営は最近では先行条坊の発掘により天武5年(676)には始まっていたと考えられている。重見 泰[12,16]は条坊施工着手を天武初年(672)頃と見る。

24） 定星の南中時刻で北極星を見た方位は観測地の緯度によりわずかに変化する。**図12**は奈良と京都の中間にあたる北緯34.75°で計算してある。

25） 当時の北極星(HR4893)は5.3等星と暗く、その補足には天文の知識と経験が必要だった。

26） 岸俊男[10,81]は、下ツ道と中ツ道の間隔を2,118メートルとし、当時の単位での4里としている。しかし、これは横大路(藤原京三条大路)上で計測した値なので、藤原京の西二坊大路と東二坊大路の間隔である。また、中ツ道(東二坊大路)と上ツ道の間隔も4里(2106メートル)とし、三古道は等間隔とした。しかし、これは下ツ道と上ツ道間の基準単位と、藤原京の条坊間の基準単位が同じ単位(1里／坊が531メートル)であることを示しているだけのことである。逆に、本稿10節2項に示すように、この基準から外れている中ツ道は別の時代に建設されたことになる。

27） ②の池田遺跡は奈良市教育委員会[34,98]の中ツ道西側溝とみられる遺構図より道中心を推定した。③の櫟本(いちのもと)チトセ遺跡は天理市教育委員会[30,4]の中ツ道東側溝の検出状況写真より道中心を推定した。同[31,2-4]には発掘現場の概略図及び側溝の拡大写真がある。座標(緯度経度)は国土地理院の電子地図WEBから読み取り世界測地系に変換した。櫟本は斑鳩まで続く北の横大路とよばれる東西道が通っていた場所でもある。④の喜殿町の遺跡は天理市教育委員会[28,31]の東側溝中心から道の中心を推定した。なお、道幅は20メートルでは近似式との誤差が大きいので16メートルと想定した。

28） 舒明天皇は万葉集の2番目の歌として国見の歌がある。この歌は天香久山々頂から北の百済宮方向の大和平野を詠んだ歌である。また、舒明天皇は百済大寺や百済宮の造営に労働力を王権により徴発しており、大道を造る労働力を徴発する権力もあった。

29） 条里制での1里は6町、1町は平均109メートルとされるが、木全敬蔵[11,103-106]の分布図をみると、±5メートルぐらいが偏差の平均のようである。例えば図16の下ツ道と中ツ道の間隔2024メートルから計算すると、1町は112.4メートル(2024メートル／(3里x6町))となり大きくはずれる値ではない。これにくらべ、上ツ道と中ツ道との間隔2213メートルは109メートルで割ると20.3町となり、中ツ道から3里2町東(下ツ道から7里2町)と、境界

から外れた地割となっている。なお、図17の6里5町付近(上ツ道の3町西)で振れが落ちている理由は不明。

30） 岩本次郎[6,57]は『(中ツ道は)路東一～四条(旧添上郡内)では、完全に三里と四里の境界線となり、京南辺条域では、坪堺線となって「京道」の小字名を遺し、平城京に取り付いているが、岸氏も秋山氏も云われるとおり、奈良盆地の一般条里が平城京設定以後に再編施工されたものとするなら、少なくとも旧添上郡内で完全に里界線にのる、中ツ道の遺構は、南和においては古くとも、旧添上郡内においては平城京設定以後のそれであり、随って坪界としてよく適合する京南辺条の地割もまた平城京以後の施工にかかるものと考えられないだろうか。』としている。

31） 木全敬蔵[11,108]は『中ツ道・下ツ道」という計画古道の存在が知られているが、条里に与えた影響は、見られない。』としている。これも中ツ道の経路を誤って見たためである。

32） 『格子月進図』は土御門家に伝わった中国星図である。戦時中に空襲により消失したが写真が残されている。この星図の原図は300年代後半の晋代に観測値をもとに制作された。また、この星図には、唐の皇帝やその親族の諱(いみな)である、虎と淵を持つ星座の名前を変える避諱(ひき)が見られる。避諱の状況からこの星図が書写されたのは618年から649年までと特定でき、書写直後に最新の星図として日本に伝来したものと考えられる。この星図のような唐代初期の星図はキトラ天文図の原図の世代でもある。詳細は竹迫忍[16]及び同[19]を参照。

33） ジョセフ・ニーダム[54,164]を参照。宋代の日時計は赤道式日時計と呼ばれ、時刻の目盛りを円盤の両面につけて、指針となる影を作る棒を天の北極にむけたものである。垂直に棒を立てて水平に置いた方位計では、季節によりその方位が変わる。たとえば、夏の午前と午後にはそれぞれ3時間分の方位(約45°)が違い、一定間隔の時刻を測ることはできない。

34） 橋本万平[43,204]を参照。

参考文献

[1] 相原嘉之「飛鳥地域における古代道路体系の検討」(『郵政考古紀要』25、1998年) pp.6-36

[2] 井上和人「平城京羅城門再考」(『条里制古代都市研究』14、1998年) pp.5-52

[3] 井上和人「平城京下層中ツ道の検証」(納谷守幸氏追悼論文集刊行会『飛鳥文化財論攷』2005年) pp.175-184

[4] 入倉徳裕「平城京条坊の精度」(『奈良県文化財調査報告書』131、2008年) pp.96-116

[5] 岩松保「長岡京条坊計画試論」(『京都府埋蔵文化財情報』61、1996年) pp.17-37

[6] 岩本次郎「平城京京南特殊条里の一考察」(『日本歴史』387、1980年) pp.53-61

[7] 内田賢二「長岡京条坊復元のための平均計算」(『長岡京跡発掘調査研究所ニュース』31、1984年) pp.2-8

[8] 宇野隆夫、宮原健吾、臼井正「古代」(宇野隆夫『ユーラシア古代都市・集落の歴史空間を読む』勉誠出版、2010年) pp.43-61

[9] 橿原市教委「橿教委2016-8次　藤原京右京十条五坊、下ツ道」(『橿原市文化財調査年報』平成28年度(2016年度)、2018年) p.48

[10] 岸俊男「大和の古道」(岸俊男『日本古代宮都の研究』岩波書店、1988年、初出は1970年) pp.67-103

［11］　木全敬蔵「条里制施行技術」（奈良県史編集委員会『奈良県史4 条里制』名著出版、1987年）pp.123-141
［12］　重見泰「新城の造営計画と藤原京の造営」（『橿原考古学研究所紀要40考古学論攷』2017年）pp.1-22
［13］　妹尾達彦『長安の都市計画』（講談社、講談社選書メチエ223、2001年）
［14］　妹尾達彦「コメント2」（奈良女子大学21世紀COEプログラム、『奈良女子大学21世紀COEプログラム報告集 vol. 23　都城制研究（2）：宮中枢部の形成と展開――大極殿の成立をめぐって』2009年）pp.93-114
［15］　竹内照夫『春秋左氏伝』（平凡社、1972年）
［16］　竹迫忍「中国古代星図の年代推定の研究」（『数学史研究』228、2017年）pp.1-21
［17］　竹迫忍「孔子の時代からの古代北極星の変遷の研究」（『数学史研究』236、2020年）pp.1-25
［18］　竹迫忍「北極星による古代の正方位測定法の復元」（『数学史研究』239、2021年）pp.1-22
［19］　竹迫忍「格子月進図』の原図となった星図の年代推定」（『数学史研究』、Ⅲ期1巻1号、2022年）pp.1-18
［20］　竹迫忍『古代の正方位測量法――方位の年代学』（私家版、第五版、2024年）（https://www.kotenmon.com/ronbun.htmlで公開）
［21］　竹迫忍「方位による下ツ道の建設年代の推定」（『数学史研究』、Ⅲ期2巻3号、2024年）pp.81-94
［22］　竹島卓一『営造法式の研究　1』（中央公論美術出版、1970年）pp.40-46
［23］　田原本町教育委員会「保津・宮古遺跡第14次調査」（『文化財調査年報』5、1996年）pp.25-27
［24］　田原本町教育委員会「筋違道の試掘調査」（『文化財調査年報』11、2002年）pp.30-31
［25］　田原本町教育委員会「多新堂遺跡 第3・4次調査」（『文化財調査年報』19、2011年）pp.55-64
［26］　田原本町教育委員会「筋違道 第3次調査」（『文化財調査年報』23、2015年）pp.72-75
［27］　田原本町教育委員会「筋違道 第4次調査」（『文化財調査年報』26、2020年）pp.80-81
［28］　天理市教育委員会『名阪道路（天理地区）埋蔵文化財発掘調査報告書』（2016年）
［29］　天理市教育委員会「下ツ道跡」（『天理市埋蔵文化財調査概報』平成21～23年度、2017年）pp.1-8
［30］　天理市教育委員会『天理市埋蔵文化財センターだより Vol.29』（天理市教育委員会、2020年）
［31］　天理市教育委員会『天理市埋蔵文化財センターだより Vol.30』（天理市教育委員会、2020年）
［32］　辻純一「条坊制とその復元」（古代学協会 古代学研究所『平安京提要』角川書店、1994年）pp.103-116
［33］　奈良県立橿原考古学研究所『調査報告第102冊 飛鳥京跡Ⅲ――内郭中枢の調査（1）』（2008年）
［34］　奈良市教育委員会「池田遺跡・中ツ道推定地の調査　第1次」（『奈良市埋蔵文化財調査年報』2008、2011年）pp.97-98
［35］　奈良文化財研究所（奈文研）『飛鳥寺発掘調査報告』（『奈良文化財研究所学報』5、1958年）
［36］　奈良文化財研究所（奈文研）『平城京朱雀大路発掘調査報告』（奈良文化財研究所、1974年）
［37］　奈良文化財研究所（奈文研）『平城京朱雀大路発掘調査報告』（奈良文化財研究所、1982年）
［38］　奈良文化財研究所（奈文研）「西京極大路（下ツ道）の調査 第58-5次」（『飛鳥・藤原宮発掘

調査概報』19、1989年）pp.41-43
［39］ 奈良文化財研究所（奈文研）「水落遺跡の調査 第9次・1995-1次」（『奈良文化財研究所年報』1997-II、1997年）pp.40-43
［40］ 奈良文化財研究所（奈文研）『法隆寺若草伽藍跡発掘調査報告』（『奈良文化財研究所学報』76、2007年）
［41］ 能田忠亮『東洋天文学史論叢』（恒星社厚生閣、1943年、1989年復刻）
［42］ 橋本増吉「詩経春秋の暦法」（『支那古代暦法史研究』東洋文庫、1943年）
［43］ 橋本万平『日本の時刻制度』（塙書房、1966年）
［44］ 濱崎一志『都市空間の変遷に関する歴史的考察』（学位論文、1994年）
［45］ 林部均『飛鳥の宮と藤原京』（吉川弘文館、2008年）
［46］ 持田大輔「下ツ道」（『条里制・古代都市研究』37、2022年）pp.93-104
［47］ 目加田誠『詩経』（講談社、講談社学術文庫953、1991年）
［48］ 安村俊史「推古21年設置の大道」（『古代学研究』196、2012年）pp.19-32
［49］ 藪内清「難波宮創建時代の方位決定」（『大阪市立大学難波宮址研究会研究予察報告』2、1958年）
［50］ 大和郡山市教委『稗田・若槻遺跡 平城京南方遺跡』（『大和郡山市文化財調査報告書』19、2012年）
［51］ 李陽浩「前期・後期難波宮の中軸線と建物方位について」（『難波宮址の研究』13、2005年）
［52］ 李誡（宋）『石印宋李明仲営造法式』（東北大学附属図書館蔵、藤原集書743）
［53］ 王仲殊「唐長安城および洛陽城と東アジアの都城」（『東アジアの都市形態と文明史 国際日本文化研究センター国際シンポジウム 21』2004年）pp.411-420
［54］ ジョセフ・ニーダム『中国の科学と文明(5) 天の科学』（思索社、1991年、初版は1976年）

星表及び歳差計算関係

［55］ L. Boss, Preliminary General Catalogue of 6188 Stars for the Epoch 1900, Carnegie institution of Washington, 1910
［56］ D. Hoffleit & W.H. Warren, *The Bright Star Catalogue*, 5th rev., 1991（電子版）
［57］ J. Meeus, *Astronomical Algorithms* (2nd edition), Willmann-Bell inc., 1998
［58］ J. R. Myers, et al., *SKY2000 Master Catalog*, Version 5, 2006（電子版）

附記 この論文は第22回（2021年12月5日）及び23回（2022年6月19日）天文文化研究会で発表した内容に、竹迫忍［21］の内容を加え加筆修正したものである。

惑星集合と中国古代王朝の開始年についての考察

作花一志

さっか・かずし──京都情報大学院大学教授、日本応用情報学会理事、元京都コンピュータ学院鴨川校校長、元京都大学非常勤講師、元天文教育普及研究会編集委員長。専門は古天文学、統計解析学。主な著書に『天変解読者たち』(恒星社厚生閣、2013年)、『星をみつめて──京大花山天文台から』(共著、京都新聞出版センター、2021年)などがある。

水星・金星・火星・木星・土星が天空上で20度以内に収まる日をBC3000からAD3000までの間で検出し、中国古代史の中の記録との照合を試みた。その結果、劉邦が秦の都咸陽に攻め入る直前に、五惑星が井宿(ふたご座かに座あたり)に集合したという「漢書高帝紀」に記載されている天象は記載とは半年ずれているがBC205年5月末に実際に起こっていることがわかった。また、上記「五星聚井」より854年前のBC1059年、同じ月日の同じ時刻に同じ方向で起こった五惑星会合は6000年間で3番目にコンパクトなもので、唐時代の占星書「大唐開元占経巻十九」の記載に対応している。さらに「漢書律暦志」に載っている武王出兵の時の木星・月・太陽の位置などを基にその日付特定を試みた。この記載に最も適するものとして「周はBC1047年11月27日に戦いを始め、商を破った牧野の戦いは翌BC1046年1月20日」という結果が得られた。後者の日付は、近年中国で行われた「夏商周断代工程」による武王克商の日付と一致していた。

1．5惑星集合探索

惑星運動論の研究は近代科学の始まりであり、万有引力による2体問題は初等力学の教科書で扱われる代表例である。その運動方程式は3元連立2階微分方程式で表され、6個の積分定数が必要である。惑星は平面上で楕円軌道を描き、ケプラーの3法則に従う。

第1法則より惑星の軌道は楕円でありその長半径をa, 離心率eとすると焦点は(±ae、0)であり、太陽は一つの焦点S(ae,0)に位置している。惑星の位置はP(X,Y)とする。原点を中心とし半径aの円を描きその円周上にP'を**図1**のように定めて∠P'OX＝Eを離

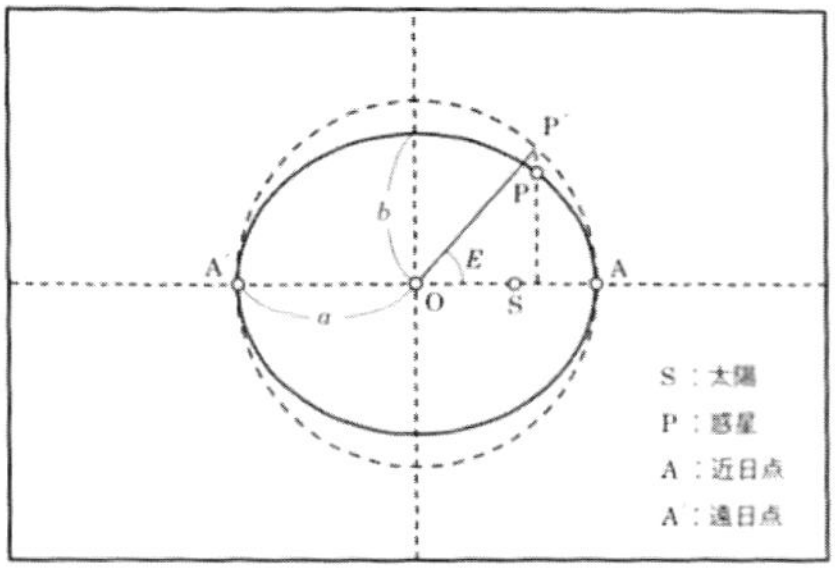

図1　楕円

心近点角という。

$X = a \cdot \sin E$

$Y = a\sqrt{(1-e^2)} \cdot \cos E$　　(1)

惑星が楕円上をどのように運動し、いつどこにいるかはEを未知数とするケプラーの方程式(2)で与えられる。これは第2法則「面積速度一定」から得られる。

$E - e \sin E = M$　　(2)

$M = 0.985647365a^{-1.5}\ t$

Mは平均近点離角と言われ、近日点通過時からの経過日数tに比例し、近日点通過時に0、遠日点通過時にπとなる。ケプラーの方程式は非線形なので数値的にしか解けないが、ほとんどの惑星では$e < 0.1$以下であるから、漸化式$E_2 = e \sin E_1 + M$を$E_1 = M$を初期値として数回の繰り返し算で収束する。

これで任意の時刻における惑星の軌道上の位置(X,Y)が決まるが、これを次式(3)より日心黄道座標(x、y、z)に変換する。

$$\begin{pmatrix} x \\ y \\ z \end{pmatrix} = \begin{pmatrix} \cos\Omega & -\sin\Omega & 0 \\ \sin\Omega & \cos\Omega & 0 \\ 0 & 0 & 1 \end{pmatrix} \begin{pmatrix} 1 & 0 \\ 0 & \cos i \\ 0 & \sin i \end{pmatrix} \begin{pmatrix} \cos\omega & -\sin\omega \\ \sin\omega & \cos\omega \end{pmatrix} \begin{pmatrix} X - ae \\ Y \end{pmatrix} \quad (3)$$

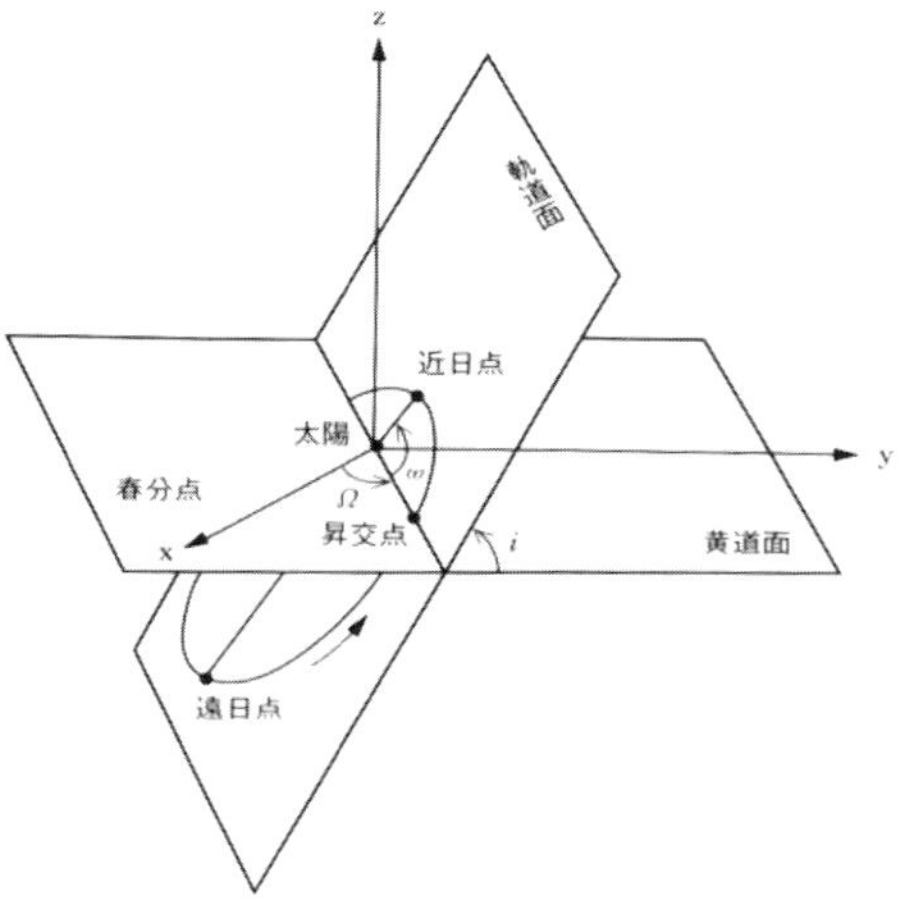

図2　日心黄道座標

日心黄道座標とは**図2**に示すように中心は太陽で、春分点方向をx軸、地球の軌道面(黄道面)をxy面とする座標系で、太陽系天体の運動を記述する際に使用される。

ここでΩ(昇交点黄経)ω(近日点引数)i(軌道傾斜)は各惑星固有の定数であり、a, e, Ω, ω, i, Mの6個の定数は軌道要素といわれるが、正確には太陽以外に他の惑星からの万有引力の寄与が無視できないので、定数ではなくなり軌道は楕円から外れてくる。長期間の運動を調べるにはそれらの時間変化をも考

慮しなければならないので「天体位置表」（海上保安庁発行）に載っている式を使った。以上のことを考慮して、VisualBasic6.0を用いて視覚的に惑星運動を表示するプログラムを作った。冥王星も含めた惑星についてzの数値はxやyに比べて小さく、以下の惑星軌道図はz＝0として描いた。毎日JST＝9:00（UT＝0:00）における惑星配置が表示され、連続的に表示することによって公転が閲覧され、時間を逆転して逆回り、一時停止・再開、拡大縮小表示、また原点を太陽から地球に変えることによって「天動説表示」も可能にした。

表1　五惑星集合ベスト5

年	月日	時刻	黄経範囲	星座
BC1953	2 28	日出前	5°	みずがめ
710	6 27	日没後	6	かに
BC1059	5 30	日没後	7	かに
BC 185	3 26	日出前	7	うお
2040	9 09	日没後	9	おとめ

他の詳しい天文計算ソフト（ステラナビゲータなど）と比較して、誤差は±5000年間で数度以下に収まっている。このソフトを用いてBC3000年からAD3000年までの間、水星・金星・火星・木星・土星が20度以内に収まる日を検出したところ61回、うち太陽と同方向で観望できないものを除くと36回見つかった。**表1**は密集度ベスト5である。水星を含むため観望の機会は日の出前または日の入り後の短時間に限られる。近年では2000年5月18日に5惑星が黄経範囲20度に集合したがすべて太陽の背後だったので眺められなかった。2040年8月末から9月中旬にかけて5惑星は15度以内に収まっており9月9日には日没後で西の空に細い月と5惑星が連なって見えるはずである。21世紀最後の年2100年11月11日の日の出直前に黄経範囲18度の5惑星集合が起こるが曙光の中なので見えにくいだろう。

第2節では漢初の第3節では殷末周初の惑星集合について述べる。また第5節では天体現象から殷周革命年の特定を試みた。

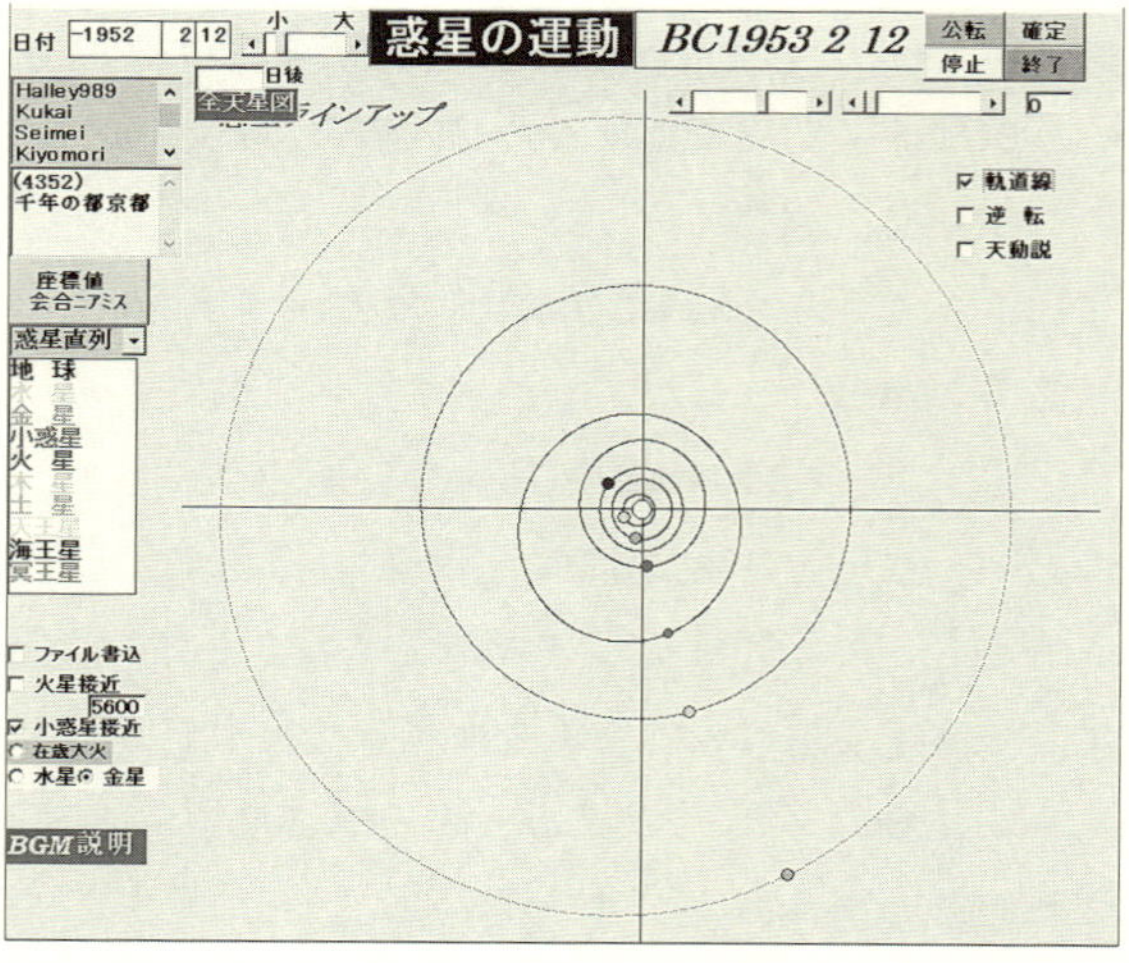

図3　BC1953年2月28日の惑星配置で、水星から土星までがほぼ一直線上に並ぶ。計算はグレゴリウス値で行われているので2月12日になっているがユリウス値では2月28日である。

漢元年冬十月
五星聚於東井
沛公至覇上
漢書高帝紀

このような惑星集合の計算はSlvo De Meis and Jean Meeus(1994)が、－3101年から2735年まで五惑星が25度以内に集まる日を算出して、同じような結果を出している。

2. 五星聚井

右文は「漢書高帝紀」の記述である。その意味は…漢元年の冬十月に五惑星が井宿の東に集合し、このとき沛公が覇上に到着した。

今より2200年前、秦が滅び漢が興るころの天象である。沛公、すなわち後に漢の初代皇帝高祖となった劉邦が秦の首都である咸陽近くの覇上に到着した時に、水星・金星・火星・木星・土星が一堂に会したという。「漢書天文志」にはこのことは劉邦が天命を受けたしるしであると書かれ、また「史記天官書」には年代は記されていないが、漢が興る時に五星聚井が起こったという記事があり、昔から重視されていた有名な天文現象らしい。中国では星座を〇〇宿といい、白道に沿って28の宿がある。井宿とはふたご座の南部に当たり、東井とはふたご座の北からかに座にかけての天域である。

当時の状況は

BC 210…始皇帝の死

BC 209…陳勝・呉広の乱、項羽や劉邦も挙兵

BC 206…秦王子嬰(三世皇帝)劉邦に降伏

BC 202…劉邦即位

通常、漢元年とはBC206年を指すが、BC206年の秋から冬にはそんな天文現象は起こらなかったことが古くから確かめられている。実際、木星・土星はふたご座周辺にいるが、火星はみずがめ座・うお座辺りにある。そこで数字の写し間違いではないかとか、五星とは単に5個の星のことで必ずしも5個の惑星の集合を意味しないとか、そもそもこの記述は後世の捏造であるとか様々な議論がなされているが[斉藤1989]、果して秦末漢初に五惑星集合は起っていないものだろうか？

そこでBC206年にこだわらず、BC300年から300年間、五惑星が25度以内に収まる日を捜してみると5回見つかった。そのうち2回は太陽と同じ方向なのでその姿は見られない。件の五惑星集合はBC205年の5月末に実際に起こっていた。しかも秦から漢の初期にかけて、これに匹敵するような五星の近接集合は他には起こっていない。

薄明の西空に、こいぬ座のプロキオンとふたご座のポルックスとの間に水星・木星・土星が寄り添い、そこからしし座のレグルスの方へ火星と金星が連なる。彼らは実際に井宿の東に聚まっていたのだ。**図4**はBC205年5月30日20時の長安の空である。

表2　BC300年からBC1年までの五惑星集合

年	月日	時刻	黄経範囲	星座
BC 245	1 24	日中	20°	みずがめ
205	**5 30**	**日没後**	**21**	**ふたご かに**
185	3 26	日出前	7	うお
145	7 28	日中	10	しし
47	11 29	日没前	10	へびつかい

しかしなぜ半年ずれているのだろうか？この食い違いは何だろうか？

以下筆者の推測を試みる。

・劉邦はせっかく咸陽に一番乗りしたものの、後から圧倒的多数の軍を引き連れて来た項羽に首都を明渡し山中に潜む。その後数年間、彼らは相争うことになる。BC205年の5月といえば劉邦は項羽の前に連戦連敗を繰り返し、大陸を東へ西へと逃げ回っていたころだ。「現王朝開始の天命が下ったのだからそれにふさわしい時期でなければ」ということで漢の歴史官たちは平民出身の劉邦にハクをつけさせるため、彼が英雄としてデビューした前年にこの天象を繰り上げて記載してしまった。

・五星聚井の年代の記載は「史記」（完成BC90年頃）にはなく、「漢書」（完成AD50年頃）

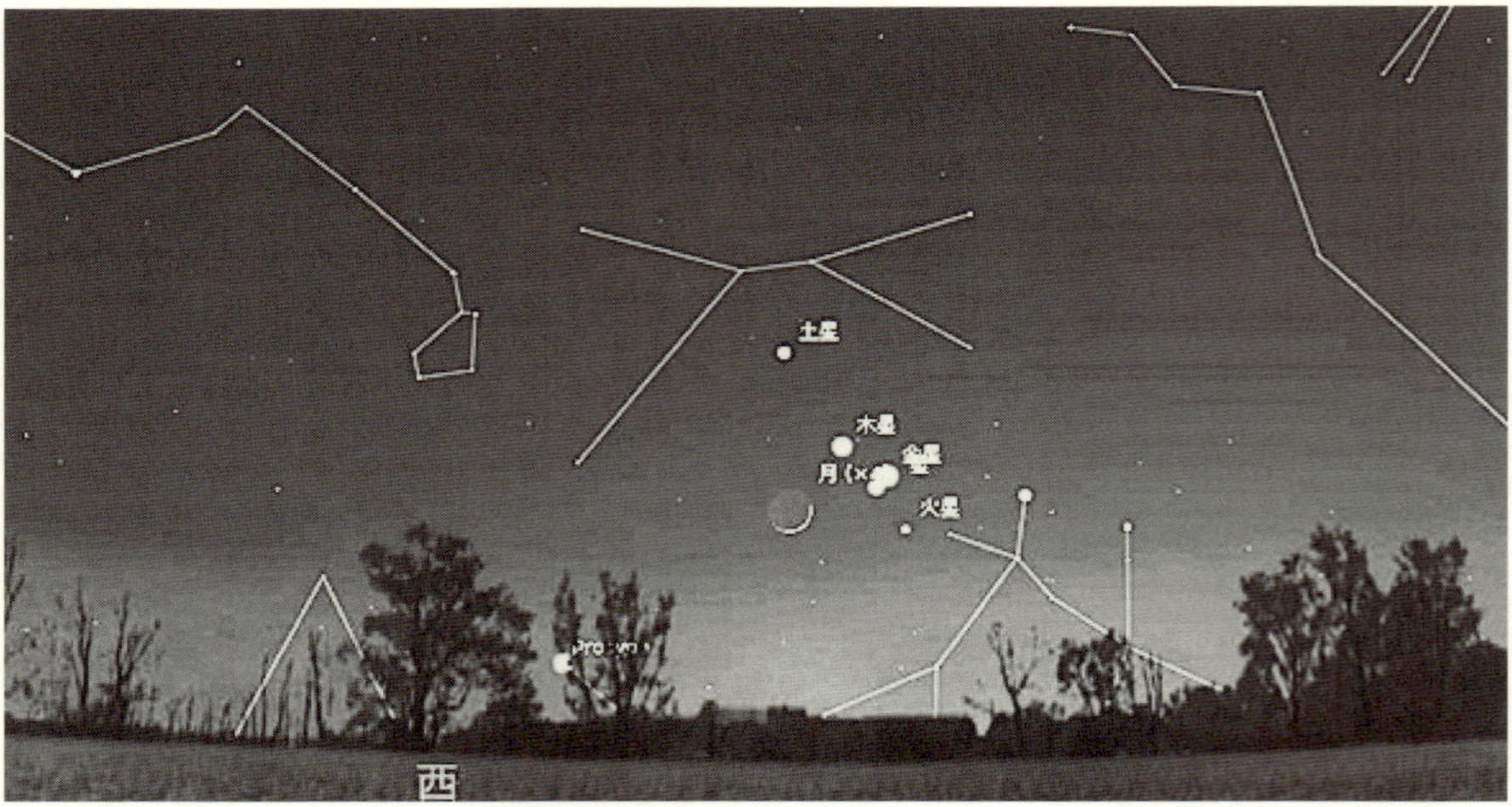

図4　BC205年5月30日午後8時の長安の西空に五惑星と月が集合

になってからである。司馬遷はその時期が特定できなかったため、あえて書かなかったが、その後何らかの新資料が見つかったので斑固は年代を記載した。ところがこの資料は漢の元年がBC206年ではなくBC205年というものだった。実際史記の中にも漢の元年について種々の説が混在しているという[平勢2000]。

3. 周将殷伐

「五星聚井」より854年前、同じ月日の同じ時刻にほぼ同じ方向で5惑星の集合が起こっていた。惑星たちは7度の範囲に収まるという、**表1**の3番目にコンパクトな惑星集合である。しかも日没後1時間余、西の空かに座に見えたはずで観望条件は非常にいい。明るい星のないかに座に5つもの惑星が集合したのだから、多数の人の目に留ったことだろう。BC1059年5月末、時は殷末、酒池肉林などで悪名高い暴君、紂《ちゅう》王の世であり、西方では未開の蕃国といわれながらも周が後世の儒家から聖君と讃えられた文王の下で次第に強大になりつつあった。この天象の記録は「史記」にはない。しかし8世紀唐の時代に書かれた天文占星書「大唐開元占経巻十九」の「**周将殷伐五星聚於房**」という記載に対応している。集合場所が房宿(さそり座の西部)ではないから誤記事だと考えてはならない。「いつ、どこで」ということは忘れても、事件そのものは長く覚えているということは、現在のわれわれもよく体験するものだ。大津波を伴う東日本大地震のことは一生忘れないだろうが、2011年3月11日という日付は大多数の人から忘れられつつある。

後世、漢の歴史官・天文官たちは殷周革命の時と秦末漢初に同じ天象が起こっていたことを知って、「五星聚井」は平民出身の劉邦が帝位に就くのは天命によるものだと解釈したのだろう。

ところで「大唐開元占経巻十九」によると五惑星集合は過去3回起こり、最初が「周将殷伐」(次節で詳説)の時で、3回目が「漢高入秦」時であるという。3回目は明らかに前節のことで、2回目については「斎桓将覇五星**聚於箕**」と記されている。春秋時代(BC770～BC450ころ)に落ちぶれた周の王室を担いで諸侯の盟主になった「覇者」が5人いて、その最初が「斎の桓公」である。斎(斉)は山東半島を本拠地とする国で、初代は殷周革命で活躍した太公望といわれる。周室や諸侯が桓公を覇者として認めたのはBC660年頃という。紀元前7世紀の五惑星集合は、日の出直前で見にくいがBC661年1月末に起っている。集合の場は箕宿(さそり座)ではなく、その東のいて・やぎ座であるが、彼が「将に覇たらんとする」時期にはよく合致している。

図5　BC1059年5月30日午後８時の長安の西空に五惑星と月が集合

4. 歳在鶉火

殷周革命がいつのことかはBC1120年頃からBC1020年頃まで種々多様な説があるそうだが、それを天文古記録から特定できないものだろうか？「漢書律暦志」には「書経」「春秋外伝周語」などの古書が引用され、解説されている。「**昔武王殷を伐つ。歳は鶉火に在り。月は天駟に在り。日は析木之津に在り。**」という有名な文は「春秋外伝周語」からの引用である。この文以外にも武王の出兵・行軍・戦勝の日の干支や月の満ち欠けの状況が記載されている。その内容の信憑性には種々の議論もあるそうだが、文献考証はさておき、ともかく「漢書律暦志」の記載から殷周革命の日の特定を試みよう。その解釈にあたっては［荒木1951］を参考にした。

歳とは木星のことで、鶉火《じゅんか》、天駟《てんし》、析木《せきぼく》とはいずれも天球上の位置を表し、現在の星座ではそれぞれしし座、さそり座、いて座あたりである。1年で天球を1めぐりする太陽が「析木之津」にいるのは現在では1月初だが、紀元前11世紀では11月末から12月初である。12年弱で天球を1めぐりする木星が、紀元前11世紀に「鶉火」に在るのはBC1071年、BC1059年、BC1047年、BC1035年、BC1023年の夏から翌年の夏までである。さらに月は約27日で天球を1めぐりするので「天駟」に在る日の2～3日後には、太陽と同方向すなわち新月となることがわかる。したがってこれらの条件を満

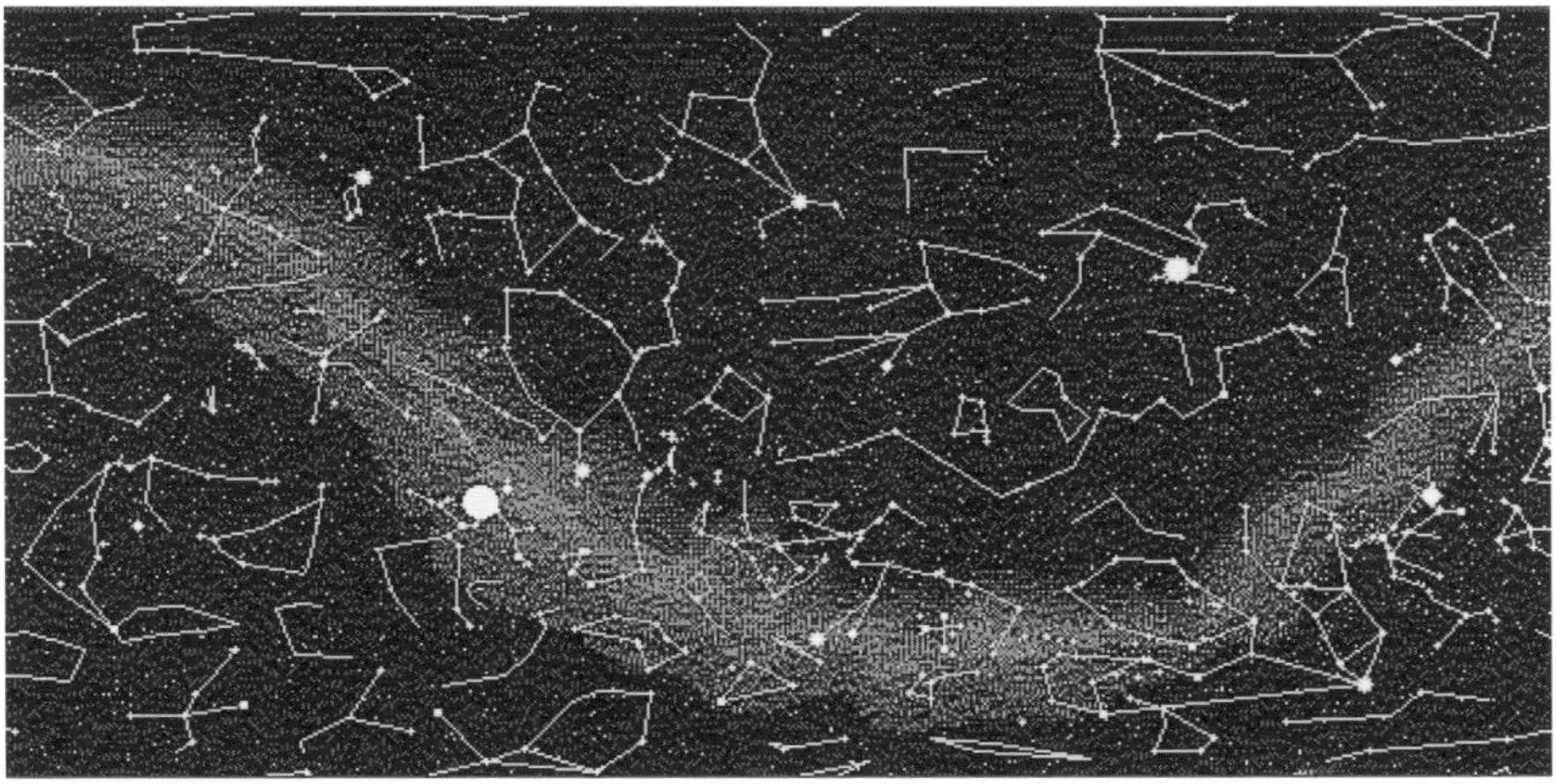

図6　BC1047年11月27日　歳は鶉火に月は天駟に日は析木の津に

たす日は5個に絞られ、そのうちで最も適する日を星図を描いて捜すとBC1047年11月27日となる(**図6**)。そして「史記周本紀」も「漢書律暦志」も牧野の戦いで殷に勝利をおさめたのは「甲子の日」と記されており、さらに1976年に陝西臨潼で出土した青銅器、利《り》簋《き》にも「武王征商、唯甲子朝」という銘文があるという。甲子の日は60日ごとにめぐってくるので、上記に日の後で探すとBC1046年1月20日、次いで3月21日、5月20日が見つかる。この両者から周はBC1047年11月27日に戦いを始め、翌BC1046年1月20日に牧野の戦いで殷を破ったと考えていいだろう。

「漢書律暦志」には文王は「受命九年」で没し、武王が殷を滅ぼしたのは「文王の受命より十三年に至る」と記されているが、果たして受命とは何だろうか？ BC1046年が受命から13年後とすると、天命が下ったのはBC1059年で文王の在位中となる。文王が天から受けた命令は天空に描かれたと考えてみると、その年の5月末に起こった五惑星集合こそまさにこの天命にふさわしい。文王というよりその参謀である太公望は、この夕の天象を見て「天命下る」と解釈して、殷周革命を正当化するための手段に利用したと考えられよう。

以上をまとめると

BC1059年5月　文王天命を受ける

BC1051年　文王没、武王継承…受命より9年目

BC1049年　武王挙兵するが撤兵…上記の2年後

BC1047年11月　殷周戦争再度開始…上記の2年後

BC1046年1月　牧野の戦い、紂王自殺し殷滅亡…受命より13年

20世紀末に中国で「夏商周断代工程」という大規模なプロジェクトが行われ、古代王朝の開始年が「夏はBC2070年、商はBC1600年、周はBC1046年」と確定されたという。その紹介文には「武王克商の年代はこれまで44の候補があったが、このたび文献・遺跡・天文記録・古暦などから総合的に判定され、BC1046年1月20日に確定した。」と記載されていた。詳しい導出方法はわからないが、年月日は上記計算と一致した。赵永恒(2011)も同じ日付を算出しているが、さらに古い多くの天文現象を試みている。

6000年間の五惑星集合において、密集度からするとトップはBC1953年に、3番目はBC1059年に起っている。そして2番目は710年6月末、玄宗の即位前夜で盛唐の都である長安が国際都市として栄える頃、しかも「大唐開元占経」が書かれるより少し前の天象である。中断した唐を再興した玄宗の即位は古の聖君による王朝開始と同じく天命によるものと言いたげである。

表1の最初の五惑星集合はBC1953年で文字がない時代だから記録は無理であるが、**10世紀に成立した「太平御覧」に記されている「禹の時代に五星が集まって輝いた」という伝承の記載がそれに相当するかもしれない**。もしそうなら禹が治水に成功して天位に就く時期に重要なヒントを与えることとなる。

この小文の目的は煩雑な惑星運動を視覚的に表示するソフトによって計算された結果と歴史上の記録とを照合しようとする試みであり、中国古代史を解説するものでもいわんや占星術を論ずるものでもない。文献考証は度外視してある。この惑星軌道図や全天星図の日付はグレゴリオ暦となっているが、本文中ではユリウス暦に変換した(作花[2017])。**図4**、**図5**はステラリウムより**図6**はステラナビゲータを用いた。

なおこの内容については第24回天文文化研究会で発表済である。大略は作花[2002、2019]に基づいているが、詳しくは以下の文献を参照されたい。執筆に当たり重要なアドバイスを頂いた長谷川一郎氏(故人)、横尾広光氏(故人)、横尾武夫氏(故人)、嘉数次人氏、宇野隆夫氏に厚くお礼申し上げます。

参考文献

海上保安庁[1998]「天体位置表」

小竹文夫・武夫[1995]『史記』ちくま学芸文庫

小竹武夫[1998]『漢書』ちくま学芸文庫
能田忠亮[1943]『秦の改時改月説と五星聚井の辨』
荒木俊馬[1951]『天文年代学講話』恒星社厚生閣
斎藤国治[1989]『古天文学』恒星社厚生閣
Slvo De Meis, Jean Meeus[1994]"J. British Astron.Assoc" 104, 6, p.293
B.E.Schaefe[2000]"Sky&Telescope" May
平勢隆郎[2000]『中国古代の予言書』講談社新書
作花一志・中西久崇[2001]『天文学入門』オーム社
作花一志[2002]『天文教育』No.8
赵永恒[2011]『唐虞夏商天象考』http://www.lamost.org/~yzhao/history/ysy2.html
作花一志[2017]『干支　曜日』http://web1.kcg.edu/~sakka/koyomi/eto.htm
作花一志[2019]『古代中国王朝についての天文学的考察』Journal of Nippon Applied Informatics Society Vol.17, p.78

コラム

星の数、銀河の数

真貝寿明

星は明るい順に1等星、2等星と呼ばれ、肉眼で見られるのは6等星ほどである。その数は全部で8600個、ただし全天での数だから夜空には約4300個の星が見えるはずである。少し前のプラネタリウムは、6000個ほどの星を投影していたが、最近では人間に識別できない星も投影して、よりリアルな天の川を実感できるようにもなってきた。

ところで、肉眼で見える星は、地球から高々2000光年(光の速さで2000年かかる距離)ほどの距離のものである。私たちのいる銀河系(天の川銀河)は、半径5万光年であり、太陽系は銀河中心から28000光年離れた田舎者である。天の川銀河は円盤状に広がっていて中心方向を見ると直線状に(肉眼では判別できない)星が並ぶ。それを人々は「天の川」と呼んだ。天の川の正体が星であることを発見したのは、天体望遠鏡を発明したガリレオである。

宇宙のスケールからすると、見えている星は銀河系のほんの一部にすぎない。天の川銀河には2000億個ほどの星があると推定されている。

天の川銀河の外には銀河がある。隣のアンドロメダ銀河は250万光年先にある。アンドロメダ「星雲」が天の川銀河の外側にあることを発見したのは、天文学者ハッブルで、1923年に完成したばかりのウィルソン山天文台の直径100インチ(2.5m)望遠鏡を使っての成果だった。その後、ハッブルは遠方の銀河ほど我々から遠ざかることを発見して、宇宙全体が膨張していることを報告する。

今から30年ほど前、天文学者ゲラーは、6億光年先までの(扇状に広がる領域に限定した)1000余の銀河の距離と分布を調べ、銀河の分布には集中しているところとほとんどないところ(ボイド)があることを報告した。今では「宇宙の大規模構造」と呼ばれているものである。最近では、DESIレガシーサーベィと呼ばれるプロジェクトが、北天の1/3に相当する部分を110億光年遠方までの銀河10億個についてそれらの分布を報告している。銀河分布の時代変遷を見ることで、宇宙膨張の速さの変化を調べることが目的である。未知なるものの解明に向けて、天文学者たちは(あるいは人類は)不断の努力を続けているといえる。

丹後に伝わる浦島伝説とそのタイムトラベルの検討

真貝寿明

しんかい・ひさあき――大阪工業大学情報科学部教授。専門は理論物理学、天文文化学。主な著書に『ブラックホール・膨張宇宙・重力波』(光文社、2015年)、『日常の「なぜ」に答える物理学』(森北出版、2015年)、『現代物理学が描く宇宙論』(共立出版、2018年)、『宇宙検閲官仮説』(講談社、2023年)などがある。

浦島太郎の話の由来は、日本書紀・丹後国風土記(逸文)に遡ることができる。そのあらすじは、現代で知られる昔話とはかなり異なっていて、亀を助けた話ではなく、釣った亀が仙女に変身した、というものである。風土記版には昴星と畢星も登場する。星の名前の伝承経路をもとに説話としての由来を考える可能性もあるが、現時点ではそこまでの資料はなく難しい。本稿では浦島伝説にみられる天文学的な要素を抽出した後に、「浦嶋子は3年間を龍宮城で過ごしたところ、300年後の故郷に帰った」という記載の理論物理学的な可能性を考えた。高速回転するブラックホールの地平面近傍に留まることがもっとも現実的であると結論する。

はじめに

浦島太郎の話は、未来へ行くタイムトラベルの可能性としてもっともポピュラーなものと思われる。筆者は相対性理論が導く「時間の進み方の相対性」を説明する機会があるが、その例えとして、適した事例でもある。

浦島伝説については、すでに多くの研究がされている。管見の限りでは、話の史的変遷や漁労・海女文化史などを辿った水野[1][2]、蓬山《とこよのくに》の位置づけから、天と海(地)の果てを接合する日本古来の宇宙観を提案する勝俣[3][4][5][6]、話に登場する要素の史的展開を行う林[7][8]などが、研究書としてメッセージが強い。

本稿では、由来となった8世紀の『日本書紀』『丹後国風土記(逸文[9])』『万葉集』にあるあらすじを紹介したあと、天文文化的な要素の抽出を試みる。また、最後に、未来へ行くタイムトラベルとしての観点から理論物理的な可能性を探る。

1. 浦島伝説

(1)あらすじ

浦島太郎の話は、多くの方には、次のようなあらすじだと思われている。

【国定教科書版「浦島太郎」】

浦島太郎が助けた亀が、彼を竜宮城に連れて行き、そこで乙姫と夢のような接待を受ける。しかし、3日後には飽きてしまい、故郷に帰ろうと考えた。乙姫は止めたが結局は帰ることにする。故郷に帰ると700年後の誰も知り合いはいない場所になっていた。動転して、乙姫から「帰る時まで開けてはならない」と言われた玉手箱を開けると、白い煙が出て、浦島太郎は一気に歳をとってしまった。

これは、明治期の国定教科書『尋常小学読本』巻3(第2期、明治43年)に載った話という[10]。

しかし、このあらすじは、『日本書紀』、『丹後国風土記』(逸文)、『万葉集』に登場する初出のものとは大きく異なる。初出の3つのうち、最も詳しいのは、『丹後国風土記』であり、次のようなあらすじである。

【『丹後国風土記』「浦嶋子」[12][13]】

筒川村の嶼子《しまこ》、いわゆる水江の浦の嶼子は一人釣りに出て3日間何も釣れずにいたが、5色の亀を釣り上げた。その亀は女娘《おとめ》に替わり、天上に住む仙人の娘だと自己紹介し、嶼子を蓬山《とこよのくに》へと案内する。嶼子は納得して船を漕ぐが、寝ている間に一瞬で大きな島に着いた。そこは今までに見たことのない所だった。女娘は嶼子を残して先に門の内に入るが、そこへ7人の竪子《わらは》、8人の竪子がきて「亀比売《かめひめ》の夫となる人だ」と嶼子に言う。女娘は7人の竪子は昴星《すばる》で、8人の竪子は畢星《あめふりほし》だという。嶼子と女娘は夫婦となり3年を過ごす。嶼子は故郷が懐かしくなり、女娘は止めたが結局は帰ることにする。故郷に帰ると300年後の誰も知り合いはいない場所になっていた。動転して、「帰る時まで開けてはならない」と言われた玉手箱を開けると、白い煙が出て、浦島太郎は一気に歳をとってしまった。

すなわち、男の名前は浦島太郎ではなく浦の嶼子であり、亀を助けたわけではない。娘に誘われて行った先も竜宮城ではなく、常世の国すなわち神仙の地である。嶼子と娘は夫婦となっていた。これらの部分は初出のものには共通である。

『日本書紀』には短く次のような話が載っている。

【『日本書紀』「水江の浦の島子」[14]】

雄略天皇22年(478年)の7月、丹波国与謝郡管川の水江の浦の島子は、舟で釣りに出て大亀を釣った。亀は女に化け、島子はその女と夫婦になり、二人海に入って蓬莱山《とこよのくに》に至り、仙人衆をめぐり見た。詳しくは別巻にある。

ここで「海に入る」とは「海上へ船出した」と解釈される[3]。

また、別巻が何を指すのかは定かではない。風土記編纂の官命が出たのは713年であるが、各地方の風土記の成立年代は不明で。唯一わかっているのは『出雲国風土記』が733年に完成したことという[15]。そうだとすれば、別巻が『丹後国風土記』と同じ年代の可能性もあり、話の大筋や登場する土地の名称も矛盾しない[16]。

『万葉集』版では次のようになる。

【『万葉集』「水江の浦島子を詠む一首」[17]】

春の日、水江の浦島子は、舟で釣りに出て鰹や鯛を釣り7日も帰らなかった。海神《わたつみ》の神の娘子《をとめ》に出会い、常世に行き、娘子と暮らした。父母に会いたいと故郷へ帰ろうとすると、娘子は止めたが結局は帰ることにする。故郷に帰ると3年しか経っていないはずなのに、変わり果てたところになっていた。動転して、「帰る時まで開けてはならない」と言われた玉櫛笥《たまくしげ》を開けると、白い煙が出て、浦島太郎は一気に歳をとり、死んでしまった。

浦島の話は、平安時代になると脚色され、嶼子が仙人の仲間に変化するような神仙譚化が進む。

その変容が追えるものとしては、9世紀後半ごろまでに成立したと考えられる『浦島子伝』(『古事談』『群書類従』所収)や『続浦島子伝記』(『群書類従』所収、延喜20年＝920年の作か？[2])がある。『続浦島子伝記』では七言で続く長い歌が収録されている(いずれも訓読文は重松[13]を参照した)。『古事談』の編者は、浦嶋が蓬莱山に行ったのが雄略天皇22年＝478年であり、故郷に帰ってきたのは淳和天皇天長2年＝825年と注釈を入れている。(そうだとすれば、347年後の未来に帰ってきたことになるが、風土記にすでに描かれた事実と矛盾する)。

ちなみに、亀の恩返しを描くようになったのは『御伽草子』からとされる。

【『御伽草子』「浦嶋太郎」[18]】

丹後の国の浦島太郎は、釣った亀を逃した。その夕、海から一人の女性が船で漂着し、本国へ帰してほしいと太郎に頼む。10日あまりの船路で龍宮城に到着し、浦嶋太郎とその女は夫婦となり、3年を過ごした。父母に挨拶したいので帰りた

いと太郎が言い出すと、その女は助けられた亀であることを告白する。故郷に帰ると700年後の誰も知り合いはいない場所になっていた。動転して、乙姫から「帰る時まで開けてはならない」と言われた玉手箱を開けると、白い煙が出て、浦島太郎は一気に歳をとり、鶴になって蓬莱の山へ飛び立ち、そこで亀の姿になった女性と再会して幸せに暮らした。

(2)あらすじの比較

8世紀に記録された3編に共通するのは、丹後地域の話であり、男の名前は浦島子であるということ、女に連れられて天界訪問をして帰り、自分だけ未来にたどり着いていた、そして女との約束をやぶって箱を開けたためにいきなり歳をとった、という部分である。風土記がもっとも詳しいが、風土記の目的は諸国の土地の名前の由来や古老が伝えてきた珍しい話の報告であるから、もともとが作り話かもしれない。実際、勝俣[6]は、浦島説話じたいが、文人伊予部馬養《いよべのうまかい》が丹後に赴任した際に、水の江(湖)の漁師嶼子の話に神仙思想を付加した創作である、と推測している。しかし、このような説話が各地に残っていることにも注目しておきたい。

伝承地域について

日本では同様の話が、神奈川、長野、沖縄で伝えられているほか、中国・台湾・インドネシアなどにも残されている[1]。トンプソンによる民間説話の類型化[19]の観点からは、モチーフ・インデックスで「D魔法、変身」「D魔法、呪力とその顕示」「F不思議な世界、世界への旅」「F不思議な世界、不思議な場所と物」に分類されると考えられ、世界のあちこちでありえる説話といえる。

男の名前について

日本書紀で雄略天皇の時期と明確にされている理由、風土記で嶼子が日下部首《くさかべのおびと》らの先祖であると記載されている理由として、4世紀に丹波地域の豪族であった日下部系氏族伝承にもとづいたものと指摘されている[1]。豪族の権威付けのために、神とのつながりを主張する話が作られた可能性が多くの論考で指摘されている。

京丹後市網野に残る『日下部系森家の系譜』[21]によれば、開化天皇(在位57～60)の頃に日下部と称し、「水の江長者日下部曽却善次(亦の名を浦島太郎と云ふ)」の長男が「嶋児」である。この嶋児について同系譜では「此の御子波多津美能娘と夫婦に成て龍宮に通いしは此の嶋子が事なり。」とある[22]。したがって、浦島太郎の長男が嶋児である。

移動した時間差について

風土記では「3年の龍宮城滞在が300年先になった」とされている。万葉集では「3年

の滞在」となっていてどれだけ未来かは不明である。日本書紀は明確にされていない。日本書紀による雄略天皇22年(478年)に嶼子が行方不明になって、『古事談』編者が記入した淳和天皇天長2年(825年)帰還説を採る場合、「3年の滞在が347年先に」となる。御伽草子では「3年の滞在が700年先に」、国定教科書では「3日の滞在が700年先に」となる。

2. 昴星と畢星

天文文化的な要素として、風土記版に登場した昴星と畢星に注目したい。この2つの星の名前が明記されていることから、勝俣[3]は、中国文学に見られる類似説話と比較して、日本版の固有要素と指摘している。また、作花[24]は、龍宮城が宇宙にあって、410光年から140光年の距離にあったのではないか、と紹介している。

(1)昴星

昴星は、おうし座の散開星団であるプレアデス星団(Pleiades)で、昴宿として28宿の1つにもなっている(**図1**)。距離は443光年である。通常の視力で6～8個見ることができる。現在の星を明るい順に見ると、一番明るい星(Alcyone)は2.87等星、6個目の星(Taygeta)は4.30等星、7個目の星(Pleione)は5.09等星である。古代中国の星図では7つの星とされ、日本では六連星《むつらぼし》の名がある。和名「すばる」は、「統ばる・統べる」の字が当てられていて、一括りにする、の意味である。プレアデスの名前はギリシア神話のプレイアデス7人姉妹に由来する。狩猟と貞潔の女神アルテミスの侍女である。

図1 プレアデス星団(昴星)。wikipediaの写真を加工した。

(2)畢星

畢星は、おうし座の散開星団であるヒアデス星団(Hyades)で、畢宿《ひっしゅく》として28宿の1つにもなっている(**図2**)。畢は兎を捕える網の意味であり、距離は150光年である。1等星アルデバラン(65光年)の近傍に広がるV字形の星の集団で、おうし座の顔の位置にあり、中国では7つの星を数えていた。日本ではその形状から釣鐘星《つりがねぼし》

とも呼ばれていた。ギリシア神話に登場する5人ないし7人のヒュアデス姉妹に由来し、この名前は「雨を降らす女」を意味する（なぜギリシャ神話と中国由来の説話の双方で、同じ「雨降り」に関係する語が使われているのかは謎である）。現在の星を明るい順に見ると、一番明るいアルデバラン（0.86等星）も含めて数えると、アルデバラン近傍の7番目の星（κ^1）は4.21等星、8番目の星（c^1）は4.27等星である。

(3)星の数から何がわかるか

風土記では嶼子が「七たりの堅子」（すなわち昴星）、「八たりの堅子」（すなわち畢星）と蓬山にて出会う。この星の数が興味深い。どちらも4.3等星程度の星までを数えていることになる。

昴の星の数は、日本では平安時代には6星と数えられていた。平安期に編纂された『倭名類聚抄』では「宿曜経に昴星六星と云う」とあり、江戸期の注釈書『箋注《せんちゅう》倭名類聚抄』では「今は俗に六連星と呼ばれているが、七星相聚」と記載されている（これらの記載

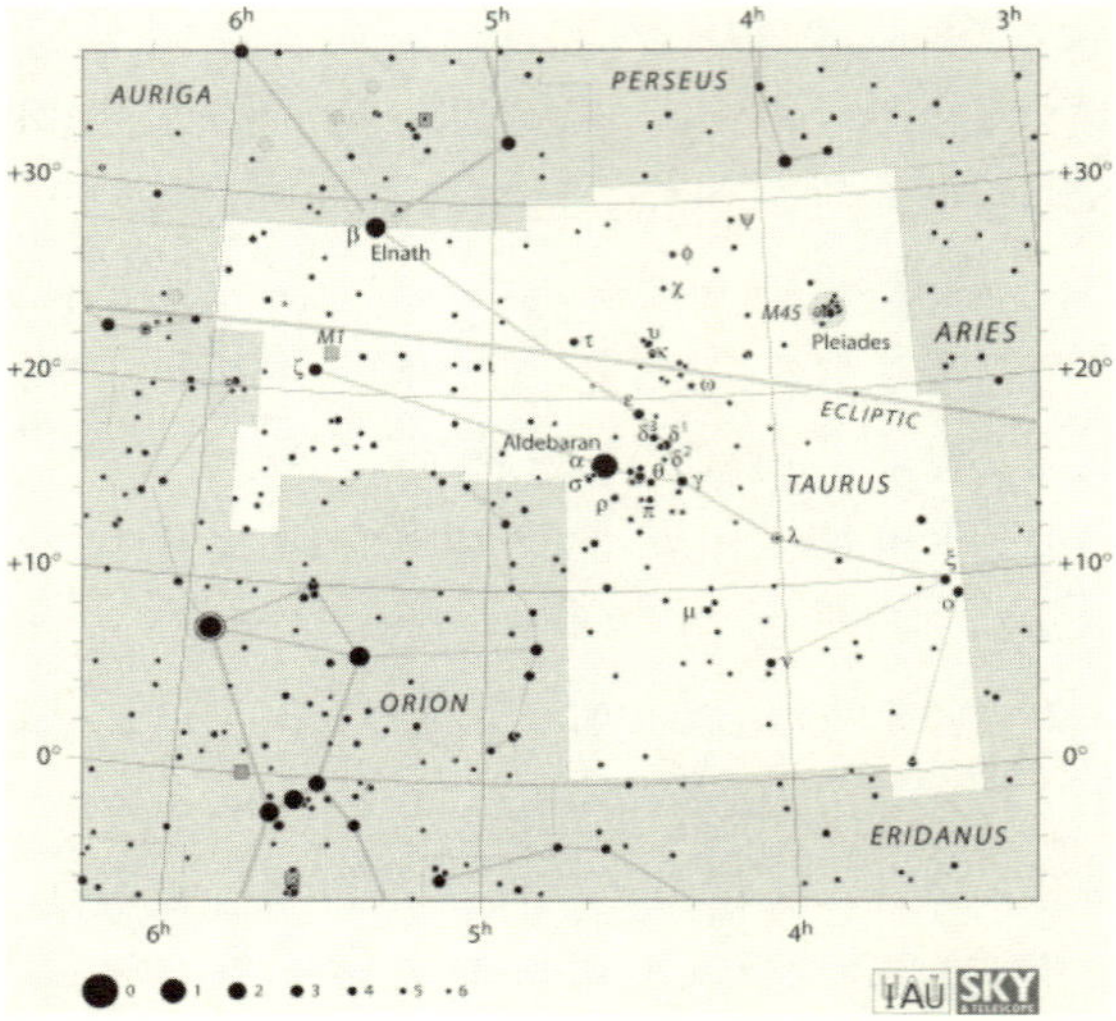

図2　おうし座のアルデバランの周辺にあるV字の星がヒアデス星団。国際天文学連合（IAU）のページより。

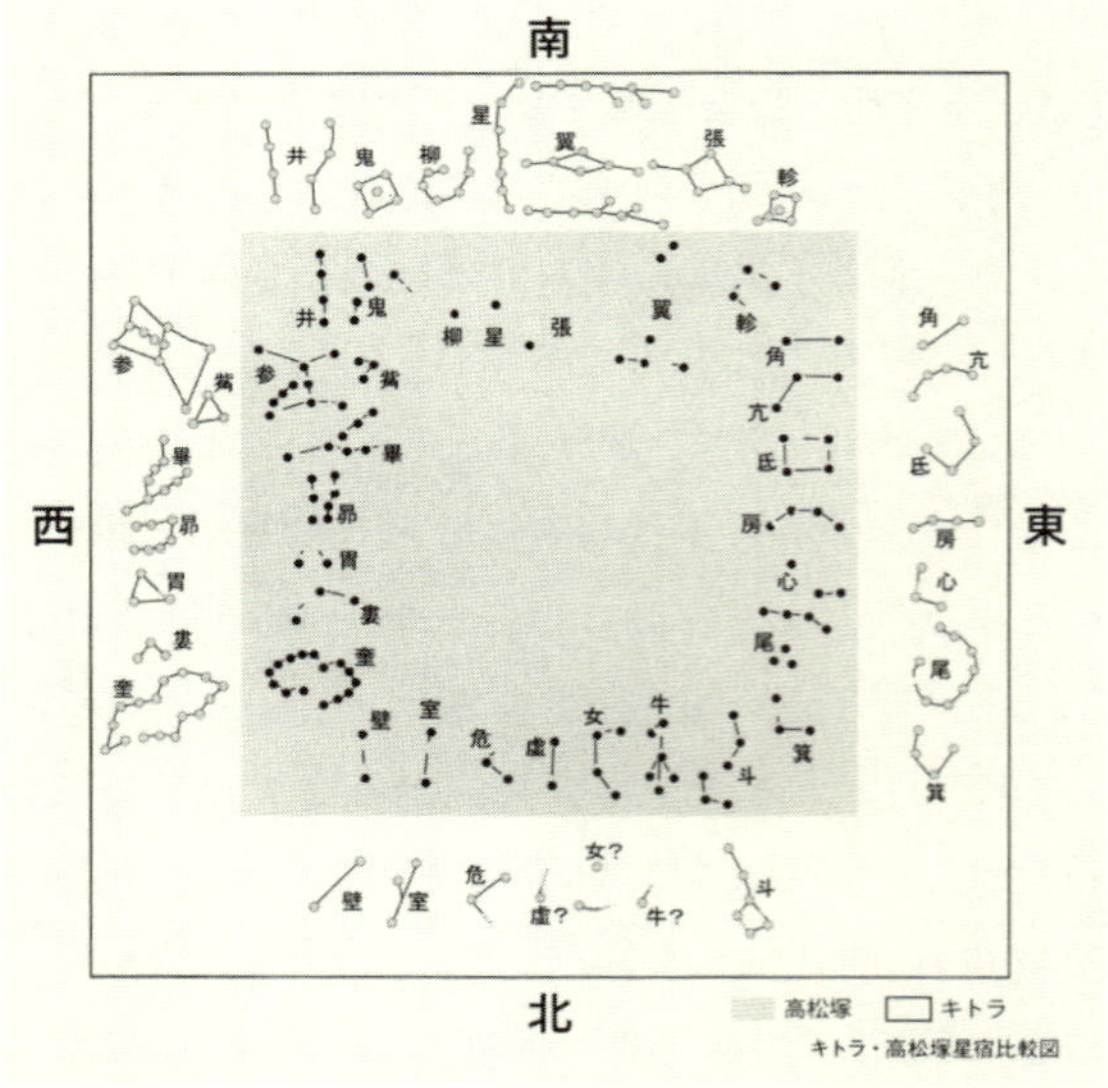

図3　高松塚古墳に描かれた28星宿とキトラ古墳天井に描かれた星宿。西方に昴と畢がある（飛鳥資料館図録[20]）。

は『古事類苑　天部』にある）。風土記の書かれた頃の手がかりとなる星図は、高松塚古墳の星宿図かキトラ古墳の天井に描かれた星図（**図3**）であるが、この2つはどちらも昴宿を7つとしている。これらの星図は大陸から伝わったことに疑いはなく、当時のこの話も大陸由来の要素が深いと考えれば、整合性がある。

畢星はどこまでを指すのかが難しく星の数を考えるのは困難だ。V字の形状のみか、あるいはそこから伸びた釣鐘の吊る先のおうし座λ星を数えていたのか、あるいは附耳とされる星を含めていたのかによって数は異なってくる。高松塚古墳の星宿図では畢宿は7星であり、キトラ古墳天井図では畢宿は8星に附耳1星で計9星である。

28宿の形成は、紀元前の中国である。大崎[23]によれば、「昴」と「畢」が両方確認されるのは『詩経』（紀元前7世紀）であり、他の星宿と合わせて両者が確実に記載されるのは、『呂氏春秋有始覧』（前239年）以降となる。当然、『史記』（前90年頃）『漢書律暦志』（82年頃）『後漢書律暦志』（432年）にも記載があるが、他の星宿の名前が若干異なるものがある。したがって、「昴」と「畢」の二者だけでは説話の伝来した時期の特定は難しいが、他の星に関する記載が同時期の文献の別項にあれば、特定できるかもしれない。そこで、日本書紀・丹後国風土記・万葉集に現れる「星」について調べてみた。

(4)日本書紀・丹後国風土記・万葉集に現れる「星」

古事記を含め、この頃の日本の説話・神話・天体現象記録に、日・月・星の記載は多々見られる。太陽に関しては神聖なもの・崇高なものとしての位置づけ、月に関しては出現を待ち望むものや女性の比喩などに使われたほか、日蝕や月蝕に関する（あるいは暗示する）話で登場する。それらに対して、固有の星に関する記載は相対的に少なく、根来[30]は「上代における星は鑑賞の対象ではなかった」という。万葉集に詠まれた星は、七夕歌を除けば、全部で4首5例にとどまるという（根来[30]による。「夕星《ゆうつづ》」（金星）を詠んだ巻2・196、巻5・904、星そのものを詠んだ巻2・161、巻7・1068）。

神田[31]による天体現象の記録年表では、日本書紀による記載として「日食」11件、「月食」2件のほか、「彗星」「長星」（どちらも彗星）5件、「大星」（火球か）2件、「流星」2件、「流星群」2件（685年）、「赤気」（彗星かオーロラ、620年）、「熒惑歳星ト近ヅク」（火星と木星の接近、692年）、「星食」2件、「熒惑月ニ入ル」（火星食、681年）、「客星月ニ入ル」（新星の星食、642年）がある（数は筆者調べ）。このリストに1件だけ「昴」があり、

是の月に、星有りて、中央《なか》に孛《ひころ》へり。昴星と双《なら》びて行く。月尽《つきごもり》に及《いた》りて失せぬ。

（巻29、天武天皇13年11月）

（この月に、ある星が天の中央で彗星のように光を放った。昴星と並んで移動し、月末

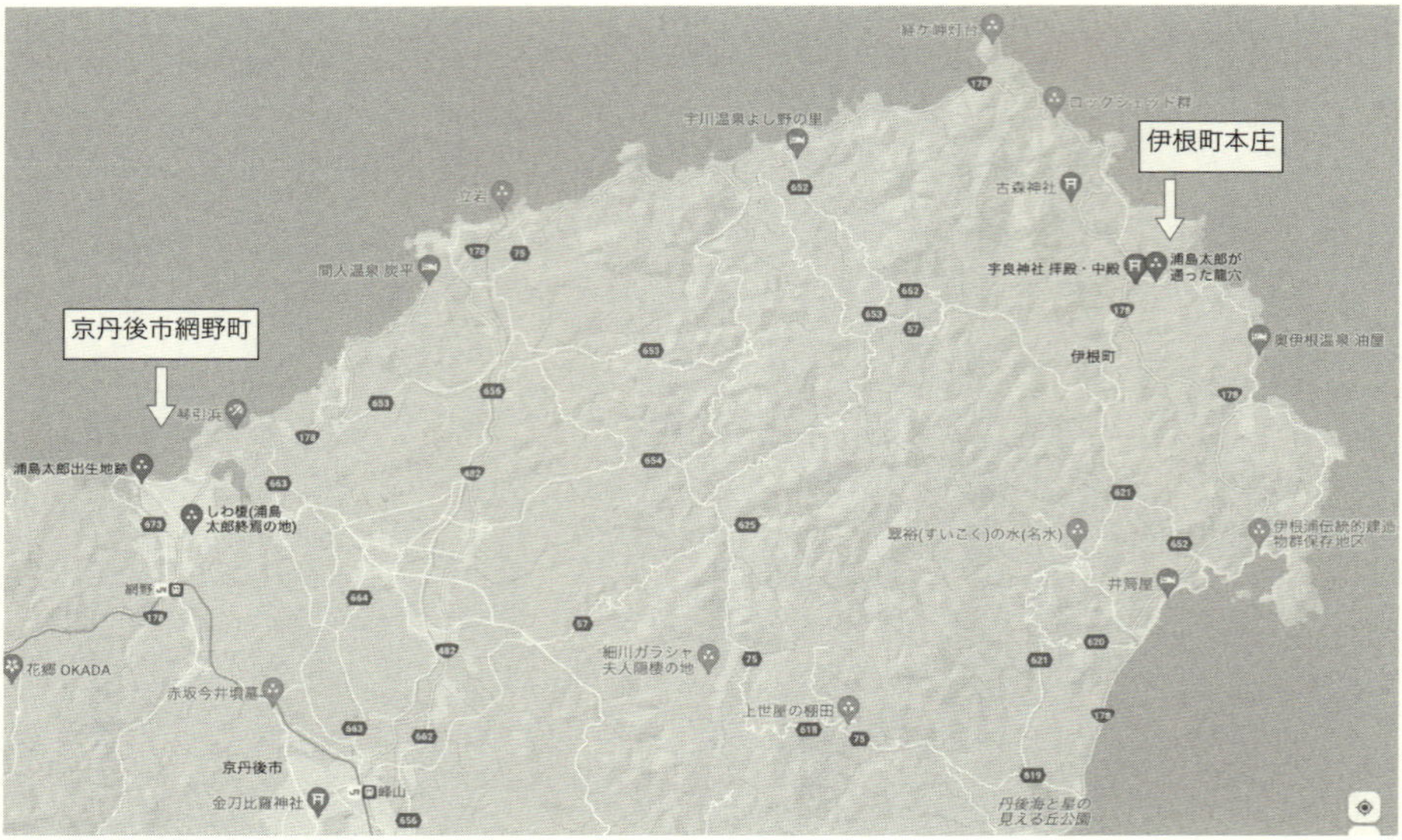

図4　京丹後市網野町と伊根町本庄の位置。Google Mapを加工した。

　　　になって姿を消した)[32]。

として、天球上の位置を示す指標として使われている。

『丹後国風土記』として[12]に所収されているのは、「天の橋立」「浦嶼子」「奈具の社」の3つであり、「浦嶼子」にある昴星や畢星の記載以外に星にまつわる記載は見つからない。

3. 丹後にある浦島ゆかりの地

丹後半島の2か所に、浦島関連の場所がある。2023年11月に立ち寄ることができたのでその報告をする。

1つは、京丹後市網野町である。浦島太郎出生地の碑が海に近いところにあり、浦島児宅址伝承地の碑と「しわ榎」の木が網野銚子山古墳の中にある。しわ榎は、浦島子が玉手箱を開けてしわだらけになった折に、悲しんでしわをちぎって投げつけた榎の木がしわだらけになってしまった、と伝えられているものである(2004年10月に台風で幹が折れてしまったそうだ)。銚子山古墳の近くには日下部氏の屋敷がある。その中間には網野神社があり、森家に伝わる系図は日下部家につながっている(注6参照)。これらのゆかりの根拠とするのは、水江の地名が網野に残るからである。『大日本地名

辞書』(吉田東伍、1900年)は、推量の形で、浦島伝にある澄江浦も網野であろう、としている[25]。

もう1つは、半島北東にある伊根町本庄である。ここには浦嶋子を祭神とする宇良神社(浦嶋神社)がある。『日本書紀』に「丹波国余社郡の筒川の人」として「瑞江の浦の嶋子」が描かれているが、その土地の名前がここに相当する、という。宇良神社の由緒板には、

> 伝承によると、浦嶋子は雄略天皇22年(478)7月7日美婦に誘われ常世の国へ行き、その後三百有余年を経て淳和天皇の天長2年(825)に帰ってきた。常世の国に住んでいた年数は347年間で、淳和天皇はこの話を聞き、浦嶋子を筒川大明神と名付け小野篁(802～853、公家・文人)を勅使として派遣し、社殿が造営された。

と書かれている。同じ由緒板には日本書紀を引用しながら、風土記や万葉集の記載はない。8世紀初めにはすでに話ができていたとするこれらと矛盾を生むからだろうか。

2箇所のどちらも浦島子の終焉の地と主張している。どちらも特に観光地化されてはおらず(宇良神社の前にはやや大きめの駐車場があり、少し離れたところには蕎麦屋竜宮城があった)、地元の図書館司書の方も特に注目している様子はなかった。古くから伝わる説話なので、多少の歴史の改変はあるのかもしれないが、広く人々の関心を集めていることには違いない。

4. 伝説の広がりと文化伝承

(1)浦島伝説の広がり

丹後にゆかりのある浦島伝説について述べてきたが、類似の話は各地に見られるという。

水野[1][2]によれば、浦島伝説を「海神の女と漁夫との間の神婚伝説」「異郷滝留伝説」および「異郷絶縁伝説」とすれば、海幸山幸交換神話や九州の日向神話、沖縄の穏《おに》作根岳《きねだけ》伝説も類似している、という。また、台湾・インドネシア・メラネシアなどにも伝わる話とも多分に合致することからも、浦島伝説は漁撈民の伝承と考えることができるという(**図5**)。さらに、水野は浦島伝説が「神仙思想」や「不老不死の常世(蓬莱山)」の概念を含むことから、中国の『遊仙窟』『竜女伝』『捜神後記』などの「異郷滝留伝説」を挙げているものの、いずれも神婚に至っていないことから、中国由来の話が原型であるとする見方には控えめで、南方系要素の方が強いとしている。

「異郷訪問伝説」は世界中にあることが知られている。また、「未来到達伝説」も世界

中にあるようだ。「未来到達伝説」の例としてはヒンドゥー教の聖典『マハーバーラタ』や、ケルト神話『フィン・マックール』などがよく挙げられる。また、ルーマニアにも『フォト・フルモスの話』があるという[26]。

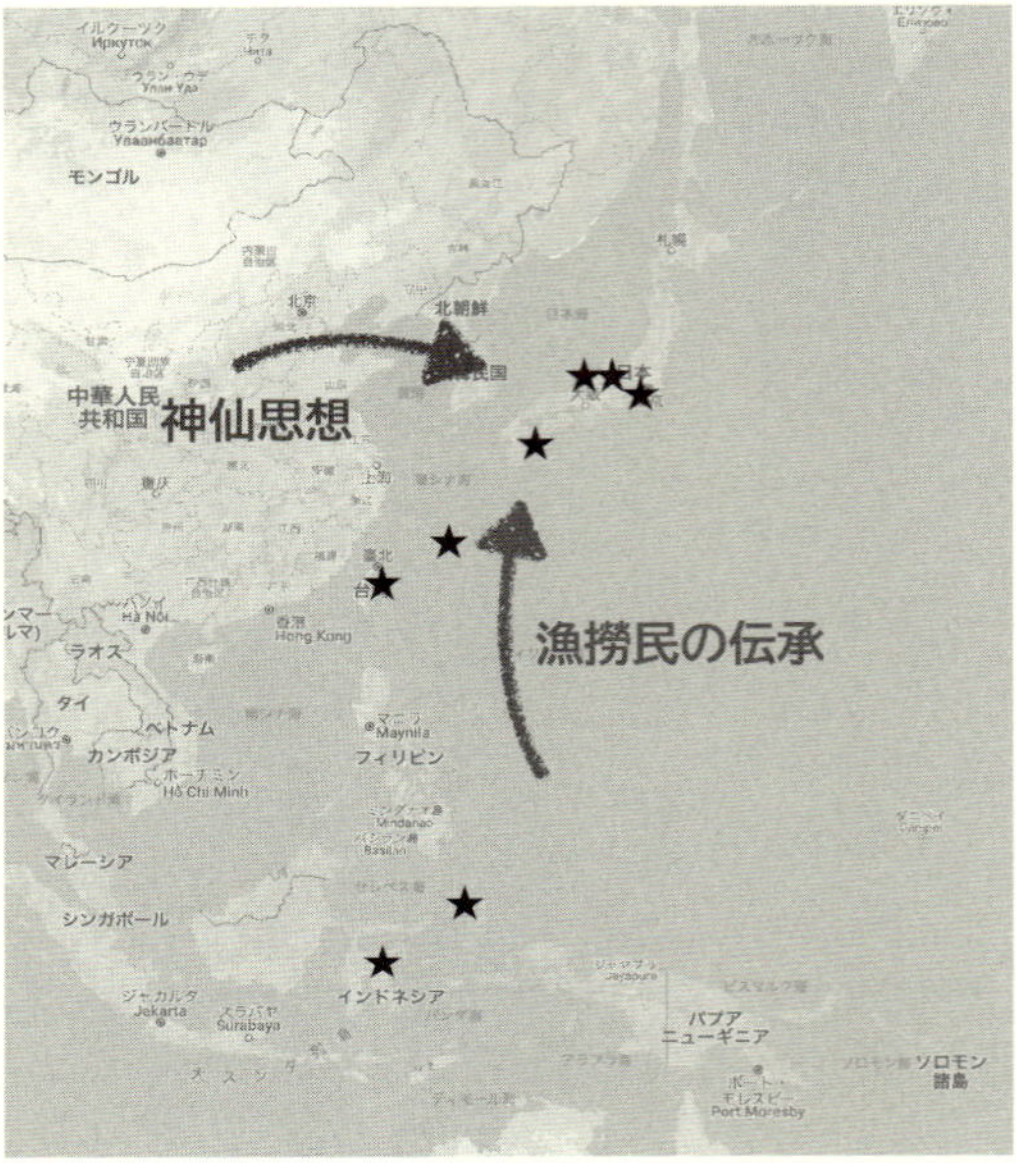

図5　水野[1] [2]による浦島伝説のあるところ（星印）と推測される説話伝播経路。Google Mapを加工した。

(2)羽衣伝説の広がり

浦島伝説と同様に、『丹後国風土記』にある「奈具《なぐ》の社」には、羽衣説話が記載されている。話の筋は次のようだ。

> 比治山（京都府丹波の磯砂山《いさなごさん》標高661メートルとされる。現在は池は枯れている）の山頂付近の池で天女《あまをとめ》8人が水浴びをしているところを老夫婦が一人の衣裳を隠してしまう。天に帰れなくなった娘を自分たちの娘として十数年同居させた。娘は口噛み酒をつくり、それが万病の薬となったことから、老夫婦は豊かになり、娘を追い出してしまう。娘は丹波の里・哭木《なきき》の村で泣き、舟木の里の奈具村にて村人となった。美しい娘を多く残したという。奈具の社の祀る豊宇賀能売《とようかのめ》は、その娘の一人という。

天女の水浴びや羽衣を隠してしまう部分、そして帰ることができなくなった天女を囲い込む話は、日本各地・世界各地に見られるという。最後に衣を見つけた天女が天上界に還ってしまう方がよくある話で、国内では駿河国の三保の松原、近江国の余呉湖などの話が有名であるが、伝承地は少なくとも13箇所にあるという[27]。

羽衣伝説は「白鳥処女説話」として分類されるものであり、世界中に似た話が伝えられている。白鳥（あるいは鳩、鴨、鷹、海鳥など）が飛来して、女性に変身して水浴びをし、そのときに猟師や漁師が衣を隠してしまい天女と結婚する、という話の展開である。これについても水野[27]が、系統的に分析をしていて、話に登場する要素から、おそらく起源となったのはロシア南部から地中海沿岸にかけてのゲルマン民族の話であり、これが世界に広まっていったと考察している。そして水野は、(1)インド経由で

東南アジアに伝わった話には海洋民族的な要素と天界信仰の要素が加わった。(2)一方、北方圏では白鳥と猟師の話として伝えられることになった。(3)蒙古・満州・朝鮮半島では中国の神仙思想が加わった、と分類している。そして、日本では北方から(関東付近まで)羽衣伝説(2)が伝わるとともに、漁撈民話として南方から近畿まで羽衣伝説(1)が伝わり、やがて大陸から羽衣伝説(3)が伝えられて融合されていった、と考えられるという(**図6**)[28]。

民話の伝承経路が、このように特定される可能性が指摘されているのは実に興味深い。羽衣伝説のなかには、最後に天女が天界にもどるときに、七夕伝説と結びついたり、天の川の形成伝説に結びつくものもある[29]ようである。このような事例が今後蓄積すれば、星座や星図の伝承経路とも結びつくと考えられる。

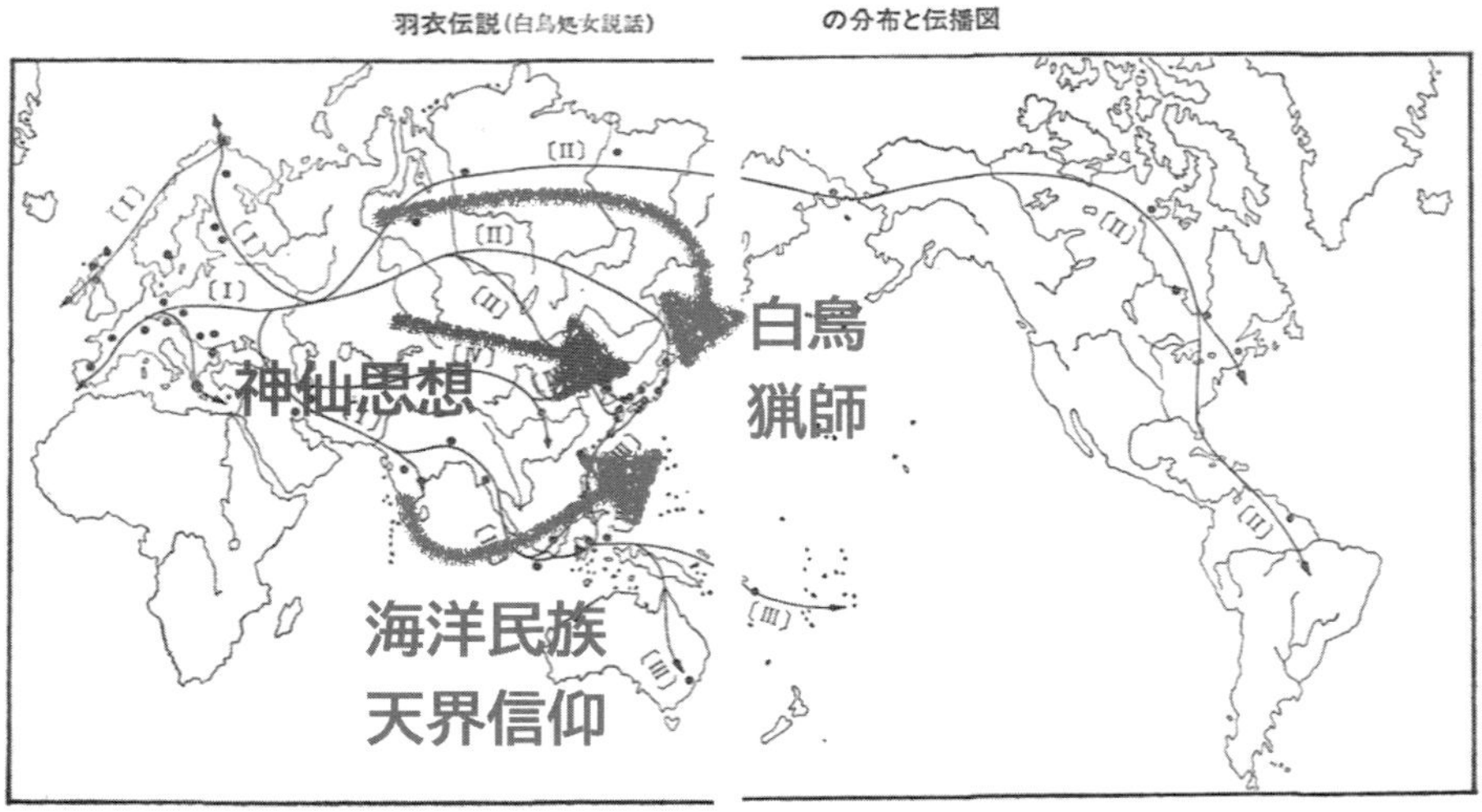

図6　水野[27]による羽衣伝説・白鳥処女伝説の伝播経路。水野[27]の図を加工した。

5. 未来へ行くタイムトラベルの検討

最後に、3年の経過が300年経過となってしまうようなタイムトラベルが理論的に可能かどうかを考えてみたい。ここで用いる数式の基本的な事柄は、稿末の附録にまとめてある。

(1) 特殊相対性理論による時間の遅れ

特殊相対性理論によれば、速度vで運動する観測者は、静止している観測者に比べて、時間の進み方が遅くなる。ここでは、浦島効果を評価してみよう。

一定速度vで運動するロケットを考える。地球での時間経過をdt、(地球時間で評価した) 宇宙船内での時間経過をdt'とすると、ローレンツ変換より

$$dt' = \frac{1}{\sqrt{1-(v/c)^2}}dt \qquad (1)$$

となる。浦島太郎の3年間がずっと等速度vの宇宙船とすれば、$v = 0.9999c$のとき、地球は300年経過している。

いきなりこんな高速の宇宙船に乗るのは不可能であるし、元の場所に戻ってくることができない。そこで、加減速する宇宙船を考えよう。速度vの宇宙船が測定する加速度a'と、地球から見る宇宙船の加速度aの間には、

$$a' = \left(1-(v/c)^2\right)^{-3/2} a \qquad (2)$$

の対応が得られる(例えば注33を参照)。宇宙船の速度が地球から見て0からv_1に一定加速度a'で到達したとき、宇宙船内の経過時間T'と地球の経過時間Tは、

$$T' = \frac{c}{2a'}\log\frac{1+v_1/c}{1-v_1/c}, \qquad (3)$$

$$T = \frac{v_1}{a'\sqrt{1-(v_1/c)^2}} \qquad (4)$$

で与えられる。浦島太郎が300年先の未来へ3年で到達するには、重力加速度$g = 9.8\mathrm{m/s^2}$の9.43倍で加速する宇宙船で0.75年加速、すぐに同じ大きさで逆向きの加速度で減速して0.75年で停止、直ちに同じ運動で地球に帰還すればよいことがわかる。しかし、この加速度はなかなか厳しい。

(2) 一般相対性理論による時間の遅れ

一般相対性理論によれば、強い重力場にいることで、時間の進み方が遅くなる。質量が存在することで時空がゆがみ、質量が回転することでも時空がゆがむ。回転ブラックホール時空の厳密解であるカー解を用いて、浦島効果を評価してみよう。

カー時空で固定した座標点にいる観測者の時間の進み方dT'は、平坦な時空計量の時間の進みdTと比較することにより得られ、

$$(dT)^2 = \left(1 - \frac{2GMr/c^2}{r^2 + a^2\cos^2\theta}\right)(dT')^2 \tag{5}$$

で与えられる。ここで、Mは回転する質量、aは回転角運動量Jより$a = J/(Mc)$で与えられる量、Gは万有引力定数、cは光速である。θはブラックホール回転軸からの角度座標である。ブラックホールの地平面は、

$$r_+ \equiv G(M + \sqrt{M^2 - (ac^2/G)^2})/c^2 \tag{6}$$

で与えられる。

ブラックホールが回転していないとき($a = 0$)、ブラックホールを周回する安定な円軌道は$r_S \equiv 3r_+ = 6GM/c^2$までであることが知られている。したがって、式(5)で得られる最大の時間のズレは、$r = r_S$のとき、

$$\left.\frac{dT'}{dT}\right|_{\max} = \frac{1}{\sqrt{1 - 2GM/r_S c^2}} = 1.224\,倍 \tag{7}$$

にすぎない。ブラックホールが回転していて、その回転が最大回転に近づくと($a/M \to G/c^2$)、安定円軌道の半径は$r_S \to r_+ \sim GM/c^2$となるので、式(5)の比は無限に大きくできる。

映画「インターステラー」(2014年)の共同製作者として名を連ねたThorneが映画監督のNolanから、ある星の1時間が地球の7年に相当するようなシナリオを科学的に作ってくれ、と依頼されたとき、Thorneが思いついたのがこの手法だった[34]。太陽質量の10^8倍のブラックホールが、ほぼ最大回転(最大値の$1\text{-}10^{-14}$倍)していて、このブラックホールの地平線に近い所(地平面半径の1.00002倍)の惑星であれば、潮汐力で岩石惑星は破壊されず、かつ要求された時間差が得られる、という結果だった。

浦島太郎の話で、100倍の時間差を得るにはもっと現実的な値で可能になる。天の川銀河の中心(Sgr A*)の質量は太陽の400万倍であり、その回転は、最近の報告[35]では最大回転の0.90倍とされている。そうであれば、ブラックホールの地平面半径の1.0002倍のところを周回すればよい。銀河中心までは、28000光年かかって遠いというのであれば、どこかにありそうな、太陽の30倍の質量のブラックホールが、最大

回転の0.70倍で回転していれば、そのブラックホール地平面半径の1.0001倍のところを周回すればよい。ただし、これらの場合、潮汐力が大きいので、それに耐えられる宇宙船にて周回する必要がある。

まとめ

とりとめのない話であったが、次のようにまとめる。

・浦島伝説は、丹後風土記・日本書紀・万葉集の頃(8世紀はじめ)には語り継がれていた。詳細は3つで違っている。

・風土記版の浦島伝説には、昴星と畢星も登場する。

・浦島伝説や羽衣伝説は、日本・世界のあちこちに見られ、その伝播経路が考察されている。このような分析は、天文文化の伝播経路の傍証になるだろう。

・浦島子が、3年間の常世の国の滞在で、故郷で300年経過した、という話に対しては、高速回転するブラックホールの地平線付近を周回することで可能であろう。

参考文献

[1] 水野祐『古代社会と浦島伝説(上/下)』(雄山閣、1975年)

[2] 水野祐『浦島伝説の探求』(産報ブックス、1977年)

[3] 勝俣隆「浦島伝説の一要素　丹後国風土記逸文を中心に」(京都大学文学部編『国語国文』第54巻2(606号)、1985年)

[4] 勝俣隆「日本神話の星と宇宙観(2)」(『天文月報』1995年11月号)

[5] 勝俣隆『星座で読み解く日本神話』(大修館書店、2000年)

[6] 勝俣隆『異郷訪問譚・来訪譚の研究：上代日本文学編』(和泉書院、2009年)

[7] 林晃平『浦島伝説の研究』(おうふう、2001年)

[8] 林晃平『浦島伝説の展開』(おうふう、2018年)

[9] 逸文とは、後世の書に断片的に引用されて残ったものである。『丹後国風土記』は逸文でしか残っていない

[10] 巌谷小波著『日本昔噺』叢書第18篇(博文館、1894～96年)の話として、「竜宮城に飽きてしまい」の一文が挿入された形で国定教科書第三期(大正7年)以降にもずっと掲載された[11]

[11] 湯川真利「なぜ、浦島太郎は亀を助けたのにお爺さんになってしまったのか。『日本昔噺』の中の「浦島太郎」の成立を巡って」(https://note.com/rockandroll/n/naf252a5376ec)

[12] 武田祐吉編『風土記』(岩波文庫、1937年)(https://dl.ndl.go.jp/pid/1173165/1/137)

[13] 重松明久『浦島子伝』(現代思潮社、1981年)

[14] 小島憲之、直木孝次郎、西宮一民、蔵中進、毛利正守校注『新編 日本古典文学全集3 日本書紀2』(小学館、1996年)

［15］ 瀧音能之、鈴木織恵、佐藤雄一(編)『古代風土記の事典』(東京堂出版、2018年)
［16］ 勝俣[3]は、『丹後国風土記』の成立を715年頃としている
［17］ 小島憲之、木下正俊、東野治之校注『新編 日本古典文学全集7 萬葉集2』(小学館、1995年)
［18］ 市古貞次校注『日本古典文学体系 38 御伽草子』(岩波書店、1958年)
［19］ スティス・トンプソン著、荒木博之、石原綏代訳『民間説話』(八坂書房、2013年)
［20］ 飛鳥資料館図録第54冊『星々と日月の考古学』(2011年)(https://www.nabunken.go.jp/nabunkenblog/2022/09/20220915.html)
［21］ 伴とし子『龍宮にいちばん近い丹後』(森田印刷、1990年)
［22］ さらに同系譜では「爰に当社(網野神社)縁起に曰く、玉手箱、白面、金銀の珠、鏡、寿命築、子珠、満珠の七種は、海神の都より古都澄ノ江網野に持ち帰りたる宝物也と云ふ」と続く[21]
［23］ 大崎正次『中国の星座の歴史』(雄山閣、1987年)
［24］ 作花一志「浦島太郎とかぐや姫　丹後国風土記と竹取物語の語ること」(『天文教育』2010年11月号)
［25］ 田中武治『遺稿集第7集　郷土伝説浦島研究』(あまのはしだて出版、2001年)
［26］ ニコラエ・ラルカ(Nicolae Raluca)「浦島太郎とルーマニアの不老不死説話」、小峯和明(監修)、宮腰直人(編集)『日本文学の展望を拓く 4 文学史の時空』(笠間書院、2017年)
［27］ 水野祐『羽衣伝説の探求』(産報ブックス、1977年)
［28］ 星野之宣の漫画『宗像教授伝奇考1』(小学館、1995年)では羽衣伝説の話が「白鳥が鉄鉱石に沿って移動し、それをヒッタイト民族が追いかけるように世界に広がった」とした形で紹介されている。作中の地図は水野[27]の図が使われているが脚色である
［29］ 楊静芳『中日七夕伝説における天の川の生成に関する比較研究』学校教育学研究論集第25号(2012年3月)、69
［30］ 根来麻子「『万葉集』の日・月・星」、鈴木健一編『天空の文学史　太陽・月・星』(三弥井書店、2014年)所収
［31］ 神田茂『日本天文史料綜覧』(恒星社、1934年)
［32］ 小島憲之、直木孝次郎、西宮一民、蔵中進、毛利正守校注『新編 日本古典文学全集3 日本書紀3』(小学館、1996年)
［33］ 真貝寿明、林正人、鳥居隆『一歩進んだ物理の理解 3 原子・相対性理論』(朝倉書店、2023年)
［34］ Kip Thorne, *The Science of Interstellar*(W. W. Norton, 2014)
［35］ Ruth A. Daly *et. al.*, *New black hole spin values for Sagittarius A* obtained with the outflow method*, MNRAS 527, 428(2024)

【附録】 相対性理論の概略

付録として、第5節での議論に用いた数式の概略を説明する。

(1)特殊相対性理論と式(1)の導出

アインシュタインが1905年に発表した相対性理論(当初は相対性原理と呼び、後に一般相対性理論を構築したときに、特殊相対性理論と呼び名を改めた)は、空間と時間を物理法則の適用対象にしたものである。その動機は、電磁気学の基礎方程式であるマクスウェル方程式(1864年)の中に光速度cが陽に現れたことの解釈であった。

物理法則の中に、速度が現れることは不思議である。速度は観測者によって測定される相対的なものだからだ。マクスウェル方程式中のcがどこで測られた速度なのかをめぐって、絶対静止座標系に対する相対運動の検証実験がなされ(マイケルソン・モーリーの実験)、その検証に失敗すると、その実験結果の整合性を求めて、ローレンツ変換が考え出された時代であった。ローレンツ変換は、静止する慣性座標系(t, x, y, z)と、x方向に速度vで移動する慣性座標系(t', x', y', z')の間には、

$$t' \;=\; \frac{t-(v/c^2)x}{\sqrt{1-(v/c)^2}}, \quad x' = \frac{x-vt}{\sqrt{1-(v/c)^2}}, \quad y' = y, \quad z' = z. \qquad (8)$$

の変換が成立する、というもので、この変換規則があるために、我々は相対運動の検出ができなかった、とする解釈である。

アインシュタインは、「光速度はどの座標系からみても同じである(光速度一定の原理)」および「物理法則はどの慣性座標系でも同じ形で記述できる(相対性原理)」という2つの原理をもとにすれば、ローレンツ変換が導けることを示した。すなわち、マクスウェル方程式がそのままどの座標系でも成り立つことを受け入れよ、とする理論を構築したのである。しかし、このことは、時間と空間が、観測する座標系によって伸縮することを受け入れる結果となった。これまで空間は固定されたものであり、時間はどこでも一様に進むものとする解釈の変更が生じたのである。

空間の2点(x_1, y_1, z_1)、(x_2, y_2, z_2)間の距離ℓは、$\Delta x = x_1 - x_2$などとして、$\ell^2 = (\Delta x)^2 + (\Delta y)^2 + (\Delta z)^2$で与えられる。この拡張として、時間座標を加え(次元を揃えるために、時間座標には光速を乗じておく)、時空の2点(ct_1, x_1, y_1, z_1)、(ct_2, x_2, y_2, z_2)間の距離に相当する量

$$(\Delta s)^2 = -(c\Delta t)^2 + (\Delta x)^2 + (\Delta y)^2 + (\Delta z)^2 \qquad (9)$$

を定義する。Δsは**世界間隔**と呼ばれる。(8)式にしたがって、座標を(ct, x, y, z)から、(ct', x', y', z')に変更しても、(9)式の全体の値は変わらない。つまり、ローレンツ変換は、世界間隔を不変に保つ座標変換である、という幾何学的な解釈ができる。

そうであれば、静止系と速度vで運動する座標系で、どちらも原点にいる観測者どうしの時間間隔Δtと$\Delta t'$の対応は、$(c\Delta t')^2 = (c\Delta t)^2$となるが、(8)式より、
が成り立たなければならない。この式が、第5節の式(1)である。

$$(c\Delta t')^2 \;=\; \frac{1}{1-(v/c)^2}(c\Delta t)^2 \qquad (10)$$

(2)一般相対性理論と式(5)の導出

アインシュタインは、相対性原理のアイデアを、加速度を含めた一般座標変換でもなりたつべき物理法則の構築に挑んだ。そして、重力加速度の生じる原因を考究するうちに、重力の正体は「万有引力」として与えられる「力」ではなく、空間のもつ性質である(「場」である)とする着想を得て、曲がった空間を記述するリーマン幾何学と物理法則の融合に取り組んだ。そして、数年の格闘ののち、一般相対性理論と名付けた理論(核となる式は、アインシュタイン方程式、あるいは重力場の方程式とも言われる)に到達する。

「光速度一定の原理」と「一般相対性原理」に立脚し、リーマン幾何学を時間を含めた4次元時空に拡張し、かつ重力場が弱い極限でニュートン力学に合致し、さらに最も簡単な幾何学量で記述されるような「思想」のもとに導出された理論である。結果として、重力の正体は時空のゆがみである、と説明することになった。すなわち、質量が存在すると、その周囲の時空が(トランポリンの膜がたわむように)曲がり、その時空を動く物体の軌道は時空に沿って曲がっていく、とする理論である。

時空のゆがみは、式(9)の距離の計算式を一般化して、$x^0 = ct, x^1 = x, x^2 = y, x^3 = z$などと表すことにして、

$$ds^2 = \sum_{\mu=0}^{3}\sum_{\nu=0}^{3} g_{\mu\nu}(x)dx^\mu dx^\nu \tag{11}$$

とし、計量$g_{\mu\nu}$を時空点に依存する関数として表現することができる。アインシュタイン方程式は10本の2階の非線形偏微分方程式の連立から構成されていて、一般的な解としての$g_{\mu\nu}$を求めることは難しいが、時空に対称性を課したり、物質場に特殊な仮定をすることで厳密解$g_{\mu\nu}$がいくつも求められている。

アインシュタインが一般相対性理論を発表してすぐに、シュヴァルツシルト(Schwarzchild)は、球対称・静的・真空(1点にだけ質量Mが存在)の仮定のもとにアインシュタイン方程式の厳密解を発見した。具体的には、

$$ds^2 = -\left(1-\frac{2GM}{c^2r}\right)c^2dt^2 + \frac{dr^2}{1-\frac{2GM}{c^2r}} + r^2(d\theta^2+\sin^2\theta\, d\varphi^2) \tag{12}$$

となる。(ct, r, θ, φ)は球座標であり、原点に質量Mがある設定である。cは光速度、Gは万有引力定数である。$r\to\infty$では平坦な時空となる。これは今日(回転していない)ブラックホール時空として知られるものであり、$r_S \equiv 2GM/c^2$の半径の面より内側では光速度でも外側に脱出できない領域となる。r_Sはブラックホール地平面の半径(シュヴァルツシルト半径)と呼ばれる。この時空で、ブラックホールから距離rにいる観測者の時間の進みdT'と、無限遠の平坦な時空にいる観測者の時間の進みdTの間には

$$c^2dT^2 = \left(1-\frac{2GM}{c^2r}\right)c^2dT'^2 \tag{13}$$

の関係が得られる。

回転するブラックホール解は、カー(Kerr)によって、1962年に報告された。(ct, r, θ, ϕ)

を座標とする軸対称時空に、質量Mの物体が回転角運動量Jをもつとき、その時空は

$$
\begin{aligned}
ds^2 &= -\frac{\Delta}{\Sigma}[dt - a\sin^2\theta d\phi]^2 + \frac{\sin^2\theta}{\Sigma}[(r^2+a^2)d\phi - a dt]^2 \\
&\quad + \frac{\Sigma}{\Delta}dr^2 + \Sigma d\theta^2 \qquad (14)
\end{aligned}
$$

となる解である。

ここで

$$a = J/(Mc), \qquad (15)$$

$$\Delta = r^2 - 2Mr + a^2, \qquad (16)$$

$$\Sigma = r^2 + a^2\cos^2\theta \qquad (17)$$

としている。その後の研究により、回転するブラックホール解は、すべて(14)の計量で記述されることがしめされており(ブラックホール唯一性定理)、カー解は宇宙物理現象を考える上でもっとも重要な解になっている。

式(14)で、ブラックホールから距離rにいる観測者の時間の進みdT'と、無限遠の平坦な時空にいる観測者の時間の進みdTの間には

$$(c\,dT)^2 = \left(1 - \frac{2GMr/c^2}{r^2 + a^2\cos^2\theta}\right)(c\,dT')^2 \qquad (18)$$

の関係が得られる。この式が、第5節の式(5)である。

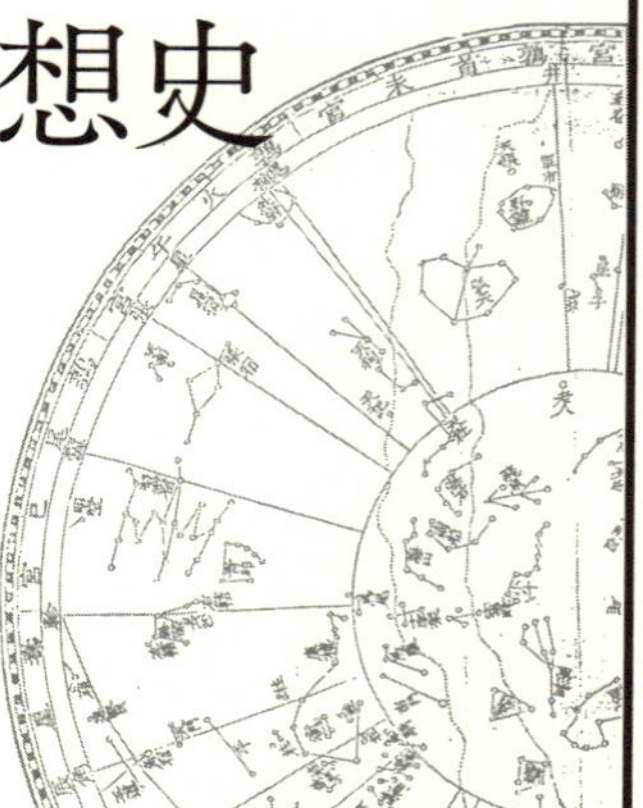

1861年テバット彗星の位置測量精度

――土御門家と間家の測量比較を中心に

北井礼三郎
玉澤春史
岩橋清美

きたい・れいざぶろう――立命館大学総合科学技術研究機構客員プロジェクト研究員。専門は太陽物理学。主な著書に日本天文学会編『現代の天文学10　太陽』(共著、日本評論社、2009年)、『太陽活動1992-2003 ／ Solar Activity in 1992-2003』(共著、京都大学学術出版会、2011年)などがある。また、訳書として、エリザベート・ネム=リブ、ジェラール・チュイリエ著北井礼三郎翻訳『太陽活動と気候変動』(恒星社厚生閣、2019年)、イエール・ナゼ著北井礼三郎・頼順子共訳『天文学と女性』(恒星社厚生閣、2021年)などがある。

たまざわ・はるふみ――東京大学生産技術研究所特任研究員、京都市立芸術大学美術学部客員研究員。専門分野は学際宇宙研究：科学コミュニケーション、科学教育、科学史。主な論文に“Astronomy and Intellectual Networks in the late 18th Century in Japan: A Case Study of Fushimi in Yamashiro”(Historia Scientiarumm 26(3), 2017, pp.172-191)、玉澤春史、岩橋清美、北井礼三郎「嘉永六年クリンカーヒューズ彗星にみる土御門家・間家の観測精度比較」(『Stars and Galaxies』6、id.9、2023年)などがある。

いわはし・きよみ――國學院大學文学部教授。専門は日本近世史。主な著書・論文に『オーロラの日本史――古文書・古典籍に見る記録』(共著、平凡社、2019年)、「『赤気』と近世社会――明和7年の『赤気』をめぐる人々の対応と認識」(『國學院雑誌』第123巻2号、2022年)、岩橋清美・北井礼三郎・玉澤春史「安政5年ドナティ彗星観測に見る土御門家の天文観測技術に関する一考察」(『Stars and Galaxies』5、id.7、2022年)などがある。

1861年(文久元)に出現したテバット彗星の京都・土御門家、大坂・間家での彗星位置測量記録を解析し、その測量精度の比較検討をおこなった。その結果、両者ともに測量儀器の設置精度に問題があったもののその分の補正を行うと、導出された赤道座標値は±2度の範囲内で計算値と合致することが分かった。

はじめに

本論文は、1861年(文久元)に出現したテバット彗星の観測記録を用いて、朝廷の陰陽頭であった土御門家と大坂の天文家間家の測量精度の比較を行うものである。幕末期には、テバット彗星だけではなく、1853年(嘉永6)にクリンカーヒューズ彗星、1858年(安政5)にはドナティ彗星といった大きな彗星が現れ、世上を賑わせた[1)]。これらの彗星の動きについては朝廷・江戸幕府天文方(以下、天文方と略す。)はもちろん、

間家等の天文家たちが測量記録を残しているため、位置測量技術の比較が容易である。筆者は、すでにドナティ彗星の測量記録を解析しており、その結論は以下の4点にまとめられる[2)]。

(1) 19世紀前半における日本の測量精度は西欧観測に比して精度は一段落ちること。

(2) 天文方・土御門家・間家の測量精度に比較においては、土御門家の観測精度が一番優れていたこと。

(3) 土御門家による測量においては、測量誤差(赤道座標値)は概ね±2度角程度あるが、軌道の全貌は把握できていたこと。

(4) 天文方・間家の整約結果の赤道座標値は、土御門家や西欧観測に比して、5度角程度の系統的ずれ(オフセット)があること。

以上の結論から、土御門家を、西洋天文学を採用した天文方や間家の対極に位置する存在と見做してきた従来の天文学史上の評価が適切ではないことを明らかにした。

さらに、筆者はクリンカーヒューズ彗星についても土御門家と間家の観測記録を比較し以下のような結論を得た[3)]。

(1) 土御門家で記録されている時刻は、不定時法表記ではあるが、日没、日出の時刻と朝夕33分間の薄暮時間を考慮すると、京都での地方真太陽時表記に換算することができ、従って均時差、緯度差を補正すれば日本標準時を確定できること。

(2) 土御門家の測量儀器の設置誤差のうち、方位ずれは4度程度、高度ずれは－2±2度程度あったこと。

(3) 系統的誤差を補正した土御門家の測量精度は±2度であったのに対して、間家の測量精度は±5度もあり、圧倒的に土御門家の測量精度が高かったこと。

以上のように、クリンカーヒューズ彗星の観測記録においても、土御門家の測量精度が優れていたことを実証しえたのだが、残された課題もあった。それは、測量記録の残存状況が分析に与える影響である。観測記録には、日々の観測値を記したものや、それらをまとめた帳簿等、様々なレベルのものが存在する。観測の一連の動きが再現できるだけの細かい記録、あるいは長期にわたる記録が残っているほど正確な分析が可能になると言える。つまり、史料の残存状況の差異が測量技術の評価に与える影響が少なくないのである。そこで、本稿では、1861年(文久元)5月から7月にかけて観測されたテバット彗星の測量記録をもとに、土御門家および間家の天文観測技術の解析を行い、測量精度を比較検討する。

1. 測量記録の概要

解析を行う前に、本論文で使用した史料について概観しておく。

(1)土御門家史料

土御門家によるデパット彗星の測量記録は、宮内庁書陵部所蔵「彗星出現一件」(函架番号:土・61)であり、人間文化研究機構国文学研究資料館国書データベースにおいて公開されている。本史料は1843年(天保14)・1861年(文久元)・1862年(文久2)の彗星観測記録からなり紙袋に一括されている。テバット彗星の記録は全17点である。その詳細は以下の通りである。なお、年代に( )が付されている史料は筆者が推定したこと、史料名に( )が付されているものは、史料に表題がないため、筆者が史料名を付けたことを示す。

1文久元年　彗星測量記

2年未詳(文化8年三万六千神祭・享和2年天地災変祭他における祈祷・下行米の書付)

3(文久元年)4月3日(4月3日より出仕につき清閑寺大納言他6名宛土御門晴雄書状)

4(文久元年)7月13日(土御門晴雄彗星勘文)

5(文久元年)5月23日(土御門晴雄彗星勘文)

6(文久元年)5月27日(伊藤信興彗星勘文)

7(文久元年)6月2日(彗星祈祷につき神祇伯少将宛万里小路博房書状)

8(文久元年5月)　(佐藤元道彗星勘案)

9(文久元年)5月28日(土御門晴雄彗星勘文)

10(文久元年)5月27日(幸徳井陰陽助彗星勘文)

11(文久元年)5月30日(天曹地府祭の下行米につき土御門晴雄宛書状)

12(文久元年)　彗星弁　　福田理軒

13文久元年5月　昏后彗星出現測量之図　　福田理軒

14文久元年5月　彗星考　世孝

15(文久元年)5月28日(松浦浩静彗星勘文)

16(文久元年)　客星出現之節測量之事

17(文久元年)　彗星測量書　　佐藤元道

これらの史料から分かることは以下の3点である。第一に、ドナティ彗星・クリンカーヒューズ彗星と同様に土御門家の観測は同家の門人で東寺の寺侍である伊藤信興・

松浦浩静が担当し、日々の観測記録をもとに勘文を作成して晴雄に提出していたことである。第2に、土御門家は大坂順天堂福田理軒をはじめ、配下の幸徳井家などから勘文を取り寄せていたことが指摘できる。大坂順天堂は測量も行っており、それを基にした測量図も提出していた。第3には土御門家は門人達から測量記録や勘文だけではなく、測量技術に関する情報も得ていたことがあげられる。これを示すのが、佐藤元道による「彗星測量書」である。つまり、テバット彗星の史料群の構造から、土御門晴雄が伊藤・松浦を中心に測量を進めつつ、各地の門人から測量記録や勘文の提供を受け、さらに神祇伯白川家をはじめとする朝廷の動向を鑑みながら勘文を作成していたことがわかるのである。

(2)間家史料

間家にはテバット彗星観測記録は3点残されている。いずれも大阪歴史博物館所蔵羽間家文庫に収められている。概要は以下の通りである。

1　文久元年　彗星御用測量留(請求番号羽文2-60)
2　文久元年　彗星初見爾後測量(請求番号羽文2-61)
3　文久元年　初昏乾ノ方彗星初見朔食前測器取調中ニ附無測
　　　　　　　但凡眼天狼ヨリ世度余計北(請求番号羽文2-62)

1～3はいずれも間重遠による測量記録である。

1は1861年(文久元)5月25・26日の観測記録である。両日とも10測を実施しており地高度と距北が記されている。なお、末尾に間重遠が広沢善左衛門・中西金吾・渡辺庄左衛門に宛てた書状が貼付されており、これによると、この彗星観測が江戸幕府天文方に命じられた御用観測だったことがわかる。

2は1861年(文久元)5月24日から7月3日までの観測記録である。史料には、その日の太陽午正球行・用時一周球行・子正球数を記した上で、黄昏時の彗星球行・子正後分散・距北・地高度が記録されている。同史料には観測機器も記されており、「子午線儀・象限儀・羅針盤・垂揺球儀」とある。これらはドナティ彗星の観測機器と同様である。

3は1861年(文久元)5月24日から6月7日までの彗星観測記録である。観測回数は日よって異なり、2測を基準として、10測の日もある。記載項目は午正球行・地高度・距北・日星球行を基本としている。

2. 土御門家測量

この章では、土御門家によるテバット彗星の測量について述べる。

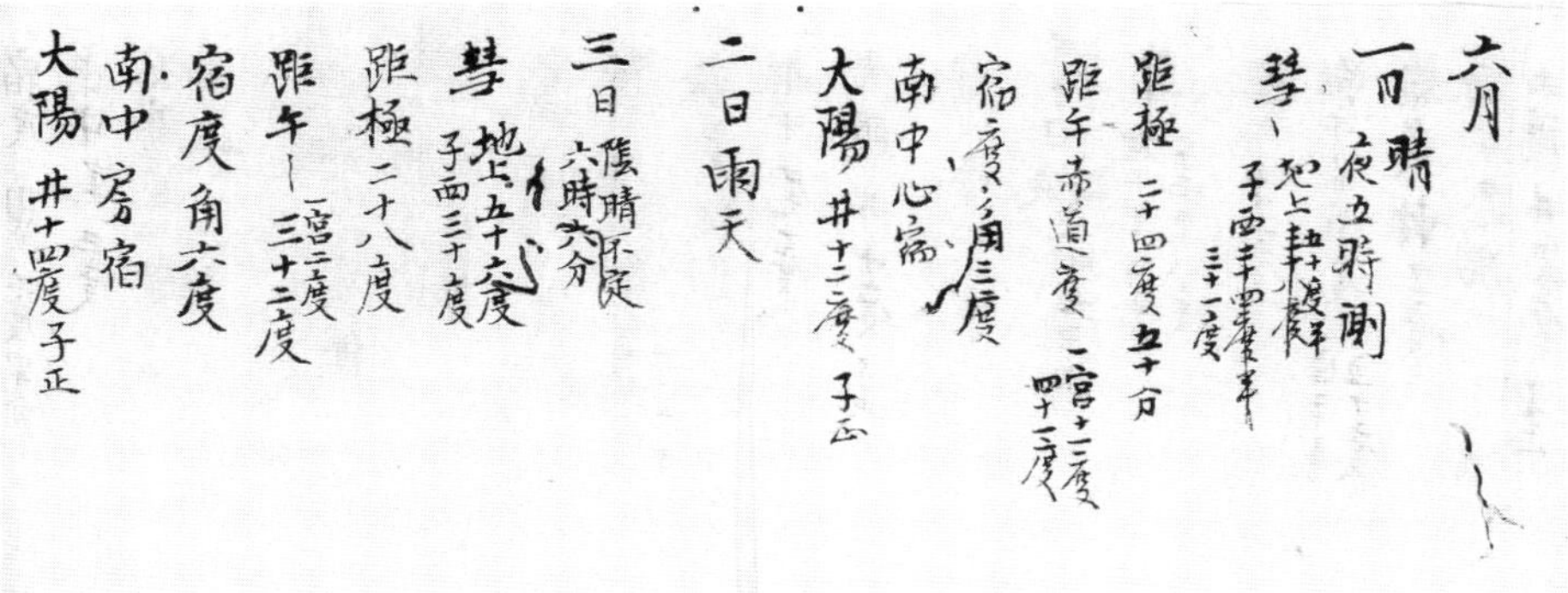
六月
一日 晴 夜五時測
彗、地上
距極 二十四度五十分
距午赤道度
宿度、角三度
南中心宿
太陽 井十二度 子正
二日 雨天
三日 陰晴不定 六時六分
彗 地上五十六度 子西三十度
距極 二十八度
距午 一宮二度 三十二度
宿度 角六度
南中 房宿
太陽 井十四度 子正

図1 「彗星出現一件」(部分)(宮内庁書陵部所蔵、函架番号土6・1)

(1)測量記録と解析手法

ここでは、宮内庁書陵部所蔵「彗星出現一件」を分析対象とする。**図1**は観測記録の一部を例示として掲げたものである。

各日の記録は、日付、時刻、地上、方位、距極、距午赤道度、宿度、南中、太陽という項目が基本とする。測量日によっては光芒の長さが記されているときもある。このうち、「時刻」は不定時法の時刻である。「地上」は高度を示しており、「方位」と合わせて彗星の地平座標測量値を示している。「距極」は北極からの離角であり、「距午赤道度」は真南からの赤道方向の離角(時角に相当する)を示している。「宿度」、「南中」、「太陽」は、中国式星図をもとにした座標を用いて、彗星の赤道方向経度座標、測量時に南中している赤道経度座標、太陽の赤道経度座標をそれぞれ記している。

土御門家記録から、テバット彗星の赤道座標系で表した軌道を導出するには、三つの異なる方法がある。(1)「日付」、「時刻」と「地上」・「方位」という地平座標値から赤道座標値を求める方法、(2)「距極」から赤緯値をもとめ、「宿度」から赤経値を求める方法、そして(3)「距極」から赤緯値をもとめ、「日付」、「時刻」と「距午赤道度」から赤経値をもとめて、赤道座標値をもとめるという三つである。この三つの手法のうち、(2)、(3)の手法については、既に栗田によって実施されている[4)]。なお、(2)の手法では、測量時刻を用いずに赤道座標値が求まるのに対して、(3)の手法では、「日付」、「時刻」を用いて地方恒星時を用いる必要がある。栗田は、「南中」を用いて地方恒星時を計算しており、原記録にある「時刻」データは用いずに解析されている。これに対して、本論文では原記録に記されている「時刻」データを積極的に利用して、(1)および(3)の方法で解析することにした。

(2)赤道座標の導出

まず前稿で述べた手法(1)で赤道座標を導出する。まず、「日付」は旧暦で記録されているので、西暦に変換する。つぎに、不定時法で与えられている「時刻」を日本標準時(JST)に変換する。不定時法時刻は、土御門家においては以下の手順で決められていた。日没後33分と日出前33分が薄明であるとされ、日没から次の日出までの時間から薄明分33分×2を除いた残りの時間が夜の時間とされ、この夜の時間を6等分したものが夜の一刻と定められていた。そして、暮れ六つ時とは、日没後33分経過した時点と定められていた。記録には六時六分のような表記があるが、これは暮れ六つ後一刻の6／10だけ経過した時刻に該当する。ここで述べた土御門家における不定時法の決め方は、ドナティ彗星測量時の記録類によって確認されている。垂揺球儀から求められる暮六つ時の地方真太陽時が上記の手順で求められる地方真太陽時とが一致することがその証左となっている。詳しくは、拙稿に述べられている[5)]。以上のことから、測量地を京都としてプラネタリウムソフトStellarium1を利用すると(1)「日付」から、測量日の日没時刻、明朝の日出時刻がJSTでわかり、不定時法で記録されている「時刻」から測量時刻がJSTで求めることができる。さらに、(2)そのJST時刻での、「地上」、「方位」という地平座標から、測量された彗星の赤道座標を導出することができる。この手順によって求められた土御門家によるテバット彗星の赤道座標での軌道が□印で**図2**に描かれている。参考のために、テバット彗星の計算による赤道座標位置(Stellariumに表示される赤道座標位置)を黒丸で示している(測量があった日のみを表示している)。(1)の方法で得られた彗星の軌道は、計算値と概形はほぼ一致しているものの3～4度程度のオフセットがある。

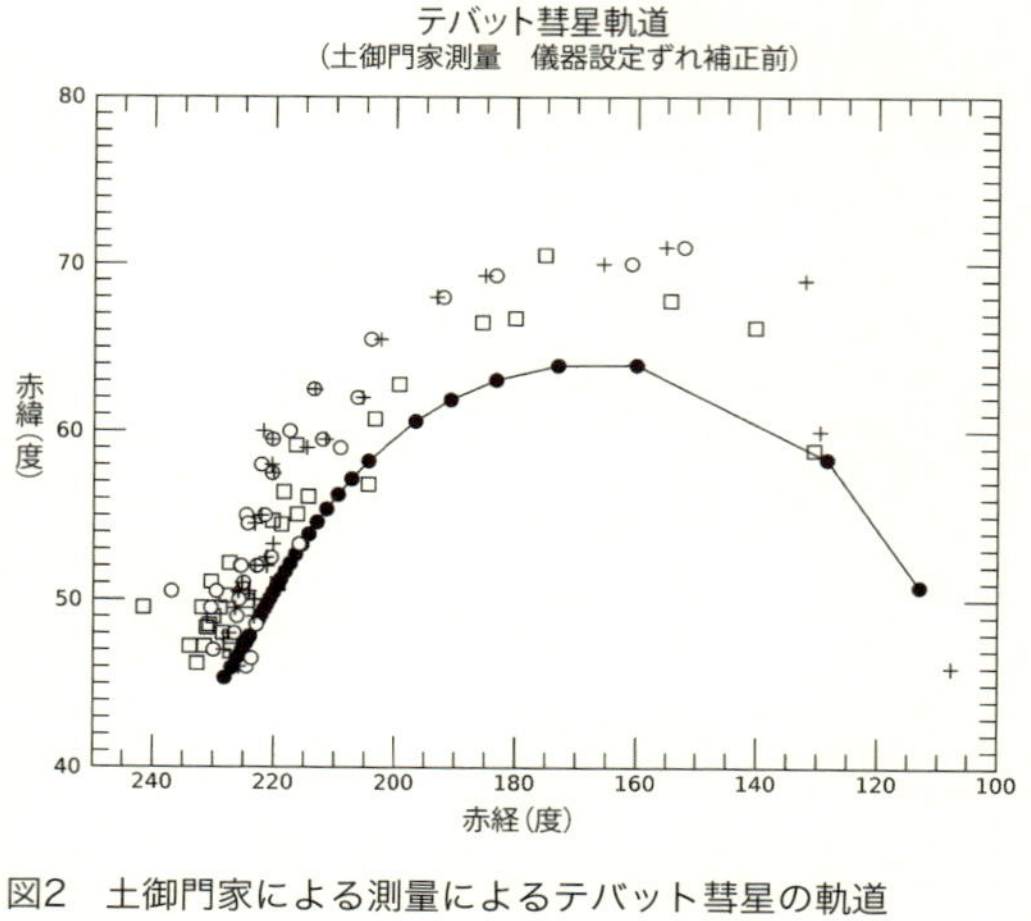

図2　土御門家による測量によるテバット彗星の軌道

次に(3)の方法で、土御門家測量記録からテバット彗星の赤道座標を導出する。すでに(1)の方法で、各測量日の測量時刻がJST時刻で求められているので、Stellarium(https://stellarium.org/)を用いてその時刻の平均恒星時がわかり、これと「距北」および「距午赤道度」という三つのデータから、赤道座標を得ることができる。こ

の方法(3)で求められたテバット彗星の赤道座標系での軌道を**図2**に○印で示す。この方法(3)で求められた軌道は、方法(1)で求められた軌道とはおおむね一致している。ただし、オフセットの値は方法(3)の方が大きな値となっている。

比較のために、栗田が方法(2)を用いて導出された赤道座標系でのテバット彗星の軌道を**図2**に＋印で重ねて描画しておく。方法(3)の結果と方法(2)の結果は、ほぼ同じ軌道を示している。

(3)土御門家測量整約軌道のオフセットの原因検討

土御門家の観測記録を(1)、(2)、(3)のどの方法を用いて整約しても計算された軌道からは系統的なオフセットが見られる。玉澤、岩橋、北井[2023]では、クリンカーヒューズ彗星の嘉永6年(1853)の土御門測量が計算軌道よりオフセットを示した原因としては、測量儀器の設置ずれが原因であると確認された。また、テバット彗星の土御門家の測量記録でも、文久元年6月13日(西暦1861年7月21日)の記録には測量儀器である渾天儀の方位設定が2度ずれていたのを修正した旨の注意書きが残されている。従って、本論文の対象であるテバット彗星の測量でも、測量儀器の設置ずれが測量結果にオフセットを生み出している可能性があり、それを検討してみた。

テバット彗星の土御門家の彗星測量の記録は、地平座標値、赤道座標値が含まれている。過去のクリンカーヒューズ彗星、ドナティ彗星の測量の際には、地平座標値のみが記録されていた。このことから、土御門家では、彗星については地平座標の測量が基本になっていたものと思われる。この地平座標の測量儀器の設置ずれをテバット彗星の場合について以下で検討する。

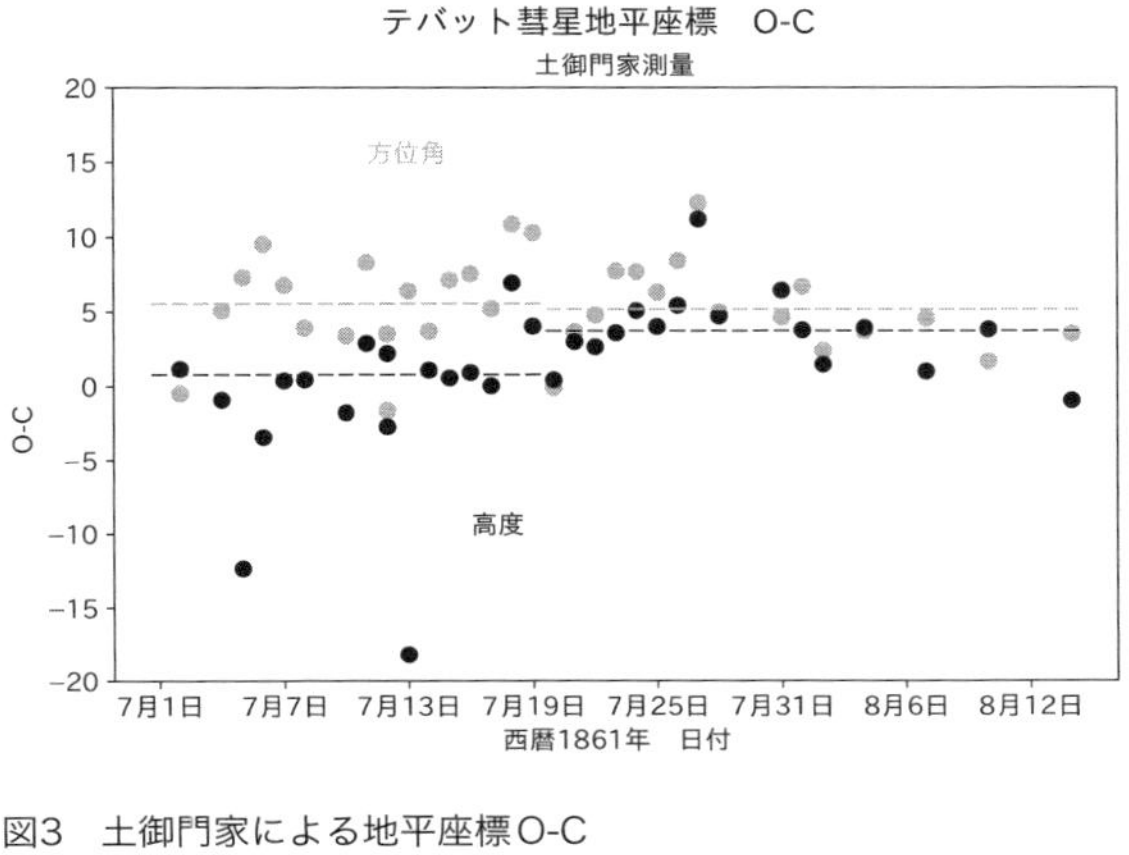

図3　土御門家による地平座標O-C

テバット彗星の測量位置の地平座標値(O)とStellariumを用いてもとめた地平座標の計算値(C)から、観測値−計算値(O-C)を測量日毎にプロットしたものが**図3**である。灰色の○印が方位角、黒色の○印が高度のO-Cを示している。測量儀の方位設定の修正記録がある西暦7月21日を境として前半、後半に分けて、それ

ぞれの方位角、高度のO-Cの平均値を破線で示している。なお、1861年7月5日と13日の高度O-Cは極めて異常な値を示しているので、平均操作では除外した。この結果によると、測量儀器は、方位方向が5度程度、そして高度方向は前半1度程度で後半は3度程度正規の設定位置からずれていることがわかる。

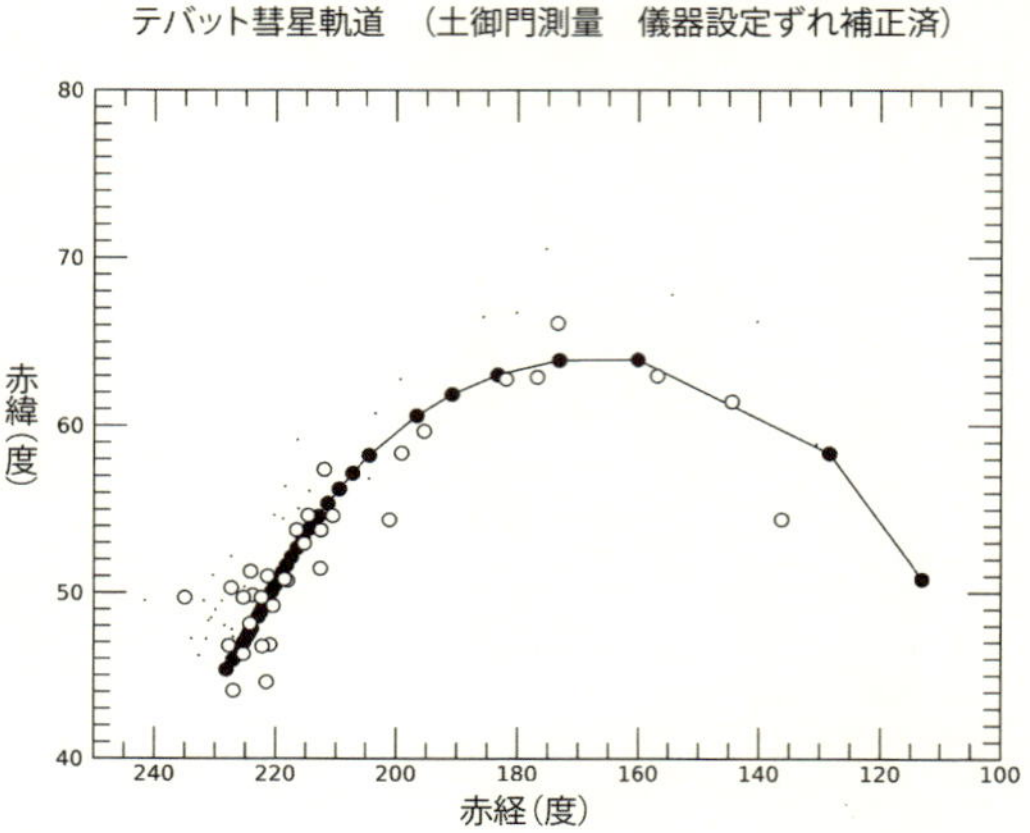

図4　土御門家による地平座標O-C

測量儀器の方位角軸および高度軸が、O-Cの平均値だけズレていたとして、その分を補正した地平座標値で再度赤道座標値をもとめたものを**図4**に示す。補正済みの彗星赤道座標系での軌道を○印で示している。

比較のために、計算値を黒い丸で、また補正前の彗星軌道を小さな黒点で示している。この図を見ると、整約された彗星軌道のオフセットは、方位軸が5度程度、高度軸が1～3度程度の設置誤差があったとすると説明がつく。そして、残存誤差は方位方向、高度方向共に±2度程度になる。この残存誤差は、眼視観測の位置測定の揺らぎと測量角度の読み取り精度(度切り)に起因すると思われる。

3. 間家測量

大坂の間家においては、文久元年(1861)5月24日から7月3日までテバット彗星の測量が行われた。西暦では1861年7月2日から8月8日までの期間である。測量記録は、間重遠が作成した「彗星初見爾後測量」(大阪歴史博物館所蔵、羽文2-61)である。

(1)測量記録と解析手法

測量記録の冒頭には、子午線儀、象限儀、羅針盤、垂揺球儀といった測量に使用した測器が列挙されている。子午線儀は子午線(南北線)を示すもので方位の基準を与えるものである。象限儀は高度測定の儀器である。羅針盤は方位を示すものであり、垂揺球儀は振り子時計の一種で地方真太陽時で時刻を求めるものである。彗星位置測量には、象限儀を用いて高度を測量できるが、方位角は子午線儀で較正した羅針盤を用いたのであろうと推測される。

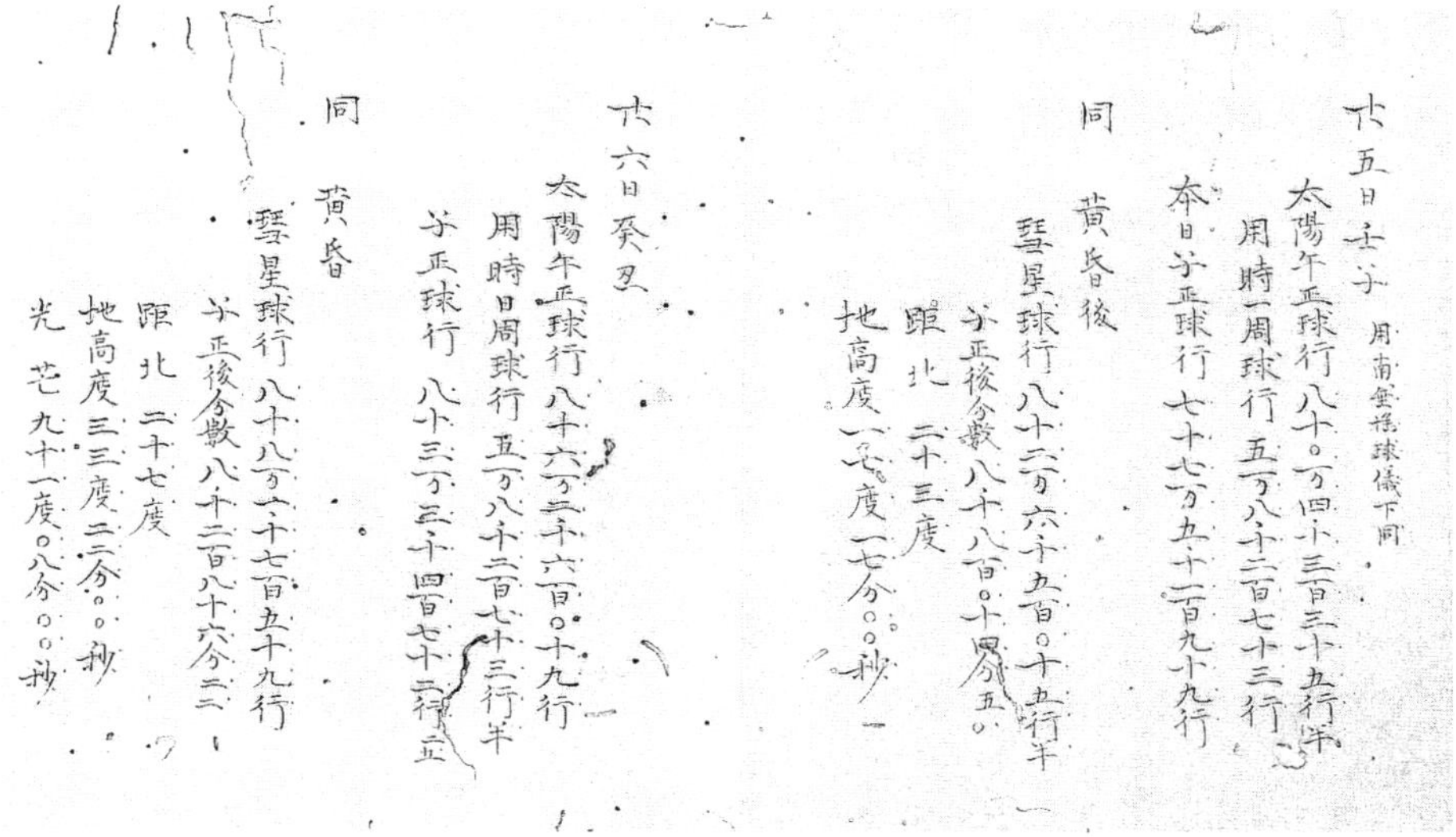
廿五日壬子　用南垂揺球儀下同
太陽午正球行八十〇万四十三百三十五行半
用時一周球行五万八千二百七十三行
本日子正球行七十七万五十一百九十九行
同
黄昏後
彗星球行八十二万六千五百〇十五行半
子正後分数八千八百〇十四分五〇
距北二十三度
地高度一〇度一七分〇〇秒
廿六日癸丑
太陽午正球行八十六万三千六百〇十九行
用時日周球行五万八千二百七十三行半
子正球行八十三万三十四百七十二行五
同
黄昏
彗星球行八十八万六十七百五十九行
子正後分数八千二百八十六分二
距北二十七度
地高度三三度二二分〇〇秒
光芒九十一度〇八分〇〇秒

図5　「彗星初見爾後測量」（部分）（大阪歴史博物館所蔵、請求番号羽文2-61）

日々の測量記録は、太陽午正球行、用事一周球行、本日子正球行の値が記録されている。これは、垂揺球儀の太陽南中時の値、一日の垂揺球儀値の増加分、正子刻の垂揺球儀値を記録したもので、これらの記録値をもとにすれば、その日の任意の時刻の垂揺球儀値からその時刻の地方真太陽時を求めることができるものである。彗星の位置測量記録については、(1)彗星測量時の球行の値、(2)子正午分数の値、(3)距北、および(4)地高度が記されている。(2)の子正午分数は(1)の値をもとにして、測量時の時刻を、子の刻（午前0時）からの経過時間を示したものであり、一日24時間の1万分の1（8.6秒）である分という単位で記録されている。従って、(2)の値をもとにすれば、測量時の地方真太陽時を求めることができる。(3)は、方位角、(4)は高度の記録である。以上のことから、間家記録では、彗星の測量時刻と地平座標値が記されていると考えて解析を進めることができる。

なお、Stellariumを利用して、赤道座標に変換する際には時刻は地方真太陽時ではなく、日本標準時（JST）で表すことが必要である。観測地の経度差、および当日の太陽運行の均時差の補正を行う必要がある。本論文では、測量当日の太陽正中時刻が経度差、均時差を合わせた結果となっているため、その時刻をStellariumから得て、地方真太陽時表記時刻を補正して、JST表記を求めて解析を進めた。

(2)赤道座標導出

間家測量記録の時刻および地平座標値をもとに、赤道座標値で日々のテバット彗星の位置を図示したものが、**図6**である。灰色の丸印が、間家測量記録を整約した結果であり、黒丸はStellariumから得られた計算位置を示す。両者を比較すると、間家測量結果は、計算値とほぼ同型の軌道であるものの10度程度のオフセットがある。

(3)間家測量整約軌道のオフセットの原因検討

間家では、地平座標位置を測量している。オフセットの原因が、測量儀器の設置誤差による可能性を検討するため、地平座標での測量値－計算値(O-C)を表示したものが**図7**である。方位角および高度角それぞれについてのO-Cの平均値をそれぞれ破線で示している。この図によると、高度のO-Cはほぼ0度であるのに対して、方位角のO-Cは10度程度もある。このO-Cは測量儀器の設置誤差によるものと考えられ、その設置誤差が整約された彗星軌道の系統的

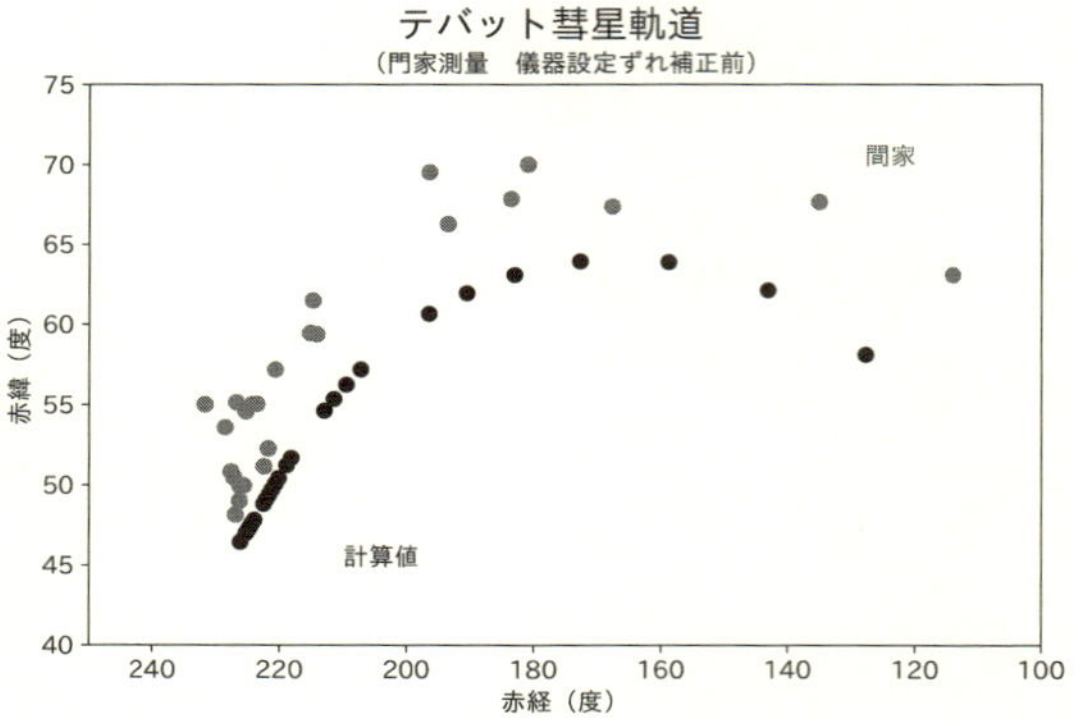

図6　門家測量によるテバット彗星の軌道

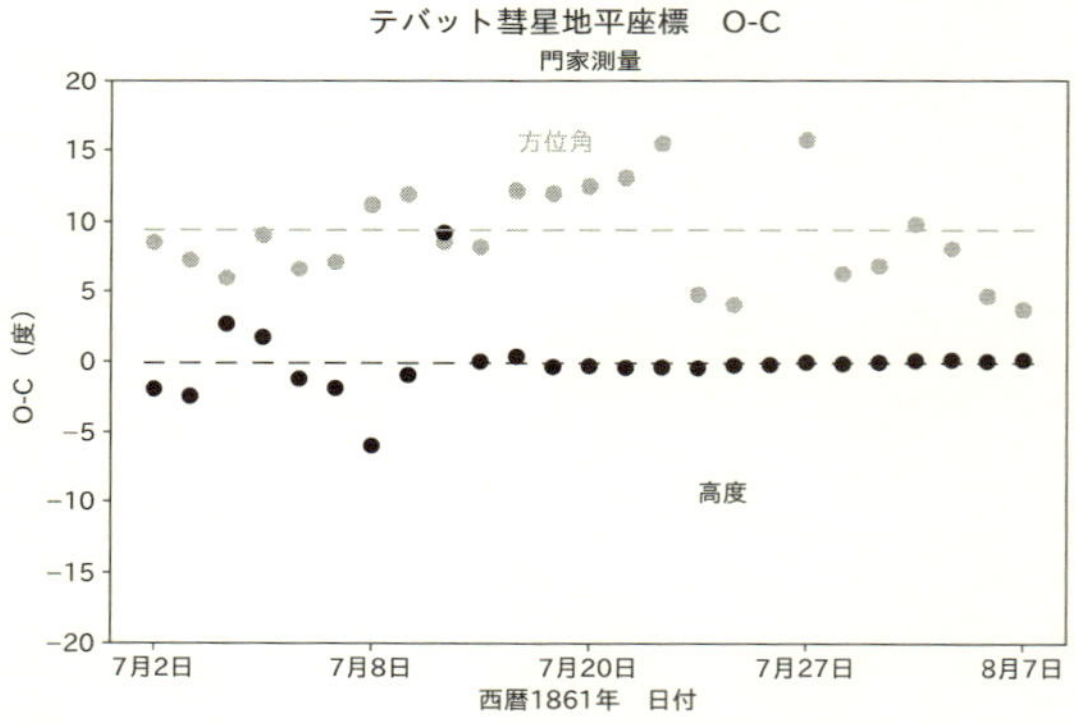

図7　門家測量によるテバット彗星地平座標のO-C

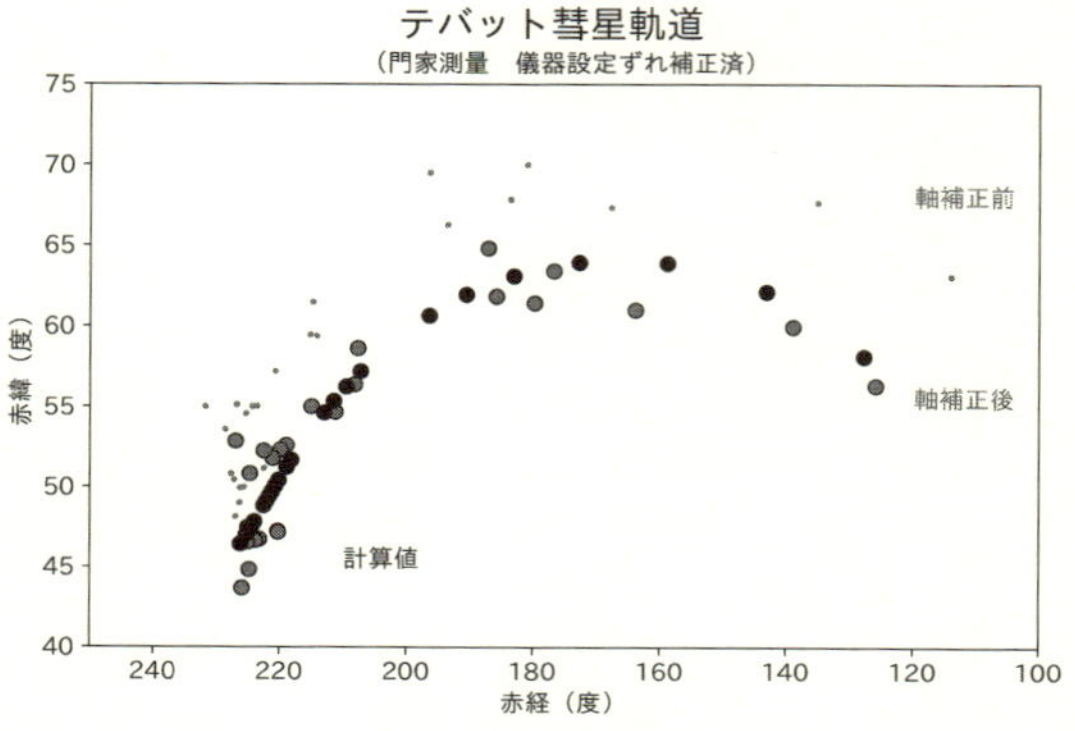

図8　門家測量によるテバット彗星の軌道(儀器軸ずれ補正後)

なオフセットを生み出している原因であると思われる。

O-C平均値が測量儀器の設定誤差と考えて、間家測量値を補正したうえで改めて彗星の軌道を赤道座標で表したものが**図8**である。なお、黒色の〇印は計算値、灰色の〇印は儀器設定ずれ補正後の軌道、小さな黒い点は補正前の軌道を示す。この補正により、彗星の系統的なオフセットは解消している。

結論と議論

土御門家と間家によるテバット彗星の軌道の測量精度をまとめると

(1)江戸時代我が国での測量精度は、西欧観測に比べて、精度は一段落ちること。

(2)土御門家の測量においては、測量儀器の設置は正規の位置から方位方向は5度程度、高度方向は1～3度程度ずれていたこと、また、間家でも同様に方位方向が約10度、高度方向は約0度のずれがあったこと。

(3)上記の測量儀器のずれが、それぞれの測量値を整約した彗星軌道に系統的なオフセットを生み出していたこと。

(4)土御門家および間家の系統的なオフセットを補正した後の彗星軌道は共に±2度の範囲内で計算軌道と一致したことが分る。

なお、残存している±2度程度のランダムな誤差は、測量儀器の読み取り時の「度きり」が主たる原因であると思われるが、それに加えて眼視観測であったことによる測量儀器のポインティングの誤差、および測量儀器の非堅牢性から来る誤差がありうる。この点は、実際にどのような測量儀器が使われたのかについてこれから調査すべき事柄である。

注

1) 大崎正次編『近世日本天文史料』(原書房、1994年)513-538頁。

2) 岩橋清美・北井礼三郎・玉澤春史「安政5年ドナティ彗星観測にみる土御門家の天文観測技術に関する一考察――江戸幕府天文方・間重遠の観測との比較から」(『Stars and Galaxies』vol5、id7、2022年)。

3) 玉澤春史・岩橋清美・北井礼三郎「嘉永六年クリンカーヒューズ彗星にみる土御門家・間家の観測精度比較」(『Stars and Galaxies』vol5、id6、id9、2023年)。

4) 栗田和実「土御門家によって観測された文久元年の彗星」(『天界』101(1143)、2020年)

5) 注3に同じ。

謝辞　本研究は、JSPS科研費21K0360、23H01253の助成を受けた。

日本に伝わった古世界地図と星図の系譜

真貝寿明

世界地図に添えられた副図（周囲の余白に描かれた図）の情報をもとに、日本に伝えられた世界地図の系譜をたどる。さらに日本で作成された星図の系譜もたどる。どちらも、江戸時代前期までは中国由来の（あるいは宣教師が伝えた中国経由の）情報をもとにしており、江戸後期では蘭学者が直接西洋からの情報に接している跡がわかるものとなった。

はじめに

私たちはまわりの世界を把握するために地図を作成する。そして、その延長として星図を作成する。どちらに対しても、できるだけ多くの情報を正確に集め、アップデートを繰り返してきた。世界地図の製作者の中には、同時に星図を制作しているケースも多く見かけられる。例えば美しい世界地図を残したプランシウス（Petrus Plancius, 1552-1622）は天文学者でもあったし、ブラウ親子（Willem Blaeu, 1571-1638とJoan Blaeu, 1596-1673）が世界地図に添えた星座図は書写されて司馬江漢に影響を与えた。

日本ではじめて地球儀を製作したのは暦学者・初代天文方として知られる渋川春海であった。

司馬江漢や長久保赤水は世界地図と星図（星座図）の両方を刊行して市民に広め、高橋景保は幕府天文方として星図・世界地図の双方で当時最高レベルのものを作成した。

1. 古世界地図の系譜

第1節は報告[1]の内容を要約し、系譜図は新たな加筆を含むものである。

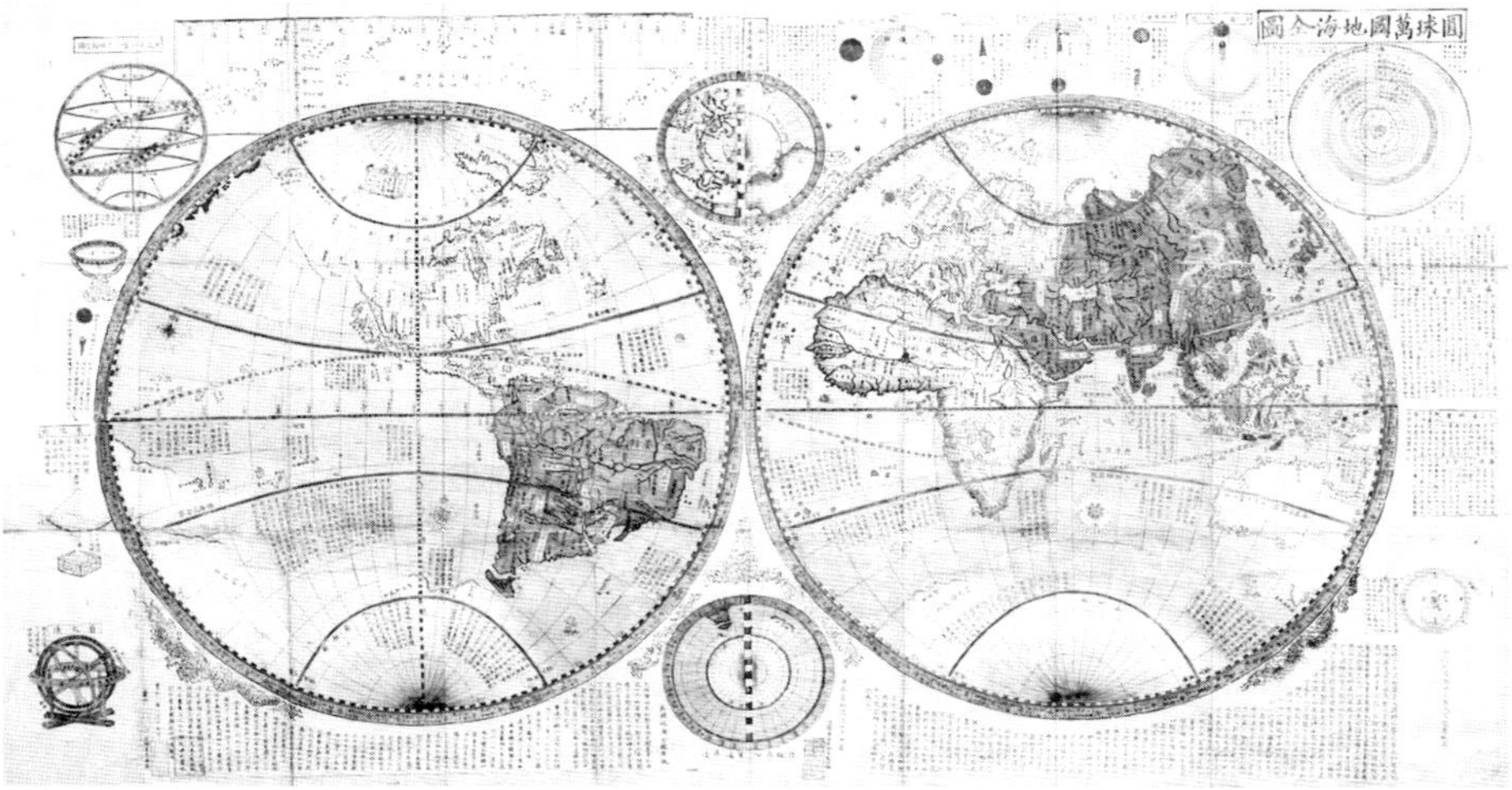

図1　石塚崔高作『圓球萬國地海全圖』(1802年)。木版手彩。120センチ×215センチ
周囲に描かれている副図は次のもの：九重天の図（右上）、宇宙構造（太陽系）図（右下）、気象の説明（右）、地球、月、太陽の位置図（上列右）、北極中心の世界地図（上列中央）と南極中心の世界地図（下列中央）、黄道十二宮二十四節（上列左）、黄道と赤道の関係図（左上）、地平儀、象限儀、簡天儀（左）（図版は神戸市立博物館が公開しているもの）

(1)石塚崔高作『圓球萬國地海全圖』

筆者が古世界地図に出会ったのは、2022年末、印刷博物館(東京都文京区)での『地図と印刷』展である。石塚崔高《いしづかさいこう》(1766～1817)作『圓球《えんきゅう》萬國《ばんこく》地海《ちかい》全圖《ぜんず》』(1802年)という江戸時代最大の大きさ(120センチ×215センチ)とされる地図(**図1**)が展示されていて、その世界地図の周囲に多様な天文関連の副図が描かれていることに関心をもった(展示されていたのは、広島県立歴史博物館所蔵・守屋壽コレクションのものであった)。薩摩藩主・島津《しまづ》重豪《しげひで》(1745～1833)に命じられて藩士・石塚が作成した。地図の共同制作者として、磯長周経の名を挙げているものもある[4][5]。鹿児島市「天文館」のもととなった「明時館」の創設に関わった磯長周英を父とする暦官である。木版手彩された世界全図である。

石塚は薩摩藩の郷士の家に生まれ、江戸に出て昌平坂学問所で学んだのち、薩摩で唐通司(通司は通訳者・翻訳者のこと)を勤めた。学問を好み蘭癖大名とも呼ばれた島津重豪のもとで、中国語辞書の『南山俗語考』の編者となったほか、『詠物百律』と『学庸口義』の書の題目記録が『薩藩刊書目録』にあるという[3]。

『圓球萬國地海全圖』(以下『円球万国図』と略す)は、地球が球体であることを明確に示

す2つの半球で世界地図が描かれ、その周囲を埋めるように天文・気象関係の諸図版と解説文(漢文)が添えられている。一枚に収められた地図としては、これらの情報量は、内外に見られる世界地図のそれを凌駕している。このような周縁副図は、世界の地理を知ろうとする好奇心が、そのまま気象・月や太陽・星座・宇宙に及んだことを感じさせ、当時の自然観にも触れられる貴重な資料である。制作年を考えると、石塚図に記載された地図や宇宙構造図は、当時としてもすでに古いものであるが、どのようなルートで情報を得たのか興味を抱いた。

地図の制作には、伊能忠敬のように、自身が実測して制作するのでなければ、先人の出版した地図を元に新たな情報を加えていくのが常套と考えられる。つまり、描かれた地図情報から系譜がある程度辿れることになる。例えば、カリフォルニアを島と誤って記載している世界地図は、ブラウの出版した地図を手本にしたことがわかる。このような手法で世界地図の系譜が辿れることは明らかで、これまで多く議論されてきた。管見の限りでは、Shirley[6]による系譜が最も網羅的であるが、東洋で作成された地図は含まれていない。日本で制作された世界地図の報告について参考となるのは主に秋岡[7]や海野[10]である。

詳しい分析は、文献[1]にて報告している。石塚崔高作『圓球萬國地海全圖』(1802年)の原図がボアソーの世界地図(1645年)を模写した松村元綱の図である可能性を指摘したが、松村の図は現存しておらず、現時点では断定できていない。中山武成が1779年に模写した「万国図」を伊能忠敬が模写して「地球図」を作成したことはわかっているが、その中山が模写した原図が松村のものか、松村の模写図を林子平が1775年に模写したものかもわからない。

(2)世界地図作成史の概略

地図の作成に関しては、参考となる原図があり、時には誤った地形図がそのまま伝わることもある。本節では、地図情報から系譜を辿るとともに、その周縁副図からも系譜が辿りうることを示していく。

地図に関する情報は、世界の隅々に航海されるようになって、次第に更新されていくが、16世紀には、まだ南半球の大部分と東アジア、アメリカ西海岸の詳細は不明だった。コロンブス(Christopher Columbus, 1451?-1506)がアメリカ大陸を(地理上に)発見したのは1492年、ダ・ガマ(Vasco da Gama, 1469?-1524)が喜望峰まわりでインドへ到達したのは1497年である。欧州人が「ブラジルを発見」したのはカブラル(Pedro A. de Gouveia, 1467?-1520)による1500年、マゼラン(Ferdinand Magellan, 1480?-1521)の一行が世

界一周をなしたのは1519-22年である。当時の大航海時代をリードしたポルトガルは、世界各地の海図を国家機密として1世紀以上にわたって公開しなかった。1595年にリンスホーテン（Jan H. van Linschoten, 1562?-1611）がポルトガルの海洋図をリークした本『東洋におけるポルトガル船による旅行記』を出版するに及び、オランダ・イギリス・フランスは海外との貿易航路を確実にすることができるようになった。

世界地図の作成は16世紀中頃からオランダにて盛んになる。メルカトル（Gerardus Mercator, 1512-1594）による正角円筒図法（メルカトル図法）は、後の航海術に役立つことになるが、その有用性が認められるまでには時間がかかった。それに対し、同時期に考案されたオルテリウス（Abraham Ortelius, 1527-1598）によって描かれた卵形[8]の図や、プランシウスによる双半球図（ファン・デル・グリンテン図法、1590年／1594年）あるいは方眼図法の地図（1592年）ははやくから広まった。Shirleyは著書[6]にて、プランシウスの1592年の図が、その後のホンデウス（Jodocus Hondius, 1563-1612）、ラングレン（Henricus F. van Langren、1574?-1648）、ブラウ親子、フィッセルなどに引き継がれ、改訂されていったことを示している。この頃の世界地図のいくつかは日本に伝来し、屏風絵の原図となったと考えられている。

中国で布教活動をしたマテオ・リッチ（利瑪竇、Matteo Ricci、1552-1610）の世界地図には、1584年（肇慶版）、1600年（南京版）、1602年（北京版）が知られており、初期のものは『山海輿地全図』という題名で『三才図会』（王圻・王思義編、1607年）に収録されている。卵形の世界図と南北両極を中心とする副図の組み合わせが特徴的である。リッチは1578年からヨーロッパを離れて布教活動をしていたので、オルテリウスの描いた「卵形」世界地図を参考としていたと推測できるが、秋岡[7]は、プランシウスの1592年の図情報をオルテリウス流に射影した、とする欧州の研究者の説を紹介している。海野[11]は、南北両半球図（正距方位図法）の記載があることから、リッチは、プランシウスの1592年の図やメルカトルの図も参照したであろうと推測している。リッチが1602年に描いた『坤輿萬國全圖』は、当時の情報を集大成したもので、その珍しさや美しさから地図界における「黒いチューリップ」とも称される[12]。リッチは、欧州の学術レベルの高さを示すことで明での布教活動を進める戦略をとった。彼の世界地図は、中国を中心に描いたものになっている。

アムステルダムの地図職人ブラウ親子によって世界地図帳としての『Atlas Maior』が刊行されたのが、1662～65年である。600弱の地図と3,000ページに及ぶテキストからなる11巻本で、地図帳をアトラスと呼ぶ由来となった（メルカトルが1595年に作成し

た地図帳の表紙に、はじめて地球儀を作成したマウレタニア王アトラースを載せ、1636年版でギリシア神話で地球を支え持つ神アトラスを載せた)。その後、地図作成は、イギリスやフランスでも盛んになってゆく。

(3)世界地図の日本への経路

日本人が江戸時代に入手しえた世界地図は、秋岡[7]らによって、大きく4つに分類されている。本稿では次のように分類する。

- ・南蛮系　安土桃山時代から江戸時代初期にかけてポルトガルあるいはオランダから持ち込まれた世界地図を原図とし、屏風として描かれているものも含む。屏風の作者や献呈時期などは不明のものが多い[9]。この頃、日本に持ち込まれた原図としては、プランシウスの1592年版の図(現存するのはスペインに1点のみ)、1598年版のラングレン改訂世界図(現存せず)、1609年版のカエリウス世界図(現存せず)などとされている。

  南蛮系について、海野[14]は、作図方法による分類を提案している。卵形図法系・ポルトラーノ系(portolanoは水路誌を意味するギリシャ語で、距離と方角をもとに作成された海図。羅針盤を使う航行に適していたが、天文観測に基づかず、地球が球体であることを考慮していない図である)・方眼図法系(緯度経度を等間隔に表示したもの)・メルカトル図法系(日本に初めて伝わったのは、ブラウが1607年に製作した地図を模倣したカエリウス製の1609年のものとされている[14][15][16])の4系統である。
- ・マテオリッチ系　マテオ・リッチによって漢字表記が付された『坤輿萬國全圖』あるいは『両儀玄覧圖』を原図とするもの。太平洋が中央にある卵形の地図で太平洋が中央に来るのが特徴的である。
- ・蘭学系　江戸時代中期以降に蘭学者たちが接したオランダ版世界地図をもとにしたもの。ブラウによる1648年版の図、『フィッセル改訂ブラウ図』と呼ばれる1665年版の図などが原図と考えられる[17]。ブラウが誤ってカリフォルニアを島として描いた特徴が広く継承されている。また、1800年前後の蘭学者には、フランスからボアソー(Jean Boisseau, 1600-1657)による世界図(1645年版)、ジャイヨによる世界図(1720年版)、ノランによる世界図(1708(1791)年版)が書写されていた。この他には、ヒュブネルの『ゼオガラヒー』と呼ばれる本[18]や、ファルク地球儀[19]などが日本に伝来していた[20]。
- ・洋学系　分類としては蘭学系とまとめて扱われることも多いが、ここでは江戸時代後期に輸入されたフランスやイギリスで出版された世界地図をもとにしたもの、

として、幕府が国防上の理由から地図の管理に積極的になってから、とする分類を提案する。上記のフランスからの図や同時期のアロースミス(Aaron Arrowsmith, 1750-1823)世界図などが原図となる。

このほかに、仏教思想にもとづいた世界の概念図を**仏教系**とも称するが、本稿では対象とはしない。

(4)世界地図の系譜図

日本で制作された世界地図・日本に伝来した世界地図の系譜を**図2**に示す。この系譜図の作成に関しては、**表1**に一覧するような、以下のような分析をした。

まず、日本での世界地図作成に影響を及ぼしたと考えられる主要な世界地図について、それぞれに記載された情報の特徴を次の4点に注目した。

A　南半球に仮想の「墨瓦蝋泥加(メガラニカ)」大陸がある。

B　オーストラリア東部が不明、大陸と認識されていない。

C　カリフォルニアが島になっている。

D　日本が完全ではない。単一の島か、北海道が抜けている。

詳細は文献[1]にて報告したが、以下のことがわかる。

- 17世紀前半までに作成された世界地図は、項目A、B、Dが該当している。
- 項目Aが消失するのは17世紀中頃である。『萬国絵図屏風』(1610～14年頃)には記載がないが、これは他の絵と重なっているため判別できないのが理由である。
- 項目Bが消失するのは18世紀後半である。
- 項目Cのカリフォルニアが島であるという誤った図を掲載したのは、スピードの世界地図(1626年)とJ・ブラウの世界地図帳(1648年)であった。後者は日本に伝来し、その誤りを日本で引用することが続いた。
- 司馬江漢は、項目Cと項目Dについて、知り得た情報から修正を行った。閲覧できたジャイヨ世界図(1720年)の記載を最新のものとしてカリフォルニアを半島に修正し、長久保赤水などの地図より北海道の存在を知り書き入れたものと推測される。
- 19世紀に入り、A～Dすべての項目が該当しないアロースミス作の地図が入手できた幕府は、さらに国内で入手できる情報を含めた『新訂万国全図』(1810年)を幕府撰として作成した。

したがって、系譜を辿る大まかな流れとしては、ABDが該当するものが最も古く、次にBとD2つに該当するもの、そしてDに該当するもの、となる。Cに該当するも

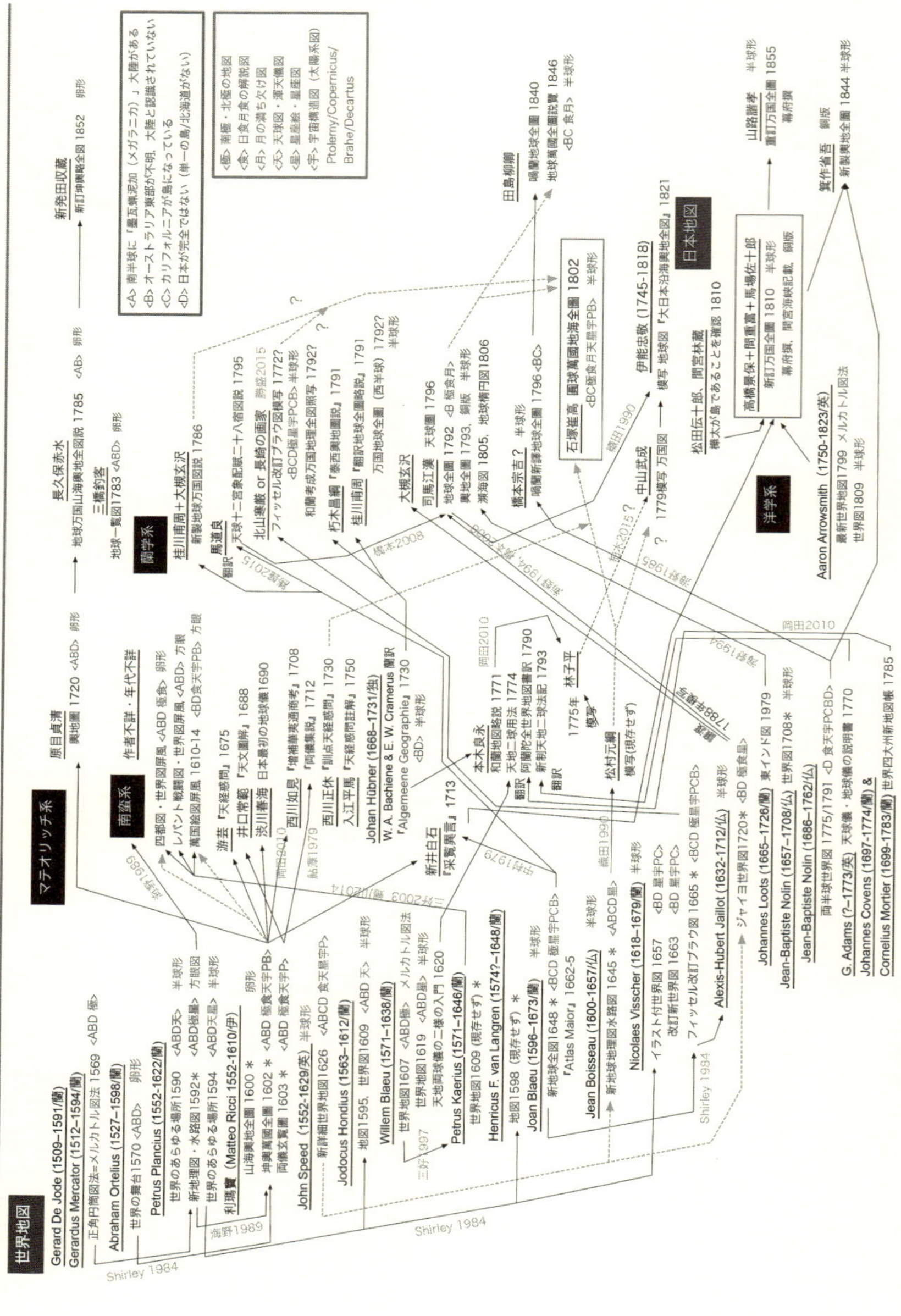

図2　日本で制作された世界地図・日本に伝来した世界地図の系譜
＊印は、日本に伝来したことが知られているもの。灰色の矢印が、筆者の推測する関連。文献[1]の図に加筆した。

表1　主要な世界地図の特徴一覧。

注	Plate #	図名	作者	年代	地図の特徴					周縁副図				
					形状	A	B	C	D	極図	月	天	星座	宇宙構造
欧州で制作														
		改良世界図	フラ・マウロ (伊)	1459	円形	無	無	無	単	–	–	–	–	P
	#102	新世界説明図	メルカトル (蘭)	1569	メル	有	該当	–	単	南	–	–	–	–
	#104	世界の舞台	オルテリウス (蘭)	1570	卵形	有	該当	–	単	–	–	–	–	–
	#144	世界のすべて	プランシウス (蘭)	1590	半球	有	該当	–	北	–	–	天球	–	–
＊(21)	#148	新地理図・水路図	プランシウス (蘭)	1592	方眼	有	該当	–	北	南北	–	–	反転	–
	#152	世界のすべて	プランシウス (蘭)	1594	半球	有	該当	–	北	–	–	天球	反転	–
	#203	新世界全図	W. ブラウ (蘭)	1607	メル	有	該当	–	北	南北	–	–	–	–
	#204	世界図	ホンデウス (蘭)	1609	半球	有	該当	–	単	–	–	天球	–	–
	#232	世界地図	W. ブラウ (蘭)	1619	半球	有	該当	–	北	–	–	–	反転	–
	#241	新詳細世界地図	スピード (英)	1626	半球	有	該当	島	北	–	食	渾天	反転	P
＊	#276	新地球地理水路図	ボアソー (仏)	1645	半球	有	該当	島	北	–	–	–	反転	–
＊	#280	新地球全図	J. ブラウ (蘭)	1648	半球	–	該当	島	北	南北	–	–	反転	PCB
	#300	イラスト付世界図	フィッセル (蘭)	1657	半球	–	該当	–	北	–	–	–	反転	PC
	#318	改訂新世界図	フィッセル (蘭)	1663	半球	–	該当	–	北	–	–	–	反転	PC
＊(22)	#280	フィッセル改訂ブラウ図（東博蔵）	フィッセル (蘭)	1665	半球	–	該当	島	北	南北	–	–	反転	PCB
＊		世界図	ノラン (仏)	1708	半球	–	–	–	北	–	食	渾天	–	PCBD
＊		ジャイヨ世界図	ジャイヨ (仏)	1720	半球	–	該当	–	北	南北	食	–	反転	–
＊		『ゼオガラヒー』	ヒュブネル (独)	1730	半球	–	該当	–	北	–	–	–	–	–
＊		世界	アロースミス (英)	1808	半球	–	–	–	–		–	–	–	–
マテオリッチ系														
＊(23)		坤輿萬國全圖	M. リッチ	1602	卵形	有	該当	–	北	南北	食	天球	–	PB
		輿地圖	原目貞清	1720	卵形	有	該当	–	北	–	–	–	–	–
		地球一覧圖	三橋釣客	1783	卵形	有	該当	–	北	–	–	–	–	–
		地球萬國山海輿地全圖説	長久保赤水	1788-	卵形	有	該当	–	–	–	–	–	–	–
		新訂坤輿略全図	新発田収蔵	1852	卵形	–	–	–	–	–	–	–	–	–
南蛮系														
		レパント戦闘図・世界図屏風	不詳	不詳	方眼	有	該当	–	北	–	–	–	–	–
		四都図・世界図屏風	不詳	不詳	卵形	有	該当	–	北	南北	食	–	–	–
		萬国絵図屏風	不詳	1610-14	方眼	–	該当	–	北	–	食	天球	–	PB
蘭学系														
		フィッセル改訂ブラウ図（模写版）	北山寒巌?	1772?	半球	–	該当	島	北	南北	–	–	反転	PCB
		地球之図	林子平	1775	半球	有	該当	島	北	–	–	–	–	–
		世界図	伊能忠敬	1796?	半球	有	該当	島	北	–	–	–	–	–
		地球全圖	司馬江漢	1792	半球	–	該当	–	–	南北	食, 満欠	–	–	–
(25)		喎蘭新譯地球全圖	橋本宗吉?	1796	半球	–	該当	島	–	–	–	–	–	–
図1		圓球萬國地海全圖	石塚崔高	1802	半球	–	該当	島	–	南北	食, 満欠	多種	平面	PB
		地球萬國全圖説覽	田島柳卿	1846/47	半球	–	該当	島	–	–	食, 満欠	–	–	–
洋学系														
		新訂万国全図	高橋景保	1810	半球	–	–	–	–	南北	–	–	–	–
		重訂万国全圖	山路諧孝	1855	半球	–	–	–	–	南北	–	–	–	–
		新製輿地全図	箕作省吾	1844	半球	–	–	–	–	–	–	–	–	–

注欄の＊印は日本に伝来したことが判明しているものを示す。Plate＃は、Shirleyの著[6]の図番号。地図の特徴は、形状：円形・メル（メルカトル図法）・卵形・方眼（方眼図法）・半球、A：南半球に「墨瓦蝋泥加（メガラニカ）」大陸がある、B：オーストラリア東部が不明、大陸と認識されていない、C：カリフォルニアが島になっている、D：日本が完全ではない（なし：日本欠落、単：1つの島国、北：北海道がない）、を示す。周縁副図の行は、月に関する図（食：日食や月食の図解，満欠：月の満ち欠けの図解）、天の構造図（黄道・白道を説明する天球図、渾天儀の図）、星座図（南北天球の反転図、平面展開図）、宇宙構造図（P：プトレマイオス天動説、C：コペルニクス地動説、B：ブラーエのモデル、D：デカルトのモデル）の有無、についてを示す。

のはブラウの図の誤りを引用するもの、ということになる。

また、周囲に添えられた副図については、以下の点に注目した。

- 南極と北極方向から見た世界地図
- 月に関する図（日食や月食の図解、月の満ち欠けの図解）
- 天の構造図（天球図、渾天儀の図、季節変化説明図）
- 星座図（南北天球反転図、天球図、平面展開図）

・宇宙構造図（天動説・地動説などの太陽系図）

初期の頃の世界地図は、壁掛けの装飾品としての需要が多く、地図の周縁部分には装飾として神話に基づいた挿絵が添えられることが多かった。また、探検家の肖像画が添えられたり、大陸や州を象徴する神が描かれることも多々あった。世界を構成するものとして4元素を添える図もある。これらの神話的な絵や肖像画が日本人の作成する世界地図に転記されることはなかった。

次節で星図の系譜を辿るが、世界地図に添えられた星座の図が司馬江漢によって書写されたのが、日本における西洋星座の初めての登場になる。司馬江漢がどの図を直接見たのかは諸説あり、ブラウの世界地図（[1]の補助資料図9）、フィッセル改訂版の世界地図（[1]の補助資料図10）、あるいはその模写図、デ・ウィットの天球図などさまざまな可能性が指摘されているが、おおもとはブラウの世界地図の副図に由来するもの、したがってプランシウスに源流をもつと考えてよいだろう。

世界地図は、17世紀後半から18世紀にかけて、測量技術が急速に進み、正確な海図作りへと変貌を遂げる。地図が実用的なものとなるにしたがい、これらの周縁副図は消えゆく運命になる。

日本で、世界地図の完成形が得られるのは、高橋景保らによる『新訂万国全図』（1810年）と言える。幕府から洋書に基づく世界地図作成を命じられ、幕府天文方の間重富（1756～1816）と、蘭通詞の馬場佐十郎（1787～1822）とともに3年を要して情報を集め銅版図としたものだ。アロースミスによる最新の世界地図、間宮林蔵の探検成果を含めた地図は、当時としては世界でもっとも精確なものとなった。

2. 星図の系譜

第2節は報告[2]の内容を要約したものである。

本稿では、星の配置図を描いたものを**星図**と呼ぶ。星は星座として線で結んで描かれることもあるが、それも含めて星図とする。ただし、西洋の神話に基づくような星座の「絵」を重ねて描いたものは、**星座図**と呼ぶことにする。

欧州で作成された星図の系譜を**図4**に、日本で作成された星図に関する系譜を**図6**に用意した。また、これらの星図の特徴を**表2**にまとめた。

(1) 西洋の星座と中国の星座

肉眼で観測される星は、6等星程度までである。星の明るさを1等星から6等星まで分類したのはヒッパルコス（Hipparchus, B.C. 190頃-120頃）とされる。天体望遠鏡が発

明されて、6等星より暗い星も次々と星図に加えられていくが、1等星と6等星の明るさの差が100倍であることを明らかにしたのはハーシェル(John F. W. Herschel, 1792-1871)である。したがって、それまでに作成された星図に記載された星の明るさには多分に誤差があることを前提として理解しておく必要がある。

西洋の星座図・星図が6等級に及ぶように進化していくのに対し、中国・日本の星図には長い間そのような進化はなかった。この点については5項で論じるが、日本の星図史上では、江戸時代前期の中国系・天象図系星図(と呼ぶことにする)と、江戸時代後期の蘭学系・西洋系星図(と呼ぶことにする)の明確な区別がなされる点の1つである。

星々の位置を示すのに、私たちは星座を定めてその名前を用いている。明るい星を中心に星々を結び、神話や言い伝えあるいは身の回りのものに由来する名前をつけ、日々の生活に寄り添うものとしている。以下では、西洋の88星座と中国由来の28星宿について簡単にまとめる。

西洋の星座

現代では国際天文学連合(IAU)が1922年に定めた88星座を用いている。IAUが星座を定める以前には、星座名は天文学者の後援者や君主に捧げられて命名されたものもあり、重複を含めて100以上になっていた。

現代の星座の元になっているのは、プトレマイオス(Ptolemy, 83-168)が制定した48星座である。プトレマイオスの定めたアルゴ座は後にド・ラカーユ(Nicolas-Louis de Lacaille, 1713-62)によって4つ(とも座・ほ座・りゅうこつ座・らしんばん座)に分割された。現行の他の星座は、フォペル(Caspar Vopel, 1511-61)の1星座、プランシウスの4星座、ケイセル(Pieter D Keyser, 1540-1596)とデ・ハウトマン(Frederik de Houtman, 1571-1627)による12星座、ヘヴェリウス(Johannes Hevelius, 1611-87)による7星座、ド・ラカーユによる17星座である。

16世紀以降に命名された星座はいずれも南天でよく見えるものだ。星座名はひらがな書きとすることが日本の天文業界で決まっている。南天の星座は我々には馴染みが薄いが、その星座名の由来は、ポンプ、竜骨(ギリシャ神話に登場するアルゴ一行の船の竜骨)、彫刻具、コンパス、炉(蒸留のための化学炉)、時計、顕微鏡、定規、八分儀、画架、羅針盤、レチクル(望遠鏡のアイピースにある十字線)、彫刻室、盾、六分儀、望遠鏡、帆など航海に関連するものが多数取り入れられている。

中国の星座

中国では、星界をひとつの国家に見立てて、天の北極を最高位とするような星座を

設定した。不動の位置にある北極星付近は天帝とその家族および内廷に奉仕する者たちの住むところ(紫微垣)、その外側には天帝を補佐する貴族や官僚(太微垣)、そして首都をとりまく市場(天市垣)を考えた。そのため、中国星座は、複数の星を結ぶ形ではなく、星の位置に命名するもので、原理的には星1つでも星座と認識されることになる。唐宋の時代(7～13世紀)の星座の総数は294になるが、そのうち、1星1座は54、2星1座は41、3星1座は38、4星1座は43になるという[29]。

天の赤道付近には東西南北の4方位に7星座ずつ、合計28の星座を定めた。「二十八宿」あるいは「星宿」と呼ばれるこれらは、月が毎晩移動することをもとに28の星座を命名したものだが、不均等に配置されている。またそれぞれの宿には「距星」と呼ばれる基準の星が定められているが、各宿のもっとも西側に位置する星が選ばれていて、必ずしも明るい星ではない。

中国の星座には宗教的な意味はなく、他からの文化の影響も入らなかった。暦法や占いに利用される独自のものとして堅持されてきたが、その理由ゆえに清王朝の崩壊とともに、消滅した。

(2)西洋の星座図の系譜

本稿で取り上げる星座図は、千葉市立郷土博物館の図録[30][31][32]、印刷博物館の図録[33]、ルーニー著『天空の地図』[34]、およびパーシヴァルティ著『天空を旅する星空図鑑』[35]を網羅するものである。

星座図の歴史

プトレマイオスによる『天文学体系(アルマゲスト)』は、紀元150年頃に書かれ、その後1,000年以上にわたって、西洋での宇宙観の形成に中心的な役割を果たした。離心円と周転円を用いて惑星の運動を記述した理論は、天動説(地球中心説)の典拠として長く使われた。原典は失われているが、ビザンチン文明、アラビア文明へと伝承され、12世紀にはラテン語に翻訳されて、欧州へ逆輸入されることになる。『アルマゲスト』に記載された星は、星図ではなく、表にリストされた形式だが、1,000を超える数は4等星に相当するまでの数である。

欧州で星座図を初めて作成したのは、ルネサンス期の画家・版画家として名高いデューラー(Albrecht Durer, 1471-1528)だった[33](**図3**)。レギオモンタヌス(Regiomontanus, 1436-76)が同定していた星の一覧表を用いて、1515年に作成された北天図・南天図は「スタビウス(Johannes Stabius, 1460-1522)が企画し、ハインフォーゲル(Conrad Heinfogel, 生年不明-1517)が星図を決定し、デューラーが星図を描いた」との記載がある[33]。この

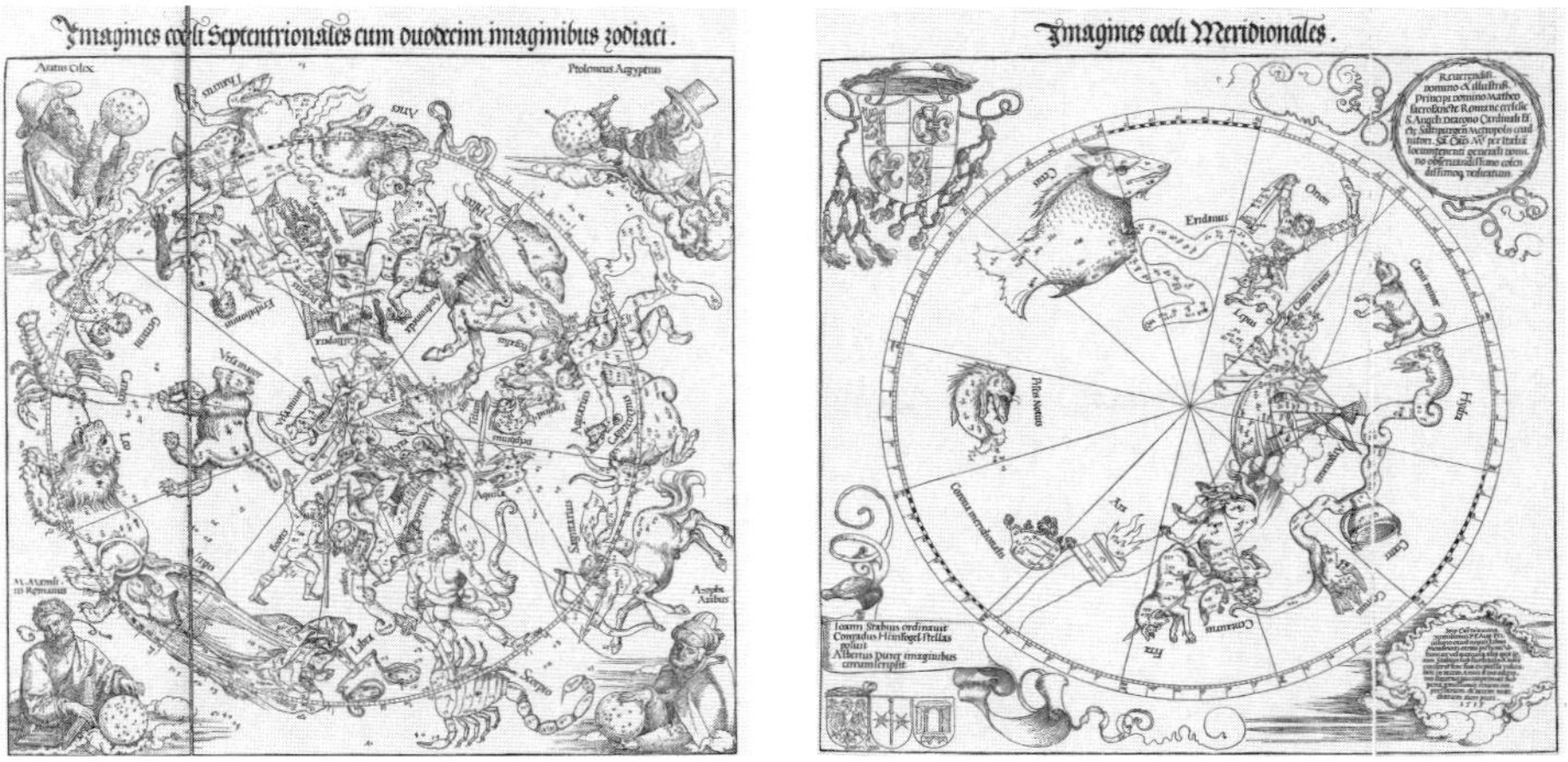

図3　アルブレヒト・デューラーによる天球図（1515年）。61.3×45.6センチ（米国ナショナル・ギャラリー所蔵）
反転星図であり、北天図の周囲には、右上から時計回りにプトレマイオス、天文学者アル・スーフィー、占星術者マルクス・マニリウス、詩人アラトスが描かれている。印刷博物館図録33）よりスキャン。

星図の図柄が、その後の星座図の方向性を決定づけた。一番の特徴は、（神の視点で）すべての星座が天から地球を見下ろすように、星座に登場する神々の顔が後ろ向きに描かれていることだ。本稿ではこの特徴を《反転星図》と命名する。《反転星図》は北天図や南天図など包括的な星図のときには長く使われるものとなり、西欧ですべてが《正像星図》に置き換えられるのは18世紀になってからである（**表2**）。

恒星のカタログは、ブラーエ（Tycho Brahe, 1546-1601）とケプラー（Johannes Kelper, 1571-1630）によって1,440星になる。その頃、天体観測は望遠鏡を使った観測に移行し、大航海時代となって南半球の星も知られるようになった。プランシウスは世界地図の制作者としても知られた天文学者であり、ケイセルはオランダの航海士、ハウトマンはオランダの探検家である。後者の二人はプランシウスから天文観測の手ほどきを受けて、南半球航海時に新たな12星座304星を命名した。

これらの南半球で見られる星座は、バイエル（Johann Bayer, 1572-1625）による『全天星図（Uranometria）』（1603年）に収録されたため、バイエル星座とも呼ばれる。現代の星座に残されたのはそのうちの一部である。バイエルの星図の特徴は、南天の星座を含めた他に、それぞれの星に（星座ごとに、目視による等級順に）ギリシャ語 $\alpha, \beta, \cdots$ で符号を付けたことである。この記法は現在でも使われている。

竹迫[36]によれば、バイエルの星図と、同時期のグリーンベルガー（Christoph Grienberger,

表2　代表的な星座図（北天図および南天図など全天に説明する図）の特徴をまとめたもの

製作者	制作年	星座図	円図の中心	星の明るさの描き分け	掲載図番号
Dürer	1515	反転	天の北極	2段階	図3
Apianus	1540	反転	黄極	4段階?	
Plancius	1594	反転	黄極	4段階	図5
Bayer	1603	反転	黄極	5段階	
Schiller	1627	反転	春分点，秋分点	7段階	
Cellarius	1660	反転	天頂，春分点，黄極	4段階	
De Wit	1670	反転	黄極	6段階	
Pardies	1674	正像	天の北極	4段階	
Brunacci	1687	反転	黄極	4段階	
Hevelius	1690	反転	黄極	6段階	
Eimmart	1705	反転	黄極	5段階	
de La Hire	1705	正像	黄極	6段階	
Cellarius	1708	反転	春分点	4段階	
Flamsteed	1729	正像	赤道座標	6段階（12段階）	
Seutter	1730	反転	黄極	6等星まで	
Doppelmayr	1730	正像	天の南極	6等星まで	
Doppelmayr	1742	反転	黄極	6等星まで	
de Lacaille	1756	反転	天の南極	6等星	
de Lacaille	1763	正像	天の南極	1種	
Bode	1782	正像	天の北極	9段階	
Schaubach	1795	正像	天の南極	6等星	
Bode	1801	正像	春分点，秋分点	6等星まで	
Jamieson	1822	正像	天の北極	6等星まで	
Burritt	1833	正像	天の北極	6等星まで	
蘇頌『新儀象法要』	1094	正像	天の北極	2種類	
（製作者不明）淳祐天文図	1247	正像	天の北極	2段階	
（製作者不明）天象列次分野之図	1395	正像	天の北極	2段階	
（製作者不明）儀象考成続編	1845	正像	赤道座標	4等星まで	
渋川春海，天文分野之図	1677	正像	天の北極	2種類	
保井昔尹・渋川春海，天文成象	1699	正像	天の北極	3種類	
司馬江漢	1796	反転	黄極	6段階?	図7
伊能忠誨	1825	正像	天の北極	6等星まで	
石坂常堅，方円星図	1826	正像	天の北極	6等星まで	

星座図の《反転》は天から地球を見下ろす向きで星座が描かれているもの、《正像》は地球から見上げた向きで星座が描かれているもの。

1561-1636）による星図は、宣教師シャール（Adam Schall, 湯若望, 1591-1666）によって中国に持ち込まれ、『崇禎暦書』（1631～37年）に取り込まれたという。そうであれば、おそらく貞享暦への改暦（1684年）を進めた渋川春海の手元に伝わったであろうし（後述）、游子六の『天経或問』（1675年）に大きく影響し、18世紀前半の日本での『天経或問』ブームに痕跡を残しているものと考えられる。

ヘヴェリウスの作成した『完全な星のカタログ（Catalogus Stellarum Fixarum）』（1687年）に制定されたものの一部も現代に残された星座となった。その後、フラムスティード（John Framsteed, 1646-1719）の遺族によって出版された『天球図譜（Historia Coelestis Britannica）』（1725年）は、プトレマイオス、ケプラー、ハレー、ヘヴェリウスの星図を統合したものになり、2,935個の星を掲載している。この書も中国に伝えられて『欽定儀象考成』（1752年）に取り込まれた[36]。『欽定儀象考成』は高橋景保の『星座之圖』（1802

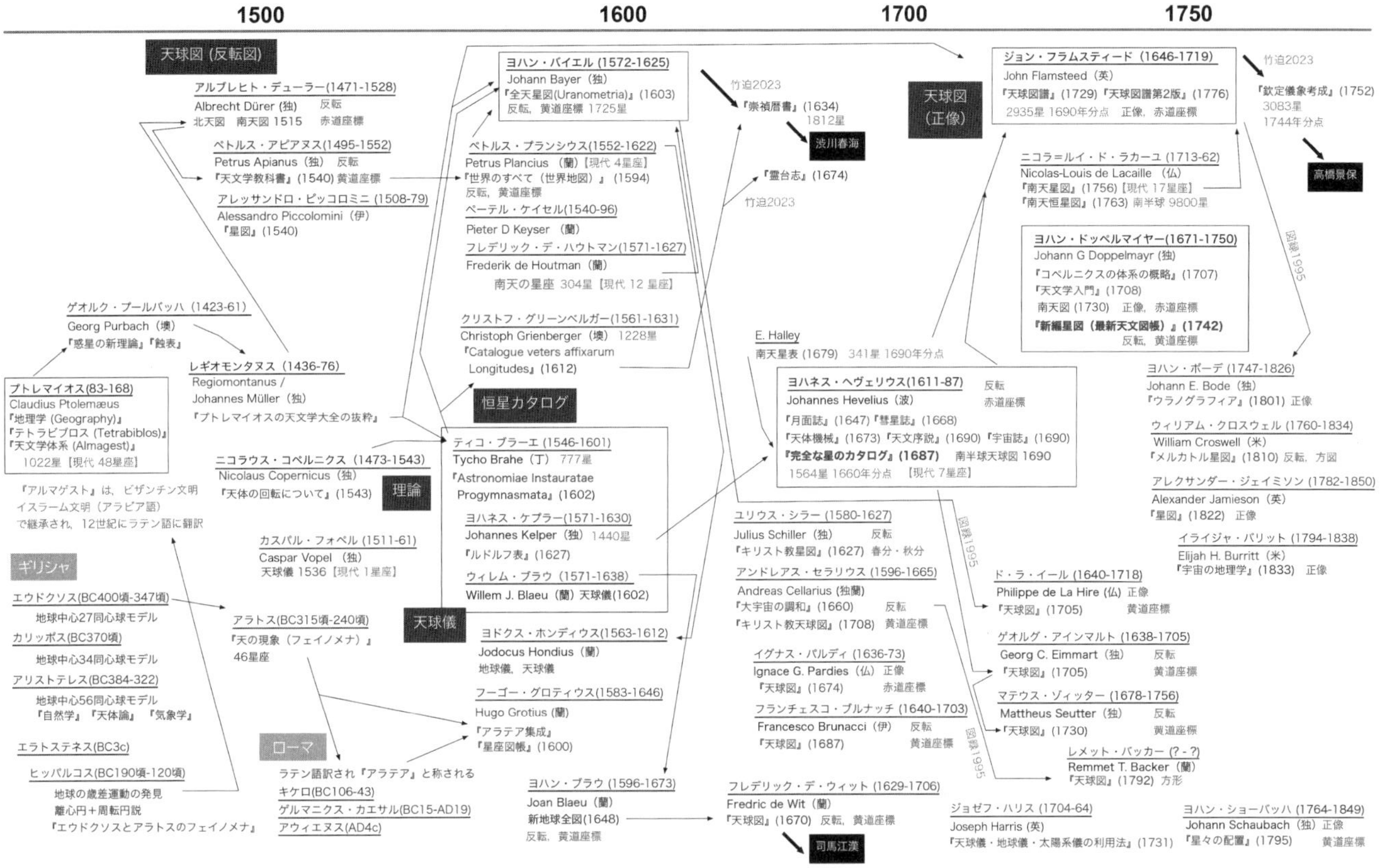

図4 欧州で制作された主な星図の系譜

年)のもとになった[37]とされている。

ド・ラカーユの恒星カタログの情報もフラムスティードのフランス語版『天球図譜第2版』(1776年)に取り込まれた。この星図は、北天図・南天図は《反転星図》であるが、個別の星座図は《正像星図》となっており、航海士に広く長く使われることになった。また、フラムスティードの星図では、それぞれの星に星座ごとに西から番号付けがされた。このフラムスティード番号は現在でも使われている。フラムスティードは、グリニッジ天文台を創始した人物である。彼の星図の基準点がグリニッジ天文台であったことから子午線の基準がグリニッジ天文台に定められた。

ボーデ(Johann Bode, 1747-1826)の出版した『ウラノグラフィア(Uranographia)』(1801年)の頃には、恒星の数は17,240個、星雲2,500個、星座は100個に達し[35]、すべての星座図は《正像星図》となった。そして、その後は、教育的目的で描かれたものを除き、天文学者の発行する星座図は星図へと変わる。

(3)星座図の変遷にみる注目点

反転図か正像図か

《正像星図》は個別の星座図では初期から登場する。見上げた夜空の星を結んで描いたものが星座であるから、当然のことと思われる。しかし、北天図や南天図などの全天を説明するような図に関しては、デューラーによって《反転星図》が描かれ(**図3**)、それが標準となってフラムスティードの頃まで用いられた。

17世紀はじめには、キリスト教の宣教師が中国で活動を活発に行うが、中国では28宿が普通に用いられていたので、宣教師は西洋の星座の絵柄はあえて伝えなかった。そのため、江戸初期の日本には西洋星座は伝わらなかった。

赤道座標か黄道座標か

その他に注目する要素として、北天図や南天図の中心がどこか、という点を指摘したい。多くは天の北極(北極星付近)あるいは天の南極を中心として描かれている。見かけの不動点である天の北極・南極を同心円の中心とするものは、中国での星図でも標準であり、現代の星座盤でも標準である。

しかし、北天図や南天図の中には、同心円の中心を黄道面(太陽の通り道)を基準にした座標系の極(黄極)を中央にした系統もある。起源を調べると、管見の限りでは、アピアヌス(Petrus Apianus, 1495-1552)の著書『天文学教科書(Astronomicum Caesareum)』(1540年)のようだ。アピアヌスはドイツの数学者・天文学者・地理学者であり、16世紀科学の啓蒙家と称される。この書は当時の神聖ローマ皇帝カール5世とその弟に献

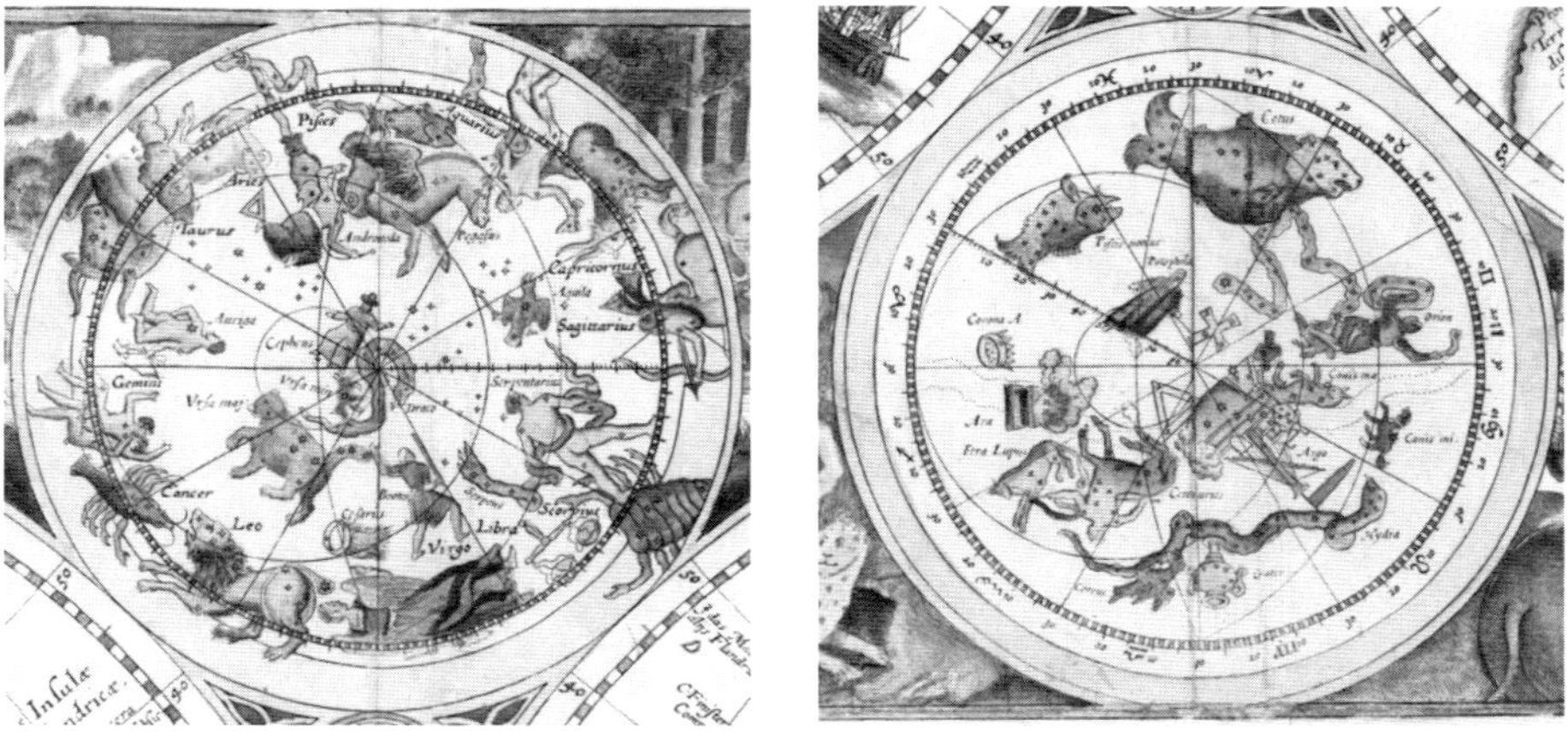

図5　プランシウスの世界地図（1594年）に副図として添えられた北天と南天の星座図
反転星図である。図の中心は黄極となっていて、天の赤道座標も描かれている。

呈されたもので16世紀の科学書のなかで最も美しい[32]と言われる(図は[2]の補助資料・図1)。さらに少し時代を下ると、もっと広く流布したものとして、プランシウスの1592年の世界地図『新地理図・水路図』、および1594年の世界地図『世界のすべて』にそれぞれ副図として描かれた星座図に発見される。前者はShirleyの著[6]のPlate148に掲載されているものだが解像度が悪い([1]の補助資料図4に掲載)ので、後者(これも[1]の補助資料図5に掲載)の部分拡大を**図5**に掲載する。プランシウスは天文学者であり、地図製作者でもあった。世界地図に天文関係の副図をはじめて掲載した[1]人物であり、彼の世界地図はその後の世界地図製作に引き継がれている。

黄極を中心に据えると、黄道12宮の星座が北天図の縁に円を描いて並ぶ。また、多くの惑星が黄道面近くを動くことから(太陽系の惑星がほぼ一平面上にあることから)、黄道座標系は太陽系天体の運動を考えるのに便利な座標系であり、天文学者らしい発想である。

黄極中心の星座図はブラウ親子、フィッセルらの世界地図にも同様の形で継承された。これらは日本には蘭学系の世界地図として伝わることになる[1]。ブラウの世界地図の副図は、地図製作者・芸術家として知られるデ・ウィット(Fredric de Wit, 1629-1706)によって星座図として印刷された[38]。これらは、司馬江漢の原図となったとされる(後述する)。星座図としては、その後には天文学者であったフラムスティードの図が黄極を中心としている。

(4)日本に伝えられた星図

次に、日本での星図を概観する。

本稿で取り上げる星図は、大崎『中国の星座の歴史』[29]、范楚玉他著[39]、徐剛、王燕平『星空帝国』[40]、渡辺『近世日本天文学史』[41]、宮島[42]、を網羅する。系譜図(**図6**)には、関連する西洋・中国・韓国の星図も記入した。

日本で飛鳥時代に作られたとされる『高松塚古墳天井図』(700年頃)、『キトラ古墳天井図』(700年頃)があるが、中国由来であることに疑いはない。東アジア圏で重要な古代星図としては、中国のものとして唐代の『格子月進図』(7世紀前半、283星座、1,464星)、『敦煌天文図』(800年頃)、宋代の『蘇州天文図(淳祐石刻天文図)』(補助資料に図あり)、韓国の『天象列次分野之図』(初刻1395年、282星座、1,467星)が挙げられる。いずれの図も製作年、原図とその元になった観測年などについては諸説あるが、本稿ではもっとも新しい、竹迫[43][44]による年代推定を基準に系譜を作成した。

『高松塚』には4方向に方形に28星宿が描かれ、『キトラ』は天の北極を中心にして円形に74星座・350星が描かれている。竹迫は、星の位置の比較だけではなく、星座の形や位置関係・名称なども考慮して原図作成年代や伝承順を議論している。そして『高松塚』も『キトラ』も原図は『格子月進図』と考えられ、『格子月進図』には、おそらく星図を円形に直したものが存在していて『キトラ』が描かれた、という説を唱えている。また、『天象列次分野之図』も『格子月進図』がもとになっていて原形は900年頃と考えられること、中国では1080年前後と1300年前後に天文観測が行われていたことなども指摘している。

日本には、『高松塚』『キトラ』以外の星図は見つかっていない。また、原図とされるようなものも未発見である。14世紀初期に書写されたと思われる『格子月進図』と題された方図(戦争中に消失)の写真は、渡辺の著[41]に掲載されているが解像度が悪い。天文関係の資料が陰陽師や天文方によって秘匿されたことが原因と思われるが、手がかりがなかなかつかめないのが現状である。筆者は、『高松塚』『キトラ』と同じ頃に書かれた『丹後風土記(逸文)』や『日本書紀』の浦島伝説の項には、昴や畢が登場することから、星の呼び名としての28宿は、すでに日本でよく知られていたものと考えている[45]。ただし、その他の星について、同時期の文献にはほとんど記載が見つからない。勝俣[46]の調べでも、北極星・北斗七星・オリオン座・ふたご座などごく少数の星についての同定が行われているのみである。

中国での天文学は、17世紀の明末から清初にかけて、宣教師がもたらした知識に

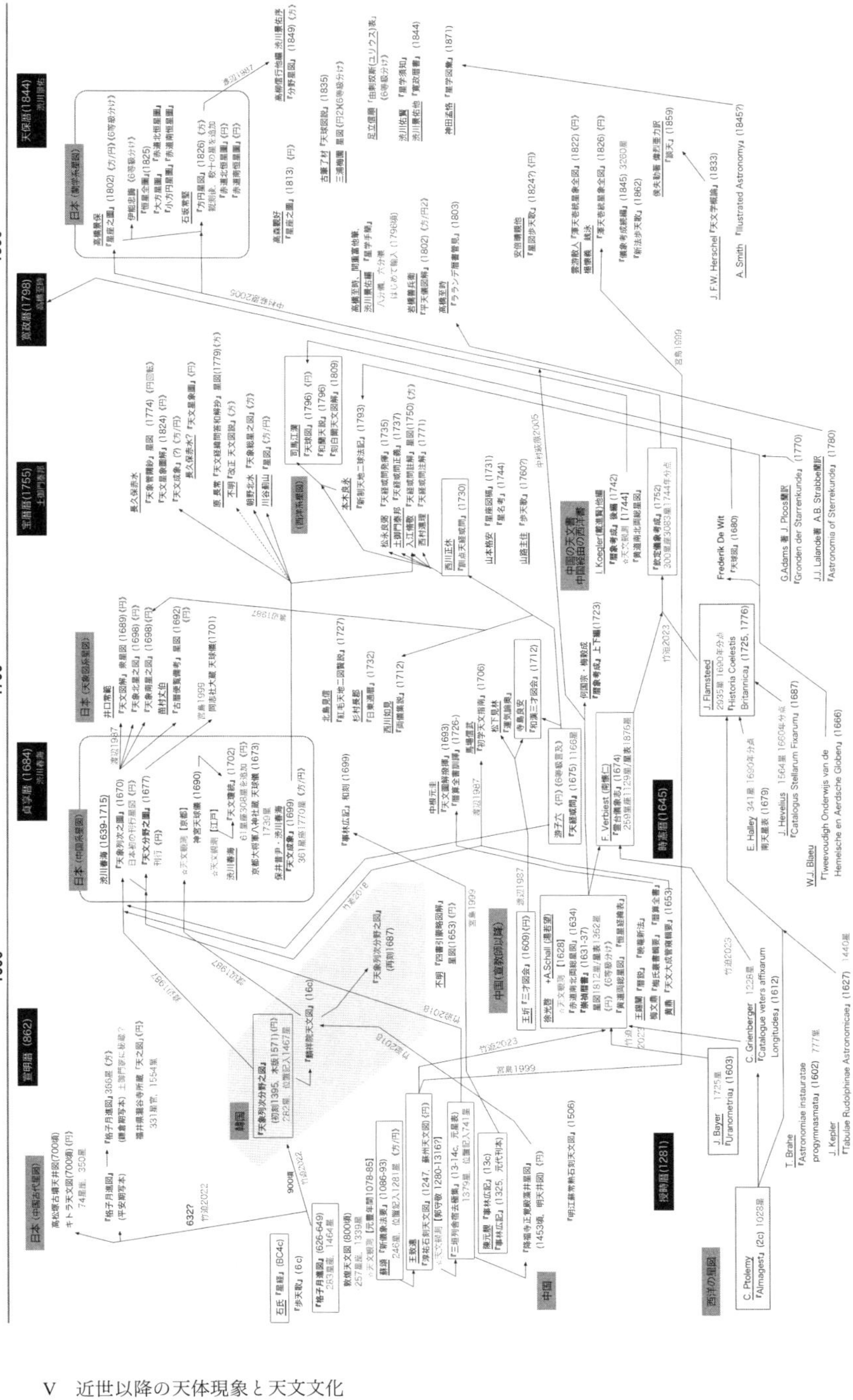

図6 日本で制作された星図・日本に伝来した星図の系譜

よって革命を迎えた。中国を中心にした世界地図を描いたマテオ・リッチは、中国大衆が天文学に関心が高いことから西洋天文学を中国に伝えることでキリスト教布教の便宜をはかった。藪内[47]は、宣教師ニコラ・トリゴー(金尼閣、Nicolas Trigault, 1577-1628)が西洋から持ち込んだ7,000冊の書物には、その時までに刊行された西洋天文書がすべて網羅されていて、それらの翻訳事業がアダム・シャール(湯若望、Johann Adam Schall von Bell, 1592-1666)によって『崇禎暦書』(1631〜37年、後に『西洋新法算書』として改編)となり、西洋天文学を用いた時憲暦(1645年)に結びついたことを指摘している。ただし、竹迫[36]は、宣教師自身が天体観測をしたわけではないことを指摘している。

『崇禎暦書』に主に採用されたのは、おそらく宗教上の理由からブラーエまでの宇宙論である(固定された地球の周りを太陽が惑星をしたがえて公転するモデルである)。同時期の王圻による解説書『三才図会』も同様で、これらの書物をありがたく手にした日本の人々は、江戸時代後半になるまで知識がブラーエ宇宙論で止まっていた。ケプラーによる惑星の楕円運動論などは、『暦象考成上下編』(1723年)にようやく登場する。

(5)日本で製作された星図

中国系・天象図系の星図

井本[48]は、昭和17年に、42の星図が日本に存在していることを報告している。星図について全般的な系統を述べたものに、渡辺[41]および宮島[42]の報告がある。

飛鳥時代の『高松塚』と『キトラ』、および平安期や鎌倉期に写本された『格子月進図』はいずれも中国由来のもののコピーである。平安期以降に密教が入り、呪術的儀式のひとつに星曼荼羅が使われた。星曼荼羅は各地の寺に多く残されており、北斗七星・九曜星(日月火水木金土と羅睺《らご》、計都)・十二宮・二十八宿などが図像として矩形あるいは円形に配置されている。星図にインスパイアされて製作されたものかもしれないが、中国とインドの仏教色が強く、本稿ではこれ以上触れないことにする。

日本で初めてオリジナルな星図が作成されたのは、江戸初期の渋川春海によってであった。渋川は『天象列次分野之図』を参考に『天象列次之圖』(1670年)と『天象分野之圖』(1677年)を日本初の刊行物として出した[41]。これらの図では、28宿を構成する星が色を変えて描かれている。

当時は、平安期より使われていて誤りの多くなった宣明暦の代わりの暦が模索されていた。渋川春海は幕命により改暦を担当し、元の授時暦(すなわち明の大統歴)への改暦とはせず、日本独自の貞享暦を作った。改暦への研究の過程で、中国からの最新の文献がもたらされた。その中には『崇禎暦書』かその影響を受けた書が含まれていたと

考えられる。バイエルの星座図やグリーンベルガーの星表の内容を宣教師が伝えた最新のものであり、星の数も格段に増加した情報である。ただし、ギリシャ神話的な星図は排除され、28星宿の形が描かれた星図であった。

改暦後に渋川春海は自身で天体観測を京都と江戸で行い、(そのときまでに中国の『三垣列舎宿去極集』(13～14世紀、元星表)由来の『麟祥院天文図』(16世紀)を参照にした可能性を竹迫[49]は指摘している)、長男の保《やす》井《い》昔尹《ひさただ》を主著者として全361星座1,770星からなる『天文成象』(1699年)を刊行し、自身は新たに61星座・308星を加える形で『天文瓊統《けいとう》』(1702年)を刊行した。渋川春海が追加した星のリストは渡辺[41]にある。全天を北極星を中心とした円図と共に、天の赤道面を中心にした方図も作成している。Hipparcosのデータで重ねてみると、それぞれの星の位置は若干ずれてはいるものの、黄道・春分点・秋分点の配置は正確に描かれていることがわかる。渋川春海の星図が18世紀後半まで、一般にさまざまな形で広まっていくことが系譜図から読み取れる。

渋川春海は星の明るさについては詳しく区別せずに星図を作成している。西洋では、肉眼で見える星を6等級に分類し、西洋の星図には少なくとも17世紀はじめには中国には星を等級別に記載したバイエルやグリーンベルガーの星図が伝承されたはずである。しかし、宣教師が中国風に星図を書き直した時点で星の明るさに関する情報が図から欠けたようだ。

江戸時代にもたらされていた百科事典系の中国書としては、『事林広記』、『三才図会』、『天経惑問』の3書があった[42]。このうち、『天経惑問』(1675)は清代初期に游藝《ゆうげい》(游子六)が著した西洋天文学の入門書で、日本にはじめて南半球の星座を伝えたものと言われる。1730年に西川正休《にしかわせいきゅう》(1693～1756)により訓点付きの和刻本が刊行された。寺《てら》島良安《しまりょうあん》(1654～没年不詳)は、1712年に『三才図会』と『天経惑問』をもとに『和漢三才図会』を著している。

『和漢三才図会』は第一巻天の部「星」の項に次のように記している。

一等　大星数十七　五帝座織女之類
二等　五十七　帝星開陽之類
三等　八十五　太子少衛之類
四等　三百八十九　上将柱史之類
五等　二百二十三　上相虎賁之類
六等　二百九十五　天皇后宮之類
都合千百六十六星　微星一万千五百二十

これは『天経惑問』の「恒星多寡」の項の記載をもとにしている。しかし、『和漢三才図会』での中国星座の解説に添えられた各図は依然として2段階(白丸と黒丸で星座を区別する程度)でしか星を表現していない。星座をかたどるときと、星そのものを区分することはまったく独立に捉えられていたのは面白い。

日本の星図で、6等級の星の区別がなされるのは、蘭学系の星図からである。

蘭学系の星図

その次の星図の展開は、江戸後期に起こる。

不完全な改暦となった宝暦暦(1755年)を修正するため、幕府の天文方は、蘭学の吸収に力を入れた。中国ではドイツ人宣教師ケーグラー(戴進賢、Ignaze Koegler, 1680-1746)による『暦象考成後編』(1742年)がケプラーの惑星楕円軌道を含む形でまとめられ、その知識が日本に伝えられた頃である。高橋至時《よしとき》(1764-1804)は、寛政暦(1798年)への改暦を行うとともに、フランス人ラランデによる天文学書(の蘭語訳版)の翻訳に取り掛かった。無理をして抄訳を半年で完成させたものの他界してしまう。天文方の跡を継いだのは至時の長男・高橋景保《かげやす》(1785～1829)で、ラランデ暦書の翻訳を引き継いだのは次男・渋川景佑《かげすけ》(1787～1856)だった。

景保は1802年に『星座之圖』を製作している。中国の『欽定儀象考成』(1752年)を参考にした[37]ものである。『欽定儀象考成』には300星座3,083星が記載されていて、現在のHipparcos衛星のカタログで単純に明るい星から数えると、5.57等星までを含むものになる。星の6等級分けの表示もされていて、その表示方法から、中村・荻原[37]は、『崇禎暦書』(1631年)中の「赤道両総星図」あるいは明代に刊行された徐光啓による『黄道両総星図』を参照したであろうことを述べている。

この図をもとに伊能忠敬《いのうただたか》(1745～1818)の長男忠誨《ただのり》は、数種類の恒星図を作成している。また、景保の弟子の石坂常堅《いしざかつねかた》(1783～1844)は、自身で天体観測を行い、さらに数十の星を追加した『方円星図』(1826年)を作成している。いずれも星の6等級表示がされている。伊能忠誨と石坂常堅が『星座之圖』と『儀象考成』と手本とし、自ら観測を行なって新たな星を加える努力を行ったことは、中村・荻原[37]の報告に詳しい。

景佑は訳書を『新巧暦書』(1836年)として完成させ、天保暦(1844年)への改暦も行うことになる。

洋学系の星図

上記までで紹介した日本の星図は、すべて中国星図と渋川春海『天文成象』をもとにしていて、西洋の星座については何の記載も見られない。西洋星座を初めて日本に紹

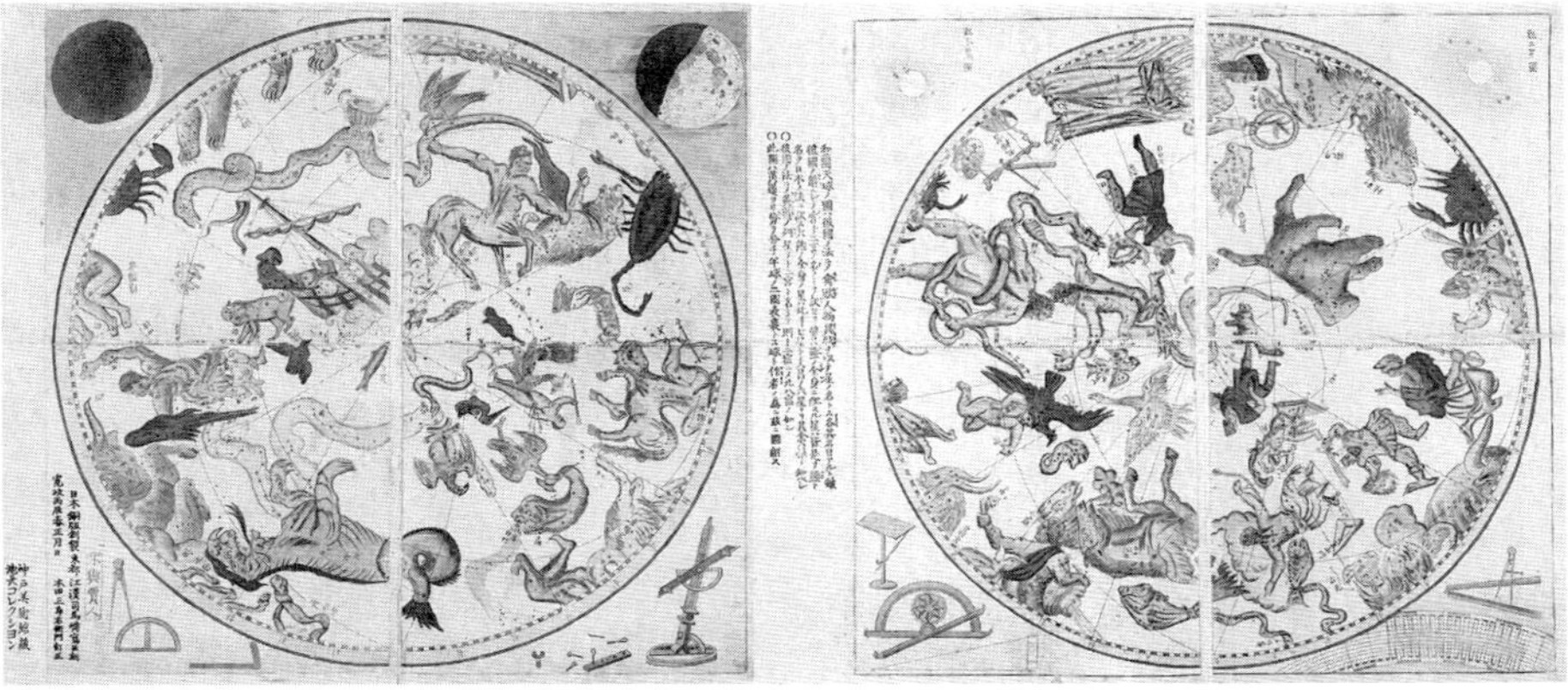

図7　司馬江漢による天球図（1796年）
反転星図であり、南天図・北天図とも中心は黄極。画像は文化遺産オンラインより取得。

介したのは、司馬江漢だった。絵師であった司馬江漢は、洋風画を学ぶ過程で蘭学に触れ、油絵や銅版画の技法を習得した。そして『地球図』（1792年）や『天球図』（1796年）などの図版のほか、『和蘭天説《おらんだてんせつ》』（1795年）、『刻白爾《コッペル》天文図解』（1808年）など自然科学系の啓蒙書も出版している。

図7に『天球図』を載せた。

南北両天図の間には

和蘭天球ノ圖ハ彼國ノ法ニノ禽獣《キンジウ》人物異形《イキヤウ》ヲ以テ星ノ名トス各《ヲノヲノ》其名目アルト雖彼國ノ辞《コトバ》ニシテ啻《タダ》十二宮ノ名ノミヲ訳セリ

などとの注意書きがなされている。西洋の星座が「禽獣人物異形」でなされていること、黄道の星を十二宮と名付けていることと日本での二十八宿が対応することが、新事実として解説されている。そして、中国星座名に西洋の星座絵を重ねて描いている。

この天球図は《反転星図》であり、黄道座標である。原図は、ブラウの世界地図の副図あるいはフィッセル改訂版の世界地図の副図とする説（広瀬[54]ほか）、あるいはデ・ウィットの天球図（注2の補助資料図2）とする説（菅野[54]ほか）、北山寒厳によるフィッセル改訂版世界地図の模写図とする説（橋本[55]）の3つがある。菅野[38]は、ブラウ図もデ・ウィット図も天球図は同一であり、司馬江漢が手元に置きながら参照することを考えれば、サイズが完全に同じであるデ・ウィットの天球図が原図であると結論している。いずれの説も原図はブラウの世界地図副図に由来するもの、したがってプランシウスに源流をもつと考えてよいだろう。

司馬江漢が西洋星図と格闘したことは、想像するに余りある。星座図が見かけと反転していることから、二十八宿の方も反転して描く必要があった[55]。また、「此図ハ黄道ヨリ剪《キリ》テ分チ　半球ノ二図表裏トス」と注がされているように、黄道座標で描かれていることを理解している。星の明るさ表記については『和蘭天説』凡例の一に「彼邦《カノクニ》ノ法ヲ以テ星ノ大小ヲ六等《リクトウ》二分チ、画図《グワト》ヲナシテ星辰ヲ示ス」と説明をしている。デ・ウィットの天球図には星の6等級の描き分けがされている。司馬江漢も6等級の描き分けを試みた跡が見られる。

3. 世界地図作成と星図作成のクロスオーバー

ここまで世界地図作成と星図作成の系譜を辿ってきたが、双方に関わった人物が多数登場している。日本人に限って見てみよう。以下では生年順に人物を並べ、各自の業績も発表順に列挙する。

・渋川春海(1639 ～ 1715)

1670年、地球儀用の世界地図(世界の1／4の部分)となる『船底型地図』を日本人で初めて作成した。同年円形型星図『天象列次之圖』、1677年星図『天象分野之圖』を作成した。1684年には貞享暦への改暦を行い、幕府に新設の天文方に任命された。1690年、日本で最初の地球儀(直径25センチ)を作成[58]。1699年長男の保井昔尹を主著者として『天文成象』、1702年『天文瓊統』を刊行した。

・西川如見(1648 ～ 1724)

1708年『増補華夷通商考』増補版にて「地球万国一覧之図」(マテオリッチ系)を作成した。1712年『両儀集説』にて天文と自然地理を紹介し、天経或問の星図を掲載している。

・長久保赤水(1717 ～ 1801)

地理学者として多くの地図を作成する。1774年『天象管闚鈔《かんきしょう》』は回転式の円形星図盤が考案されている。また、出版年不明な『天文成象』は、保井昔尹のものから星の数を減らした図で、実用的なものとした[59]。20年かけて製作した『改正日本輿地路程全図』(1780年)は、経線が書き込まれた画期的な日本地図で明治初期まで一般に広く使われた[58]。1785年『地球万国山海輿地全図説』(マテオリッチ系)を作成した。

・本木良永(1735 ～ 1794)

蘭語通詞(通訳)、翻訳を生業とした。1771年、ヒュブネル(Johan Hubner, 1668-1731)

の著『新旧地理問答』の地図用法の部分を抄訳し、1774年、ブラウ(W. J. Blaeu)の『天地両球儀の二様の入門』(1620年)を『天地二球用法』として訳す。これがコペルニクス(Nicolaus Copernicus、1473-1543)の地動説を日本で初めて紹介したものとされる。1790年、コヴァン(Johannes Covens, 1697-1774)とモルチェ(Cornelius Mortier, 1699-1783)による『世界四大州新地図帳』(1785年)の説明部分を『阿蘭陀全世界地図書訳』(1790年)として訳出した。1793年、アダムス(G. Adams, ?-1773)による天球儀と地球儀の説明書の欄訳版『星術本原太陽窮理了解新制天地二球用法』(1770年)を『新制天地二球法記』として訳出した[58]。

・伊能忠敬(1745 ～ 1818)

酒造業・運送業・金融業などで商人として財を成したあと、51歳で天文暦学の研究に専念し、19歳年下の幕府天文方・高橋至時のもとへ弟子入りする。この頃「地球図」を手写している(原図はボアゾー(Jean Boisseau / 仏, 1600-1657)のものと思われる)。前節で記載したように、緯度一度の距離測定の実測のため、蝦夷地測量を行い、その後は日本全国の詳細な地図を作成した。没後1821年に『大日本沿海輿地全図』が完成する。明治期にも日本地図は伊能図をもとに作成された。伊能忠敬の長男である伊能忠誨《ただのり》は精密な星図を多く遺している。

・司馬江漢(1747 ～ 1818)

画家および蘭学者として多くの書を公刊し、広く読まれた。1792年、ジャイヨ世界図をもとに『輿地全図』を初めての銅版印刷物として刊行。翌年には地名を追加して『地球全図』刊行。1796年、銅版の星座図として『天球図』、地動説を詳説した『和蘭天説』刊行。1805年オランダ船の航路に沿って地理を説明する『瀕海《ひんかい》図』、1809年地動説を説明する『刻白爾《コッペル》天文図解』を刊行する(ケプラーをコペルニクスと誤った)。

・志筑忠雄(1760 ～ 1806)

蘭学者として地理学・国際情勢などの訳述のほか、物理学・天文学の理解に取り組んだ。1782年、各種の蘭書をもとに『万国管闚《かんき》』を訳出。各国の地理や天文と測量などを紹介するものだった。ニュートン力学を紹介するケイル著ルロフス蘭訳の書の理解に20年近く取り組み、『暦象新書』として上編(1798年)、中編(1800年)、下編(1802年)を完成させる。多くの訳語を与え、自らの太陽系形成論まで述べるなど日本人初の物理学者ともいえる。

・高橋景保(1785～1829)

父至時の没後20歳の若さで幕府天文方に就いた。1802年には、中国書『欽定儀象考成』(1752年)をもとにして『星座之圖』(1802)を作成する。1807年、幕府から洋書に基づく世界地図作成を命じられ、間重富と、蘭通詞の馬場佐十郎(1787～1822)とともに世界でもっとも精確な『新訂万国全図』を完成させた。1811年には、ショメール(N. Chomel, 1633-1712)編・シャルモ(J.A. Chalmot, 1730-1801)蘭訳の百科事典『一般家庭・博物・動物・技術辞典』の翻訳を命じられ、天文台のなかに蛮書和解御用を設けて馬場や大槻玄沢(1757～1827)らと翻訳事業を始め、のちに『厚生新編』となした。伊能忠敬の全国測量事業を監督し、忠敬の死後には『大日本沿海輿地全図』を完成させた。シーボルト(P.F.B. Siebold, 1796-1866)からの地理書[57]をもらう引き換えに伊能図を渡したことが発覚して、牢獄に捕らえられ獄中で病死した。

伊能忠敬は地図作成に集中した後半生であったが、それ以外の各氏は世界地図作成と星図作成がほぼ同時進行で行っていたことがわかる。また、高橋景保の頃に世界地図作成と星図作成がほぼ完成すると、双方を手掛ける者は見られなくなった。

まとめ

世界地図と星図は、現代では全く異なるカテゴリーであるが、双方に関わった人々の活動を見ると、現在地を知る上での「地図」という意味で同じものだった可能性がある。いつの時代でも、より多くの情報をより正確に表すことに注力され、どちらも一応の完成形となったのは1800年代だった。日本では、江戸時代前期と後期ではそれらの質はまったく異なることが系譜図から見て取れる。江戸前期の中国経由の文化と、江戸後期の西洋からの直接輸入の文化の間には継続性はほとんど見られず、蘭書という新しい情報源に接した人々が開眼し、バトンを受け継ぎながら文化の吸収に追随していく様子がわかる。

参考文献

［1］ 真貝寿明「周縁副図から辿る世界地図の系譜——石塚崔高作『圓球萬國地海全圖』(1802)の原図を探る」(『大阪工業大学紀要』68、2023年、p.1)

［2］ 真貝寿明「星図・星座図の系譜」(『大阪工業大学紀要』69、2024年、p.27)

［3］ 林匡「薩摩大名重豪と博物学」および丹羽謙治「島津重豪の出版」(どちらも鈴木彰・林匡

編『島津重豪と薩摩学問・文化』勉誠出版、2015年所収)

［4］ 芳即正『人物叢書　島津重豪』(吉川弘文館、1985年)

［5］ 森孝晴「長沢鼎と磯長家」(『鹿児島国際大学ミュージアム調査研究報告』19、2022年、p.33)

［6］ Rodney W. Shirley, “The Mapping of the World : Early Printed World Maps 1492-1700” (*The Holland Press*, London, 1984)

［7］ 秋岡武次郎『世界地図作成史』(河出書房新社、1988年)

［8］ 現代のロビンソン図法に近い。赤道と中央経線の長さ比を2：1にして地球全体を卵形に描いたもの。緯度線が等間隔かどうか、北極と南極が同縮尺長さ1の直線か丸みを帯びているか、経度線が等間隔に引かれているか円弧状か、などバリエーションはある

［9］ 李[13]によれば、『万国絵図屏風』(宮内庁三の丸尚蔵館蔵)、『レパント戦闘図・世界地図屏風』(香雪美術館蔵)、『四都図・世界図屏風』(神戸市立博物館蔵)の3つの屏風は、イエズス会の宣教のために1583年に来日したイタリア出身のニコラオ(Giovanni Nicolao, 1560-1626)が長崎などで日本人に絵画や銅版画を教え、その教え子たちの作品という

［10］ 海野一隆『東西地図文化交渉史研究』(清文堂、2003年)

［11］ 海野一隆「神宮文庫所蔵の南蛮系世界図と南洋カルタ」(注10所収。初出は有坂隆道編『日本洋学史の研究 IX』創元社、1989年)

［12］ ジェリー・ブロットン著『地図の世界史 大図鑑』(河出書房新社、2015年)

［13］ 李暁璐「宮内庁蔵『万国絵図屏風』人物図考」史苑(『立教大学文学部紀要』82、2022年、p.8)

［14］ 海野一隆「南蛮系世界図の系統分類」(注10に所収。初出は有坂隆道・浅井允晶編『論集日本の洋学 I』清文堂、1993年)

［15］ 三好唯義「P・カエリウス1609年版の世界地図をめぐって」(『神戸市立博物館研究紀要』13、1997年、15)

［16］ 蜷川順子「ヨーロッパ人が描いたアジアの諸都市　日本の萬国図屏風を手がかりに」(『関西大学東西学術研究所紀要』47、2014年、p.113)

［17］ 新井白石の『采覧異言』(1713年)は、布教のため1708年に来日したイタリア人宣教師ジョバンニ・シドッチを幕府の命によって尋問して得た知識をまとめた地理書である。尋問の際に、マテオ・リッチの『坤輿萬國全圖』とJ・ブラウの1648年版の写しを用いた。シドッチは当時すでに70年も経ているブラウの図に興味を示したとされる[27]

［18］ ドイツ人Johan Hubner(1668-1731)の著『Algemeene Geographie(古今地理学問答)』(1730年)の増補版(1761年)のW. A. BachieneとE. W. Cramerusによるオランダ語訳本『Algemeene geographie of Beschryving des geheelen aardryks』のこと

［19］ オランダの地図職人Gerard Valk(1652-1726)と息子のLeonard Valk(1675-1746)による地球儀

［20］ 上杉和央『江戸知識人と地図』(京都大学出版会、2010年)

［21］ P. Planciusによる1592年作の世界地図は、注6に所収(Plate 148)。タイトルは、Nova et exacta Terrarum Tabula geographica et hydrographica(地球の新しい地理図および水路図)と題された方眼図法による大きな世界地図で、Shirleyによれば、その後の地図制作に大きく影響を及ぼしたものとされる

［22］ 日本で紹介されている文献では『フィッセル改訂ブラウ図』と呼ばれているが、Shirley

[6]では、Frederick de Witの作とされている
［23］　マテオ・リッチによる世界地図は、世界的に有名な『坤輿萬國全圖』(1602年)の他に『両儀玄覧圖』(1603年)がある。前者は宮城県立図書館・京都大学図書館・ローマ法王庁蔵の3点が知られている[7]。後者は現在行方不明で、注24に写真が所収されている
［24］　鮎澤信太郎「マテオ・リッチの両儀玄覧図について」(地理学史研究会編『地理学史研究I』臨川書店、1957年)
［25］　海野[26]は、序文を書いた儒学者・曾谷応聖の作ではないかとしている
［26］　海野一隆「『喎蘭新譯地球全圖』における参照資料」(注10に所収。初出は有坂隆道編『日本洋学史の研究 VII』創元社、1985年)
［27］　中村拓「本邦に伝わるブラウー世界図について」(地理学史研究会編『地理学史研究I』臨川書店、1979年に所収)
［28］　洋学史学会監修『洋学史研究事典』(思文閣出版、2021年)
［29］　大崎正次『中国の星座の歴史』(雄山閣、1987年)
［30］　『星座の文化史(平成7年度特別展)』(千葉市立郷土博物館&府中市郷土の森博物館、1995年)
［31］　『東西の天球図(天文資料解説集 No.3)』(千葉市立郷土博物館、2003年)
［32］　『西洋の天文書(天文資料解説集 No.4)』(千葉市立郷土博物館、2003年)
［33］　『天文学と印刷　新たな世界像を求めて』(印刷博物館、2018年)
［34］　アン・ルーニー著、鈴木和博訳『天空の地図』(日経ナショナル・ジオグラフィック社、2018年)
［35］　エレナ・パーシヴァルティ著、シカ・マッケンジー訳『天空を旅する星空図鑑』(翔泳社、2024年)
［36］　竹迫忍「宣教師による中国星座の同定方法の検証」(『数学史研究Ⅲ期』3、2023年、p.93)
［37］　中村士、荻原哲夫「高橋景保が描いた星図とその系統」(『国立天文台報』8、2005年、p.85)
［38］　菅野陽「司馬江漢の著書『種痘伝法』と銅版『天球図』について」(有坂隆道編『日本洋学史の研究V』創元社、1979年所収)
［39］　范楚玉、陳美東、金秋鵬、周世徳、曹婉如編著、川原秀城他訳『中国科学技術史(上／下)』(東京大学出版会、1997年)
［40］　徐剛、王燕平『星空帝国』(楓樹林出版、2019年)
［41］　渡辺敏夫『近世日本天文学史(下)』(恒星社厚生閣、1987年)
［42］　宮島一彦「日本古星図と東アジアの天文学」(『人文学報(京都大学人文科学研究所)』82、1999年、p.45)
［43］　竹迫忍「中国古代星図の年代推定の研究——初唐の星座の姿を伝える最古の星図『格子月進図』」(『数学史研究』228、2017年、p.1)
［44］　竹迫忍「『格子月進図』の原図となった古代星図の年代推定」(『数学史研究 第Ⅲ期』1、2022年、p.1)
［45］　真貝寿明「丹後に伝わる浦島伝説とそのタイムトラベルの検討」、本書に所収
［46］　勝俣隆『星座で読み解く日本神話』(大修館書店、2000年)
［47］　藪内清「近世中国に伝えられた西洋天文学」(『科学史研究』32、1954年、p.15。『藪内清著作集第3巻』(臨川書店、2018年)に所収)

[48]　井本進「本朝星圖略考(上)」(『天文月報』35、1942年、p.39)、「同(下)」(『天文月報』35、1942年、p.51)
[49]　竹迫忍「渋川春海の星図の研究」(『数学史研究』231、2018年、p.1)
[50]　『星を見る人』(高知城歴史博物館図録、2019年)
[51]　川口和彦『長久保赤水の天文学』(長久保赤水顕彰会、2020年)
[52]　『星を伝え歩いた男　朝野北水』(長野市立博物館、2017年)
[53]　森田 憲司「王朝交代と出版――和刻本事林広記から見たモンゴル支配下中国の出版」(『奈良史学／奈良大学史学会編』(20) 56、2002年)
[54]　沼田次郎校注、広瀬秀夫注「和蘭天説」(沼田次郎、松村明、佐藤昌介『日本思想体系64 洋学(上)』岩波書店、1976年所収)
[55]　橋本寛子「司馬江漢筆《天球図》の制作背景をめぐって――馬道良・馬孟熙(北山寒巖)父子との関係を中心に」(美術史57、2008年、p.417)
[56]　日本学士院編『明治前日本天文學史』新訂版(日本学術振興会、1979年)の第2編「西洋天文学の影響」(『藪内清著作集第3巻』臨川書店、2018年)に所収
[57]　岡田[58]によれば、I.F. Kruzenshtern『世界周航誌』(『日本紀行』1809～12年)の蘭訳本や、J.K. Tuckery『航海と貿易のための地理学』の蘭訳本(1819年)と交換に、伊能図の「蝦夷図」「カラフト島図」などをシーボルトに贈った
[58]　岡田俊裕「近世日本の地理学者に関する伝記・著作物研究」(高知大学教育学部研究報告70、2010年、p.129)。岡田俊裕『日本地理学人物辞典　近世編』(原書房、2011年)
[59]　川口和彦『長久保赤水の天文学』(長久保赤水顕彰会、2020年)